联合支持和资助
中国地质大学（武汉）地史古生物学国家教学团队
全国高校黄大年式教师团队——地质学教师团队
国家教学名师和国家创新研究群体项目
中央高校教育教学改革基金

地球的过去与未来

Earth's Past and Future

龚一鸣　殷鸿福
童金南　谢树成　等编著

内容提要

《地球的过去与未来》是同名国家精品视频公开课(2013年上线)的纸质升级扩展版教材兼科普读物,由绪论(第一章)、总论(第二、三章)、分论(第四章至第八章)和结束语(第九章)4个部分构成,全书包含274幅插图(其中彩图246幅)、26个表、190个知识点、75道思考题。

本书集科学性、系统性、通俗性和趣味性于一体,试图实现线上与线下教学资源通融、科学内容互融、教学方式兼融、教学效果共融的目标。本书立足基础、兼顾前沿,以介绍基本的地球科学知识和解读地球史的原理与方法为基础,从地球系统科学的角度,聚焦生物圈、大气圈、水圈和岩石圈的形成与演化及其耦合关系,并试图回答3个问题:你(地球和人类)是谁?你从何而来?你将向何处去?

本书可作为大学地学类通识课教材,也可作为大学学生、教师和管理人员以及具有一定科学和文化素养的社会公众的地学类科普读物。

图书在版编目(CIP)数据

地球的过去与未来/龚一鸣等编著. —武汉:中国地质大学出版社,2023.5
ISBN 978-7-5625-5219-2

Ⅰ.①地… Ⅱ.①龚… Ⅲ.①地球科学-教材 Ⅳ.①P

中国国家版本馆 CIP 数据核字(2023)第 038461 号

地球的过去与未来		龚一鸣 殷鸿福 童金南 谢树成 等编著			
责任编辑:谢媛华 周 豪		选题策划:马 严		责任校对:徐蕾蕾	

出版发行:中国地质大学出版社(武汉市洪山区鲁磨路388号)　邮政编码:430074
电　　话:(027)67883511　　传　真:(027)67883580　E-mail:cbb@cug.edu.cn
经　　销:全国新华书店　　　　　　　　　　　　　　　　http://cugp.cug.edu.cn
开本:787毫米×960毫米 1/16　　　　　　　　字数:582千字　　印张:31.5
版次:2023年5月第1版　　　　　　　　　　　印次:2023年5月第1次印刷
印刷:武汉中远印务有限公司　　　　　　　　 印数:1—3000册
ISBN 978-7-5625-5219-2　　　　　　　　　　　　　　　　　定价:86.00元

如有印装质量问题请与印刷厂联系调换

前言 FOREWORD

《地球的过去与未来》是同名国家精品视频公开课（2013年上线）的纸质升级扩展版教材兼科普读物。本书集科学性、系统性、通俗性和趣味性于一体，试图实现线上与线下教学资源通融、科学内容互融、教学方式兼融、教学效果共融的目标，目的是为非地质学类大学生和社会公众学习、了解地球科学知识提供线上线下融合型的帮助。希望学习者通过对本书和同名课程的学习，增加对地球母亲和地球科学的认知，为珍爱生命、保护地球、保护环境、谋求人与自然协调和可持续发展以及构建人类命运共同体奠定科学基础。

科学性 源自教材、课程和科普读物的基本属性。偏离了科学性，教材、课程和科普读物就失去了存在的价值。科学性的本质是案例客观真实、分析逻辑严谨、讨论引经据典、结论符合事实和逻辑。本书科学性的第一保障人和维护者就是各章的主笔人、主编及其所在的教学科研集体。本书各章的主笔人大多是长期从事该领域方向的知名学者专家，均来自地史古生物学国家教学团队、全国高校黄大年式教师团队——地质学教师团队、国家创新研究群体、地史学和古生物学国家在线课程建设团队。高素质的教学科研集体和高层次的主笔人为本书科学概念的精准定义、科学内涵的正确解读、科学图表的精挑细选、语言表达的切题中肯奠定了基础。概念是构建科学殿堂的砖块，定义不准、内涵模糊的概念不仅影响内容和思想的正确表达，还会给读者造成知识上的混乱，甚至误人子弟。因此，本书务求重要的地学概念表达明晰、内涵精准。基础性地学概念和地史时期重大生物-环境事件的解读是本书科学内涵的精髓所在，从理论与实例的结合上进行正确解读，是帮助学习者了解地球的过去、知晓地球的现在、预测地球的未来的基础。因此，本书力求对基础地学概念的解读做到守正与创新并重，对地史时期重大生物-环境事件的解读做到理论与实例并举。图表是科学思想、科学内容和科学概念的形象表达，从浩如烟海的科学文献与教科书中精挑细选或创意改编图表，能极大地增强本书的表达效果。因此，精挑细选图表和创意改编图表是本书的另一重要追求。语言是思想的镜子、内容的铆钉、逻辑的指南针，深邃的思想、丰富的内容和严谨的逻辑需要简明流畅的语言、字斟句酌的遣词造句与精雕细刻的文字打磨来支撑。因此，语言表达上的斟酌推敲是主笔人和主编不敢懈怠的本分。

系统性 源自教材的基本属性。教材与专著、文集、字/词典相比的显著特征是主题的鲜明性、内容的层级性、知识的关联性和风格的一致性,这"四性"就是《地球的过去与未来》系统性的具体体现。本书的主题就是聚焦"地球的过去与未来",试图告诉学习者:你(地球和人类)是谁?你从何而来?你将向何处去?为何、如何以史为鉴,开创未来。内容的层级性是指本书在章节安排上,沿用了教材常用的结构,即绪论+总论+分论+结束语的篇章结构。**绪论**(第一章)告诉读者本书的由来和目的,即为什么要写这本书,并对如何学习和教授地球科学知识提出了建议,这些建议荟萃了主笔人 30 余年的教学和科研感悟,希望能引起学习者和教授者的共鸣。**总论**(第二、三章)向读者综合介绍地球的宏观概要特征和解读地球史的原理、方法与必要的基础知识,如什么是矿物、岩石、化石和地质年代表等,为分论的学习奠定基础。**分论**(第四章至第八章)以地球圈层为对象,以时间为主线,分别介绍生物圈、大气圈、水圈、岩石圈及地球系统的起源与演化,聚焦地球圈层起源和演化中的重大生物-环境事件以及生物与环境的协同演化关系,在分论的章节安排上,充分体现以生物圈为重和以人为本。**结束语**(第九章)梳理地球圈层和地球系统发展演化的基本特征、规律及存在的问题,并从地球本身、人与自然、地球与太阳系的结合上展示了地球未来的 4 种可能结局。知识的关联性是指本书 9 章的知识内容既各自独立、又相互关联,是对传统与"互联网+"背景下,地球科学知识教与学的一次"联姻"、碎片性与系统性的一次整合。对于本书的学习者而言,如果对地球的过去、现在与未来饶有兴趣,又有大块、可以自由支配的闲暇时间,可以选择系统学习本书和同名的网上课程;如果对地球的过去、现在与未来饶有兴趣,但没有大块、可以自由支配的时间,可以选择学习本书和同名的网上课程的部分内容,"丰俭由人"。走马观花、囫囵吞枣、浅尝辄止的快餐式学习会有一些收获,而细嚼慢咽、含英咀华、字斟句酌地学习一定回报丰盈。风格的一致性是指本书各章主笔人虽教学科研阅历不同、知识结构有异、语言风格有别,但在撰写和统稿过程中始终坚持章节安排服从全书的顶层设计、个性统一于共性、亮点基于底色。

通俗性 既是教材的要求,又是科普读物的必需。对本书和本课程而言,通俗性有 3 个层次的追求:地球人能看出热闹,文化人能悟出门道,地质人能品出味道。显然,要实现这 3 个层次的追求对主笔人和主编来说是不容易的,毕竟众口难调。尽管如此,挑战与机遇并存,挑战源自主笔人与主编的科学素养和文笔水平,机遇源自主笔人与主编对目标的不懈追求和近 10 年的酝酿、打磨及一而再再而三的修改—完善—再修改—再完善。全书、全课程和部分章节是否在一定程度上实现了上述 3 个层次的追求,本书是否有少许"十年磨一剑"的味道,学习者是最好的品鉴人和裁判。

趣味性 如果说通俗性是科普读物的必需,趣味性一定是其必要,否则,书的科学性、系统性和通俗性必将大打折扣。何为趣味性?笔者认为它有3个基本构成要素:看起来有谱、听起来有趣、品起来有味。有谱的实质是书的科学性,包括概念简明清晰、定义严谨精准、解读画龙点睛、案例恰如其分;有趣的表现是书的内容耐人寻味、引人入胜,书的语言和图文表达清晰流畅、隽永细腻;有味的体验是书的系统性和思想性,章与章、节与节之间既围绕鲜明的主题,又各有个性与特色,但万变不离其宗,书的思想、书的内容、书的表达要经得起推敲和挑剔。希望学习者能从看、听、读、品的角度鉴赏本书的趣味所在。

教学资源通融 对地球科学知识的学习者来说,本书为他们提供了动态的线上资源(网上课堂)和静态的线下资源(书)。网上课堂能让学习者在聆听师者传授知识的同时,感受师者、学者的人格魅力,拉近学习者与知识、师者和学者的距离;在有互联网的环境中,也为学习者提供了"三随性"的学习选择:随时性、随地性、随意性。书,作为人类文明传承的重要载体,已有数千年的历史,它对个体和人类的重要性正如众多先哲名言所述:"腹有诗书气自华""立身以立学为先,立学以读书为本""读书破万卷,下笔如有神""读书百遍,其义自见""书是人类进步的阶梯"等。同一主题的网上课堂与书的通融至少还有两个方面的优点:其一,同一个概念、术语、案例,同一种思想、认识和模式,书面语与口头语的表达是有差异的,前者更为规范、严谨和理性,如同礼服;后者更为自由、随性和感性,如同休闲装。因此,口头语也更易于接受、消化和理解,更具有亲和力,两者的通融能让学习者在学习地球科学知识的同时,增强鉴赏、学习和思辨书面语与口头语语言表达的能力。其二,为学习者提供了多样学习资源的个性选择,如音频、视频、演示文稿(PPT)、教材、参考文献、知识点和思考题等。

科学内容互融 由于本书是同名国家精品视频公开课"地球的过去与未来"的纸质升级扩展版教材兼科普读物,本课程和本书无论在时间上,还是在科学内容的传承和表达方式上都存在差异性,主题的一致性、媒介和内容的差异性有利于学习者对科学内容进行比较、分析与评判,感悟科学知识的传承和创新的内涵与外延。

教学方式兼融 以教材和文献为基础的线下线上教学和自学是高等教育的现状与未来发展趋势,这种混合式的线下线上教学既有利于教,也有利于学,更有利于教学相长,传统与现代的合璧必将结出更多知识的传承与创新之果。需要说明的是,这种混合式的线下线上教学通常是先有教材和课程(线下),后有网上课堂(线上),本书的情况恰好相反,即先有线上、后有线下,这种"逆序"的优点是线上课程内容准备、优化和反馈比较及时,有利于课程内容的不断优化,并为相对固化的教材编写奠定更高的质量基础。

教学效果共融 编写本书的目的是为非地质学类大学生和社会公众学习地球科学知识提供帮助,可以肯定的是,教学资源通融、科学内容互融和教学方式兼融,必然会带来教学效果共融。这主要表现在两个方面:对学习者而言,既能目睹和收获师者在网上课堂中口若悬河、滔滔不绝的旁征博引与大水漫灌式的丰富,也能细品师者在书中字斟句酌、逻辑严谨的环环相扣和娓娓道来的隽永,二者的共融,一定会使学习者深化和升华学习效果,并激发对学习的激情和对科学的热爱。对师者而言,丰富了教的渠道和手段,能及时获取来自学习者的反馈,有利于不断优化教的内容和方式,促进教学相长。

本书的编写分工和主笔人:第一、二、九章由龚一鸣主笔,第三章由袁爱华、龚一鸣主笔,第四章由殷鸿福、韩凤禄主笔,第五章由童金南、陈晶主笔,第六章由谢树成、杨江海、龚一鸣主笔,第七章由范若颖、龚一鸣主笔,第八章由刘本培、纵瑞文、龚一鸣主笔。龚一鸣负责全书文字和图表的审定统稿。同名的国家精品视频公开课"地球的过去与未来"由龚一鸣、殷鸿福、童金南、谢树成领衔主讲,并于2013年在教育部的"爱课程"平台上线。

在本书的编写和出版以及本课程的建设和上线过程中,得到了中国地质大学(武汉)地史古生物学国家教学团队、首批全国高校黄大年式教师团队——地质学教师团队、国家教学名师和国家创新研究群体项目、中央高校教育教学改革基金、中国地质大学出版社和"DIG"科教团队等的大力支持和资助,中国地质大学(武汉)的张克信教授和王国灿教授作为主审,认真地审阅了全文,提出了宝贵的修改意见和建议,本书引用的部分网络图片因无法查明详细来源而未能具体说明出处,编著者谨此致谢!

龚一鸣

2021 年 6 月

"地球的过去与未来"
视频公开课网址

目录 CONTENTS

第一篇　绪　论

第一章　内容特色和教学建议

第一节　为什么要学习《地球的过去与未来》? ……………………………（4）
　　一、地球人与地球 ……………………………………………………………（4）
　　二、本书的内容与结构 ………………………………………………………（4）
第二节　学习与教授建议 ……………………………………………………（6）
　　一、知识的传承与创新 ………………………………………………………（6）
　　二、学习与教授建议 …………………………………………………………（9）
主要参考文献 …………………………………………………………………（14）
主要知识点 ……………………………………………………………………（14）
思考题 …………………………………………………………………………（15）

第二篇　总　论

第二章　地球与揭示地球奥秘的钥匙

第一节　地球:人类的第一故乡 ……………………………………………（19）
　　一、地球的圈层结构 …………………………………………………………（19）
　　二、地球的运动方式:物理、化学和生物运动 ……………………………（21）
第二节　矿物:固体地球母亲的细胞 ………………………………………（23）
　　一、什么是矿物? ……………………………………………………………（23）
　　二、矿物的类型和特征 ………………………………………………………（25）
　　三、矿物的演化 ………………………………………………………………（32）
第三节　岩石:固体地球大厦的砖块 ………………………………………（36）
　　一、什么是岩石? ……………………………………………………………（36）

二、岩浆岩 …………………………………………………………… (37)

　　三、沉积岩 …………………………………………………………… (52)

　　四、变质岩 …………………………………………………………… (58)

　　五、岩石的演化 ……………………………………………………… (64)

第四节　地层：揭秘地球史的万卷书 ……………………………………… (66)

　　一、什么是地层和地层的接触关系？ ………………………………… (66)

　　二、地层划分和对比 ………………………………………………… (68)

　　三、地层单位、层型和地质年代表 …………………………………… (70)

第五节　化石：远古地球的居民 …………………………………………… (74)

　　一、什么是化石？ …………………………………………………… (74)

　　二、化石的分类和价值 ……………………………………………… (77)

第六节　相标志：沧海桑田的见证 ………………………………………… (81)

　　一、什么是相和相标志？ …………………………………………… (81)

　　二、相标志类型及其古环境意义 …………………………………… (85)

第七节　揭示地球奥秘的若干定律和假说 ………………………………… (91)

　　一、地质记录的时空定律 …………………………………………… (91)

　　二、地球的起源和演化假说概要 …………………………………… (93)

主要参考文献 ……………………………………………………………… (97)

主要知识点 ………………………………………………………………… (99)

思考题 ……………………………………………………………………… (100)

第三章　地质年代表

第一节　什么是地质年代表？ …………………………………………… (102)

　　一、地质年代表的定义和作用 ……………………………………… (102)

　　二、地质年代表的要素和含义 ……………………………………… (103)

第二节　地质年代表是如何构建的？ …………………………………… (111)

　　一、地质年代表的构建依据和方法 ………………………………… (111)

　　二、地质年代表更替史上的 4 个里程碑 …………………………… (125)

第三节　地质年代表中的地球演化史 …………………………………… (130)

　　一、前寒武纪的地球 ………………………………………………… (130)

　　二、显生宙的地球 …………………………………………………… (138)

主要参考文献 ·· (146)

主要知识点 ·· (150)

思考题 ·· (151)

附表 ··· (153)

附图 ··· (154)

第三篇 分 论

第四章 生命与环境的协调演化

第一节 生命的起源与演化 ·· (159)

一、生命的起源 ··· (159)

二、原核生物演化阶段(35亿~20亿年前) ······················ (162)

三、真核生物演化阶段(20亿~6.3亿年前) ····················· (164)

四、多细胞动物辐射演化阶段(6.3亿~5.1亿年前) ············ (166)

五、动植物躯体结构的多样化和复杂化阶段(显生宙5.4亿年以来) ··· (171)

第二节 人类的起源与演化 ·· (184)

一、人类演化的背景 ·· (184)

二、追寻人类的祖先 ·· (190)

三、人类的演化 ··· (194)

四、现代人的起源 ·· (201)

第三节 生物圈与大气圈、水圈和岩石圈的关系 ·················· (206)

一、大气圈、水圈与生物圈的协调演化 ·························· (206)

二、岩石圈与生物圈的协调演化 ·································· (209)

三、地质微生物与地球环境的相互作用 ·························· (220)

四、小结 ·· (222)

主要参考文献 ·· (223)

主要知识点 ·· (228)

思考题 ·· (228)

第五章 重大生物事件

第一节 远古的灾难:生物大灭绝 ·································· (230)

一、生物演化的历程、格局与动因 …………………………………(230)
　　二、大灭绝的含义及研究方法 ……………………………………(233)
　　三、地质历史中的大灭绝事实及其共性 …………………………(235)
　　四、显生宙五次生物大灭绝事件 …………………………………(237)
　　五、大灭绝的形式及其环境背景 …………………………………(239)
　　六、大灭绝的生物学意义 …………………………………………(241)

　第二节　大灭绝的幕后"黑手" ……………………………………(243)
　　一、大灭绝起因研究方法 …………………………………………(243)
　　二、地外原因说及其证据 …………………………………………(244)
　　三、地内原因说及其证据 …………………………………………(246)
　　四、生物内因说及其证据 …………………………………………(250)

　第三节　大灭绝后的生物复苏 ……………………………………(251)
　　一、生物复苏的含义、研究内容和方法 …………………………(251)
　　二、生命起源、生物类群分化、生物复苏和辐射的事实及其异同 …(252)
　　三、大灭绝后的生物复苏过程及生物特征 ………………………(253)
　　四、地史时期的3次生物大辐射事件 ……………………………(254)
　　五、生物复苏的形式及其生态环境意义 …………………………(259)

　第四节　生物兴衰之谜——环境演变与基因突变 ………………(260)
　　一、生物与环境的关系 ……………………………………………(260)
　　二、生物抗灾变的能力 ……………………………………………(262)
　　三、生存策略:基因突变 …………………………………………(265)

　第五节　第六次生物大灭绝会来临吗? ……………………………(267)
　　一、生物多样性现状 ………………………………………………(267)
　　二、当代人类及其相关生物的生存环境现状 ……………………(272)
　　三、放纵的人类活动将引发第六次生物大灭绝 …………………(274)
　　四、人与生物圈可持续发展的对策 ………………………………(276)

　主要参考文献 …………………………………………………………(279)
　主要知识点 ……………………………………………………………(282)
　思考题 …………………………………………………………………(282)

第六章　气候变化

　第一节　气候变化记录与研究方法 …………………………………(285)

一、年代学：气候史书的断代与编年 …………………………………… (285)
   二、沉积记录：气候变化的史书 ………………………………………… (291)
  第二节　气候事件及其致因 ………………………………………………… (302)
   一、前寒武纪的气候事件 ………………………………………………… (302)
   二、古生代与中生代的气候事件 ………………………………………… (306)
   三、新生代的气候事件 …………………………………………………… (312)
  第三节　气候对地球系统的影响 …………………………………………… (315)
   一、气候对水圈的影响 …………………………………………………… (315)
   二、气候对生物圈的影响 ………………………………………………… (319)
  主要参考文献 …………………………………………………………………… (324)
  主要知识点 ……………………………………………………………………… (328)
  思考题 …………………………………………………………………………… (329)

第七章　海平面变化

  第一节　水圈与海平面变化 ………………………………………………… (331)
   一、水圈与海平面的概念 ………………………………………………… (331)
   二、海平面变化的类型 …………………………………………………… (333)
  第二节　海平面变化的解读密码 …………………………………………… (340)
   一、现代海平面变化的观测方法 ………………………………………… (340)
   二、古代海平面变化的识别标志 ………………………………………… (341)
  第三节　海平面变化的古与今 ……………………………………………… (343)
   一、构造尺度的海平面变化 ……………………………………………… (344)
   二、轨道尺度的海平面变化 ……………………………………………… (344)
   三、亚轨道尺度的海平面变化 …………………………………………… (349)
  第四节　海平面变化的致因 ………………………………………………… (352)
   一、构造尺度的气候变化 ………………………………………………… (353)
   二、轨道和亚轨道尺度的气候变化 ……………………………………… (354)
   三、板块开合与超大陆旋回 ……………………………………………… (356)
  第五节　海平面变化的福与祸 ……………………………………………… (357)
   一、构造尺度海平面变化与生物多样性 ………………………………… (357)
   二、当今海平面变化及其自然和社会经济效应 ………………………… (358)

第六节　海平面变化的行动纲领 (360)
　　一、应对气候和海平面变化的知识储备：以史为鉴 (360)
　　二、应对气候和海平面变化的政策策略：气候政策与海岸带综合管理 (362)
　　三、应对气候和海平面变化的行动纲领 (364)
主要参考文献 (365)
主要知识点 (370)
思考题 (370)

第八章　板块构造与岩石圈演化

第一节　什么是板块构造？ (372)
　　一、固体地球圈层结构和岩石圈的含义 (373)
　　二、板块构造及其识别标志 (376)
第二节　板块构造演化和驱动机制 (381)
　　一、两类大陆边缘 (381)
　　二、威尔逊旋回 (382)
　　三、板块构造的驱动机制 (383)
　　四、地体的概念 (384)
第三节　古板块构造的研究方法 (386)
　　一、地质学方法 (386)
　　二、地球化学（岩石大地构造）方法 (387)
　　三、地球物理学（古地磁）方法 (388)
第四节　中国板块构造格局及其在全球背景中的特殊性 (392)
　　一、中国板块构造格局和常用术语 (392)
　　二、从全球视野看中国板块构造的特殊性 (394)
第五节　板块构造的起始和华北克拉通形成 (396)
　　一、初始地球特征和板块构造何时开始？ (396)
　　二、中朝（华北）克拉通的形成过程 (402)
　　三、新元古代雪球地球事件及其地学意义 (405)
第六节　华北克拉通破坏及其地球动力学背景 (409)
　　一、华北克拉通的古生代稳定演化阶段 (409)

X

二、华北克拉通破坏的地质记录 ……………………………… (411)
　　三、华北克拉通破坏的地球动力学背景 ………………………… (412)
第七节　古特提斯多岛洋的构造演化 ……………………………… (414)
　　一、造山带中的洋板块地层学研究方法 ………………………… (415)
　　二、滇西昌宁-孟连带——陆内裂谷还是古特提斯主支？ ……… (416)
　　三、青藏地区古特提斯活动古地理再造 ………………………… (418)
第八节　青藏高原隆升及其对东亚环境的影响 …………………… (423)
　　一、青藏高原的前世今生和新特提斯遗迹 ……………………… (423)
　　二、新特提斯洋闭合和印度板块碰撞过程 ……………………… (424)
　　三、青藏高原隆升过程及其地学意义 …………………………… (426)
第九节　岩石圈的演化 ……………………………………………… (434)
　　一、地球节律与超大陆旋回 ……………………………………… (434)
　　二、超大陆旋回的地球动力学解释 ……………………………… (437)
　　三、岩石圈演化的未来趋势 ……………………………………… (437)
主要参考文献 ………………………………………………………… (441)
主要知识点 …………………………………………………………… (452)
思考题 ………………………………………………………………… (453)

第四篇　结束语

第九章　地球的未来

第一节　地球演化的特征与规律 …………………………………… (457)
　　一、生物史 ………………………………………………………… (458)
　　二、沉积史 ………………………………………………………… (463)
　　三、构造史 ………………………………………………………… (467)
　　四、地球系统 ……………………………………………………… (474)
第二节　地球演化中的几个问题 …………………………………… (475)
　　一、数字地质年代单位"Ma"的功与过 ………………………… (475)
　　二、"将今论古"的功与过 ……………………………………… (477)
　　三、生物史的资料基础不符合"大数定律" …………………… (477)

第三节　地球的未来 …………………………………………………………（478）
　　一、宜居地球的可持续性 ……………………………………………（478）
　　二、地球的终极未来 …………………………………………………（479）
主要参考文献 ………………………………………………………………（484）
主要知识点 …………………………………………………………………（487）
思考题 ………………………………………………………………………（487）

绪论

第一篇

第一章

内容特色和教学建议

在由人类、地月系、太阳系、银河系和总星系构成的"五服"宇宙中,地球是人类的母亲。了解地球的过去,把握地球的现在,知晓地球的未来,从而敬畏自然、保护地球、保护环境、珍爱生命,是每位地球人的责任和义务。知识的传承与创新既需要传道、授业、解惑三合一型的教,更需要勤学、乐学、善学三合一型的学。

第一节　为什么要学习《地球的过去与未来》？

一、地球人与地球

作为地球人、作为地球的土著居民，了解地球的过去、理解地球的现在、知晓地球的未来，是地球人生存和发展的基础，也是保护地球、保护环境、维系人与自然和谐相处、构建人类命运共同体和社会可持续发展的前提，就如同中国人要学习和了解中华民族的历史与文化一样。因此，从这个意义上说，学习《地球的过去与未来》是每个地球人的责任和义务。

二、本书的内容与结构

《地球的过去与未来》以介绍基本的地球科学知识、解读地球史的原理和方法为基础，以时间为主线，从地球系统科学的角度，聚焦地球的生物进化史（生物圈的形成与演化）、沉积发展史（大气圈和水圈的形成与演化）和构造演化史（岩石圈的形成与演化）及其耦合关系与环境、资源效应及与人类社会可持续发展的关联，并试图回答 3 个问题：你（地球和人类）是谁？你从何而来？将向何处去？尽管有关这方面的文献(刘本培和全秋琦，1996；陈建强等，2004，2018，2019；龚一鸣和张克信，2007，2016；童金南和殷鸿福，2007；杜远生等，2022；王鸿祯，1985；龚一鸣，1997；谢树成等，2011；戎嘉余和黄冰，2014)不少，但对于非地质学专业的大学生和社会公众来说，上述文献总体而言内容偏专、偏深、偏细。本书试图在保持科学性的同时，在内容上能有所拓展，拓展的方向是密切地球科学知识与人类社会可持续发展的关联，密切地球的过去和现在与地球未来发展的关联；在通俗性和趣味性上能有所提升，以适应更广泛的读者对象和更多的地球科学爱好者。本书共分 9 章，由 11 位执笔人共同完成(表 1-1)。

第一章"内容特色和教学建议"，简要介绍地球人为什么要学习《地球的过去与未来》、本书的内容特色和组织结构以及学习与教授建议，目的是使读者对本书有扼要的了解，便于采取相应的学习和教授策略。

第二章"地球与揭示地球奥秘的钥匙"、第三章"地质年代表"，相当于本书的总论。这两章既是本书的基础知识介绍，也是解读地球史、揭示地球奥秘必然会涉及的基本概念、原理、方法、定律的简要集成。希望读者通过对这两章的学习，能粗知地球的由来、组成、结构、地质年代表和地球概要的演化历史，认知最基本的地质记录和地质现象,初步建立地球演化的时间概念,感知地球母亲和地球史的博大精深、奥妙无穷,激发对地球、对自然、对科学的兴趣,从而珍爱地球,敬畏自然,保护环境,崇尚科学,追求真理。

表 1-1 《地球的过去与未来》内容安排与组织结构

序号	标题	学时数/个	主笔人	备注
第一章	内容特色和教学建议	2*	龚一鸣	绪论
第二章	地球与揭示地球奥秘的钥匙	6	龚一鸣	总论
第三章	地质年代表	2	袁爱华 龚一鸣	
第四章	生命与环境的协调演化	4	殷鸿福 韩凤禄	分论
第五章	重大生物事件	4	童金南 陈晶	
第六章	气候变化	4	谢树成 杨江海 龚一鸣	
第七章	海平面变化	2	范若颖 龚一鸣	
第八章	板块构造与岩石圈演化	4	刘本培 纵瑞文 龚一鸣	
第九章	地球的未来	2	龚一鸣	结束语
共计		30	11人	四部分

注:*表示建议安排的学时数。

第四章至第八章"生命与环境的协调演化""重大生物事件""气候变化""海平面变化""板块构造与岩石圈演化",相当于本书的分论。这5章分别从生物圈、大气圈与水圈、岩石圈及其圈层耦合的角度详细阐述地球的生物进化史、沉积发展史、构造演变史及地球圈层发展演变的独特性和相关性。与地球的岩石圈、大气圈和水圈相比,生物圈的演化只有不过35亿年的历史,但生物圈演化的复杂性和与人类自身起源演化的密切相关性,使我们在分论部分安排了两章专门阐述生物圈发展演化的特征和规律,这既是以人为本理念的体现,也是为了突出正因为有生物圈才使得地球在太阳系中与众不同。

第九章"地球的未来",以梳理地球史的基本事实为基础,通过总结规律、指出问题和展望未来的方式结束本书,试图给学习者"书已尽,学无止"的触动。

学习《地球的过去与未来》的基本要求或门槛是具有大学本科、专科或高中的科学文化基础"硬件",具备热爱生活、热爱地球、热爱科学("三热爱")的"软件"。

第二节　学习与教授建议

一、知识的传承与创新

知识(也包括技能)是学习与教授的载体和基本目标,知识的传承与创新是科学发展与社会进步永恒的主题。传承是通过学习与教授实现的,传承也是创新的基础。因此,从学与教的角度,可以将知识海洋划分为2层4阶8级:认识(recognize)→知晓(know)→理解(understand)→掌握(grasp)→精通(master)→运用(use/do)→创新(innovate)→原创(create)(图1-1)。认识→知晓→理解→掌握,侧重知识的传承,从认识→知晓→理解→掌握,知识传承的质由低到高,传承的量由少到多;精通→运用→创新→原创,侧重知识的创新,从精通→运用→创新→原创,知识创新的质由低到高,创新的量由少到多。没有高质量的知识传承,难有高质量的知识创新。了解知识传承和创新的特点,将使学习和教授知识的过程与方法更理性、更高效、更有针对性。行动上的执着高效,源于思想上的清晰坚定;"行之力则知愈进,知之深则行愈达"。

知识Ⅰ阶(知识低阶A/知识滨海)包括认识和知晓两级。重复学习和重复记忆是达到知识Ⅰ阶的基本途径。对学生的学习而言,勤奋、刻苦是基础,死记硬背也能奏效。对教师的教授而言,介绍、讲解,甚至照本宣科、满堂灌、填鸭式教学对学生知识Ⅰ阶的学习也都是有效的。学生和教师对认识和知晓层次的知识往往只知其然不知其所以然,知识之间没有建立联系,是孤立的、零散的。为了不被遗忘,只能不断地重复学习、重复记忆。婴幼儿阶段对知识的学习就是通过这种方式实现的。兴趣、好奇、一时冲动和外界的强迫是学习的驱动力。

知识Ⅱ阶(知识低阶B/知识浅海)包括理解和掌握两级。梳理、比较、关联、整合是达到知识Ⅱ阶的主要途径。对学生的学习而言,尽管勤奋、刻苦是必要的,但不是充要的,机械地重复、死记硬背、囫囵吞枣往往事倍功半,甚至是无效的。对教师的教授而言,介绍、讲解配合适量的问答、研讨和互动是必要的,除了针对知识点

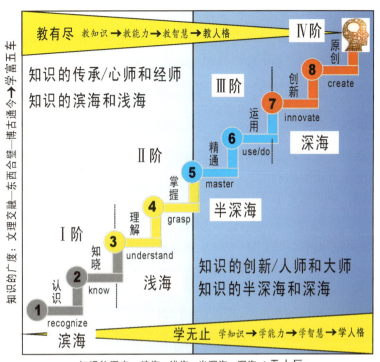

图 1-1 教师学养教艺的广度和深度与教学层次的关系

1~8.知识的海洋可划分为 2 层（Ⅰ~Ⅱ阶为第 1 层，Ⅲ~Ⅳ阶为第 2 层）、4 阶和 8 级；Ⅰ阶(1~2 级).对应知识的滨海和教学层次的念书级；Ⅱ阶(3~4 级).对应知识的浅海和教学层次的讲书级；Ⅲ阶(5~6 级).对应知识的半深海和教学层次的侃书级；Ⅳ阶(7~8 级).对应知识的深海和教学层次的品书级

本身，教师还应对重点、难点、要点型的知识和问题的由来，获取知识和发现问题的过程进行介绍与讲解，介绍知识和问题的非标准答案甚至比介绍标准答案对学生理解与掌握知识更重要。知识之间是有关联的（相关、相容、相克；互补、互佐、互证等），如果说知识Ⅰ阶的知识是一颗颗的珍珠，知识Ⅱ阶的知识就是一条条个性化的珍珠项链。如果学生和教师对知识Ⅱ阶的知识不仅知其然还知其所以然，往往能举一反三、由此及彼、由表及里和触类旁通。学习的驱动力除了兴趣、好奇、一时冲动和外界的强迫外，明确的学习目的、良好的学习态度、理性的学习追求不可或缺。

知识Ⅲ阶（知识高阶 A/知识半深海）包括精通和运用层级。建立起知识之间的联系与结构、理论联系实际、学以致用、动手做、身体力行地实践是知识Ⅲ阶的基本表现形式。对学生而言,学习不能仅仅停留在书本里、头脑中、理论上,而应该将所学的理论知识付诸具体的实践,在学中做、在做中学,通过实践使所学的理论知识更深入、更丰满、更接地气,感悟理论与实践之间的密切联系和差别。对教师而言,教学的目标应该是向学生讲明为什么要实践、如何实践和实践中应该注意的问题以及提出代表性问题的解决对策。随着知识层级的提高,教师教的作用会越来越小,学生学的积极性、主动性和悟性的作用会越来越大。对于精通、运用、创新、原创而言,虽然一分辛劳不一定就有一分收获,但十分辛劳一定会有一分收获。因此,实践—认识—再实践—再认识,一定会使自己的知识层级不断提升。"纸上得来终觉浅,绝知此事要躬行"。

知识Ⅳ阶(知识高阶 B/知识深海)包括创新(如借鉴、移植、嫁接、由此及彼、系统集成,由 1 到 2,3,…,n)和原创(从无到有,从 0 到 1,2,3,…,n)两级。广博的知识基础与精深的知识取向的"联姻"是催生颠覆型创新的双翼(图 1-2),在学习、整合、运用知识过程中的悟性、灵感甚至异想天开则是催生创新的灵魂。知识Ⅳ阶是学习和教授知识的最高境界,外因(如教师教授的优劣程度、学习资源的多少、学习条件的好坏等)的作用越来越小,内因(如学习目标定位的理性和高度,执着、痴迷、百折不挠的目标追求,学习过程的积极性和主动性,学习个体的悟性和灵感等)的

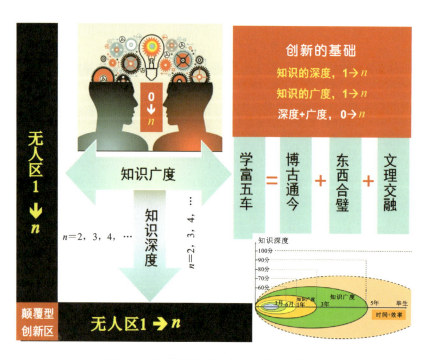

图 1-2 知识的深度和广度与创新的关系

作用越来越大(图1-1)。创新,特别是从无到有的颠覆型创新通常不是直接教出来的,也不是计划的结果,"有心栽花花不开,无心插柳柳成荫"道出了创新,特别是颠覆型创新的不确定性。创新是必然性与偶然性的"联姻",创新是实践、认识、再实践、再认识以及反复历练、悟性和灵感交融碰撞的结果。

从知识Ⅰ阶1级到Ⅱ阶4级是知识的传承,是知识由外在到内化的过程;从知识Ⅲ阶5级到Ⅳ阶8级是知识的创新,是知识由内在到外化的过程。教师教书不仅要教知识,还应该追求教能力、教智慧、教人格,使自己实现由心师(解惑)→经师(授业)→人师(传道)→大师(立德树人)的跨越,"心师、经师易得,人师、大师难求"道出了教书育人和立德树人的不易;学生学习不仅要学知识,还应该追求学能力、学智慧、学人格,使自己实现由学生(勤学)→学霸(好学)→学人(乐学)→学者(善学)的跨越。人师、大师的基本特质是高尚、儒雅、厚博,学人、学者的基本特质是真诚、理性、卓越。

在学习知识的过程中,教师的作用固然重要,但古今中外不胜枚举的自学成才、无师自通的案例表明,教师的教授只是辅助性的,并非不可或缺,学生的学,特别是积极和主动的勤学、好学、乐学、善学才是决定性的。就学习知识过程中的学与教而言,学是1,教的好坏优劣如同1后面0的个数,若1缺位,再多的0也是白搭。因此,作为教师,想方设法地引导学生树立理性、科学的学习目标,调动学生学习的积极性和主动性是教学的第一要务,鱼(知识或真理)渔(获取知识或真理的方法和途径)兼施不失为良方。

在创新知识的过程中,教师的教授、点拨、启迪虽然也能发挥一定的作用,但这种作用是间接的、弱相关的。大量的案例表明,发明创造往往垂青于爱质疑、爱钻牛角尖、爱打破砂锅问到底、爱异想天开、爱标新立异,不迷信权威、不迷信书本,具有质疑和批判精神的学生。因此,有意识地培养和保护具有这种特质的学生,是教师更重要的天职。

二、学习与教授建议

在信息化、慕课、微课、翻转课堂、"互联网+"、人工智能和区块链技术时代,学习的目的(充实→提升→发展→成就自我、他人、国家等)也许与农耕和工业化时代没有太大的差别,但学习的方式、途径、手段却发生了翻天覆地的变化,让随时、随地、随意甚至任性的学习成为可能。互联网与学习的"联姻",使知识的交流、搜寻、整理、加工、创新以前所未有的步伐加速,使每个想学习的个体在知识的大海中快速、高效地"捞针"成为可能。在信息化和"互联网+"时代,学生的学习不仅仅有教师提供的"套餐",也有"自助餐"。如何让自己的学习效率、学习目的在质量和速度上的实现度高于同学或社会的平均水平,结合对《地球的过去与未来》知识的学习,提出"三热爱+三交互"的学习与教授建议。

所谓"三热爱",对学生而言是指热爱地球、热爱科学、热爱学习,这是学习好"地球的过去与未来"这门课的基本"软件"配置。对教师而言是指要有"爱"的基因,即明晰爱什么,知晓为何爱,践行如何爱(图1-3)(龚一鸣,2014,2019)。"三交互"是指在教学的过程中要科学、有序、合理地实施多元要素的互动和切换,即交互式教学资源、交互式教学方式、交互式教学时间的互动和切换。

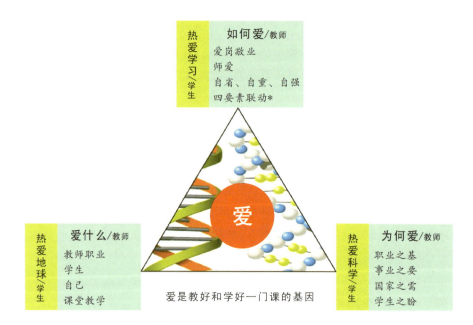

图1-3 教好和学好该课程的基础和要素(据龚一鸣,2014,2019改编)

* 四要素联动:思想上,重视课堂教学,教学优先;战略上,教学科研两手抓,两手都要硬;战术上,用心的课前准备、丰富的课堂过程、及时的课后总结与反思;目标上,统筹好教知识、教能力、教智慧和教人格的关系

1. 交互式的教学资源

教学资源可以分为电子资源(如基于互联网的网上课堂、基本电子资源、扩展电子资源、关于某知识点的微视频等)、纸质资源(如同名配套的纸质教材和相关的纸质参考文献)和课堂教学(如教室、教学班和授课教师三位一体的线下课堂教学)。如果你希望在一学年、一学期或3个月的时间内对地球科学知识,特别是以时间为主线的地球科学知识有系统的了解,可以以互联网的线上课堂学习为先导,如"爱课程"网页的视频公开课"地球的过去与未来",对于在网上课堂学习中发现

的有趣、有理、有用的知识点或还没有完全弄懂的知识点,可以借助纸质教材及其所附参考文献作进一步的扩展,系统、深入地学习。条件允许时,还可以选修同名的公选课或蹭课。这些不同的教学资源具有不同的特色,适应不同的对象。中国地质大学(武汉)开设有"地球的过去与未来""地球科学概论"课程,非地质类大学生可以根据自己的情况选择以任一种教学资源为主、以另外两种教学资源为辅的交互式教学策略。非本校大学生或社会学习者,只能选择与本课程相关的网上学习资源与纸质教材和相关参考文献之间的切换和交互。

2. 交互式的教学方式

尽管教与学的方式多种多样、千差万别,但就学习的目标定位和效果而言,学习方式可以归为4类:快学习与慢学习、碎片型学习与系统型学习、听课和浏览与研讨和实践、线下和线上与线下线上融合型学习。

(1) **快学习**是指在一段相对短的时间内(如数时、数天、数周、数月等),采取专一、突击、速成的学习方式,快速地了解某一门课程或某个知识点的内容。它的突出优点是能快速地实现自己的学习目标或快速满足自己的求知欲和好奇心。它的突出缺点是学得快、忘得也快,学习者通常只知其然不知其所以然。

(2) **慢学习**是指在一段相对长的时间内(如数周、数月、数年等),采取细嚼慢咽、精雕细刻和多管齐下的学习方式,扎实地、系统地、深入地学习某一门课程或某个知识点的内容。它的突出优点是学得慢、忘得也慢,学习者能知其然也能知其所以然。它的突出缺点是耗时长,难以在短期内快速地实现自己的学习目标或满足自己的求知欲和好奇心。快学习充其量只能到达知识Ⅱ阶4级,慢学习有望达到Ⅲ阶6级甚至Ⅳ阶8级。从Ⅰ阶1级到Ⅳ阶8级,外因(如老师教授的优劣程度、学习资源的多少、学习条件的好坏等)的作用越来越小,内因(如学习目标定位的理性和高度,学习过程的积极性和主动性,学习个体的悟性和闻一知十、触类旁通的灵性等)的作用越来越大(图1-1、图1-2)。

(3) **碎片型学习**是指由于主、客观原因,在学习的时间和内容上难以保证足够所需的时长,对某一门课程或某个知识点的内容进行专注或系统或全面的学习,在学习时间和内容上的化整为零是其最大特色。它的突出优点是能充分利用零散、小块甚至垃圾时间(自己精力不够充沛、学习效率不够高的时间段)完成学习任务,提高单位时间内的学习效率,克服因疲劳战、持久战导致学习效率降低。它的最大缺点是容易导致断章取义、蜻蜓点水、囫囵吞枣式的学习效果。

(4) **系统型学习**在学习时间、内容、方式和效果上与碎片型学习正好相反或互补,系统型学习强调学习内容、学习方式、学习时间的整体性和连贯性。从知识的4阶8级来看,系统型学习有利于知识的上阶晋级,也有利于学生感知课程和知识点本身及其之间的独立与关联、完美与残缺,为知识的整合、集成和创新奠定更为坚实的基础。

(5) **听课和浏览**是基本的学习方式,对知识Ⅰ阶(知识低阶A)的学习而言既是基本的,也是有效的学习方式,但这种学习方式容易导致教师主动、学生被动的局面。听课和浏览学习方式的通常表现形式是灌输、填鸭、训教(对教师而言),接受、记忆、理解(对学生而言)。单一的听课和浏览的学习方式无法到达知识的高阶。

(6) **研讨和实践**是听课和浏览学习方式的重要补充,不可或缺,它强调学生能动、主动、互动(龚一鸣等,2008,2012)和参与式学习的重要性。"Tell me, I will forget; show me, I may remember; involve me, I will learn; enlighten me, I can do."的意思与"不闻不若闻之,闻之不若见之,见之不若知之,知之不若行之,学至于行而止矣。"(源自《荀子·儒效篇》)相近。以上的中、英文短语是古今中外的先哲对参与式学习重要性的简明表述。真人之间面对面地就某一知识点和问题开展研讨是教师与学生、学生与学生、个体与群体、群体与群体之间知识的分享、思想的碰撞、智慧的交锋、情感的交流、人格的互砺,不仅有利于知识的上阶晋级,也有利于教师与学生、学生与学生之间在智慧和人格涵养上的提升。实践是学生的手与脑、身与心、形与神的互动,也是体验理论与实际、理性与感性、主观与客观差异程度的唯一途径,实践也是检验科学、知识、真理的唯一标准。听课和浏览与研讨和实践之间的交互和配合,将大大提高教学的效果。

(7) **线下和线上与线上线下融合型学习**。2019—2020年之交,突如其来的新型冠状病毒感染疫情不仅正在改变世界范围内的经济、政治和文化,也正在改变教育、教学的传统和固有理念与方式,"互联网+"教育的理念和技术也正在加速这种改变,由线下和线上教学各自的特征、优缺点和互补性(表1-2)可以预料,线上线下融合型学习必将成为当下和今后的新常态。

3. 交互式的教学时间

就一门课程各章节中的内容和知识点而言,其难易程度和所需学习时间的长短是不同的。重点、难点的课程内容和关键知识点,应尽量安排在自己的黄金时间(精力充沛、心无旁骛、学习效率高的时间)和整块时间段内学习,易学、易懂、一般性、辅助性的课程内容和非关键知识点,应安排在自己的垃圾时间和零碎时间段内学习,这样就能统筹兼顾,提高学习效率,达到事半功倍的学习效果。

表 1-2 线下与线上教学特征比较

序号	类别	线下	线上
1	教学时间	同步,固定	可同步,也可不同步,还可碎片化
2	教学空间	同地,固定	异地,也可同地,在有网络、手机/电脑的环境均可进行
3	教学互动	便捷、直接、真切、实时,情感交流和相互反馈的效果较好,可根据学情实时调整教学的节奏与方式	便捷性、直接性、真切性、实时性与情感交流和反馈的效果较差;师生的问与答具有一对多和多对一的分享性及高频互动性
4	教师备课	主要涉及课程内容和传统教具,如标本、模型、图表、案例等	既要涉及课程内容和传统教具,也要涉及非传统教具,如网络环境、电子设备和应用软件等,网上教学资源的海选与分享更便捷高效
5	课堂教授	有仪式感和互动感,易于催生和调动激情,便于发挥肢体语言和情感对教学内容的表达及对学情的实时管理	仪式感和互动感弱,难以催生和调动激情,不便于发挥肢体语言和情感对教学内容的表达及对学情的管理,实践课效果大打折扣
6	教学资源	可以是实物资源,也可以是电子资源	实物资源和教学场景、情景必须高质量地电子化,并便于网上传递
7	学生学习	以课堂学习为主,以预习和复习为辅,等量学习内容投入的学习时间较线上少,教学内容和情景不可回放	对自觉性高的学生,课前预习、课后复习和扩展性阅读与练习的量明显加大,等量学习内容投入的学习时间较线下多
8	课堂学习	有仪式感和互动感,教师的声音和肢体语言及其情感对学情有实时管理作用,不易开小差,课堂氛围和同学的学习状态对自己有明显影响	缺少仪式感和互动感,教师的声音和肢体语言及其情感难以对学情起到实时管理作用,上课容易开小差,缺少同学间的激励。师生间的互动记录可供反复回放和回味
9	传统与非传统教具	以传统教具为主,且更新迭代较慢	非传统教具更重要,且更新迭代快,需不断学习和与时俱进
10	共享性与"三随性"	缺少共享性,无"三随性"	具有共享性、"三随性"

注:"三随性"指随时性、随地性和随意性。

主要参考文献

陈建强,何心一,李全国,2019.古生物学教程[M].6 版.北京:地质出版社:1-291.

陈建强,王训练,2018.地史学简明教程[M].北京:地质出版社:1-324.

陈建强,周洪瑞,王训练,2004.沉积学及古地理学教程[M].北京:地质出版社:1-278.

杜远生,童金南,何卫红等,2022.古生物地史学概论[M].3 版.武汉:中国地质大学出版社:1-395.

龚一鸣,1997.重大地史事件、节律及圈层耦合[J].地学前沿,4(3):75-84.

龚一鸣,2014.高校教师如何上好一门课[J].中国大学教学(9):22-26.

龚一鸣,2019.大学课堂该教什么[J].中国大学教学(2):37-41.

龚一鸣,史晓颖,童金南,2012.课堂教学中的素质教育:以"地史学"为例[J].中国大学教学(9):59-62.

龚一鸣,童金南,黄定华,等,2008.课堂教学中的角色定位与忌求[J].中国地质大学学报(社会科学版)(增刊):127-132.

龚一鸣,殷鸿福,童金南,等."地球的过去与未来"视频公开课[Z/OL].(2013-6-12)[2021-7-8]. https://www.icourses.cn/web/sword/portal/videoDetail?courseId=ff8080813f69e081013f6a1beb990073#/?resId=ff8080813f69e081013f6a1cc3310077.

龚一鸣,张克信,2007.地层学基础与前沿[M].武汉:中国地质大学出版社:1-310.

龚一鸣,张克信,2016.地层学基础与前沿[M].2 版.武汉:中国地质大学出版社:1-465.

刘本培,全秋琦,1996.地史学教程[M].3 版.北京:地质出版社:1-277.

戎嘉余,黄冰,2014.生物大灭绝研究三十年[J].中国科学:地球科学,44(3):377-404.

童金南,殷鸿福,2007.古生物学[M].北京:高等教育出版社:1-421.

王鸿祯,1985.中国古地理图集[M].北京:地图出版社:图版1~143,说明书1-85.

谢树成,殷鸿福,史晓颖,等,2011.地球生物学:生命与地球环境的相互作用和协同演化[M].北京:科学出版社:1-345.

主要知识点

(1)《地球的过去与未来》的内容与组织结构 content and architecture of Earth's Past and Future

(2)交互式学习 interactive learning

(3)慢学习 intensive learning

(4)快学习 extensive learning

(5)碎片型学习 fragmentary learning

(6)系统型学习 systematic learning

(7)知识的4阶8级 four steps and eight levels of knowledge

思考题

(1)为什么要学习《地球的过去与未来》?

(2)你想象中的地球的过去与未来是怎样的?

(3)你将采用怎样的方式学习本课程?

(4)你认为"三热爱＋三交互"的学习和教授方法有何优缺点?

(5)知识的传承与创新有何异同与联系?

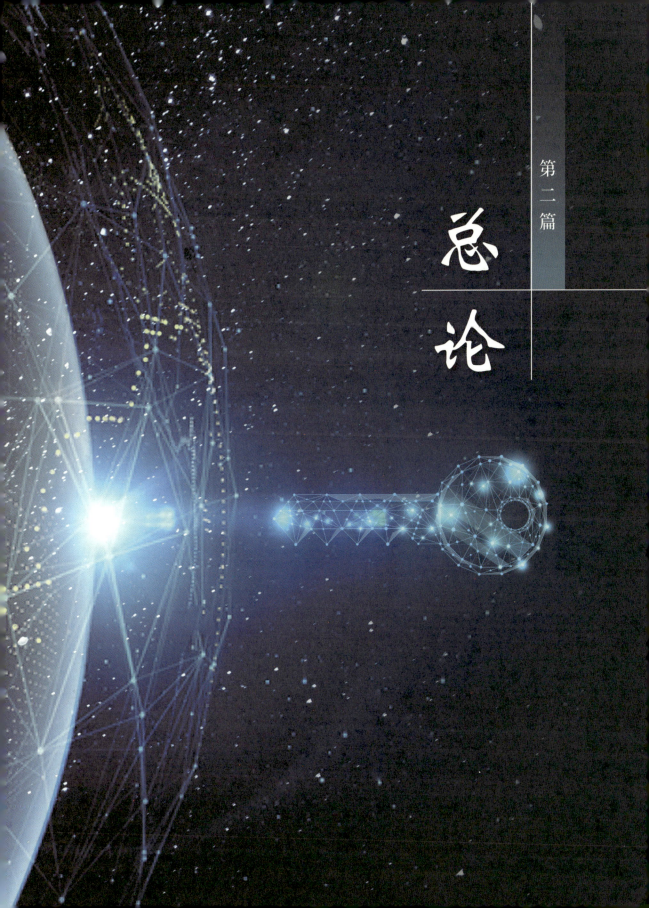

第二章

地球与揭示地球奥秘的钥匙

地球是太阳系中唯一孕育有生命和智慧人类的星球。地球的元素、矿物、岩石和化石等能告诉我们地球母亲众多鲜为人知的身世和奥秘：生命是何时、在何处、以何种方式起源和演化的？气候和海平面会如何变化和影响我们的生活？海陆分布格局和沧海桑田的演变是如何进行的？地球的化石能源是否取之不尽、用之不竭？

第一节 地球:人类的第一故乡

就目前所知,地球是太阳系中唯一孕育有生命和智慧人类的星球,尽管近年(2016年10月12日)有人[俄罗斯商人和纳米科学家罗格阿舍贝利(Lgor Ashurbeyli)等]提出将组建规模达10万人的太空国家——阿斯咖丁(Asgardia)(挪威神话中奥丁神统治的天空名称,太空国家阿斯咖丁的实质是永久性的空间站)计划,但目前乃至今后相当长时间内,地球至少可称得上是我们人类的第一故乡。

随着科学技术的发展,科学家不仅能在地球上,也能从太空观测和研究地球,这使得我们对地球的形状、大小、质量、结构、物质组成、状态和运动特征等的认识愈来愈客观、深入、系统、全面。但有关地球起源和演化之谜仍在不懈的探索之中。如:生物圈、水圈、大气圈和岩石圈起源与演化的时间节点、方式和过程是怎样的?地球的气候一直是现在这个样子吗?未来海水的温度、盐度、pH值会变化吗,会如何变化,这些变化会给地球和我们人类带来什么影响?人类是怎么起源的,是什么时间、在什么地方起源的,是多源起源还是单源起源?地球上的生物为什么都是碳骨架的,有磷骨架和硅骨架的生物吗?人类和地球有末日吗?为了了解地球和人类的过去、把握地球和人类的现在、知晓地球和人类的未来,每个地球人都有必要对地球的基本特征和什么是揭示地球起源与演化的钥匙有所了解。

一、地球的圈层结构

构成地球的物质有4种状态:**固态**,如矿物和岩石以及由此构成的岩石圈;**液态**,如地表水和地下水以及由此构成的水圈;**气态**,如氧气、氮气和二氧化碳气体等以及由此构成的大气圈;**等离子态**,主要位于大气圈上层的电离层,由电子与离子的混合物构成,流星和闪电就是等离子态的实例,太阳等恒星的内部通常都是等离子态的。不同状态的物质有不同的组成、结构和运动方式及其规律。

地球的整体形状接近于一个扁率非常小的旋转椭球体,真实形状略呈梨形,南半球略粗、短,南极向内凹约30 m;北半球略细、长,北极略向外凸出约10 m。地球的赤道半径略长、两极半径略短,极轴相当于扁球体的旋转轴。主要参数:赤道半径 6 378.137 km,两极半径 6 356.752 km,平均半径 6 371.012 km,扁率 1/298.257,赤道周长 40 075.7 km,子午线周长 40 008.08 km,表面积 5.101×10^8 km^2,体积 $10\ 832 \times 10^8$ km^3。地球的质量为 5.98×10^{24} kg,就是约 6×10^{21} t,平均密度为 5.52 g/cm³,第一个称量地球的人是英国科学家亨利·卡文迪许（Henry Cavendish）。

地球具有典型的圈层结构,从地心沿径向方向可以分为地核→地幔→地壳→水圈→生物圈（事实上,生物圈与地壳、水圈和大气圈是部分重合的）→大气圈（图 2-1）。固体地球的结构类似于鸡蛋的结构,即地核/蛋黄→地幔/蛋清→地壳/蛋壳。不同的圈层成分、结构、特征不同。就整个地球而言,元素丰度（又称克拉克值,是指某个对象中元素的质量百分比）前 10 位的元素是 Fe、O、Mg、Si、Ni、S、Ca、Al、Co、Na。地壳中丰度大于 1% 的 8 种元素依次是 O、Si、Al、Fe、Ca、Na、K、Mg,它们的丰度之和大于 98%。

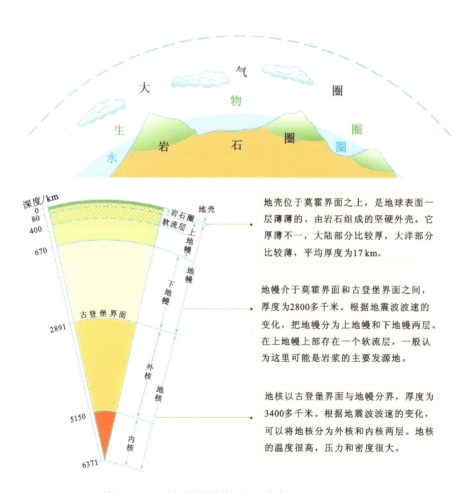

图 2-1　地球的圈层结构和概要特征(据网络图片修改)

二、地球的运动方式：物理、化学和生物运动

地球是一个充满活力、正处于壮年期的行星，具有丰富多彩的运动形式，如自转、公转，地震、火山爆发、板块的开合，风、大气环流、洋流，矿物、岩石、江河湖海等的形成与破坏，生物的诞生、生长、迁徙、死亡等，这些运动方式可以概括为 3 种基本类型：物理运动、化学运动和生物运动（图 2-2）。这些运动涉及的空间尺度不仅有我们熟知的微观（如分子、原子尺度）、宏观（如火山爆发、山川）和宇观（如太阳系围绕银河系的运动），也可能涉及我们目前知之甚少的渺观（≤3×10^{-25} cm）和胀观（distend-cosmic；3×10^6 亿光年）。这些运动涉及的时间尺度从纳秒（如砹^{213}，其半衰期为 125 ns。1 ns＝$1/10^9$ s）到数亿年（如超大陆旋回周期约 6 亿年）。地质作用、地质过程和地质记录就是由这 3 类运动过程和产物构成。

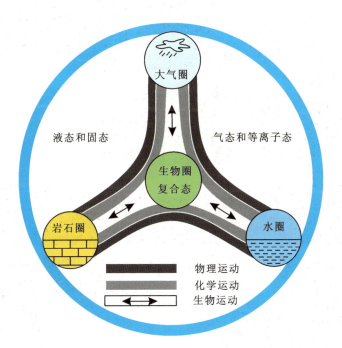

图 2-2　地球的"四态""四圈"和 3 种运动方式（据谢树成等，2006 改编）

地球的自转和公转是地球重要的物理运动形式。地球自西向东自转一周的时间就是我们熟知的一天（$23^h56'$），围绕太阳自西向东公转一周的时间就是我们熟知的一年[$365^d6^h9'10''$（一恒星年，以遥远的恒星为参照）或 $365^d5^h48'46''$（一回归年，以太阳为参照）]。地球自转的角速度到处都是一样的，平均为 15°/h，或 15′/min。地球自转的线速度随纬度和高度的变化而变化，在同一纬度，地球自转的

速度随高度增加而增大,例如在赤道上,高度每增加 100 m,自转速度便增加 26 m/s。两极的线速度为零,赤道上的线速度最大,为 465 m/s。地球围绕太阳公转的轨道是一个扁率为 1/60 的椭圆,轨道近日点为 1.471 亿 km,远日点为 1.521 亿 km,与太阳的平均距离为 1.5 亿 km[1.5 亿 km,即一个天文单位(1AU)],平均线速度为 29.78 km/s,面速度为 1.92×10^{14} km²/d(图 2-3)。

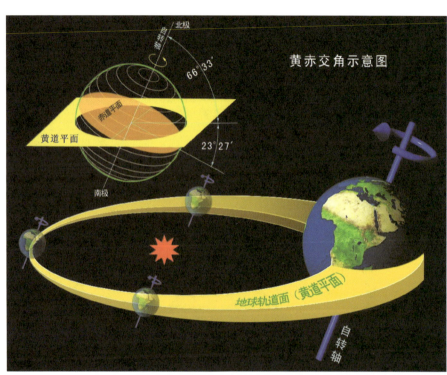

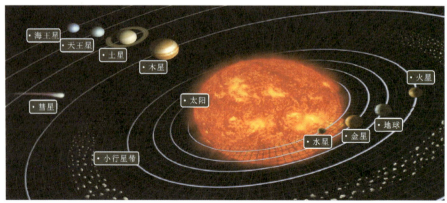

图 2-3 地球的自转和公转与太阳系"大家庭"(图片源于网络)

第二节 矿物:固体地球母亲的细胞

一、什么是矿物?

矿物是指具有一定的化学成分和内部结构、在一定的物理化学条件下相对稳定的天然或人工结晶态的单质或化合物(图 2-4)。矿物是岩石和矿石乃至固体地球的基本组成物质,矿物与固体地球的关系如同细胞与生命的关系,没有矿物就不可能有岩石和固体地球。如我们熟悉的花岗岩主要由石英、长石和云母等矿物组成,碳酸盐岩和大理岩主要由方解石矿物组成。

化学元素是形成矿物的物质基础,化学元素在地壳或固体地球中的分布极不均匀,最多的氧(O)元素与最少的氡(Rn)元素的含量竟相差 10^{18} 倍。在地壳的总质量中,O 占了 46.60%,Si 占了 27.72%,而含量最多的前 8 种元素(O、Si、Al、Fe、Ca、Na、K、Mg)占 98%以上。在地壳中也确实是以 O、Si、Al、Fe、Ca、Na、K、Mg 等元素组成的含氧盐矿物和氧化物矿物分布最广,特别是硅酸盐矿物,占矿物种数的 24%,占地壳总质量的 3/4;而氧化物矿物占矿物种数的 14%,占地壳总质量的 17%。

千姿百态、婀娜多姿的矿物单体和集合体形态是我们了解矿物特性、区分矿物类型最直观和最便捷的鉴定标志。矿物单体的形态根据其在三维空间的发育程度,可以划分为 3 种基本类型:①一向延长型。晶体沿一个方向特别发育,呈柱状、针状、纤维状等,如石英、绿柱石、电气石、角闪石(图 2-4E)和金红石等。②二向延展型。晶体沿二维平面发育成板状、片状、鳞片状等,如云母(图 2-4C)、石墨和重晶石等。③三向等长型。晶体沿三维空间的 3 个方向发育大致相等,呈粒状或等轴状,如橄榄石、石榴子石和黄铁矿(图 2-4L)等。

自然界的矿物大多以集合体的形式产出,集合体的形态取决于单体的形态和集合方式。显晶集合体(phanerocrystalline aggregate)的常见形态有柱状、针状、板状、片状、鳞片状、叶片状和粒状等。除此之外,还常见一些特殊形态的集合体,如纤维状(如石棉、纤维石膏等)、放射状(如天青石等)和晶簇(如石英晶簇等)。隐晶和胶体态集合体(cryptocrystalline and colloidal aggregate)常见形态有分泌体(如玛瑙等)、结核体(如球状、瘤状黄铁矿结核,透镜状、椭球状燧石结核等)、鲕状体、豆状体和钟乳状集合体等。

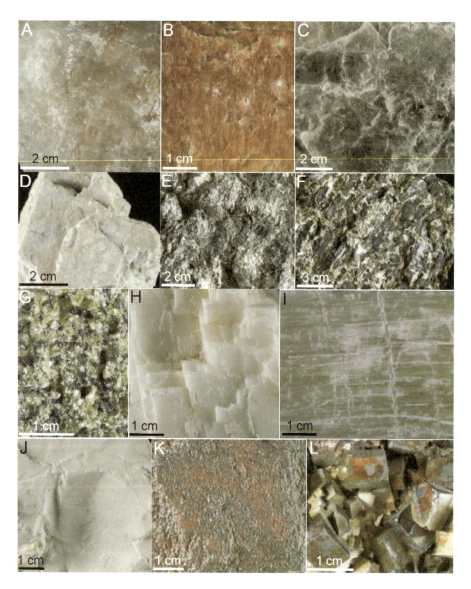

图2-4 常见矿物集锦

A.块状石英,无晶形;B.块状钾长石,无晶形;C.白云母,片状,可见极完全解理;D.斜长石;
E.普通角闪石;F.普通辉石(黑色柱状者);G.橄榄石(浅绿色粒状者),无晶形、无解理;H.方解石;
I.石膏;J.高岭石;K.鲕状赤铁矿;L.黄铁矿

除了上述的形态外,我们还可以从矿物的其他物理、化学特征来鉴别和研究形形色色的矿物。为了精确地了解矿物的特性、鉴定矿物的类别,在很多情况下,我们必须借助各种仪器设备对矿物进行具体和有针对性的研究,但对非专业人员来说,了解和掌握矿物的肉眼鉴定方法就能让我们遨游在多彩多姿的矿物世界里,享受矿物的丰富和神奇带给我们的满足。

矿物的肉眼鉴定是指主要依据矿物的颜色、形态、光泽、解理、硬度等物理性质,借助简单、小型、便捷的工具(如小刀、无釉瓷板和放大镜等)对矿物做出鉴别。一个有经验的地质工作者或矿物爱好者用肉眼鉴定方法可以辨别出百余种常见矿物。由于矿物的肉眼鉴定简便、易行、快速,即使有时很难给出唯一的名称,也可将待定对象缩小到几种可能的矿物范围内,为进一步借助仪器设备的精准定名奠定基础。因此,矿物的肉眼鉴定是地质工作者和矿物爱好者的基本功,有兴趣的读者可以进一步学习有关矿物肉眼鉴定的专门文献(如赵珊茸,2015)。

矿物是构成岩石、矿石和生物骨骼的基本单元,矿物的成分、结构、形貌、物理化学特征和组合记录了岩石、矿石和生物骨骼以及固体地球乃至星球形成演化的过程、特征和历史。因此,矿物的深入研究对我们探索地球、行星、生物的起源和演化具有重要意义。如斯石英专属于高压冲击变质成因矿物,指示陨石冲击作用和陨石坑的存在;通过对岩浆成因锆石的 U-Pb 定年,可以了解岩浆侵入和火山爆发的年代;对碎屑锆石的 U-Pb 定年可以了解板块碰撞、山脉隆升和盆地形成的历史;石英砂岩中的自生海绿石指示其形成于浅海环境等。

不仅如此,形形色色的矿物也是人类赖以生存的重要物质基础。金属矿物、半金属矿物和非金属矿物是我们获取金属、半金属和非金属的原料来源,如磁铁矿、赤铁矿、褐铁矿等是提炼铁的重要矿物载体,自然金、自然铂是提炼黄金、白银、铂金的矿物载体,金刚石、金红石、尖晶石、石榴子石、黄玉等是各种宝石的原料来源。可以毫不夸张地说,没有矿物就没有岩石和地球,没有矿物就不可能有繁衍生息和可持续发展的人类社会!

二、矿物的类型和特征

对形形色色的矿物进行分类是了解、识别和研究矿物的基础,根据来源、成因、成分、晶体结构等都可以对矿物进行分类。根据来源的不同,矿物可以分为地球矿物、月岩矿物、陨石矿物等,它们可统称为宇宙矿物或星球矿物。在实验室或工厂用人工方法制造出来的矿物称为人造矿物(artificial mineral)或合成矿物(synthetic mineral)。根据形成矿物地质作用类型和环境条件的不同,可以将矿物分为内生矿物、外生矿物和变质矿物 3 类以及来源于地球以外或形成于地球天文演化阶段的陨石矿物。

1. 内生矿物

内生矿物是指由内力地质作用(包括岩浆、火山、热液作用)形成的矿物。内生矿物的形成主要受地球内能的驱动，如岩浆的冷凝结晶作用形成的斜长石、角闪石、辉石、橄榄石（图2-4D、E、F、G）、黑云母、正长石和石英等；热液作用形成的黑钨矿、锡石、电气石、黄铜矿、方铅矿、闪锌矿、雄黄、雌黄、辉锑矿、辰砂等。内生矿物由于形成时的温度、压力条件与地表条件相去甚远，因此，在地表条件下，它们通常不稳定、容易风化或变成其他矿物。

2. 外生矿物

外生矿物又称表生矿物，是指由外力地质作用（包括风化、生物、沉积和成岩作用）形成的矿物。外生矿物的形成主要受太阳能、水、大气和生物作用控制。由于外生矿物形成于地壳表层的常温、常压下，矿物成分的特征通常表现为富含氧、水和二氧化碳，矿物类型主要为氧化物、氢氧化物、黏土矿物和其他含氧盐，如玉髓、蛋白石、褐铁矿、鲕状赤铁矿（图2-4K）、铝土矿、硬锰矿、水锰矿、高岭石（图2-4J）、蒙脱石、孔雀石、碳酸盐、硫酸盐、岩盐、钾盐、石膏（图2-4I）和芒硝等。**生物矿物**是外生矿物的重要组成部分，近年来已引起科学家的极大关注。通过生物控制矿化（由生物的生理活动引起，并在空间、构造和化学三方面受生物控制的矿化过程）和生物诱导矿化（由生物的生理活动，如新陈代谢、呼吸作用和细胞壁的建立等引起周围环境物理化学条件改变而发生的矿化过程）形成的天然生物矿物目前已发现70余种，如方解石、白云石、磷灰石、非晶硅（蛋白石）、α-方石英、α-鳞石英、磁铁矿等。它们的共同特征：高度有序的结构、确定的晶体取向、有序的矿物质与有机基质组合、矿物质参与代谢过程。

3. 变质矿物

变质矿物是指近地表和地表以下较深部位已经形成的矿物和岩石，由于构造运动、岩浆和热流体活动的影响，原有矿物和岩石在基本保持固体状态下发生成分和结构上的变化而形成的新矿物。由于温度、压力等物理化学条件改变，原有岩石和矿物在固态条件下发生交代、置换和重结晶是变质矿物形成的本质机理。根据变质作用类型的不同，变质矿物可以分为接触变质矿物和区域变质矿物。接触变质矿物主要分布于岩浆侵入体与围岩的接触带上，温度升高导致围岩和矿物的重结晶或重组是接触变质矿物形成的一种方式，通常形成高温低压矿物，如红柱石、堇青石、硅灰石和透长石等。接触变质矿物形成的另一种方式是围岩与侵入体之间发生物质成分的交代和置换，形成该类接触变质矿物的类型取决于侵入体和围岩的成分，中酸性侵入体与碳酸盐岩的接触带附近，通常形成Ca、Mg、Fe质硅酸盐矿物，如透辉石、钙铁辉石、钙铁榴石、钙铝榴石、符山石、硅灰石、方柱石和金云母等，晚期还出现透闪石、阳起石、绿帘石等含水硅酸盐矿物，同时伴随有磁铁矿、黄铜矿、白钨矿、辉钼矿、方铅矿和闪锌矿等金属矿化，形成矽卡岩矿床（skarn deposit)。区域变质矿物的形成是区域构造运动引起大范围地区发生变质作用,其温度(200～800 ℃)、压力(4×10^8～12×10^8 Pa)和 H_2O、CO_2 等使原岩的矿物成分和结构发生变化的结果。区域变质矿物的类型及其组合取决于原岩成分和区域变质作用的程度。随着区域变质程度的加深,变质矿物向结构紧密、体积小、密度大、不含水的方向演化。

4. 陨石矿物

陨石矿物是指在陨石中发现的矿物。目前已发现的陨石矿物超过 140 种,其中仅 39 种是陨石特有的或地球上未曾发现的矿物,如陨硫铁(FeS/troilite)、陨硫钙石(CaS/oldhamite)、陨氮钛矿(TiN/osbornite)、陨氯铁($FeCl_2$/lawrencite)、磷镁石[$Mg_3(PO_4)_2$/farringtonite]、白磷钙矿[$Ca_{18}Na_2Mg_2(PO_4)_{14}$/merrillite]等。根据光学性质的不同,陨石矿物可以分为不透明矿物和透明矿物,前者如镍铁合金(NiFe)、黄铁矿(FeS)、自然金、自然铜、碳,后者如橄榄石、辉石、长石、石英、方解石、白云石等。由于陨石和陨石矿物携带地球乃至太阳系起源与演化的重要信息,在深空探测如火如荼的现在乃至未来,陨石矿物的研究将越来越引起科学家的重视。

需要指出的是,尽管矿物的分类有不同的方案和目的,目前使用最广的是**晶体化学分类**,依据是矿物的化学成分和晶体结构,这两方面既决定矿物的物理化学特性,也反映矿物的成因、分布和演化。在晶体化学分类体系中,有 8 种不同级别的分类单位:类别、大类、类、亚类、族、亚族、种/变种、亚种,尽管它们的级序结构没有生物分类单位(界、门、纲、目、科、属、种/变种、亚种)那样严格界定和连续完整,但它们之间也是包含关系,并反映化学成分和晶体结构上的类似性或"亲缘性"(表 2-1)。在晶体化学分类体系中,通常将自然界的矿物分为五大类 15 类或族和若干矿物种(表 2-2,图 2-4)

矿物的命名依据如同矿物的分类依据一样也是多种多样的,如矿物的化学成分、形态、物理化学性质、发现该矿物的地名、发现或研究该矿物的人名等,如自然金、钛铁矿、石榴子石、十字石;磁铁矿、橄榄石、红柱石;包头矿、高岭石、张衡矿等。在我国现用的矿物名称中,仍沿用我国古代某些矿物名称(如水晶、雄黄等)和传统的命名习惯:呈金属光泽或主要用于提炼金属的矿物称为"××矿",如黄铜矿、方铅矿、菱铁矿等;具非金属光泽者称为"××石",如方解石、萤石、孔雀石等;宝玉石类矿物称为"××玉",如刚玉、硬玉、黄玉等;呈透明晶体者称为"×晶",如水晶、紫晶、黄晶、烟晶等。

表 2-1　矿物的晶体化学分类体系及与生物分类体系的类比(据赵珊茸,2011 改编)

分类单位/级序/类比		划分依据	举例
矿物	生物		
类别	界	单质或化合物	单质类别；化合物类别
大类	门	自然元素或化合物	自然元素大类；硫化物大类、含氧盐大类
类	纲	自然金属、非金属、半金属元素种类；阴离子或络阴离子种类	自然铜、碳、砷等；硅酸盐类
亚类	目	络阴离子结构	岛状、链状、层状、架状硅酸盐亚类
族	科	晶体结构和阳离子性质	辉石族
亚族	属	阳离子种类	单斜辉石亚族
种/变种	种/变种	一定的晶体结构和化学成分	单斜辉石亚族的透辉石/碳酸盐类方解石族-文石族的铁白云石变种
亚种	亚种	在完全类质同象中根据其所含端元组分的比例划分	磷灰石族的氟、氯、羟、碳磷灰石亚种
8 个级序分类单位			

表 2-2　基于晶体化学分类体系的矿物物种名录举例及简要特征(据赵珊茸,2011 改编)

大类	类/族	矿物物种举例	简要特征
自然元素	自然金属元素类(Cu、Au、Pt)	自然铜、自然金、自然铂	金属原子呈最紧密堆积，具面心立方格子结构，等轴粒状或六方板状，不透明、金属光泽、硬度小、相对密度大、延展性强、电和热的良导体等金属键的特性
	自然非金属元素类(C、S)	金刚石、石墨、富勒烯/足球烯与纳米碳管、自然硫	金刚石：等轴晶系，碳原子间以强共价键相连，极高硬度，金刚光泽，晶形浑圆状，性脆，无色透明或呈不同颜色；富勒烯/足球烯：笼状结构；纳米碳管：管状结构，具极高的强度、极小的密度和神奇的导电、导热等特性
	自然半金属元素类(Bi、As、Sb)	自然铋	三方晶系，呈粒状、片状、块状集合体，浅红的锖色，完全解理，较小硬度，较大密度，灰色条痕，金属光泽

续表 2-2

大类	类/族	矿物物种举例	简要特征
硫化物及其类似化合物	简单硫化物类（阴离子为 S^{2-} 的简单阴离子，仅铜蓝例外）	方铅矿、闪锌矿、黄铜矿、磁黄铁矿、红砷镍矿、铜蓝、辰砂、辉锑矿、辉铋矿、雌黄、雄黄、辉钼矿、斑铜矿、辉铜矿	阴离子 S^{2-} 与阳离子（如 Cu^{2+}、Pb^{2+}、Zn^{2+}、Ag^+、Hg^{2+}、Fe^{3+}、Fe^{2+}、Co^{2+}、Ni^{2+}）之间主要为离子键，类质同象普遍，多为轴晶系或六方晶系，金属色，金属光泽，条痕色深，不透明，硬度多为 2~4，主要为热液作用的产物，在地表容易被氧化
	复硫化物类	黄铁矿、白铁矿、毒砂	双硫或对硫阴离子 $[S_2]^{2-}$ 与阳离子、阴离子团之间为离子键及金属键，双硫阴离子团内为共价键，硬度和密度较大（5~6.5 和>4.2），解理不完全，晶形完好，不透明，强金属光泽，性脆，导电性差
	硫盐类	硫砷银矿、硫锑银矿、脆硫锑铅矿、黝铜矿、砷黝铜矿	硫与半金属元素 As、Sb 等结合成络阴离子团 $[AsS_3]^{3-}$、$[SbS_3]^{3-}$ 等形式，再与阳离子 Cu^{2+}、Ag^+、Pb^{2+} 结合成较复杂化合物，呈铅灰、钢灰、铁黑等金属色，半金属光泽，性脆，结晶细小，物理性质上彼此较难区别
氧化物和氢氧化物	氧化物类	石英、β-石英、蛋白石、赤铜矿、刚玉、赤铁矿、钛铁矿、钙钛矿、金红石、锡石、软锰矿、晶质铀矿、尖晶石、磁铁矿、铬铁矿、黑钨矿	阴离子 O^{2-} 与惰性气体型阳离子 Si^{4+} 和 Al^{3+} 等结合而成的化合物矿物，以离子键为主，随着阳离子电价增加，共价键成分增多。常晶形完好，呈粒状、块状，硬度一般>5.5，以 Mg^{2+}、Al^{3+}、Si^{4+} 等为阳离子的氧化物，常呈浅色、无色，透明或半透明，玻璃光泽
	氢氧化物类	铝土矿、褐铁矿、水镁石、水锰矿、硬锰矿	由 OH^- 或 OH^- 和 O^{2-} 共同形成紧密堆积，晶体结构主要呈层状或链状，密度和硬度较小，常呈细分散胶态混合物，具解理，以 Mg^{2+}、Al^{3+}、Si^{4+} 等为阳离子的氢氧化物，常呈浅色、无色，透明或半透明，玻璃光泽，主要为外生成因

续表 2-2

大类	类/族	矿物物种举例	简要特征
含氧盐	硅酸盐类[(1)、(2)、(3)、(4)分别代表岛状-环状、链状、层状、架状硅酸盐矿物亚类]	(1) 锆石、橄榄石、石榴子石、红柱石、蓝晶石、黄玉、十字石、榍石、绿帘石、绿柱石、堇青石、电气石； (2) 顽火辉石、紫苏辉石、透辉石、钙铁辉石、普通辉石、硬玉、锂辉石、霓石、硅灰石、镁铁闪石、透闪石、阳起石、普通角闪石、蓝闪石、矽线石； (3) 高岭石、蛇纹石、白云母、黑云母、金云母、锂云母、滑石、叶蜡石、蒙脱石、蛭石、绿泥石； (4) 透长石、正长石、微斜长石、歪长石、斜长石、似长石、白榴石、霞石、丝光沸石、方沸石、片沸石、钙十字沸石、菱沸石	主要由 K^+、Na^+、Mg^{2+}、Ca^{2+} 等惰性气体型离子和 Ti、Zr 等部分过渡型离子与络阴离子 $[SiO_2]^{4-}$ 等结合而成，1 个 Si 与 4 个 O 构成的四面体硅氧骨干是硅酸盐的基本构造单元，可以分为岛状-环状、链状、层状、架状结构硅酸盐矿物 4 种类型： (1) 晶体结构紧密、复杂、多样，晶形好，无色或浅色，透明或半透明，玻璃光泽或金刚光泽，硬度通常 >5.5，较大的密度和折射率，均为内生和变质成因； (2) 硅氧骨干的种类和形式复杂多样，其中的部分 Si 常被 Al 替代，呈柱状、板状、针状晶形，发育平行链方向的解理，玻璃光泽，含 Ca、Mg 的颜色浅，含 Fe、Mn 的颜色深，多为内生和变质成因； (3) 多呈单斜晶系，板状、片状、短柱状，一组极完全解理，硬度和密度小，玻璃光泽或珍珠光泽，大都具有吸附性、吸水和加热膨胀性、可塑性和烧结性，以外生为主； (4) 硬度较大，仅次于岛状硅酸盐，色浅，密度较小，折射率较小
	碳酸盐类	方解石、白云石、菱镁矿、菱铁矿、文石、孔雀石、蓝铜矿	Ca^{2+}、Mg^{2+}、Fe^{2+} 等阳离子与碳酸根阴离子 $[CO_3]^{2-}$ 以离子键结合而成，柱状、板状、菱形晶形，白色、无色，含过渡型离子时呈不同颜色，玻璃光泽，硬度、密度较小
	硫酸盐类	重晶石、天青石、石膏、硬石膏	Ca^{2+}、Mg^{2+}、Fe^{2+}、Ba^{2+}、Sr^{2+} 等阳离子与硫酸根阴离子 $[SO_4]^{2-}$ 以离子键结合而成，硫氧四面体有岛状、环状、链状和层状 4 种结构类型，以岛状结构为主，粒状、板状、灰白色、无色，含 Cu、Fe 者呈蓝色和绿色，以玻璃光泽为主，透明至半透明，硬度小，密度除含铅、钡和汞者较大外，一般属中等，主要为外生矿物

续表 2-2

大类	类/族	矿物物种举例	简要特征
含氧盐	磷酸盐类	磷灰石	Ca^{2+}、Sr^{2+}、Pb^{2+}、Ce^{3+}、La^{3+}等阳离子与磷酸根阴离子$[PO_4]^{3-}$以离子键结合而成,六方晶系,呈板状、柱状和粒状,颜色较鲜艳,透明至半透明,以玻璃光泽为主,硬度和密度中等,解理不发育,加热后可出现磷光,性脆
含氧盐	钨酸盐类	白钨矿	Ca^{2+}、Fe^{2+}、Pb^{2+}等阳离子与钨酸根阴离子$[WO_4]^{2-}$以离子键结合而成,晶体呈四方双锥或板状、粒状、块状,黄白色、浅紫色,油脂光泽或金刚光泽,透明至半透明,中等解理,密度、硬度较大,性脆,具发光性
含氧盐	硼酸盐类	硼镁铁矿	Ca^{2+}、Mg^{2+}、Na^{2+}等阳离子与硼酸根阴离子$[BO_3]^{3-}$或$[BO_4]^{5-}$以离子键结合而成,硼氧三角形或四面体有岛状、环状、链状、层状、架状5种结构类型,矿物形态多样,以白色、无色或浅色为主,透明,玻璃光泽,硬度、密度小,含铁与锰者色深、透明度降低,主要为外生矿物
卤化物	萤石族	萤石(氟石)	Ca^{2+}、Mg^{2+}等阳离子与阴离子F^-以离子键结合而成,等轴晶系,主要呈立方体或八面体,颜色多样,加热时可褪色,玻璃光泽,解理完全,硬度4,密度$\geqslant 3.18 \text{ g/cm}^3$,性脆,熔点$\geqslant 1270 \text{ ℃}$,具有发光性,热液或沉积成因
卤化物	石盐族	石盐、钾盐	Na^+、K^+等阳离子与阴离子Cl^-以离子键结合而成,等轴晶系,主要呈立方体或八面体,无色透明者少,因含杂质颜色多样,玻璃光泽,解理完全,硬度$2.0 \sim 2.5$,密度$2.1 \sim 2.2 \text{ g/cm}^3$,性脆,易溶于水,有咸味,熔点804 ℃,主要为干旱蒸发成因

三、矿物的演化

目前地球上已知的矿物种类有 6000 余种。自地球起源至今,地球矿物像生物一样,也经历了从无到有、从少到多、从简单到复杂的发展演变过程,并且矿物的演化与生物圈、大气圈、水圈和岩石圈的演化息息相关。水、氧、生物和板块构造在地球矿物的形成与演化中扮演了重要角色,特别是前三者对地球矿物多样性的贡献最为显著。根据矿物种类的多样性和特征,矿物的演化可以划分为 5 个大阶段和 12 个小阶段(图 2-5)。尽管矿物的演化不如生物的演化那样在阶段性与连续性、区域性与全球性、量变与质变、常态与戏剧性方面丰富多彩和瞩目,但矿物类别和多样性演变的不可逆性从另一个侧面、从更长的时间尺度上、从地球表生与深部过程的耦合上示踪了地球的起源和演化。矿物的起源和演化不仅远远早于生命的起源和演化,也早于地球的形成和演化。因此,探索矿物的起源和演化,特别是地球上生命出现以前的地球乃至太阳系的历史具有生物、大气、水等载体无法比拟的优势。

1. 陨石矿物大阶段(Ⅰ)

>4600 Ma(冥古宙之前),为地球天文演化的矿物记录阶段,累计矿物种类约 250 种(Hazen and Ferry,2010)。在这个阶段,还没有发生内力和外力地质作用的条件与舞台,矿物主要是宇宙源的球粒陨石矿物(约 60 种)和遭改造的无球粒陨石矿物(约 250 种),如橄榄石、顽火辉石、钛辉石、奥长石等。

2. 内生矿物大阶段(Ⅱ)

4600~3500 Ma(冥古宙—古太古代早期),为地球早期演化的矿物记录阶段,累计矿物种类有 1000 余种(Hazen and Ferry,2010)。在这个阶段,生命尚处于孕育阶段,大气圈和水圈中几乎不含游离的氧,在地表和近地表环境还没有生物和氧参与矿物的形成与改造,以内生矿物的火成岩矿物(350~500 种)和伟晶岩矿物(约 1000 种)为主。

3. 贫氧贫生物矿物大阶段(Ⅲ)

3500~2350 Ma(古太古代早期—古元古代早期),为地球生命起源和演化早期、游离氧缓慢积累第 1 阶段的矿物记录阶段,累计矿物种类约 1500 种(Hazen and Ferry,2010)。在这个阶段,生命尚处于原始阶段,仅有原核生物(如蓝细菌),自养生物光合作用的能力有限,游离氧的积累仍以光化学分解为主,游离氧和生物参与矿物的形成和改造的能力很弱,在外生矿物中以贫氧厌氧矿物为主。在这一阶段,由于板块构造的出现和陆核的形成(图 2-5),与板块构造密切相关的高温低压变质矿物和低温高压变质矿物开始出现,为矿物多样性的增加做出了贡献。陨石矿物、内生矿物、变质矿物和外生矿物在地球上首次出现共存的局面。

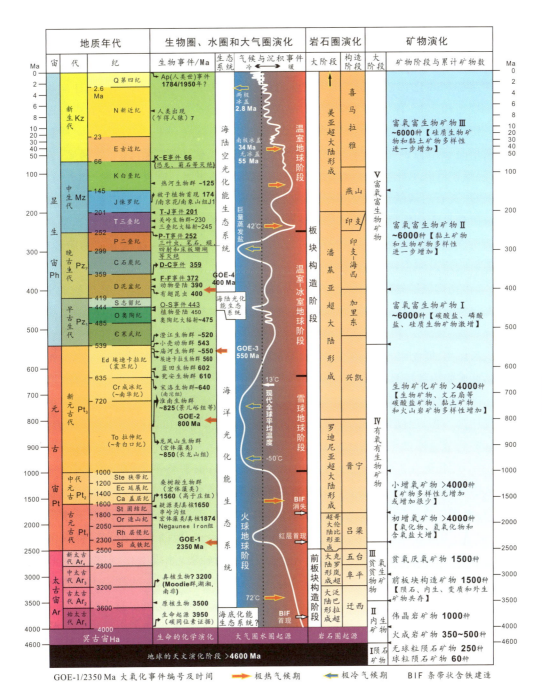

图 2-5 矿物演化与地球多圈层演化的关系

(据王鸿祯等,2000;Ruddiman,2008;Dahl et al.,2010;Hazen and Ferry,2010;杨巍然等,2012;Maruyama et al.,2014;中国地层表,2014;史晓颖等,2016;Gradstein et al.,2017;ICS,2022 等资料编制)

4. 有氧有生物矿物大阶段（Ⅳ）

2350~539 Ma（古元古代早期—新元古代末期），为地球原核生物大发展、真核生物起源和演化、3次大氧化事件、游离氧快速积累的矿物记录阶段，累计矿物种类猛增至约4000种（Hazen and Ferry，2010）。在这个阶段，影响矿物形成和改造的关键因素是3次大氧化事件和真核生物的出现与演化（图2-5），外生矿物种类的激增是该阶段的重要特征，如氢氧化物（褐铁矿、铝土矿、水锰矿、菱锰矿、软锰矿、硬锰矿等）、氧化物（如蛋白石、赤铜矿、锑华和铋华等）、碳酸盐矿物（如方解石、白云石、文石）、磷酸盐矿物（如氟磷灰石、氯磷灰石、羟磷灰石和钙磷灰石等）和外生成因的黏土矿物（如高岭石和蒙脱石等）。根据氧和生物参与形成矿物类型和程度的不同，有氧有生物矿物大阶段可进一步划分为3个阶段：初增氧矿物阶段、小增氧矿物阶段和生物矿化矿物阶段。

（1）**初增氧矿物阶段**（Ⅳ-1，2350~1800 Ma）：显著特征是随着真核生物的出现和光化学分解作用对氧的积累，氧的含量在大气和水体中急剧增加，化学风化、生物风化和基于此的沉积作用与成岩作用也显著增强，这种外力地质作用的增强必将导致氢氧化物、氧化物、碳酸盐和磷酸盐类矿物的急剧增加，红层在地球上首现，使地球上累计矿物的数量由贫氧贫生物矿物大阶段的约1500种急剧增加到约4000种。

（2）**小增氧矿物阶段**（Ⅳ-2，1800~1000 Ma）：显著特征是大气圈和水圈中氧含量增加不多，温度持续偏高，碳、硫、氮的循环偏弱，原核和真核生物的演化迟缓，累计矿物数量增加不明显。

（3）**生物矿化矿物阶段**（Ⅳ-3，1000~539 Ma）：显著特征有4个。**其一**，地球进入雪球地球（Snowball Earth）期，冰雪不仅覆盖地球的高纬度地区，也覆盖到了赤道，海洋中冰层厚度达1000 m左右，地球地表温度降至-50 ℃。由于冰雪覆盖，地球上的光合作用、生物和化学风化作用近乎停止，但随着火山作用释放出的二氧化碳和甲烷等温室气体的积累，地球气候逐渐转暖，冰雪融化，温度一度升至+50 ℃，海洋中碳酸盐沉积（盖帽碳酸盐：在雪球地球期沉积的冰碛岩之上直接覆盖的碳酸盐岩）广布，这种大幅度的温度变化在雪球地球阶段至少发生过两次。剧烈的地球环境变化，加速了真核生物的演化，也催生了后生生物的大爆发和生物矿物（如碳酸盐矿物和磷酸盐矿物等）的激增。**其二**，地球上出现第二次和第三次氧化事件（~800 Ma和~550 Ma），使地球大气圈和水圈中氧的含量进一步增加，接近或达到显生宙的水平。大气和水体中氧含量的增加和温度的升高加速了风化作用与沉积作用的进行，催生氢氧化物（如褐铁矿和铝土矿等）、氧化物（如赤铜矿、锑华和铋华等）、碳酸盐矿物（如方解石、白云石、文石等）、磷酸盐矿物（如氟磷灰石等）和外生成因黏土矿物（如高岭石和蒙脱石等）丰度和多样性的增加。**其三**，罗迪尼亚超大陆(Rodinia)的聚散(聚合高峰期～850 Ma)。大量的研究表明,超大陆的聚合将大大提升陆上风化作用向海洋输送营养盐的能力,从而改善海洋生物的营养结构,促进海洋生物在营养级、丰度和分异度上的增加。超大陆的裂解导致被动大陆边缘和裂谷盆地的大量形成,进而催生有机质的大量埋藏,从而有效减少氧的消耗量,促进大气和水体含氧量的累积和上升。科学家推测,超大陆裂解期有机质的埋藏速率远大于现代,可能是导致第3次大氧化事件的重要推手。**其四**,在本阶段的后期,出现具壳生物(如小壳动物群),生物矿化作用显著增强,开创了生物造岩(生物矿物、生物骨骼直接形成岩石)的先河。

5. 富氧富生物矿物大阶段(V)

539～0 Ma(寒武纪—第四纪),生物和氧最大限度地参与矿物的形成和改造,重大生物事件和氧化事件为矿物多样性的丰富多彩继续发挥重要作用,累计矿物种类增至约6000种。根据重大生物事件和大氧化事件对矿物形成和改造的贡献,富氧富生物矿物大阶段可划分为3个阶段,即V-1、V-2和V-3(图2-5)。

(1)富氧富生物矿物阶段Ⅰ(V-1,539～400 Ma):寒武纪大爆发和带壳生物的大量出现以及奥陶纪生物大辐射使得生物矿物的多样性进一步增加是该阶段最显著的特征,碳酸盐、磷酸盐和硅质生物矿物的种类进一步增加。

(2)富氧富生物矿物阶段Ⅱ(V-2,400～145 Ma):第4次大氧化事件、动植物大举向陆地进军和潘基亚超大陆的聚散是该矿物阶段的显著特征。第4次大氧化事件使大气和水体中氧含量进一步增加,动植物征服陆地,森林生态系统的形成和潘基亚超大陆的聚合都极大地提升了陆地风化作用的强度和地表径流向海洋输送营养盐的能力,也促进了陆生和海生生物的进一步发展,使有机矿物和黏土矿物的种类进一步增加,特别是有机矿物中的有机酸盐类矿物(如草酸铁矿、草酸钙石和蜜蜡石等)、碳氢化合物矿物(如白脂晶石、晶蜡石和黄地蜡等)、氧化的碳氢化合物矿物(如海松酸石、烟晶石和尿素石等)和有机准矿物(如琥珀、煤和沥青等)的种类与数量进一步增加。潘基亚超大陆的形成和地表极高温度导致大陆内部巨量蒸发盐类矿物与矿床的形成。

(3)富氧富生物矿物阶段Ⅲ(V-3,145～0 Ma):被子植物的出现和大发展、海洋浮游生物大爆发和至少经历了两次极热气候期、潘基亚超大陆快速裂解和美亚超大陆形成的序幕开启是该矿物阶段的重要特征。这些重大的地质事件和地质过程进一步促进了生物矿物、黏土矿物丰度和多样性的增加。高智慧人类的出现不仅能寻找、鉴定形形色色的矿物,还可以在实验室模拟和制造多种多样的人造矿物,揭示矿物形成的物理、化学和生物条件及不同时空尺度的演化及其与地球系统演化的关系。

第三节　岩石：固体地球大厦的砖块

一、什么是岩石？

岩石是天然产出的、由一种或多种矿物或其他物质（如火山玻璃和生物残骸等）构成的固态集合体。从地球以外天体降落到地球上的岩石称为陨石。人工合成的矿物集合体（如陶瓷等）称为工业岩石。根据特征和形成环境条件的不同，可以将岩石分为三大类：岩浆岩、沉积岩和变质岩（表2-3，图2-6）。

表2-3　岩浆岩、沉积岩和变质岩的主要特征与识别标志

（据朱筱敏，2008；桑隆康和马昌前，2012等资料编制）

类别 特征	岩浆岩/火成岩	沉积岩	变质岩
大类	侵入岩、喷出岩；超基性岩、基性岩、中性岩、酸性岩；超镁铁质岩、镁铁质岩、中性岩、长英质岩	陆源碎屑岩、内源沉积岩、火山碎屑岩；自生沉积岩、他生沉积岩	区域变质岩、接触热变质岩、接触交代变质岩、动力变质岩、气液变质岩和冲击变质岩；面理化变质岩、无面理或弱面理化变质岩
产状与分布	大都不呈层状产出，仅部分火山碎屑岩和熔岩可呈层状产出，主要分布于活动大地构造单元和板块的基底中，呈岩基、岩株或岩脉产出	呈层状产出，在不同时空尺度上均可显示出成层性，在各类沉积盆地和大地构造单元的盖层中分布广泛	由沉积岩变成的变质岩通常呈层状，由岩浆岩变成的变质岩通常不呈层状，主要分布于造山带或结晶基底中，或沿深大断裂带和岩体的接触带分布
特征构造	块状、斑杂构造，流面、流线构造，晶洞、晶簇构造，原生节理构造，气孔、杏仁构造，流纹、枕状、柱状节理构造等	层理、波痕、雨痕、雹痕、干裂、冲刷、充填构造；砂、泥、油火山构造；盐类假晶构造、鸟眼构造、结核、缝合线；生物构造等	板状、千枚状、片状、片麻状构造，拉伸线理、变余层理、波痕、枕状、气孔、杏仁构造等

续表 2-3

类别 特征	岩浆岩/火成岩	沉积岩	变质岩
特征结构	全晶质、半晶质、玻璃质结构；等粒、不等粒结构；斑状、似斑状结构；熔蚀、暗化边结构；自形、半自形、他形粒状结构；粗面结构、辉绿结构、文象结构等	碎屑（砾、砂、粉砂、泥状）结构、颗粒结构、生物骨架结构、结晶结构等	变晶、交代、变形结构、变余结构，碎裂、糜棱结构、角岩结构等
特征组分	在超基性岩和基性岩中，橄榄石、辉石等常见，在中性岩和酸性岩中角闪石、石英、长石、黑云母等常见	动植物化石，黏土矿物，方解石、白云石、燧石、海绿石，石膏，石盐，铁、锰、铝等的氧化物和氢氧化物，鲕粒、核形石、叠层石等	红柱石、蓝晶石、矽线石、石榴子石、十字石、硅灰石、石墨、绿帘石、透闪石、阳起石等
概况	约 150 种；约占大陆岩石出露面积的 7%，约占地壳岩石体积的 65%、总质量的 95%	约 50 种；约占大陆岩石出露面积的 75%，约占地壳/岩石圈体积的 5%，平均厚度约 1800 m；全世界矿产蕴藏量的 80% 在沉积岩中	约 200 种；约占大陆岩石出露面积的 18%，约占地壳岩石体积的 30%

二、岩浆岩

岩浆岩又叫火成岩，是由来自地球深部炽热的岩浆冷凝固结而成的岩石。岩浆岩包括岩浆在地下深处缓慢冷凝结晶而成的侵入岩（图 2-6A～C）和岩浆经由火山口喷出直达地表和近地表冷凝而成的喷出岩（又称火山岩）（图 2-6D～F）。由此可见，岩浆岩的母体是岩浆，岩浆作用的产物是岩浆岩。

（一）岩浆与岩浆作用

岩浆是在地幔或地壳深处形成，炽热、黏稠，以硅酸盐为主要成分，赋含挥发分和晶体的熔融体。岩浆可以全部由液相的熔体组成，也可以是熔体、固体和挥发分（如 H_2O、CO_2、S、F、Cl_2 等）的混合物，其温度大都在 800～1200 ℃ 范围内，近地表的密度为 2.3～3.0 g/cm³，黏度为 10^{-1}～10^{11} Pa·s（水的黏度为 1×10^{-3} Pa·s）。尽管岩浆的成分以硅酸盐为主，但也发现有碳酸盐等成分的岩浆。在地表，1 m 厚的玄武岩岩浆全部凝固约需 12 d，10 m 厚的约需 3 a，700 m 厚的约需 900 a；在地

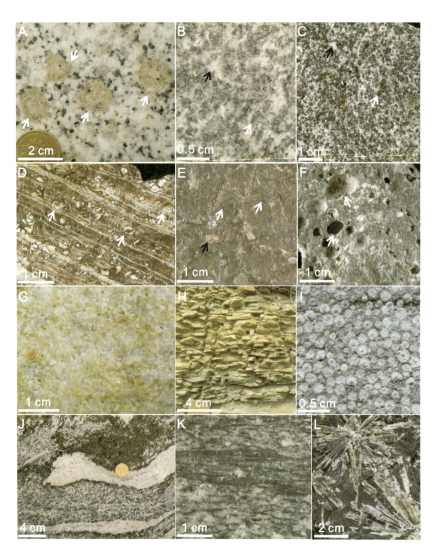

图 2-6 岩浆岩(A~F)、沉积岩(G~I)和变质岩(J~L)集锦

A~C.侵入岩；D~F.喷出岩。A.斑状花岗岩,似斑状结构,斑晶(钾长石,白色箭头所指)和基质均为全晶质；B.闪长岩,半自形粒状结构,主要成分为角闪石(白色箭头所指)和斜长石(黑色箭头所指)；C.辉长岩,辉长结构[辉石(白色箭头所指)和斜长石(黑色箭头所指)均呈半自形粒状,互相穿插,不规则排列]；D.流纹岩,具流纹构造(主要由不同颜色的条带构成)和珍珠构造(白色箭头所指)；E.安山岩,具斑状结构,斑晶为斜长石(黑色箭头所指)和角闪石(白色箭头所指)；F.玄武岩,具气孔构造(白色箭头所指)；G.石英砂岩,粗粒砂状结构；H.页岩,具水平层理构造；I.鲕粒灰岩,鲕状结构；J.混合片麻岩,具片麻状构造和由基体(深色部分)与脉体(浅色部分)组成的条带状构造；K.糜棱岩,糜棱结构,条带状构造；L.红柱石角岩,斑状变晶结构,变斑晶为菊花状红柱石,角岩结构

下深处,2000 m厚的花岗岩岩席完全结晶约需64 000 a,8 km厚的花岗岩岩基约需10 Myr(有关Myr、Gyr和kyr等时间的缩写规范和含义详见本书第三章第106页的脚注)才能固结。我们把岩浆侵位于地下深处的过程称为岩浆的**侵入作用**,其物质记录就是侵入岩;而把岩浆喷出到地表和近地表的过程称为**火山作用**,其物质记录就是火山岩。岩浆从源区产生、分异、上升、侵位于地下深处和喷出到地表,最后冷凝、固结成岩浆岩的全过程统称为**岩浆作用**。

(二)岩浆岩的产状和相

岩浆岩的产状是指岩浆岩体的大小、形态和与围岩的接触关系。**岩浆岩的相**是指岩浆岩形成时的地质环境及其对应的岩石和岩体特征的总和。根据产状,岩浆岩可以分为侵入岩和喷出岩,前者可进一步分为深成岩(图2-6A~C)和浅成岩,后者可分为火山熔岩(图2-6D~F)和火山碎屑岩。

1. 侵入岩的产状

根据侵入岩体的大小、形态和与围岩的接触关系,通常将侵入岩体划分为岩基、岩株、岩墙、岩脉、岩盆、岩盖和岩床,前四者为不协调侵入体,后三者为协调侵入体。**岩基**,最大的巨型侵入体,出露面积大于100 km^2,其边部多向外倾,向下变大。岩基的主体岩性多为花岗岩类岩石,如美国西部的海岸山脉岩基。**岩株**,出露面积小于100 km^2,其形态特征与岩基类似,如北京周口店地区的房山岩体(花岗闪长岩)。**岩墙**,近于直立、厚度稳定、长度远远大于宽度的不协调板状侵入体,如大洋中脊扩张环境下的基性岩墙群。**岩脉**,通常是与岩浆热液活动有关的产物,规模小,多充填于围岩的裂隙中。**岩盆**,中央略微下凹、呈盆状或漏斗状的协调侵入体。通常规模较大,直径可达数十千米至数百千米,由密度较大的层状镁铁质—超镁铁质岩组成,世界上的Cr、Ni和Pt族元素、钒钛磁铁矿床主要产于岩盆中,如我国四川攀枝花含钒钛磁铁矿的辉长岩体,其产状为岩盆。**岩盖**,蘑菇状、伞状、小型协调侵入体。岩盖的侵位深度一般小于3 km,围岩通常为产状平缓、未变质的沉积岩,岩性以中性为主。**岩床**,又称岩席,为厚度均匀、近水平产出、面积大、厚度小的协调侵入体,岩性通常为基性岩和超基性岩。

侵入岩与围岩之间存在3种接触关系:侵入接触、沉积接触和断层接触。**侵入接触**是指岩浆侵入先存围岩的现象。在侵入岩体的边缘通常可见冷凝边和**捕虏体**(围岩碎块),在围岩与侵入体接触部位的围岩一侧,通常可见烘烤边。当侵入岩体规模较小时,冷凝边、烘烤边和捕虏体一般不发育。**沉积接触**是指侵入岩体形成后,由于构造抬升和剥蚀使侵入体直接出露地表遭受风化剥蚀,而后再被沉积地层所覆盖。显然,侵入体与围岩(沉积地层)之间为冷接触,在侵入体与沉积地层的接触部位可见古风化壳,在沉积地层的底部可见来自侵入体的砾石或组分,表明侵入体形成早,沉积地层形成晚,这与侵入接触表明的时间关系正好相反。**断层接触**是指侵入体与围岩之间存在断层,是侵入体在侵入时或其后发生断裂作用所致。侵入体与围岩之间的接触面是一个相对软弱的面,容易受到同期和/(或)后期构造作用的利用和影响。

2. 侵入岩的相

侵入岩的相通常划分为3种类型:浅成相、中深成相和深成相。其中,浅成相的岩石相当于浅成岩,中深成相和深成相的岩石相当于深成岩。**浅成相**侵入体的侵入深度为0~5 km。侵入体的规模较小,常见岩墙、岩床、岩盖、小岩株和隐爆角砾岩体等,岩体中可见晶洞构造,边部可见冷凝边,与围岩多呈不协调接触,岩石具细粒、隐晶质结构和斑状结构,斑晶可具熔蚀或暗化边结构,浅成相的小型侵入体常与金属矿产的形成有关。**中深成相**侵入体的侵入深度为5~15 km。侵入体的规模较大,呈岩株、岩盆或岩基产出,也有岩盖和岩墙等小型侵入体。岩体组成一般不均匀,岩石具中粒、中粗粒结构和似斑状结构,斜长石环带不发育,石英为他形低温石英。接触变质带较宽,常见矽卡岩带,可形成各类接触变质和高温热液矿床。**深成相**侵入体的侵入深度大于15 km。侵入体的规模大,呈岩基或岩株产出,围岩为区域变质的结晶片岩、片麻岩类,岩体的岩性主要为花岗岩类,交代结构发育,斜长石无环带,岩体无冷凝边,围岩无接触变质带,与围岩多呈渐变过渡关系。

3. 喷出岩的产状

喷出岩的产状主要取决于火山的喷发方式,通常将火山的喷发方式划分为3类:裂隙式、中心式和熔透式。**裂隙式火山喷发**是指岩浆沿线状大断裂或裂隙群通道上升喷出地表,主要发育于大陆裂谷和大洋中脊等大型伸展(拉张)构造环境,以溢流型喷发为主,喷发物多为黏度较小的超基性—基性岩浆,以玄武岩为主。陆上喷发的熔岩流常可见波状、绳状构造,水下喷发常发育枕状构造。裂隙式喷发通常形成大面积分布的熔岩被、熔岩台地和高原玄武岩,形成大火成岩省,通常与地幔柱作用有关。**中心式火山喷发**是指源自同一岩浆房的岩浆沿颈状通道上升经火山口喷出。玄武质岩浆因黏度小,多为夏威夷型喷发(Hawaiian type,平静溢流的喷发方式),形成大面积的熔岩流和各种地貌单元,如熔岩台地、熔岩湖、盾形火山和海山等。中性岩浆的黏度大于玄武岩,多为斯通博利型喷发(Strombolian type,溢流兼有爆发的喷发方式),熔岩流厚而短,也可以形成由火山碎屑和熔岩交替构成的高大、陡倾角(可达40°)的混合火山锥,如日本的富士山火山,直径达38 km,高3800 m。酸性岩浆的黏度大、挥发分含量高,以强烈的爆发式喷发为主,喷发物主要为火山碎屑与蒸汽混合的火山碎屑流,其喷发柱的顶端可达大气圈的平流层,细粒的火山碎屑物可以被搬运到数百千米至数千千米之外,火山碎屑物可以形成各种地形和地貌单元,如火山碎屑锥和破火山口等。根据喷发强度和形成的火山碎屑含量的不同,这种以酸性岩浆为主的喷发可进一步细分为卡特迈型喷发(Katmai type,最强烈爆发,火山碎屑的含量达100%)、普林尼型喷发(Pulinian type,强烈爆发,火山碎屑的含量达90%)和乌尔加诺型喷发(Vulcanian type,较强烈爆发,火山碎屑的含量为60%~80%),前两类由于大量火山物质的抛出,常形成塌陷的破火山口。**熔透式火山喷发**是指岩浆熔透地壳,大面积溢出地表。这是一种古老的火山活动方式,现代已不存在。熔透式火山喷发主要发生在太古宙,那时地壳较薄,地下岩浆热力较大,常造成熔透式岩浆喷出活动。

4. 火山相与火山机构

相(facies)这个术语在地质学中的使用非常广泛,如火山相(也称火山岩相)、沉积相、变质相、大地构造相、矿相和生物礁相等,其基本含义包括两个方面:描述型的相和解释型的相。**描述型的相**是对具有成因意义的客观地质记录的写实,如火山熔岩相、砂岩相、麻粒岩相和生物礁相等;**解释型的相**侧重对客观地质记录的成因推断,如火山溢流相、河流相、深变质相等。在解释型的相中,根据解释的侧重点不同,可进一步分为环境相和作用相(龚一鸣,1993),前者如海相火山岩相、河流相、深变质相等,后者如溢流相、浊积岩相和高温高压变质相等。**火山相**是火山活动的产物、作用方式和产出环境的统称,包括描述型和解释型两个方面。描述型的火山相主要是指火山岩的岩石类型,如火山碎屑岩相、火山熔岩相及其细分类型。解释型的相包括环境相和作用相,前者如**海相火山碎屑岩相**、**陆相火山熔岩相**和火山通道相等;后者如爆发相、溢流相和侵出相等。**火山机构**(volcanic edifice)也称为火山构造,是指在一次或多次火山喷发过程中形成的各类火山相及其毗邻关系和时空序列,是火山总体和全貌的统称。调查和研究火山机构的核心是重建火山喷发的位置、方式、地形地貌特征和火山相的时空分布规律。火山机构与各种矿产资源(特别是金属矿产)关系密切,新近形成的火山机构中的各种地形地貌单元,如火山锥、火山穹丘、火山口、破火山口、熔岩高原等都是颇具吸引力的重要旅游资源。

(三)岩浆岩的矿物成分

岩浆岩的矿物成分受控于岩浆的化学成分和结晶条件,它不仅是岩石分类命名的重要依据,也是理解岩石化学成分、成因和成矿的基础。根据生产实践和科学研究目标的不同,岩浆岩的矿物成分可从5个方面进行划分。

其一,根据矿物形成与岩浆作用的关系可将构成岩浆岩的矿物划分为原生矿物、岩浆期后矿物和岩浆期前矿物。**原生矿物**是指直接从岩浆中结晶形成的矿物,如角闪石、长石和辉石(图 2 - 6B、C)等。原生矿物类型、成分和结构是岩浆成分、温压条件和侵位方式的物质记录。**岩浆期后矿物**是指岩浆完全结晶后形成的矿物,包括两类:充填于气孔和岩脉中的热液矿物和由于氧化、水化等作用取代原生矿物的次生矿物,前者如岩浆岩气孔中充填的沸石,后者如由辉石、角闪石和黑云母转变而来的绿泥石。**岩浆期前矿物**也称他生矿物,是指来自岩浆系统以外、在岩浆结晶之前就已经形成的矿物,如来自深部和围岩的捕虏体。

其二,根据原生矿物的相对含量(体积分数),岩浆岩中的矿物可划分为主要矿物、次要矿物和副矿物。**主要矿物**是指在岩石中含量高、在确定岩石大类名称上起主要作用的矿物。如花岗岩的主要矿物是石英、钾长石和斜长石,如果缺少石英和斜长石,岩石名称就应该为正长岩类;如果缺少石英和钾长石,岩石名称就应该为闪长岩类。**次要矿物**是指含量小于主要矿物,可用它来进一步确定岩石的具体种属的矿物。如闪长岩中若存在次要矿物黑云母,可称为黑云母闪长岩。**副矿物**是指含量很少(一般小于1%),一般不参与岩石定名的矿物。如花岗岩中的锆石、磷灰石、绿帘石、电气石、榍石等。

其三,根据研究方法的不同,构成岩浆岩的矿物可划分为实际矿物和标准矿物。**实际矿物**是指在岩石薄片或手标本中实际出现的矿物。**标准矿物**是指依据岩石的化学成分计算出的矿物。

其四,根据实际矿物的种类,构成岩浆岩的矿物可划分为长英质矿物和镁铁质矿物。**长英质矿物**是长石(包括碱性长石和斜长石)、似长石、石英、白云母等浅色矿物的统称。**镁铁质矿物**是橄榄石、辉石(包括单斜辉石和斜方辉石)、角闪石、黑云母和不透明矿物等暗色矿物的统称。镁铁质矿物在岩石中的体积百分含量称为**色率**,色率是肉眼鉴定侵入岩的重要标志。

其五,根据标准矿物的化学成分,构成岩浆岩的矿物可划分为硅铝矿物和铁镁矿物。**硅铝矿物**是指矿物组分中 SiO_2 和 Al_2O_3 含量高,FeO 和 MgO 含量低,包括长石、石英和似长石。由一种或多种硅铝矿物作为主要组分的岩石称为硅铝质岩石。**铁镁矿物**是指矿物组分中 FeO 和 MgO 含量高,SiO_2 含量低,包括橄榄石和辉石等。以一种或多种铁镁矿物为主要组分的岩石称为铁镁质岩石。

岩浆岩中的造岩矿物主要是 Mg、Fe、Ca、Na、K 的硅酸盐和铝硅酸盐,Fe、Ti 的氧化物以及石英及其同质多象变体。常见矿物有 20 余种,其中,在岩石分类命名中起主要作用的矿物包括石英族、长石族、似长石族、橄榄石族、辉石族、角闪石族和云母族。

(四)岩浆岩的结构

岩浆岩的结构是指组成岩浆岩物质的结晶程度、颗粒大小、颗粒形态、颗粒取向和颗粒之间相互关系的综合特征。结构通常在手标本或薄片尺度下观察和研究。

结晶程度是指岩石中结晶质组分与非晶质组分之间的比例。根据结晶程度，岩浆岩的结构可以划分为3类：全晶质结构、半晶质结构和玻璃质结构。**全晶质结构**是指岩石组分全部由结晶的矿物组成（图2-6A~C）。全晶质结构包括显晶质结构和隐晶质结构两种，前者的矿物晶体在肉眼或放大镜下可以辨认，矿物粒径一般大于1 mm，后者的矿物晶体只有在显微镜下才能分辨，一般为浅成岩和喷出岩所具有。显晶质结构表明岩石形成于缓慢冷却的岩浆系统中，晶体有充分的时间结晶生长，通常为侵入岩所具有，如花岗岩（图2-6A）。**半晶质结构**是指岩石组分中既有结晶矿物又有玻璃质，见于火山熔岩和部分浅成岩中。**玻璃质结构**是指岩石组分中几乎全部由未结晶的火山玻璃组成，见于火山熔岩和部分浅成、超浅成侵入体的边缘相中，如黑曜岩。玻璃质是岩浆在快速冷却条件下形成的，由于原子排列处于完全无序状态，具有很高的自由能，因此，玻璃质是一种非常不稳定的固态物质，随着地质时代的增长，玻璃质将逐渐转变为稳定状态的结晶质，这一过程称为脱玻化作用。在中生代及以前的岩浆岩中很难见到玻璃质，只有在新生代岩浆岩中玻璃质相对保存较好。在手标本上，显晶质结构的岩石断口为锯齿状，隐晶质结构的岩石断口通常为瓷状，玻璃质结构的岩石断口为贝壳状，具有玻璃光泽。

根据颗粒大小，全晶质岩浆岩的结构可以划分为4类：等粒结构、不等粒结构、斑状结构和似斑状结构。**等粒结构**是指全晶质岩石中主要矿物的颗粒大小大体相等（图2-6B）。根据颗粒大小，等粒结构可进一步细分为细粒结构、中粒结构、粗粒结构和伟晶结构，其粒径分别为0.2~2 mm、2~5 mm、5~25 mm、>25 mm。**不等粒结构**是指岩石中主要矿物颗粒的大小不等。**斑状结构和似斑状结构**是指岩石中矿物颗粒分为大小明显不同的两类，大的称为斑晶，小的称为基质，如果基质是由隐晶质和玻璃质组成的，这种结构就称为斑状结构（图2-6E），如果基质是显晶质，则称为似斑状结构（图2-6A）。岩石学家将斑状结构和似斑状结构形象地比喻为将黄豆撒入面粉中和将黄豆撒入芝麻中。

斑状结构常见于浅成岩和喷出岩中，斑晶形成于地下深处或岩浆上升过程中，基质是岩浆在地表或近地表快速冷凝固结形成，斑晶通常自形程度高，可见熔蚀和暗化边现象，表明斑晶较基质形成早，二者是不同世代的产物。在似斑状结构中，斑晶和基质都是显晶质的，二者的成分和结构类似，仅大小不同，属同一世代的产物，但斑晶开始结晶的时间一般要早于基质，斑晶的边部没有熔蚀和暗化边现象，斑晶一般不具有平整的晶面，往往可见基质从边部插入到斑晶中的现象，故似斑状结构属于侵入岩的结构。

根据颗粒形态，全晶质岩浆岩的矿物可以划分为3类：自形晶、半自形晶和他形晶。**自形晶**是指具有完整晶面和规则形态的矿物晶体,通常是岩浆结晶早期阶段的产物。**半自形晶**是指只有部分晶面发育完整的矿物晶体。**他形晶**是指形态不规则,找不到完整晶面的矿物晶体,通常是岩浆结晶晚期阶段的产物。因此,根据矿物晶体的形态特征,全晶质岩浆岩可以分为3种结构:自形粒状结构、半自形粒状结构和他形粒状结构。**自形粒状结构**是指岩石中的矿物多数为自形晶,这种结构在天然岩石中较为罕见。**半自形粒状结构**(图2-6B)也称**花岗结构**,是指岩石中的矿物以半自形晶为主,或部分矿物自形程度高,部分矿物自形程度低,具有这种结构的典型岩石代表就是花岗岩,其暗色矿物为自形晶,长石为半自形晶,石英为他形晶。**他形粒状结构**也称**细晶结构**,是指岩石中的矿物以他形晶为主,细晶岩常见这种结构。

与颗粒取向有关的结构主要有粗面结构和交织结构。**粗面结构**是指长石微晶近平行地定向排列,反映岩浆在结晶过程中的流动和挤压作用,常见于粗面岩中。**交织结构**是指微晶杂乱分布、无明显的定向性或只有弱的定向性。如果除了有长石微晶,还有玻璃质存在,这种基质的结构称为**玻晶交织结构**。交织结构和玻晶交织结构常见于安山岩中。

岩浆岩组分(矿物晶体和玻璃质)之间的相互关系构成的结构类型是记录岩浆作用特征的重要标志,主要有5种结构类型:交生结构、套幔结构、环带结构、包含结构和填隙结构。

(1) **交生结构**是指两种矿物互相穿插,有规律地交生在一起。根据矿物交生的形态还可以进一步划分为条纹结构、蠕虫结构和文象结构。**条纹结构**是指钾长石和钠长石有规律地交生。条纹结构具有不同的尺度,从微观到宏观尺度均可以发育。在高温下,钾长石和钠长石为成分均匀的完全固溶体,随着岩浆冷却,完全固溶体不稳定而出溶是形成条纹结构的主要机理。**蠕虫结构**是指许多细小、形似蠕虫的石英穿插交生在长石中,石英嵌晶的消光位一致。蠕虫结构常见于花岗岩中。**文象结构**是指石英呈一定的外形(如象形文字状、尖棱状等)有规律地镶嵌在钾长石中,石英嵌晶在正交偏光下同时消光。肉眼可见的叫文象结构,显微镜下才能见到的为显微文象结构。文象结构常见于伟晶岩和部分花岗岩中。

(2) **套幔结构**是指在较大的矿物核部外围,成幔状包裹有另外一种矿物的现象。暗化边结构和反应边结构等都属于套幔结构。**暗化边结构**是指赋含挥发分的斑晶(如角闪石和黑云母等)在随岩浆一起上升的过程中,斑晶的边部因低压、高温、氧化和脱水等原因,出现不透明的边缘。这种不透明的边缘主要是磁铁矿等不透明矿物的细粒集合体,暗化边结构常见于浅成岩。**反应边结构**是指早生成的矿物与熔浆或其他流体发生反应,在早生成矿物的边缘生成新矿物的现象。如橄榄石外有辉石反应边,往外还可以有角闪石、黑云母反应边。需要指出的是,反应边矿物通常不是一个晶体,而是多个晶体的集合,反应边可以是单层的,也可以是多层的。

(3) **环带结构**是指在一些固溶体系列矿物中,从矿物中心向其边缘,矿物成分呈环带状发生有规律的变化现象。许多矿物都可以形成环带结构,斜长石的环带结构最为常见。

(4) **包含结构**是指在较大矿物晶体中包含有许多较小的矿物晶体。通常被包含者结晶早,这与捕虏晶明显不同。在橄榄辉石岩中,常常可以见到大的辉石晶体内包含许多被熔蚀的浑圆状的小橄榄石晶体。包含结构常见于超基性岩和基性侵入岩中。

(5) **填隙结构**是指在浅成岩和喷出岩中,辉石等暗色矿物、隐晶质和玻璃质组分充填于微晶斜长石粒间空隙中的现象。充填物均为粒状矿物时称间粒结构,充填物均为隐晶质和玻璃质组分时称间隐结构,二者的过渡类型称间粒-间隐结构。

(五) 岩浆岩的构造

岩浆岩的构造是指岩浆岩中不同矿物集合体之间或矿物集合体与其他组分之间的排列和充填方式所表现出来的宏观特征。结构侧重指示岩石的小尺度和微观尺度特征,揭示岩浆冷凝结晶的物理化学条件、矿物的结晶顺序、岩浆的结晶速率和岩浆的黏度等特质与属性;构造则侧重指示岩石的宏观尺度特征,揭示有关岩浆流动、岩浆混合、晶体在岩浆中运动和岩石固结后遭受改造的特征与属性。但结构与构造之间也有重叠,有些结构与构造能够同时在手标本上进行观测和研究,部分特征既可以称为结构,也可以称为构造,如由矿物颗粒的定向排列形成的特征。因此,在一些英文文献中,有时将结构和构造合称为组构(fabric=texture+structure)。

1. 侵入岩的常见原生构造

侵入岩的常见原生构造是指岩浆在地下深处侵位、缓慢冷凝、结晶形成侵入岩的过程中形成的构造。常见的构造类型包括块状构造、斑杂构造、面状和线状构造、晶洞构造、晶簇构造以及原生节理构造等。

块状构造又称均一构造,是指组成岩石的矿物和其他组分在整块岩石中分布均匀,岩石各部分成分和结构均一。块状构造在岩浆岩、沉积岩和变质岩中均可见。岩浆岩中的块状构造常见于深成岩中,如花岗岩。

斑杂构造是指在岩石的不同部位,其颜色、矿物成分和结构差别很大,显示出无序和不均一。析离体和捕虏体的形成、不完全和不彻底的同化混染作用及不均匀的交代作用均可形成斑杂构造。

面状和线状构造是指由片状、板状、柱状、长条状矿物和其他组分有序分布形成的定向构造。面状构造也称为*流面构造*或面理,线状构造也称为*流线构造*或线理。它们主要分布于岩体的边缘和顶部，向岩体内部逐渐消失。面状构造通常平行于岩体与围岩的接触面，线状构造通常与岩浆的流动或拉伸方向一致。

晶洞构造和晶簇构造是指在侵入岩中形成的近圆形或不规则形的孔洞，如果在孔洞壁上生长着许多自形晶，可称为晶簇构造。它们是在岩浆冷却、气体逃逸或体积收缩时形成的。发育良好的晶洞构造和晶簇构造常见于伟晶岩中，形成深度在地表以下 3~5 km。

原生节理构造是指由岩浆的侵位和冷凝收缩作用，在岩体中形成的有序分布的破裂面。根据破裂面与流面和流线的关系，原生节理构造可以区分为横节理、纵节理、层节理和斜节理。横节理又称 Q 节理，是指垂直于流线的陡倾斜原生节理，其节理面粗糙，裂开宽度较大，延伸较短，常被岩脉或矿脉充填。纵节理又称 S 节理，是指平行于流线而垂直于流面的原生节理，其节理面细、密、平滑，沿节理面一般无充填。层节理又称 L 节理，是指节理面平行于流面和流线的原生节理，其节理面倾角小、较平整，可见岩脉或矿脉充填。斜节理又称 D 节理，是指与流线和流面斜交的原生节理，常呈两组出现，表现出一定的错动，并切割岩脉或矿脉，具有剪切节理的特点。原生节理与次生节理的主要区别是原生节理仅分布于岩体之中，不切穿岩体中的矿物颗粒，展布方向与流线和流面密切相关。需要指出的是，对于每个岩体而言，这几类原生节理并非都能同时发育。

2. 喷出岩的常见原生构造

喷出岩的常见原生构造类型有气孔和杏仁构造、柱状节理构造、枕状构造、流纹构造和石泡构造等。

气孔和杏仁构造是指富含气体的岩浆喷溢到地表时，由于压力降低，岩浆中的气体发生膨胀或逃逸，当岩浆凝固后在熔岩中保留下来的一些圆形或近圆形的空洞即为气孔构造（图 2-6F）；当气孔被岩浆后期矿物充填，即为杏仁构造。气孔和杏仁的形态主要为圆形、近圆形、云朵状、串珠状等，大小与排列方向可不尽相同，主要分布于熔岩的顶、底，熔岩顶、底的气孔和杏仁通常多、密集，中部一般少、稀疏、较大。充填的杏仁体多为方解石、沸石、石英、绿泥石等矿物的集合体。在黏度较小的基性熔岩中，气孔和杏仁体较圆；在黏度较大的酸性熔岩中，气孔和杏仁体一般呈不规则状。气孔和杏仁体的拉长方向指示岩浆的流动方向。

柱状节理构造是指在中性—基性熔岩和次火山岩中，由于岩浆的冷凝收缩作用，刚固结的岩石产生垂直于收缩方向的多边形节理。柱状节理属于原生节理，多见于中性—基性厚层熔岩中，也可见于中性—基性次火山岩和中性—酸性熔结凝灰岩中。发育完整的柱状节理横截面呈六边形，彼此夹角为 120°，若节理发育条件受限时，也可以形成横截面呈四边形和五边形的柱状节理（图 2-7A、B）。

枕状构造是指喷溢出的炽热岩浆在水下或有水环境中淬火,使熔岩的外表呈枕状、面包状或椭球状。发育完好的枕状构造从外到内通常可见同心状的枕壳、枕幔和枕核及与之垂直的放射状节理;从外到内,枕状体的结晶程度增高,气孔由细而密变为大而稀疏,枕壳为玻璃质的冷凝边,枕核为致密块状或空腔。枕状构造通常成群出现,是基性和中基性海相或水下熔岩的常见构造(图 2-7C),其大小从数厘米到数百厘米不等,枕状体之间通常可见沉积物、火山物质,甚至化石。由于 3000 m 深的海水压力足以阻止熔岩中气体的出溶,浅水环境则有利于气孔的形成,因此,利用枕状构造中气孔的含量可以粗略估算熔岩流喷溢的水体深度。一般来说,水深小于 500 m 时,气孔含量为 10%~40%,水深 1000 m 左右时,气孔含量通常小于 5%。枕状体的顶部通常呈较规则的弧状,玻璃质的冷凝边更发育,气孔或杏仁体更多而密集,其底部多为不规则状,气孔或杏仁体相对较少,据此可以判断熔岩地层的顶、底面。黏度小、流动性高的基性岩浆的淬火作用还可以使熔岩的外表呈绳状,形成所谓的**绳状构造**,它是由于玄武岩浆的外表冷却而内部仍处于熔融流动、翻腾、扭转状态形成的。绳状构造面为熔岩流的顶面,绳状构造的弧形弯曲方向指示熔岩流的流动方向。

图 2-7 玄武岩的柱状节理构造和枕状构造

A、B. 柱状节理构造,柱状节理构造自下而上呈花朵状展布(A),横截面呈多边形,人站立处大体为火山口中部位置,新近纪,吉林长春伊通;C. 枕状构造,晚泥盆世海底火山溢流型喷发形成,新疆克拉玛依市西部太勒古拉地区,照片面为层面

流纹构造是指由不同颜色和成分的条纹、条带、球粒、雏晶和拉长的气孔定向排列显示出的一种流动构造(图 2-6D),常见于酸性的流纹岩中,在粗面岩、英安

岩和酸性—中酸性浅成侵入体的边缘也可见及。

石泡构造是酸性—中酸性熔岩中较常见的一种特殊原生构造。酸性—中酸性熔岩在凝固时，其表面由于气体逸出和体积缩小，会产生具有空腔的多层同心圆状球体（石泡）。石泡多半为空腔，但有时也有实心的。每一石泡层常由放射状钾长石或长英质物质组成，空腔内常被微细的次生石英、玉髓等矿物充填。石泡构造多见于玻璃质岩石中，尤以在黑曜岩和流纹岩中最为常见。

（六）岩浆岩的化学成分

地壳中几乎所有元素在岩浆岩中均有发现，下面将从主量元素、微量元素和同位素3个方面进行简要介绍。

1. 主量元素

主量元素是指地幔和地壳的主要组成元素，在各类岩石中均可出现，它们通常表示为氧化物的形式，包括 11 种：SiO_2、TiO_2、Al_2O_3、Fe_2O_3、MnO、MgO、CaO、Na_2O、K_2O、P_2O_5 和 H_2O，各氧化物的分数一般大于 0.1%，其总和占岩浆岩平均化学成分的 98%。由于 SiO_2 在主量元素中含量最高，对岩浆、岩浆岩的物理化学性质和矿物组成的影响最大，根据 SiO_2 含量（**酸度**）将岩浆岩划分为 4 类：超基性岩（$SiO_2<45\%$）、基性岩（SiO_2 $45\%\sim52\%$）、中性岩（SiO_2 $52\%\sim63\%$）和酸性岩（$SiO_2>63\%$）。Na_2O 和 K_2O 在岩浆岩中的饱和程度（**碱度**）意义重大，根据碱度 [或里特曼指数 $\delta=(Na_2O+K_2O)^2/(SiO_2-43)(w_B\%)$] 的不同，将岩浆岩划分为 3 类：钙碱性岩、碱性岩和过碱性岩。

2. 微量元素

微量元素是指在岩石中含量小于 0.1% 的元素。微量元素含量多以 10^{-6}（国际上常用 ppm 表示，即百万分之一）表示。微量元素在矿物和岩石组分中主要有3种存在形式：①以类质同像形式进入固溶体，占据矿物晶格内晶体化学性质相近的其他元素的位置，如 Cr 和 Ni 可以占据橄榄石和辉石中 Mg 和 Fe 的位置；②保存在快速冷凝和固结的火山玻璃和气-液包裹体中；③吸附在矿物和其他组分表面或以杂质的形式存在于矿物晶体缺陷或间隙中。微量元素特征对了解岩石形成过程中元素的分异、富集和亏损，揭示岩浆的起源和演化以及岩石的成因均具有重要作用。

3. 同位素

同位素包括稳定同位素和放射性同位素两种。凡原子核稳定存在的时间大于 10^{17}a 的就称为**稳定同位素**，反之，称为**放射性同位素**。在岩石研究中应用较多的稳定同位素主要有 O、C、S、H、He 和 Sr 等。稳定同位素主要用于示踪岩浆的来源及其演变，通常用两种同位素的比值来表示，如氧同位素，通常用 $\delta^{18}O$ 表示 $\{\delta^{18}O=$

$[(^{18}O/^{16}O)_{样品} - (^{18}O/^{16}O)_{标样}] \times 1000/(^{18}O/^{16}O)_{标样}\}$,等式中标样的$^{18}O/^{16}O$值通常用海水的平均值。以花岗岩为例,不同成因的花岗岩$\delta^{18}O$值不同,由沉积岩或变质岩熔融形成的S型花岗岩富$\delta^{18}O$,$\delta^{18}O$大于10‰;由幔源岩浆分异形成的M型花岗岩贫$\delta^{18}O$,$\delta^{18}O$小于6‰。岩浆岩中的放射性同位素主要用于确定岩石的数字年龄和成因,应用较多的放射性同位素主要有K-Ar、Rb-Sr、Sm-Nd、U-Pb、Th-Pb、Re-Os和Lu-Hf等。

(七)岩浆岩的物理性质

岩浆岩的物理性质包括密度、磁性(磁化率、磁化强度和剩余磁化强度等)、弹性波速、电性(电导率、电容率和极化率等)、孔隙度、渗透率、放射性和热学性质(热导率和热容等)。下面仅介绍密度、磁性和弹性波速。

1. 密度

岩石密度是指岩石基本集合相(固相、液相和气相)的单位体积质量。密度取决于岩石的矿物和化学组成、结构构造、孔隙度和所处的外部条件。大多数造岩矿物如长石、石英、辉石等具有离子型或共价键型结晶键,密度为$2.2\sim3.5$ g/cm^3(极少数达4.5 g/cm^3)。结晶键为离子-金属型或共价-金属型的矿物,如铬铁矿、黄铁矿和磁铁矿等密度较大,为$3.5\sim7.5$ g/cm^3。侵入岩从长英质到超镁铁质,随着SiO_2含量的减少和铁镁氧化物含量的增加,岩石的密度逐渐增加。岩石中金属矿物的含量增加,岩石的密度就增大。矿区花岗岩的密度有的高达2.7 g/cm^3。喷出岩由于孔隙度比侵入岩大,因而与相应的侵入岩相比密度要小。密度在重力勘探、油气储层中岩性识别与测井解释等生产和理论研究方面应用广泛。

2. 磁性

岩石的磁性是由所含磁性矿物的磁性产生的,并受成岩和后生地质作用的影响。橄榄岩、辉长岩、玄武岩等超基性和基性岩的磁性最强,变质岩次之,沉积岩最弱。结构构造相同的岩石,铁磁性矿物含量越高,磁化率越大。一般而言,侵入岩的天然剩余磁化强度按酸性岩、中性岩、基性岩、超基性岩的顺序逐渐变大。

3. 弹性波速

岩石的弹性波速包括横波(S)和纵波(P)。**横波**是指波的振动方向与传播方向垂直的波;**纵波**是指波的振动方向与传播方向一致的波。岩石的波速取决于矿物成分和孔隙充填物的弹性。岩浆岩和变质岩的弹性波速v_S(横波波速)和v_P(纵波波速)与岩石密度的关系接近于线性关系,密度越大,v_S和v_P越大。片麻岩等片理发育的岩石,沿片理面测量的波速大于垂直片理面测量的波速,有时可以差1倍以上。岩石弹性波速的测量对固体矿产、油气和工程的地震勘探与垂直地震剖面等非常重要。

(八)岩浆岩的分类和命名

分类命名是我们认识未知对象的第一步和基础,也是我们对认知对象认识程度和水平的集中体现。岩石的分类命名应遵循的基本原则是能反映岩石的特征和成因及二者之间的关联,简明且便于使用。岩浆岩的分类依据主要有三:产状与结构和构造、矿物成分、化学成分(表2-4,图2-6A~F)。岩石定名采用的依据顺序是矿物成分优于化学成分,主量元素优于微量元素。

表 2-4 岩浆岩分类、主要岩石类型举例及简要特征
(据桑隆康和马昌前,2012等资料编制)

分类依据	岩石大类	类	岩石类型举例	简要特征
产状与结构和构造	侵入岩	深成岩	纯橄岩、碳酸岩、辉石岩、辉长岩;闪长岩、二长岩;花岗岩、花岗闪长岩等	显晶质等粒结构,似斑状结构;块状构造,斑杂构造
		浅成岩	苦橄玢岩、碳酸岩、辉绿岩、辉绿玢岩;闪长玢岩、二长、正长斑岩;微晶花岗岩、花岗斑岩、霓石细岗岩等	全晶质细粒等粒结构、斑状结构;流面、流线构造,晶洞、晶簇构造
	喷出岩	火山熔岩	苦橄岩、碳酸岩、麦美奇岩、科马提岩;拉斑、高铝、碱性玄武岩;安山岩、粗面岩、流纹岩、英安岩等	斑状结构、隐晶质结构、玻璃质结构;气孔、杏仁构造,柱状节理构造,流纹构造
		火山碎屑岩	集块岩、火山角砾岩、凝灰岩;沉凝灰岩;熔岩集块岩等	富含玻屑、晶屑和岩屑、碎屑结构,层理构造,沉火山碎屑岩中可赋含生物化石
暗色矿物含量	超镁铁质岩	橄榄岩-苦橄岩	纯橄岩、辉石橄榄岩、辉石岩、角闪石岩;苦橄玢岩;苦橄岩、玻基纯橄岩、科马提岩、麦美奇岩等	色率>90%;SiO_2含量大都<45%,不含石英和似长石,长石少;暗色及特征矿物主要为橄榄石、斜方辉石、单斜辉石
	镁铁质岩	辉长岩-玄武岩及其碱性岩	辉长岩、斜长岩;辉绿岩、辉绿玢岩;拉斑、高铝玄武岩;碱性辉长岩;碱性辉绿岩、碱性辉绿玢岩;碱性玄武岩、碧玄岩、白榴岩等	色率50%~90%;SiO_2含量45%~52%,可含或不含石英和似长石,主要为基性斜长石和碱性长石;暗色及特征矿物主要为普通辉石、顽火辉石、易变辉石,可含橄榄石和角闪石

续表 2-4

分类依据	岩石大类	类	岩石类型举例	简要特征
暗色矿物含量	中性岩	闪长岩-安山岩及其碱性岩	闪长岩、二长岩、正长岩；闪长玢岩、二长斑岩、正长斑岩；安山岩、粗安岩、粗面岩等	色率 15%～50%；SiO_2 含量 52%～63%，石英含量<20%，基本不含似长石，以中性斜长石和碱性长石为主；暗色及特征矿物以角闪石为主，辉石、黑云母次之
暗色矿物含量	长英质岩	花岗岩-流纹岩	花岗岩、花岗闪长岩；微晶花岗岩、霓石细晶岩、花岗斑岩、花岗闪长斑岩；流纹岩、英安岩等	色率<15%；SiO_2 含量>63%，石英含量>20%，不含似长石，以碱性长石为主；暗色及特征矿物为辉石、角闪石、黑云母，可含堇青石、石榴子石、刚玉、霓石、铁橄榄石、霓辉石
酸度（SiO_2含量）	超基性岩	橄榄岩-苦橄岩	纯橄岩、辉石橄榄岩；苦橄玢岩；苦橄岩、玻基纯橄岩、麦美奇岩、科马提岩、碳酸岩等	色率>90%；SiO_2 含量<45%，不含石英和似长石，长石种属和含量很少，特征矿物为橄榄石、斜方辉石、单斜辉石，其次为角闪石
酸度（SiO_2含量）	基性岩	辉长岩-玄武岩及其碱性岩	辉长岩、斜长岩、辉石岩、角闪石岩；辉绿岩、辉绿玢岩；拉斑、高铝玄武岩；碱性岩类	色率 50%～90%；SiO_2 含量 45%～52%，可含或不含石英和似长石，特征矿物为基性斜长石和碱性长石、角闪石和辉石，可含橄榄石
酸度（SiO_2含量）	中性岩	闪长岩-安山岩及其碱性岩	闪长岩、二长岩、正长岩；闪长玢岩、二长斑岩、正长斑岩；安山岩、粗安岩、粗面岩等	色率 15%～50%；SiO_2 含量 52%～63%，石英含量<20%，基本不含似长石，特征矿物为中性斜长石、碱性长石、角闪石，辉石和黑云母次之
酸度（SiO_2含量）	酸性岩	花岗岩-流纹岩	花岗岩、花岗闪长岩；微晶花岗岩、花岗斑岩；流纹岩、英安岩	色率<15%；SiO_2 含量>63%，石英含量>20%，不含似长石，特征矿物为中酸性斜长石、碱性长石、黑云母、白云母、霓石

三、沉积岩

沉积岩是指在地表和近地表条件下的松散堆积物经压实和成岩而成的岩石。根据物质来源和特征的不同,沉积岩可以区分为陆源碎屑岩、火山碎屑岩和内源沉积岩。陆源碎屑岩和火山碎屑岩也称为他生沉积岩,内源沉积岩也称为自生沉积岩(表2-3)。沉积岩的颜色、层厚、成分、构造、结构、赋含的实体化石和遗迹化石是反映沉积岩成因与物理化学性质的重要信息载体,气候的冷暖干湿、海平面和构造的升降、环境的沧海桑田和氧化还原条件的变化都可以依据保存在沉积岩中的各类信息载体得到解读和重建。不仅如此,沉积岩也是煤、石油、天然气、页岩气、岩盐和砂金等沉积矿产的成矿与容矿母体,全世界矿产资源蕴藏量的80%产在沉积岩中。

(一)沉积岩的颜色

沉积岩的颜色是沉积岩在沉积、成岩和后生改造过程中形成的。在沉积和成岩早期形成的颜色称为原生色,在成岩晚期和后生改造过程中形成的颜色称为次生色。原生色在空间分布上稳定、广泛,具有透入性,对沉积岩形成环境条件分析具有重要作用。次生色在空间分布上不稳定、不具透入性,通常沿断裂、裂隙、空洞分布或呈被膜状覆盖在沉积岩表面,在沉积岩的成因研究中通常作为"噪音"予以剔除,但次生色能反映沉积岩遭受改造的特点。使沉积岩显色的色素主要有碎屑矿物和自生组分的颜色,如石英呈乳白色,钾长石呈肉红色,海绿石呈绿色等;有机质通常呈灰色、深灰色和黑色;Fe^{2+}呈绿色;Fe^{3+}呈褐色、紫红色。紫红色、褐色、白色和灰白色等为氧化色,反映沉积岩形成于氧化环境,黑色、深灰色、灰色、灰绿色等为还原色,反映沉积岩形成于还原环境。影响沉积岩颜色的要素除岩石成分和色素外,还有岩石的粒度和干湿度。在其他条件相同时,岩石粒度越细或越潮湿,其颜色越深越暗,但岩石的粒度和干湿度不会改变颜色的基本色调。

(二)沉积岩的层厚

沉积岩的层厚是指沉积岩自然单层上、下层面之间的厚度。这个单层可包含一个或若干个肉眼可以分辨出的纹层、层系或层系组,其厚度通常为数厘米至数百厘米,层厚越大反映沉积岩在单位时间内的堆积速率越大。层厚通常分为纹层状(也称为页层状或微细层状)(<1 cm)、薄层状(1~10 cm)、中层状(10~50 cm)、厚层状(50~100 cm)和巨厚层状(或块层状)(>100 cm)。

(三)沉积岩的构造

沉积岩的构造是指沉积岩的成分、结构、颜色等要素的空间分布和排列方式变化显示出的特征。根据形成作用的不同,沉积构造可区分为物理、化学、生物和复合沉积构造4类,如波痕、石盐假晶、恐龙足迹和叠层石。根据形成时间上的先后,沉积构造可区分为同沉积构造、准同沉积构造和成岩构造3类,如交错层理、包卷层理和缝合线构造等。

(四)沉积岩的矿物成分和化学成分

沉积岩的成分包括矿物成分和化学成分两个方面。从形成过程来看,沉积岩的矿物成分可区分为两大类:他生矿物(allogenic mineral)和自生矿物(authigenic mineral)。

1. 他生矿物

他生矿物是指在该沉积岩形成之前就已经存在的矿物。他生矿物来源有3类:陆源碎屑、火山碎屑和宇宙碎屑。**陆源碎屑**源自母岩风化,以晶体碎屑(简称晶屑)或岩石碎屑(简称岩屑)的形式提供给沉积岩的形成,如花岗岩、岩屑砂岩和花岗片麻岩等母岩中的碎屑石英和碎屑长石;**火山碎屑**源自火山爆发,其矿物成分与来自岩浆岩母岩的矿物成分相同;**宇宙碎屑**以宇宙尘的形式散布于特定地史时期和特殊的沉积岩类中,如白垩纪和古近纪之交的界线黏土岩。由于宇宙碎屑的数量少,一般不参与沉积岩的分类和命名。

2. 自生矿物

自生矿物是指在该沉积岩形成过程中,以生物、化学或生物化学方式新生成的矿物。自生矿物的形成与该沉积岩的形成同步,按照沉积岩的形成阶段,自生矿物可区分为风化矿物、沉积矿物和成岩矿物3类。常见的自生矿物有黏土矿物、方解石、白云石、蛋白石、玉髓、石英、海绿石、石膏、石盐、铁锰氧化物及其水化物,其次还有黄铁矿、菱铁矿、铝的氧化物和氢氧化物、长石等。需要指出的是,碳酸盐质、磷质、铁质、硅质等鲕粒,核形石,团粒等颗粒和有机物都属于自生矿物的范畴。

由于沉积岩的他生矿物可以源自任何类型的母岩,与岩浆岩和变质岩相比,沉积岩的矿物成分更复杂多样。到目前为止,在沉积岩中已知的矿物种类达160余种,但只有20余种比较常见,而且存在于同一沉积岩中的矿物最多不超过6种。沉积岩中矿物的多样性和某一具体岩石类型中矿物的简单性从一个侧面反映了沉积岩成因的独特性。

沉积岩的化学成分取决于岩石类型及其矿物组成,如石英砂岩主要由石英组成,SiO_2的含量可高达95%,而白云岩主要由白云石组成,SiO_2的含量不到1%。

(五)沉积岩的结构

沉积岩的结构是指构成沉积岩组分自身特征及与其他组分关系的综合特征,通常在手标本和镜下观测、研究。沉积岩的结构可以区分为5种基本类型:碎屑结构、泥状结构、颗粒结构、生物骨架结构和结晶/化学结构。

1. 碎屑结构

碎屑结构是指构成沉积岩(包括陆源碎屑岩和火山碎屑岩及部分内源沉积岩)

的碎屑颗粒、填隙物(包括杂基和胶结物)和孔隙自身特征及其相互关系。碎屑结构是碎屑岩区别于结晶岩石(绝大部分的火成岩、变质岩和部分内源沉积岩)的重要识别标志。

(1) **碎屑颗粒**的特征包括碎屑颗粒的粒度、分选度(分选性)、圆度、球度、形状和碎屑颗粒的表面结构。碎屑颗粒的**粒度**通常分为砾($\geqslant$ 2 mm)、砂(2~0.05 mm)、粉砂(0.05~0.005 mm)和泥(<0.005 mm),粒度与水动能强度和沉积速率呈正比,砾、砂级碎屑颗粒通常以滚动或跳跃方式搬运,粉砂和泥级碎屑颗粒通常以跳跃或悬浮方式搬运。碎屑颗粒的**分选度**是指碎屑颗粒大小的均匀程度,通常划分为 5 级:极差、差、中等、好、极好(图 2-8A)。碎屑颗粒的**圆度**(也称磨圆度)是指碎屑颗粒的原始棱角被磨圆的程度,圆度与碎屑颗粒的形状(如粒状、板状、片状)无关,通常分为 5 级:棱角状、次棱角状、次圆状、圆状和极(滚)圆状(图 2-8B)。圆度与碎屑颗粒的硬度、粒度、搬运方式和被搬运距离有关,硬度小、粒度粗、滚动搬运和搬运距离长者容易被磨圆。**球度**是指碎屑颗粒与球体的接近程度。球度与碎屑颗粒的母岩类型有关,显然,粒状碎屑颗粒的球度高于板状和片状碎屑颗粒。碎屑颗粒的**表面结构**是指碎屑颗粒表面由于磨蚀、刻蚀、溶/熔蚀与沉淀等作用形成的各种特征,常见的有沙漠漆、霜面(毛玻璃化表面,风蚀成因)、冰川擦痕和撞击痕等。这些碎屑颗粒的表面结构往往是特定环境(如沙漠、砾漠/戈壁、冰川、海滩沙等)的重要识别标志。

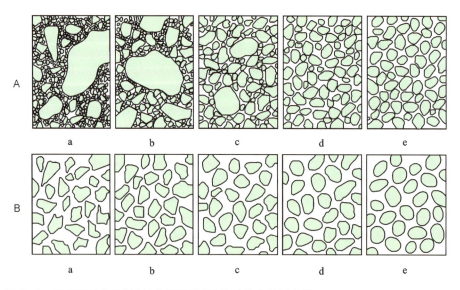

图 2-8 碎屑颗粒分选度(A)和磨圆度(B)的目估分级示意图(据桑隆康和马昌前,2012 改编)
A. a、b、c、d、e 的分选度分别为极差、差、中等、好、极好;B. a、b、c、d、e 的磨圆度分别为棱角状(极差)、次棱角状(差)、次圆状(中等)、圆状(好)、极(滚)圆状(极好)

（2）**填隙物**是指具碎屑结构的沉积岩（如砾岩、砂岩、颗粒石灰岩等）孔隙中充填的物质，包括杂基和胶结物。**杂基**是指具碎屑结构沉积岩中与粗碎屑同步以机械方式沉积下来、起充填孔隙作用、粒径一般小于 0.03 mm 的细粒组分。需要指出的是，在砾岩中，杂基的粒径可以达到粉砂级甚至砂级。在具碎屑结构岩石中，当杂基含量小于 15% 时，颗粒之间互相接触，杂基充填于颗粒的孔隙之间，颗粒与杂基的这种关系称为*颗粒支撑结构*；当杂基含量大于或等于 15% 时，颗粒互相不接触，悬浮在杂基之中，颗粒与杂基的这种关系称为*杂基支撑结构*。沉积物重力流、低水动能强度和快速堆积环境中形成的碎屑岩通常具有杂基支撑结构；牵引流、高水动能强度和缓慢堆积环境中形成的碎屑岩通常具有颗粒支撑结构。杂基的成分通常为黏土矿物或碳酸盐泥（包括灰泥和云泥）或其他细组分。大多数杂基是与碎屑颗粒同步沉积的（原杂基，重结晶后称为正杂基），也有部分碎屑结构中的细组分填隙物貌似杂基，它们是在成岩和后生改造过程中形成的，称为似杂基。这种杂基不是真正意义上的杂基，在碎屑岩的成因分析中应予以剔除。杂基的含量具有重要的成因意义，低杂基含量（<15%）通常反映形成环境的水动能强度高、沉积速率低。填隙物中的**胶结物**是化学或生物化学沉淀的产物，它的结构特征与化学、生物化学和结晶岩类似，可以从晶粒大小、晶体生长方式和重结晶程度等方面进行刻画和分析。在具碎屑结构的岩石中，胶结物的成分主要为硅质、碳酸盐质、铁质等，其含量小于 50%，常见的胶结物结构有非晶质和隐晶质结构、显晶粒状结构、嵌晶结构和自生（次生）加大结构。

2. 泥状结构

泥状结构是指由机械堆积的泥级组分。在碎屑结构中这些泥级组分就是基质或杂基。需要指出的是，在泥状结构中的泥级组分并非单一成因，它们既可以由母岩或其他物体机械破碎、磨蚀产生，也可以在风化、侵蚀、搬运、沉积和成岩作用过程中由化学、生物或生物化学作用产生。

3. 颗粒结构

颗粒结构是指自生颗粒、填隙物（包括杂基和胶结物）和孔隙自身特征及其相互关系。颗粒结构特征与碎屑结构非常类似，主要区别是颗粒为自生而非他生。颗粒结构均发育于内源沉积岩中，主要类型有内碎屑（如竹叶状灰岩中的"竹叶"）、骨屑/生物碎屑、鲕粒（参见图 2-6I）、核形石/藻灰结核、球粒、粪球粒、葡萄石、团块、豆石等。

4. 生物骨架结构

生物骨架结构是指由造礁生物原地生长形成的特征，其结构要素可以包括生物骨架、自生颗粒、泥级组分、胶结物和孔隙。

5. 结晶/化学结构

结晶/化学结构是指由化学或生物化学作用沉淀的矿物晶体构成的特征。就结构面貌而言，沉积岩的结晶结构与岩浆岩和变质岩的结晶结构并无本质差别，不同之处在于沉积岩的结晶沉淀发生于常温常压环境中，大都形成同一种自生矿物。结晶结构可以形成于沉积期，也可以形成于成岩期。

（六）沉积岩的分类

沉积岩通常根据物质来源、成分和结构分为陆源碎屑岩、火山碎屑岩和内源沉积岩三大类及其若干细分类型（表 2-5，图 2-6G～I）。

表 2-5 沉积岩分类、主要岩石类型举例及简要特征

（据朱筱敏，2008；桑隆康和马昌前，2012 等资料编制）

大类	类	亚类	简要特征	备注
陆源碎屑岩（他生沉积岩）	砾岩	角砾岩	棱角状和次棱角状砾石直径＞2 mm，含量＞50%，根据砾石直径的不同可细分为巨、粗、中、细角砾岩（＞250 mm、250～50 mm、50～10 mm、10～2 mm）	（1）碎屑物主要源自母岩的风化和侵蚀；（2）岩石具碎屑结构；（3）类和亚类还可以根据成分、产状与其他要素划分，如复成分砾岩、底砾岩、岩屑杂砂岩等；（4）在碎屑物的搬运、沉积和成岩过程中，以机械作用为主，化学、生物和生物化学作用贡献小或无
		圆砾岩	圆状和次圆状砾石直径＞2 mm，含量＞50%，根据砾石直径的不同可细分为巨、粗、中、细砾岩（＞250 mm、250～50 mm、50～10 mm、10～2 mm）	
	砂岩		碎屑颗粒直径 2～0.05 mm，含量＞50%，根据碎屑颗粒直径的不同可细分为极粗、粗、中、细和极细砂岩（2～1 mm、1～0.5 mm、0.5～0.25 mm、0.25～0.1 mm、0.1～0.05 mm）	
	粉砂岩		碎屑颗粒直径 0.05～0.005 mm，含量＞50%，根据碎屑颗粒直径的不同可细分为粗粉砂岩和细粉砂岩（0.05～0.03 mm 和 0.03～0.005 mm）	
	泥质岩	泥岩	碎屑颗粒直径＜0.005 mm，含量＞50%，无页理	
		页岩	碎屑颗粒直径＜0.005 mm，含量＞50%，有页理	

续表 2-5

大类	类	亚类	简要特征	备注
火山碎屑岩（他生沉积岩）	集块岩		火山碎屑物直径>50 mm，含量>50%，根据火山碎屑物直径的不同可细分为漂砾、巨砾、粗砾集块岩（>1000 mm、1000~250 mm、250~50 mm）	(1)岩屑、晶屑和玻屑等碎屑主要源自爆发型火山作用； (2)岩石具碎屑结构； (3)类和亚类也可依据与陆源、内源或熔岩组分的混积比例来划分，如砂质凝灰岩、骨屑凝灰岩、熔岩集块岩等
	火山角砾岩		火山碎屑物直径50~2 mm，含量>50%，根据火山碎屑物直径的不同可细分为中砾和细砾火山角砾岩（50~10 mm和10~2 mm）	
	凝灰岩		火山碎屑物直径2~0.05 mm，含量>50%，根据火山碎屑物直径的不同可细分为极粗粒、粗粒、中粒、细粒和极细粒凝灰岩（2~1 mm、1~0.5 mm、0.5~0.25 mm、0.25~0.1 mm、0.1~0.05 mm）	
	尘屑凝灰岩		火山碎屑物直径<0.05 mm，含量>50%	
内源沉积岩（自生沉积岩）	碳酸盐岩	石灰岩	自生方解石含量>50%。当自生方解石含量>50%，其他自生组分（如白云石）含量在5%~25%和25%~50%之间时，可分别命名为含白云质石灰岩和白云质石灰岩	(1)岩石组分主要源自沉积盆地内的生物作用、生物化学作用、化学作用和机械作用； (2)岩石可具有碎屑结构、化学结构/结晶结构或生物骨架结构； (3)类和亚类也可根据其他结构和成分要素划分，如泥晶岩、颗粒泥晶岩、泥晶颗粒岩、颗粒岩、障积岩、黏结岩和骨架岩等，其他内源沉积岩还包括锰质岩、铁质岩、铝质岩等
		白云岩	自生白云石含量>50%。当自生白云石含量>50%，其他自生组分（如方解石）含量在5%~25%和25%~50%之间时，可分别命名为含灰质白云岩和灰质白云岩	
	硅质岩/燧石		自生硅质矿物（蛋白石、玉髓或石英）含量>50%。通常质纯，不含其他矿物，多为结晶结构或颗粒结构。根据产状和颗粒类型等的不同可细分为不同亚类，如层状硅质岩、放射虫硅质岩等	
	磷质岩/磷块岩		P_2O_5含量>19.5%（相当于磷灰石含量>50%），大都与生物作用有关，形成于浅海环境	
	蒸发岩		易溶盐类矿物含量>50%，根据盐类矿物的不同，蒸发岩可细分为硫酸盐类、卤化物类和硝酸盐类等，如硬石膏、石盐和钠硝石等蒸发岩	

四、变质岩

(一)变质岩与变质作用

变质岩是指由于温度、压力、流体等物理化学条件的变化,先存岩石在固体状态下产状、构造、结构、矿物与化学成分发生变化而形成的新岩石。**变质作用**是指岩石在基本保持固体状态下,使原有岩石发生矿物组成、化学成分、结构和构造上变化而形成新岩石的地质作用。变质作用的机理或方式有4类:重结晶作用、交代作用、变形作用和变质分异作用。**重结晶作用**是指岩石在基本保持固体状态下,发生矿物重新组合和通过化学反应形成新矿物的过程。在重结晶前后,岩石的总化学成分保持不变(H_2O和CO_2等挥发分除外)。**交代作用**是指固体岩石在化学活动性流体作用下,通过组分的带入和带出而使岩石的总化学成分(H_2O和CO_2等挥发分除外)和矿物成分发生变化的过程。在交代作用中,岩石的体积保持不变。**变形作用**包括脆性和塑性变形作用两种,前者包括碎裂和断裂,在近地表低温低压和较高应变速率条件下,岩石易发生脆性变形,而在高温高压和较低应变速率条件下,岩石易发生塑性变形(图2-6K)。**变质分异作用**是指原先均一的岩石发生矿物成分和化学成分的分异、重组,形成变质分异条带(成分层)的过程(见图2-6J中的基体与脉体)。

产生变质作用的因素可以归结为温度(T)、压力(p)、流体成分(x)和时间(t)。这4种因素中的一种或多种发生变化时,都可以导致先存岩石发生变质作用。尽管变质作用、岩浆作用和沉积成岩作用是不同的地质作用类型,但它们之间也存在重叠。产生变质作用的温度范围在150~2000 ℃之间,具体数值取决于压力、流体相的有无、流体相的成分和先存岩石受温度作用的时间长短等因素的影响。现今出露在地表的变质岩,形成时的压力大都在0.1~1.0 GPa之间,深度在3~35 km的范围内。但某些超高压变质带的岩石中含有柯石英和金刚石等这类指示高压、超高压的变质矿物,这类变质岩形成时的压力~3.0 GPa,深度~100 km,甚至更深,是陆壳岩石向地幔深俯冲的产物,如我国大别山地区的部分变质岩中就含有柯石英和金刚石。

(二)变质作用类型

根据规模的不同,变质作用可以分为局部变质作用和区域变质作用。

1. 局部变质作用

局部变质作用是指分布局限的变质作用,其体积通常小于100 km³。局部变质作用一般沿断裂带和侵入体的接触带分布,往往一种变质因素起主导作用,可以清楚地观察到变质岩与未变质岩渐变过渡,区分为4种类型:接触热变质作用、动力变质作用、冲击变质作用和交代变质作用。

接触热变质作用是指分布于侵入体与围岩的接触带,由岩浆热或温度主导和主控的变质作用,主要变质机制是重结晶作用,具有很低的 p/T 值。**动力变质作用**是指在构造作用下,沿断裂带发生的变质作用。动力变质作用的主控因素是偏应力,主要变质机制是变形作用(脆性变形和韧性变形),通常 p/T 值较高。**冲击变质作用**是指分布于陨石坑附近,在陨石冲击地表的强大冲击力作用下产生的变质作用。冲击变质作用的主控因素是陨石冲击地表瞬时产生的高压和高温,主要变质机制是变形作用和伴随的部分熔融作用,通常 p/T 值较高。**交代变质作用**是指分布于侵入体与围岩接触带和火山喷气区,主要由岩浆热液引起的异化学变质作用。交代变质作用的主控因素是流体中的活性组分,主要变质机制是交代作用(扩散交代和渗透交代)。交代变质作用不仅改变岩石的矿物组成、结构和构造,而且使岩石的总化学组成也发生变化。交代变质作用与成矿作用,特别是与金属矿床关系密切。

2. 区域变质作用

区域变质作用是指大区域甚至跨区域、分布范围广的变质作用,其体积通常达 $n \times 1000 \text{ km}^3 (n=1,2,3,\cdots)$。区域变质作用的变质因素复杂多样,往往是温度、压力、偏应力和流体的综合作用,p/T 值变化范围大,变质机制也多样,主要是重结晶作用、变形作用,有时还伴有交代和部分熔融作用,在遭受区域变质作用的地区,很难找到变质岩与未变质岩的界线。区域变质作用可以发生在大陆地壳、大洋地壳甚至岩石圈的地幔中,区分为4种类型:造山变质作用、洋底变质作用、埋藏变质作用和混合岩化作用。**造山变质作用**是指大规模分布在前寒武纪结晶基底和显生宙造山带的变质作用,与造山作用有密切的成因联系,其面积可达数百平方千米至数千平方千米,在前寒武纪结晶基底中呈面状分布,在显生宙造山带中呈带状分布。温度、压力、偏应力都是重要的变质因素,主要的变质机制是重结晶和变形作用,形成的岩石通常显示出面理和线理。造山变质作用是区域变质最常见的类型,因而常常称其为区域变质作用。**洋底变质作用**是指洋壳岩石在大洋中脊附近上升热流体和海水作用下产生的规模巨大的变质作用。温度和流体中的活动组分化学位是主要的变质因素,p/T 值很低,变质作用机制是重结晶作用并伴随交代作用,岩石的面理、线理不发育。洋底变质作用不仅使岩石的矿物组成、结构和构造发生变化,也导致岩石的化学组成发生变化,因而是区域规模的异化学变质作用。典型的洋底变质岩石为绿岩,是一种主要由钠长石、绿帘石、阳起石和绿泥石组成的绿色块状区域变质岩。**埋藏变质作用**是指无明显变形的很低级的大规模变质作用。它通常出现在区域变质(造山变质)和洋底变质的低级端,或独立出现在强烈凹陷的沉积盆地底部或下部，p/T 值变化范围大。埋藏变质作用是变质作用向成岩作用过渡的类型，形成的岩石无明显的面理、线理，重结晶作用不完全，原岩的结构构造多有残留。埋藏变质作用和洋底变质作用形成的岩石均无明显的变形特征，表明在变质作用过程中无偏应力参与，这类变质作用又称为区域静力变质作用。**混合岩化作用**是高级区域变质（造山变质）伴随的部分熔融产生的新成体（低熔物质）与古成体（变质岩）混合形成的混合岩（图 2-6J）的大规模变质作用。混合岩化作用是变质作用向岩浆作用过渡的类型，也称为超变质作用。

（三）变质岩的化学成分和矿物成分

变质岩的化学成分和矿物成分受控于原岩（沉积岩、岩浆岩和先存变质岩）和变质作用类型两方面的特征。从原岩的角度，变质岩可以区分为**正变质岩、副变质岩和复变质岩**，正变质岩的原岩为岩浆岩，副变质岩的原岩为沉积岩，复变质岩的原岩为先存变质岩。变质岩可以划分为 5 种等化学类型：泥质变质岩、长英质变质岩、钙质变质岩、基性变质岩和镁质变质岩。

1. 泥质变质岩

泥质变质岩化学成分特征是 Al_2O_3 和 K_2O 含量高，相对含量变化大。矿物成分特点是云母含量高，石英常见。根据 Al_2O_3 或 K_2O 含量是否过剩，泥质变质岩可以分为 2 个亚类：Al_2O_3 过剩的泥质变质岩和 K_2O 过剩的泥质变质岩。前者含富铝矿物（红柱石、蓝晶石和矽线石），中低温时无钾长石，高温时（麻粒岩相和辉石角闪岩相等）出现钾长石；后者的特征是含钾长石，中低温时无富铝矿物，高温时出现富铝矿物，如矽线石、堇青石和石榴子石等。

2. 长英质变质岩

长英质变质岩化学成分特征是 SiO_2 含量高，通常 K_2O 过剩，Al_2O_3 不足。矿物成分特征是以石英和长石为主，矿物组合与 K_2O 过剩的泥质变质岩相同。

3. 钙质变质岩

钙质变质岩化学成分特征是 CaO 含量高，可含一定量的 MgO、FeO、Al_2O_3 和 SiO_2。矿物成分以方解石与白云石等碳酸盐矿物和钙镁硅酸盐矿物（硅灰石、透辉石、阳起石、透闪石和滑石等）为主，可含一定量的钙铝硅酸盐矿物（绿帘石、方柱石、钙质斜长石、钙铝-钙铁榴石和符山石等）及石英。

4. 基性变质岩

基性变质岩化学成分特征是 MgO、FeO、CaO 含量高，可含一定量的 Al_2O_3。矿物成分特征是富含斜长石、绿帘石、绿泥石、单斜辉石、阳起石、透闪石、普通角闪石、斜方辉石、铁铝-镁铝榴石和黑云母等铁镁钙的硅酸盐以及铝硅酸盐矿物，可含一定量的石英。

5. 镁质变质岩

镁质变质岩化学成分特征是缺长石和石英,富 MgO 和 FeO,贫 CaO、Al_2O_3 和 SiO_2。矿物成分特征是富含镁铁矿物,如蛇纹石、滑石、水镁石、菱镁矿、直闪石、镁铁闪石、紫苏辉石、透闪石、阳起石、绿泥石、黑云母和铁铝-镁铝榴石等。

(四)变质岩的结构构造

变质岩的结构构造不仅包括在变质作用过程中新生成的结构构造,也包括从原岩(岩浆岩和沉积岩)中继承的结构构造,前者称为**变质结构构造**,是变质岩形成条件和机理的重要证据;后者称为**变余(残余)结构构造**,是变质岩原岩恢复的关键标志。因此,与岩浆岩和沉积岩的结构构造相比,变质岩的结构构造更加丰富多彩。

1. 变质结构

变质结构包括变晶结构和变形结构两类。**变晶结构**是指由变晶(由变质结晶产生的变质矿物)的形状、大小和相互关系呈现出的显微和微观特征。变晶结构是岩石在基本保持固体状态下结晶形成的,这就决定了变晶结构具有自形程度较差、粒度较细、包裹体多、反应现象和定向性常见等特征,依据这些特征可将变晶结构与岩浆岩和沉积岩的结晶结构区分开来。变晶结构可以归纳为3类:反映变晶粒度、自形程度和形状的变晶结构(图 2-6L),如粗粒、中粒、细粒、微粒变晶结构,自形、半自形、他形变晶结构,粒状、鳞片状、纤维状变晶结构;反映变晶之间相互关系的变晶结构,如嵌状变晶结构(大颗粒的变嵌晶中包含有细小的包裹体);体现变晶之间反应关系的变晶结构,如反应结构(当变质反应不彻底、未达到平衡时,反应物与生存物共存)。**变形结构**是指在晶内和晶界发生脆性、塑性和扩散流动过程中形成的显微和微观特征。如具有裂纹的石榴子石、扭折的黑云母、波状消光的石英、亚颗粒、压溶颗粒和压力影、碎裂结构和糜棱结构(图 2-6K)等均为典型的变形结构。

2. 变质构造

变质构造包括定向和无定向变质构造两类。**定向变质构造**可以区分为线状变质构造和面状变质构造两种。线状变质构造包括拉伸线理、皱纹线理和交面线理。面状变质构造(面理)包括变余层理,板状(板劈理)、千枚状、片状、片麻状、条带状(图 2-6J)、眼球状构造和 S-C 面理(发育于韧性剪切带中的组合构造类型,S 面理是先于 C 面理的挤压面理,C 面理是形成稍晚的剪切面理)等。**无定向变质构造**主要有块状构造、斑点构造、瘤状构造和角砾状构造等。

3. 变余结构构造

变余结构构造主要见于浅变质的变质岩中,但原岩的某些结构构造即使在某些深变质岩中也能得以保存,如枕状构造和层理构造等。正变质岩(原岩为岩浆岩)中,常可见变余辉长结构、变余辉绿结构和变余斑状结构等,变余枕状构造、变余气孔构造、变余杏仁构造和变余流纹构造等;副变质岩(原岩为沉积岩)中,常可见变余砾状结构、变余砂状结构、变余骨屑结构和变余鲕状结构等,变余层理构造、变余波痕构造和变余干裂构造等。变余结构构造的特征是外貌上具有原岩结构构造特征,但成分上主要由变质矿物组成,浅变质条件下可见原岩矿物的残留。

(五)变质岩的分类和命名

根据变余结构构造的有无和清楚与否,可将变质岩划分为两大类:变余结构构造无或不清楚的变质岩和变余结构构造清楚的变质岩,前者可依据变质结构构造和矿物成分对该大类变质岩作进一步的划分,后者则可依据原岩对该大类变质岩作进一步的细分(表2-6,图2-6J~L)。变质岩的命名遵循两个原则:其一,变质岩的变余结构构造无或不清楚时,以矿物名称+基本名称命名,基本名称前矿物以含量增加为序排列,含量高的矿物靠近基本名称,参与命名的矿物通常不超过4个,矿物之间用连字符"-"隔开,如石榴子石-绿泥石-白云母-石英片岩(Gt - Ch - Ms - Q schist);其二,当变质岩的变余结构构造清楚时,则以"变质(meta -)××岩"命名,其中"××岩"为原岩名称,如变质长石砂岩(meta-arkose)、变质石灰岩(meta-limestone)、变质玄武岩(meta-basalt)、变质辉长岩(meta-gabbro)等。

表 2-6 变质岩分类、主要岩类举例及简要特征
(据桑隆康和马昌前,2012等资料改编)

大类	类	亚类	岩类	简要特征
变余结构构造无或不清楚的变质岩	面理化变质岩	区域变质岩 I	板岩	板状构造,如钙质板岩、硅质板岩
			千枚岩	千枚状构造,如绢云母-石英千枚岩
			片岩	片状构造,如蓝晶石-绿泥石-白云母片岩
			片麻岩	片麻状构造,如石榴子石-黑云母-斜长石片麻岩
			眼球状混合岩	眼球状构造,眼球状新成体分布于古成体中
			条带状混合岩	层状或条带状构造,新成体与古成体互层

续表 2-6

大类	类	亚类	岩类	简要特征
变余结构构造无或不清楚的变质岩	无或弱面理化变质岩	动力变质岩Ⅰ	糜棱岩	糜棱结构，通常发育 S-C 面理构造
		动力变质岩Ⅱ（脆性断层岩）	构造角砾岩	碎裂结构，角砾状构造，碎块棱角状
			构造砾岩	碎裂结构，角砾状构造，角砾圆化
			碎裂岩、超碎裂岩	碎裂结构，块状构造
			假玄武玻璃岩	玻璃质碎屑结构
		多成因变质岩	大理岩	以碳酸盐矿物为主，块状构造，如透闪石大理岩
			石英岩	主要由石英组成，块状构造，如白云母石英岩
			蛇纹岩	主要由蛇纹石组成，块状构造，如滑石-蛇纹岩
		区域变质岩Ⅱ	绿岩	主要由钠长石、绿帘石、阳起石和绿泥石组成，块状构造
			角闪岩	主要由斜长石和普通角闪石组成，块状构造
			麻粒岩	粒状变晶结构和麻粒岩相矿物组合的长英质和斜长-辉石质的区域变质岩，如辉石麻粒岩
			榴辉岩	主要由石榴子石和绿辉石组成，无长石
			（变）粒岩	具粒状变晶结构，块状构造，如角闪石岩
		接触变质岩	角岩	无定向，块状构造，主要类型有钙硅酸盐角岩、钠长-绿帘角岩、普通角闪石角岩和辉石角岩
		交代变质岩	矽卡岩	主要由钙-镁-铁（铝）硅酸盐矿物组成
			云英岩	主要由石英、白云母、萤石、黄玉、电气石等组成
			黄铁绢英岩	主要由石英、绢云母、黄铁矿及碳酸盐矿物组成
			次生石英岩	主要由石英及绢云母、叶蜡石、高岭石等矿物组成
			滑石菱镁岩	主要由石英、铁菱镁矿、铬云母和黄铁矿等矿物组成

续表 2-6

大类	类	亚类	岩类	简要特征
变余结构构造清楚的变质岩	变质岩浆岩	变质喷出岩		具体岩类名称与喷出岩分类一致,仅在其原岩名称前加"变质"二字,如变质流纹岩;喷出岩的结构构造清晰可辨,如变余流纹构造
		变质侵入岩		具体岩类名称与侵入岩分类一致,仅在其原岩名称前加"变质"二字,如变质花岗岩;侵入岩的结构构造清晰可辨,如变余花岗结构
	变质沉积岩	变质内源沉积岩		具体岩类名称与内源沉积岩分类一致,仅在其原岩名称前加"变质"二字,如变质灰岩;内源沉积岩的结构构造清晰可辨,如变余骨屑结构
		变质陆源碎屑岩		具体岩类名称与陆源碎屑岩分类一致,仅在其原岩名称前加"变质"二字,如变质砂岩;陆源碎屑岩的结构构造清晰可辨,如变余层理构造
		变质火山碎屑岩		具体岩类名称与火山碎屑岩分类一致,仅在其原岩名称前加"变质"二字,如变质凝灰岩;火山碎屑岩的结构构造清晰可辨,如变余凝灰结构

五、岩石的演化

如上文所述,地球上的岩石有 3 种来源("三源"):地源(地球上地质作用和过程形成的岩石)、天源(从太阳系或宇宙加入地球的固态物质,如陨石)、人源(人造岩石,如陶瓷)和三大类:岩浆岩、沉积岩和变质岩。地球上最古老的岩石是天源岩石——陨石。目前地球上发现的最古老陨石的年龄达 70 亿年,比太阳的年龄(约 46 亿年)还要老。2020 年,科学家在 1969 年坠落于澳大利亚维多利亚州默奇森(Murchison)的陨石中,发现了形成于 70 亿~50 亿年前的星尘(星际尘埃),它们是迄今为止在地球上发现的最古老的固体物质(Heck et al.,2020)。科学家们认为,大约 70 亿年前,有大量新恒星形成,而当第一批恒星在经历了 20 亿年的生命周期死亡后,释放出的颗粒形成星尘,星尘聚集后又以陨石的形式坠落到地球上。默奇森陨石由不同年龄的星尘物质组成,大多数星尘颗粒的年龄在 49 亿~46 亿年之间,部分微米级星尘颗粒的年龄高达 70 亿年(Heck et al.,2020)。

1976 年 3 月 8 日,发生在我国吉林省吉林市北郊的陨石雨事件,陨石的年龄达 46 亿年。科学家认为,吉林陨石雨的母体是太阳系中火星与木星之间小行星带上的一颗小行星,在距今约 800 万年前的一次天体撞击中形成,岩石类型为橄榄石-古铜辉石球粒陨石。由此可见,这些古老的天源岩石是揭示太阳系乃至宇宙的起源和演化的珍贵材料,地源岩石则是地球起源和演化的见证。

据不完全统计,地源岩石约 400 种,其中岩浆岩约 150 种,沉积岩约 50 种,变质岩约 200 种(表 2-3)。岩石与化石一样,在不同地史时期,其类型和数量也是演变的(图 2-9)。虽然多数岩石类型具有重现性,如花岗岩、片岩和砂岩,但也有一部分岩石在地史时期的形成和分布具有不可逆性和时装性。如科马提岩[komatiite,又称为镁绿岩,为超基性喷出岩,1969 年发现于南非巴伯顿山地的科马提河(Komati)流域,故以此命名;通常发育枕状构造和鬣刺结构],主要形成于太古宙;碧玉铁质岩(jaspilite,现称为条带状铁建造/BIF),首现于始太古代(~3800 Ma)、盛产于中—新太古代(2800 Ma±)和古元古代中晚期(1800 Ma±),古元古代末期(~1800 Ma 之后)逐渐绝迹;氧化物(如赤铁矿和褐铁矿等)、氢氧化物(如针铁矿和水锰矿等)和蒸发岩(石膏、钾盐和钠盐等)、以生物作用和生物化学作用为主形成的沉积岩(如礁灰岩、白云岩和介壳灰岩等),是含氧和富氧大气圈、水圈和生物圈演化的产物(图 2-5、图 2-9);黑色页岩和磷块岩的首现、碎屑铀岩的消失也都与大气圈、水圈和生物圈的形成与演化密切相关。

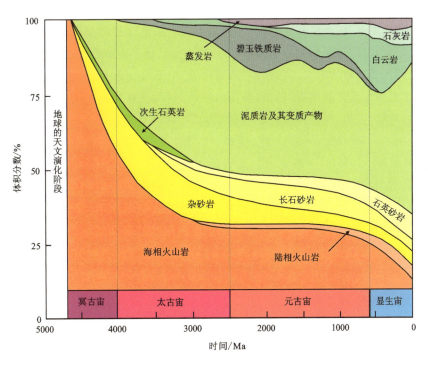

图 2-9　地史时期沉积岩类型和数量的演变(据 Ronov,1982 改编)

截至目前,已知最古老的地源岩石是阿卡斯塔(Acasta)片麻岩,年龄为 40 亿年,产于加拿大西北阿卡斯塔河中一个面积不足 0.5 km² 的小岛上(Kranendonk et al.,2019)。我国发现的最古老的岩石有片麻岩和奥长花岗岩,年龄约 38 亿年,产于辽宁鞍山东山—白家坟一带和冀东迁安。片麻岩和奥长花岗岩是组成古大陆的重要岩石类型,表明至少在 40 亿~38 亿年前就有古老大陆地壳的形成及与之相关的沉积、成岩、变质和构造岩浆活动的发生。

第四节 地层:揭秘地球史的万卷书

一、什么是地层和地层的接触关系?

1. 地层

地层是各种层状岩石的统称,其最大特征是成层性。由于整个地球都是分层和分圈的,因此,广义地层的概念包括了地球上所有的岩石。研究层状岩石形成的先后顺序、地质年代、时空分布规律、形成环境条件和物理化学性质的地质学分支学科即为*地层学*。它的主要目标是构建和不断优化地球科学的时间坐标,即地球乃至其他星球(如月球、火星和土卫六等)的编年表。从地球起源至今保存的各种各样和丰富多彩的地层记录如同一部鸿篇巨著,它不仅见证了地球的过去、展现了地球的现在,也昭示着地球的未来。在这部"鸿篇巨著"中不仅记录有岩石圈、大气圈、水圈和生物圈起源与演化的曲折、复杂、漫长的发展历程,也有对波澜壮阔、排山倒海、惊天动地的地震、火山、海啸和板块开合的"特写",还有对沧海桑田、人类家谱第 1 代(原核生物/~3500 Ma)→第 18 代(地球上的第 1 条鱼——昆明鱼/~530 Ma)→第 39 代(黑猩猩/~6 Ma)→第 42 代(高智慧的现代人/~20 万~10 万年前)的精细保存。这部"鸿篇巨著"的"原作者"就是形形色色的沉积作用和部分岩浆作用,它的"改编作者"就是多种多样的成岩作用、构造作用、变质作用、部分岩浆作用和表生作用(如风化和侵蚀等)。因此,了解和把握地层的特征和属性,是我们解读地球的过去、理解地球的现在、预测地球的未来的基础。地层的接触关系是这些特征和属性的重要内容。

2. 地层的接触关系

地层的接触关系是指地层与地层之间和地层与其他非层状地质体之间的叠置、毗邻、交切、包含等空间关系及其所反映出的时间关系与地质意义(图 2-10)。地层的接触关系可以区分为不整合(包括平行不整合、角度不整合和非整合)与整合,间断与连续。不整合与整合是地层学意义上($\geqslant 10^6$ a)的不连续与连续,间断与连续是沉积学意义上($\ll 10^6$ a)的不连续与连续。

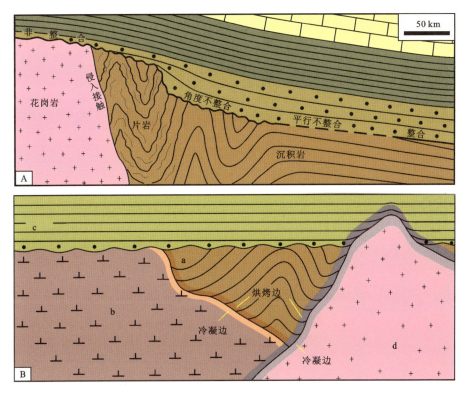

图 2-10 不整合的类型和特征

A. 不整合的类型和特征及其在空间上的变化,从左至右,由非整合(地层与非层状地质体之间的接触关系)逐渐演变为角度不整合、平行不整合和整合(地层与地层之间的接触关系);B. 非整合的类型及其特征,c 与 b、a 之间为沉积接触关系,c 在 b、a 之后形成;d 与 c、b、a 之间为侵入接触关系,d 在 c、b、a 之后形成

(1)**不整合**(unconformity)是指叠置或毗邻地层或地质体之间在形成时间上不连续,其间存在长时间(通常是$\geqslant 10^6$ a 的时间尺度)的地质记录缺失,并保存有古风化壳或古风化壳被改造后的残余记录。当古风化壳(或古风化壳被改造后的残余记录)的上覆与下伏地层产状互相平行时,这种不整合称为**平行不整合**(disconformity/parallel unconformity)。当古风化壳(或古风化壳被改造后的残余记录)的上覆与下伏地层产状互相不平行时,这种不整合称为**角度不整合**(angular unconformity)(图 2-10A)。当古风化壳(或古风化壳被改造后的残余记录)的下伏地质体不是地层而是非层状地质体(如块状的岩浆岩或变质岩岩体)时,

这种不整合称为**非整合**（nonconformity）或沉积接触关系（图2-10B）。非整合的另一种表现形式是侵入体侵入到时代比其更古老的地层或岩体中，这种关系称为**侵入接触关系**（图2-10B）。不整合是区域地质历史发生重大变革和调整的地质记录，对不整合的识别需要从区域尺度进行，不能仅从单个露头或单条地质剖面确定，在区域尺度上，它们之间也可以逐渐过渡（图2-10A）。

平行不整合、角度不整合和沉积接触代表沉积盆地（或区域地壳）至少经历了3个发展阶段：沉积盆地抬升到海平面之上→经历了长时间（通常是 $\geq 10^6$ a 的时间尺度）的陆上风化剥蚀，并形成了古风化壳→沉积盆地下降到海平面之下或沉积基准面之下，重新接受新的沉积。由此可见，不整合代表了区域地质发展历史的质变，往往有重要的构造、岩浆和沧海桑田乃至气候、生物事件等与之相伴，查明地层之间不整合接触关系的类型和特征，对解读地质发展史和寻找与勘探矿产资源具有重要意义。

（2）**整合**（conformity）是指叠置或毗邻的地层体之间在形成时间（通常是 $\geq 10^6$ a 的时间尺度）上连续，不存在地层的缺失。**间断**是指叠置或毗邻的地层体之间在形成时间（通常是 $\ll 10^6$ a 的时间尺度）上不连续，存在沉积学意义上的间断或无沉积。**连续**是指叠置或毗邻的地层体之间在形成时间上无间断，地层特征一致或渐变过渡。

需要特别指出的是，不整合和整合概念强调的是在 $\geq 10^6$ a 的时间尺度上地层记录和地层形成时间的不连续或连续；间断和连续概念强调的是在 $\ll 10^6$ a 时间尺度上地层记录和地层形成时间的不连续或连续。浊流、风暴、海啸事件等形成的冲刷面导致沉积序列的不连续和下伏地层的少量缺失，在地层学意义上仍然是整合的。

二、地层划分和对比

地层划分和对比是地层学的基础性工作，也是解读地层这部记录地球史的"鸿篇巨著"的基本方法，揭示地球在时空上发展的特殊性和普遍性、查明地球上矿产资源的形成与分布规律都需要以地层划分和地层对比工作为基础。因此，了解和掌握地层划分和地层对比的定义、方法、原理与结果，具有重要的理论与实践意义。

地层划分是指依据地层的特征或属性将地层组织成相应的地层单位。它的实质是在地层序列中找异。**地层对比**是指比较2个或2个以上地层单位的特征或属性是否相同或相当。它的实质是在地层序列或地层单位中求同。地层对比也是延伸地层单位的不二方法。地层划分、对比的结果是形成地层单位，地层有多少种特征和属性，就有多少种划分、对比的方法和形成多少相应的地层单位。随着科学技术的发展,科学家对地层特征和属性的了解越来越多、越来越细,地层划分和对比的方法也越来越精细,如地层的岩性、磁性、电性、放射性、声学性质、孔隙度、渗透率等物理特征,地层中 O、C、S、N、Fe、Ca、Sr、Mo 等化学元素和稳定同位素的含量和比值等化学特征,地层中所含化石的类型、丰度、分异度和组合等古生物学特征等。依据这些特征中的一种或多种组合都可以对地层进行划分和对比,并形成相应的地层单位。基本和常用的地层划分与对比方法有地质学方法(包括岩石学方法、古生物学方法、地质年代学方法等)、地球物理学方法和地球化学方法(图 2-11)。

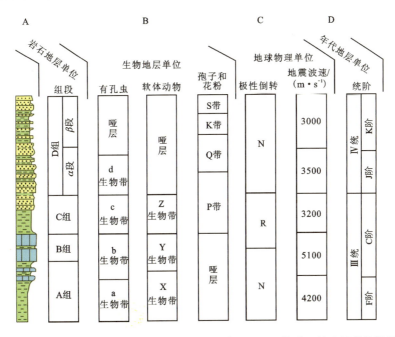

图 2-11 依据地层特征或属性进行地层划分的方法及其建立的地层单位举例
(据 Salvador,1994 改编)

(1) **岩石学方法**是指依据岩性和岩性组合对地层进行划分与对比的方法。在一条地层剖面上,依据岩性和岩性组合的不同,可将该地层剖面组织成不同的单位。这里所说的岩性可以是单一岩性,也可以是多种岩性有规律的渐变、互层、夹层或旋回(图 2-11A)。在图 2-11A 中,A 组、B 组、C 组、D 组的岩性和岩性组合特征分别是:A 组下—中部为泥岩,上部为泥岩与薄层灰岩互层;B 组为厚层灰岩夹泥岩;C 组下部为泥岩,上部为砂岩;D 组为砂岩夹泥岩,在 D 组中又根据岩性和岩性组合的次级特征,细分为 α 段(下部为砂岩、中部为砂岩与泥岩互层、上部为砂岩)和 β 段(下—中部为砂岩与泥岩互层、上部为砂岩)。

（2）**古生物学方法**是指依据化石和/或化石组合对地层进行划分与对比的方法。在一条地层剖面上，依据化石和/或化石组合的不同，可将该地层剖面组织成不同的单位。显然，只有赋含化石的地层才能使用古生物学的方法进行划分和对比。这里所说的化石主要是指大化石和微体化石。对分子化石和分子地层感兴趣的读者可以参考《地层学基础与前沿》（第二版）第17章（龚一鸣和张克信，2016）。从图2-11B可见，依据所选择化石类别的不同，同一条剖面可以有不同的划分方案，不同方案的界线可以一致，也可以不一致。依据化石建立的地层单位为化石带或生物带。

（3）**地球物理学方法**是指依据地层的地球物理学特征对地层进行划分和对比的方法。常用的地球物理学特征主要有地球磁极性的正常与倒转、地层对地震波的反射特性、地层的电导率、电阻率、地层的孔隙度、渗透率等（图2-11C）。

（4）**地质年代学方法**是指依据地层中的时间标志对地层进行划分和对比的方法。常用的时间标志主要有标准化石和化石组合、放射性同位素定年、地球磁极性的正常与倒转、重大地质事件（如大规模的火山爆发、天体撞击地球、高强度的气候变暖和变冷事件等）和米兰科维奇旋回等（图2-11D）。

（5）**地球化学方法**是指依据地层的地球化学特征对地层进行划分和对比的方法。常用的地球化学特征主要有元素的含量和比值、稳定和放射性同位素的含量与比值等。

三、地层单位、层型和地质年代表

1. 地层单位

地层单位是指具有一定时间延限和空间分布范围的地层体。地层划分和地层对比的产物或结果就是地层单位，地层有多少种特征和属性，就有多少种地层划分与对比的方法，并形成多少相应的地层单位。但常用和基本的地层单位有岩石地层单位、生物地层单位和年代地层单位。

（1）**岩石地层单位**是指由岩性、岩相或变质程度相对均一的岩层构成的地层体。岩石地层单位的类型有群、组、段、层，它们之间具有级序结构，前者可以包含若干个后者，即群可以包含若干个组、组可以包含若干个段、段可以包含若干个层（图2-11A）。在岩石地层单位群和组的前面也可以加前缀"超、亚"，如超群、亚群和亚组。**群**是最高级别的岩石地层单位，群可以是结构类似、成因相关的多个组的归并，也可以是一套复杂的岩性和岩相组合。**组**是基本的岩石地层单位，具有相对一致的岩性、岩相和变质程度。建立岩石地层单位组所需的条件是岩性相对一致（均一、夹层、互层或特别复杂），内部结构一致（内部不分段的组为一种结构类型，内部分段的组可有多种结构类型),顶、底界线明显(不整合面,岩性、结构、构造的突变面是最具代表性的组的分界面),具有一定的厚度(大都在几米至几百米的范围内)和空间分布范围[一般要求能在区域地质图(1:25万~1:5万)上表达]。**段**是对组的进一步细分,组内某些特殊的岩性可以单独划分为段。**层**是最小的岩石地层单位,其岩性与成因更为一致和单一。岩石地层单位组和群通常以建立该单位所在地的地名、名胜古迹、山川名等来命名,如融县组(D_3r)、长城群(Pt_2CH)和嘉陵江组(T_1j);岩石地层单位段和层通常以特殊的岩性来命名,如砂岩段、灰岩段、砾岩层和铁矿层。

(2)**生物地层单位**是指以含有相同化石内容和分布为特征,并与相邻地层中化石有别的地层体。它的单位是生物带或化石带。生物带的类型主要有延限带、谱系带、组合带、富集带和间隔带,它们之间为无级序结构的并列关系。前三者使用较多,简述如下。

延限带是指选定的某一类或某两类化石分类单元(种、属、科等)的延限范围所代表的地层体。选定化石的延限范围包括地层(时间)序列的时限和空间分布范围两层含义(图2-12)。**谱系带**是指含有代表演化谱系中某一特定时间片断化石分布的地层体。它可以是某一分类单元在一个演化谱系中的总延限,也可以是该分类单元在其后裔分类单元出现之前的那段延限(图2-13)。与其他的生物带相比,谱系带的界线最接近年代地层单位的界线,因此,谱系带具有重要的时间标志意义,是建立年代地层单位阶和亚阶的重要手段。**组合带**是指由3个或3个以上化石分类单元构成一个有别于相邻化石组合的独特化石组合所代表的地层体。组合带的顶、底界线需要根据化石组合特征进行指定和描述(图2-14)。生物带通常以某一个或某几个分类单元名(种和属等)来命名,如 *Eoredlichia*(三叶虫属名)延限带、*Hindeodus parvus*(牙形石种名)谱系带等。

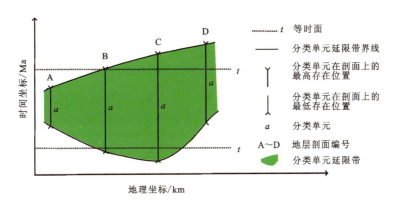

图2-12 生物地层单位延限带图解(据Salvador,1994改编)

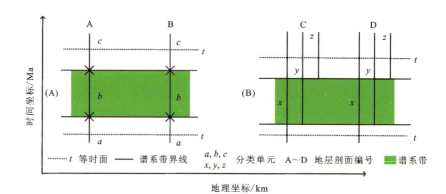

图 2-13　生物地层单位谱系带图解(据 Salvador,1994 改编)

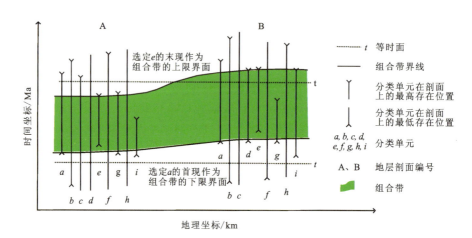

图 2-14　生物地层单位组合带图解(据 Salvador,1994 改编)

(3)**年代地层单位**是指以地层的形成时间为依据而建立的地层单位,它代表了地质历史时期某一时间间隔内形成的所有地层体或地质体。年代地层单位包括宇、界、系、统、阶、时带,它们之间具有级序结构,前者可以包含若干个后者,即宇可以包含若干个界,界可以包含若干个系,系可以包含若干个统,统可以包含若干个阶。在年代地层单位的前面可以加前缀"亚、超",用得比较多的有亚阶。

阶是年代地层单位的基本工作单位,它也是可在全球范围内识别的、标准年代地层等级系列中最小的年代地层单位。阶的特征和建阶要求:阶通常是统内部依据生物演化阶段或特征的进一步划分,依据的生物分类单位通常是属/种/亚种;由于生态因素和生物分区的限制,据底栖生物建立的阶往往只具有区域性的等时意义,而依据浮游生物建立的阶才可能具有全球等时意义;阶的底界(界线层型)应该在一个基本连续的沉积序列内,最好是海相沉积;阶的顶、底界线应是易于识别、可在大范围内追溯、具有时间意义的明显标志面;阶的上、下界线代表了地质时期两个特定的瞬间,两者之间的时间间隔就是该阶的时限;绝大多数阶的时长在 1~10 Myr 内。

宇、**界**、**系**和**统**通常是依据生物演化大的阶段性,并辅以具有全球性、等时性的地质事件来建立。如下古生界以多门类海生无脊椎动物的繁盛为特征;上古生界以鱼类、两栖类、蕨类植物与海生无脊椎动物并存为特征;中生界以爬行类、裸子植物、菊石类繁荣为特征;新生界以哺乳类、被子植物、软体动物大发展为特征。**时带**通常是以比阶小的生物演化阶段性来建立的。

年代地层单位具有 3 个方面的特征:①是在特定地质时间内形成的所有岩石的综合体,其上、下界线在全球范围内追踪具有绝对的等时性;②级别与岩层形成的时间长短相对应,与岩层的厚度无关;③与地质年代单位严格、完全、一一对应,即形成**宇**的地质年代称为**宙**,形成**界**的地质年代称为**代**,形成**系**的地质年代称为**纪**,形成**统**的地质年代称为**世**,形成**阶**的地质年代称为**期**,形成**时带**的地质年代称为**时**。地质年代单位宙、代、纪、世、期、时是从年代地层单位宇、界、系、统、阶、时带中抽象出来的时间概念,这种对应关系就像人类社会中的计时单位年、月、日、时、分、秒是从地球围绕太阳公转和自转周期中抽象出来的时间概念一样,前者是客观存在,后者是对前者的抽象与刻画。

2. 层型

层型(stratotype)是指已经命名的地层单位或地层界线的参考标准。层型是能够恰当表达地层单位(如岩石、年代、生物地层单位等)或地层界线概念的具体标准或模式、典型,标准剖面即层型剖面。层型可以是地层序列中的一个点、一条线、一个面或一个三维的地层体。重要和常用的层型有界线层型和单位层型(图 2-15)。在年代地层单位中最重要和最常用的层型为界线层型,即全球界线层型剖面和点(Global Boundary Stratotype Section and Point,简称 GSSP),俗称"金钉子"。在前寒武纪通常使用全球标准地层年龄(Global Standard Stratigraphic Age,简称 GSSA)。GSSP 主要依据生物演化的阶段性建立,GSSA 主要依据重大、群发性地质事件和放射性同位素的数字定年确立。

3. 地质年代表

地质年代表是指依据生物演化和其他地质事件发生的阶段性与时间顺序,将地球历史按照先后顺序划分为不同级别的地质年代单位,并以图表的形式表达。地质年代表就是地球的编年表。地质年代单位从大到小包括宙(Eon)、代(Era)、纪(Period)、世(Epoch)、期(Age)、时(Chron),与年代地层单位宇(Eonothem)、界(Erathem)、系(System)、统(Series)、阶(Stage)、时带(Chronozone)一一对应。地质年代单位是从年代地层单位中抽象出来的时间概念。有关地质年代表的具体内容见本书的第二章。

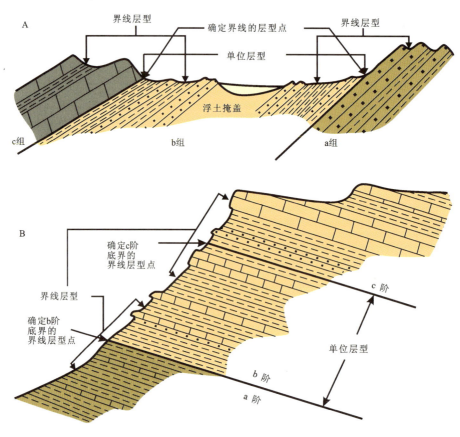

图 2-15　界线层型和单位层型概念图示(据 Salvador,1994 改编)

第五节　化石:远古地球的居民

一、什么是化石?

化石是指石化的生物遗体和生命活动遗迹。化石也是远古地球居民的见证,可以划分为 2 种类型:实体化石和遗迹化石。**实体化石**是石化的生物遗体(图 2-16、图 2-17),如恐龙化石(图 2-17E)。**遗迹化石**是石化的生命活动遗迹(图 2-18),如恐龙的足迹化石(图 2-18A)。化石的大小从数十米的宏观尺度到纳米级的微观尺度不等。因此,根据大小及其相关特征,可以将化石区分为宏体(大)化石、微体化石、超微化石和分子化石(也称为化学化石或生物标志化合物)。

大化石大小通常大于毫米级,可以用肉眼直接进行观测和分析,如恐龙化石和恐龙足迹化石;**微体化石**大小通常为毫米级至亚毫米级,肉眼难以对其观测和分析,通常需要借助显微镜才能观测其形貌结构特征,如有孔虫、放射虫、介形虫、沟鞭藻、硅藻、牙形石、孢子、花粉等;**超微化石**大小通常<10 μm,必须借助显微镜才能观测其形貌结构特征,如颗石藻、几丁虫、细菌(图 2-16I、J)等;**分子化石**通常是实体或部分遗迹化石(如粪化石等)降解后的产物,以有机大分子或地质类脂物的形式保存在沉积物或地层中,其大小比超微化石更小。

图 2-16 海生无脊椎动物化石(A~H)和微生物化石(I、J)集锦

A. 王冠虫(*Coronocephalus* sp.),早志留世(兰多维列世),节肢动物门三叶虫纲;B. 网格苔藓虫(*Fenestella* sp.),晚泥盆世,苔藓动物门窄唇纲隐口目;C. 海百合茎,晚泥盆世,棘皮动物门海百合纲;D. 六方珊瑚(*Hexagonaria* sp.),中泥盆世,腔肠动物门珊瑚纲横板珊瑚亚纲;E. 新希瓦格䗴(*Neoschwagerina* sp.),早二叠世,原生动物门肉足虫纲有孔虫目䗴亚目;F. 中华震旦角石(*Sinoceras chinensis*),中奥陶世,软体动物门头足纲鹦鹉螺亚纲直角石目;G. 对笔石(*Didymograptus* sp.),早奥陶世,半索动物门笔石纲正笔石目对笔石科;H. 舌形贝(*Lingula* sp.),纽芬兰世(早寒武世),腕足动物门无铰纲舌形贝目;I、J. 螺旋菌化石,微生物化石,中二叠世[产于华南茅口组遗迹化石动藻迹(*Zoophycos* isp.)深色蹼纹中],J 是 I 中部的局部放大,白色箭头指示异形细胞

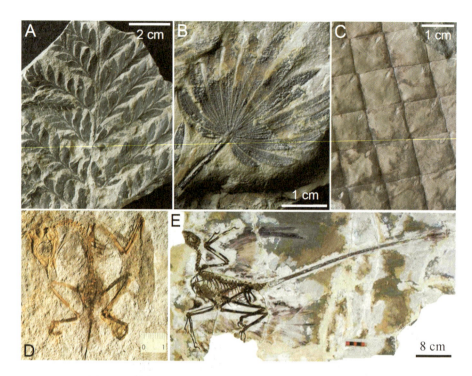

图 2-17 陆生植物化石(A~C)和脊椎动物化石(D、E)集锦

A. 锥叶蕨(*Coniopteris* sp.),早侏罗世,蕨类植物门薄囊蕨纲真蕨目蚌壳蕨科;B. 瓣轮叶(*Lobatannularia* sp.),晚二叠世,节蕨植物门木贼目;C. 斜方薄皮木(*Leptophloeum rhombicum*),晚泥盆世,石松植物门原始鳞木目;D. 娇小辽西鸟(*Liaoxiornis delicatus*),早白垩世,脊索动物门鸟纲反鸟亚纲(据侯连海等,1999);E. 顾氏小盗龙[*Microraptor gui*(长有4个翅膀的恐龙)],早白垩世,脊索动物门蜥形纲蜥臀目驰龙科(据徐星等,2003)

地史时期的生物遗体或生命活动遗迹被沉积物掩埋后,需要经历漫长的地质年代和发生一系列的物理与化学变化,在一定的条件下,这些生物遗体或生命活动遗迹才能被保存并石化为化石(童金南和殷鸿福,2007)。化石形成的基本条件是生物遗体或生命活动遗迹自身具备保存为化石的基本条件,如具有钙质、硅质骨骼等;生物遗体或生命活动遗迹被沉积物迅速掩埋;被掩埋沉积物的厚度足够厚(通常大于数百米)、被掩埋的时间足够长(通常大于数千年、数万年);石化作用(包括矿物质的充填作用、置换作用或碳化作用)充分和完全;没有遭受强烈的变形和变质作用的改造。因此,化石的形成具有严格的条件限制,古代生物被保存为化石的概率只有万分之一,这就决定了化石记录必然具有不完备性,化石资源也是不可再生的资源。

图 2-18　陆相(A)和海相(B~D)遗迹化石集锦

A. 恐龙足迹化石,晚侏罗世,四川峨眉山市川主镇(乡);B. 古网迹(*Paleodictyon nodosum*),始新世,奥地利维也纳(据 Seilacher,2007);C. 动藻迹(*Zoophycos* isp.)(硬币左下方、开口朝下的"U"形者)和丛藻迹(*Chondrites* isp.,呈黑色细小的树枝状者),晚白垩世,波兰喀尔巴阡山;D. 蛇曲迹(*Helminthorhaphe flexuosa*),晚白垩世—古近纪,波兰喀尔巴阡山[据 Fan(范若颖)et al.,2017]

二、化石的分类和价值

1. 化石的分类与命名

对化石的科学分类与命名是认识化石和现生生物多样性、起源及演化的基础,化石与现生生物的分类命名原理、方法和级序结构基本相同。所不同的是,化石的分类主要依据其表型特征,这主要是由化石的特征决定的。化石与现生生物的分类单位均为界、门、纲、目、科、属、种,也经历了从林奈时代(18 世纪早—中期)的二界分类系统到现在的五界、六界分类系统(表 2-7,图 2-19,图 2-20)的演变。里程碑性的发展得益于 3 个方面:其一,各类光学和电子显微镜的发明与使用,使科学家能从宏观与微观、表型与细胞、形态与功能的结合上全面认识化石和生命的本质,解读生命过程与地球环境的关系;其二,新的化石材料不断地被发现,如瓮安、蓝田、埃迪卡拉生物群(埃迪卡拉纪),梅树村(小壳)、澄江、关山、凯里和布尔吉斯页岩生物群(寒武纪)等;其三,大量地质微生物化石、微体化石和超微化石的新发现,不断改变和深化了科学家对化石、生物分类命名以及史前生物的认识。

表 2-7 生物及其化石的界级分类系统沿革

分类	名称	特征	分类依据	备注
二界	植物界	固着不动,自养,包括细菌类、藻类和真菌类	运动与否;营养方式	1735年/1755年,林奈(C. Linne/瑞典)提出,一直沿用到20世纪50年代
二界	动物界	能自由移动,异养,包括原生动物	运动与否;营养方式	
三界	植物界	多细胞真核生物,自养,含叶绿素	细胞结构;进化阶段	1866年,海克尔(E. H. Haeckel/德国)提出
三界	动物界	多细胞真核生物,异养,能自由移动		
三界	原生生物界	单细胞,真核生物,是动植物界的祖先		
四界	植物界	多细胞真核生物,自养,含叶绿素	细胞结构和成分;营养方式;消化和吸收方式	1938年,考柏兰(H. F. Copeland/美国)等提出;真菌界以细胞壁为几丁质(而不是纤维素)、储存的是糖原(而不是淀粉),有别于植物;以腐生或寄生有别于动物;以将其消化酶分泌到食物上,在细胞外把食物分解后再吸收到细胞内供利用,有别于动物的细胞内消化
四界	动物界	多细胞真核生物,异养,能自由移动		
四界	真菌界	真核生物,异养,营腐生、寄生和共生生活,细胞具细胞壁,无叶绿体,不能进行光合作用;无根、茎、叶的分化;在食物链中为还原者		
四界	原生生物界	真核生物,以单细胞为主;包括藻类、原生动物类和原生菌类;具自养、异养和摄食多种营养方式;均生活于水中		
五界	植物界	多细胞真核生物,自养,含叶绿素	细胞结构;进化阶段;营养方式	1969年,惠特克/魏泰克(R. H. Whittaker/美国)提出,影响深远,广为接受
五界	动物界	多细胞真核生物,异养,能自由移动		
五界	真菌界	同四界中的真菌界		
五界	原生生物界	同四界中的原生生物界		
五界	原核生物界	由原核细胞组成,个体细小,多为水生,大多能进行有氧呼吸,以简单二分裂方式繁殖,无性行为,包括蓝细菌、细菌、古细菌、放线菌等		

续表 2-7

分类	名称	特征	分类依据	备注
三域（六界）	古细菌域	包括**古细菌界**中的产甲烷细菌、极端嗜热细菌和极端嗜盐细菌等	分子遗传学和基因组学特征；生命的起源和演化	1977年，伍斯（C. R. Woese/美国）等提出
	真细菌域	包括**真细菌界**中的细菌和蓝细菌（蓝藻）		
	真核生物域	包括原生生物界、真菌界、植物界和动物界		
三总界（六界）	原核生物总界	包括细菌界和蓝细菌（蓝藻）界	细胞结构的复杂程度；营养方式；演化关系；生态特征	1979年，陈世骧（中国昆虫学家）等提出
	真核生物总界	包括植物界、真菌界和动物界		
	非细胞生物总界	包括**病毒界**（含类病毒和病毒）		

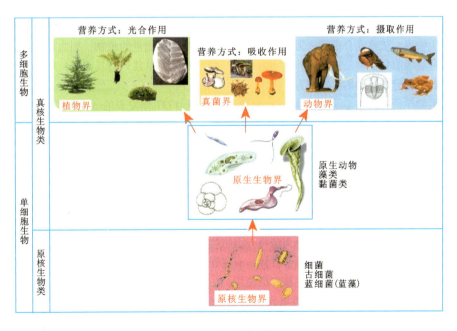

图 2-19　生物的两类五界分类系统（据陈建强等，2019）

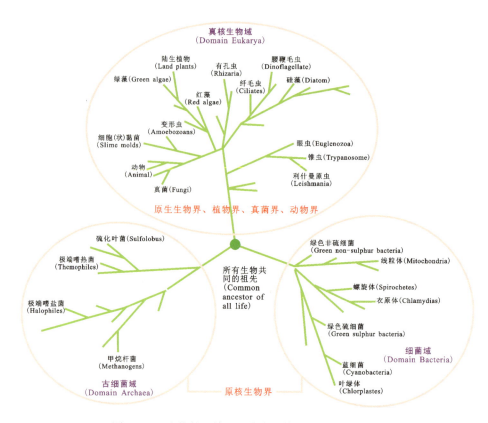

图 2-20　生物的三域五界分类系统(据陈建强等,2019)

2. 化石的科学与经济价值

千姿百态的化石是不可再生资源,其科学和经济价值至少可以概括为以下 5 个方面。

(1)化石能告诉我们生命的起源、演化和人类的由来。化石记录能清楚地告诉我们生命是何时、何地、如何起源的,生物是怎样演化的(Fu et al.,2019;Fan et al.,2020),人类是如何而来、又将往何处去,生命是自然演化的产物而不是上帝创造的。这些重大的科学、社会和哲学命题,都能从化石记录中找到答案,本书的第四、五章对这些问题都有更为简明和系统的阐述。

(2)化石能告诉我们地球上岩石(主要是沉积岩)的年龄有多大,甲地和乙地的岩石年龄谁老谁新,并以此为基础构建地球的编年表。大量的科学证据表明,地球的年龄约 4600 Ma,最早细胞形态化石记录的年龄约 3500 Ma。由此可见,地球编年表的大部分可以借助化石来构建,特别是近 600 Ma 以来的地球编年表的构建,化石发挥了不可替代的关键作用。

(3)化石能告诉我们地球沧海桑田的历史。生物与环境密切相关,不同的生物适应不同的环境,不同的环境造就不同的生物。造礁珊瑚只能生活在盐度正常、水体清澈、动荡、富含氧气、热带—亚热带温暖的浅海环境;寒武纪—奥陶纪繁盛、二叠纪末期灭绝的三叶虫喜欢生活在浅海环境;企鹅只能生活在南半球、高纬度、南极洲附近的高寒滨岸-浅海环境[仅加岛环企鹅（*Spheniscus mendiculus*）是例外,它是企鹅科唯一生活在赤道附近、唯一能涉足北半球的企鹅];骆驼喜欢生活在干旱、高寒的内陆低山丘陵和草原。因此,当我们在地层中发现了某种原地埋藏的化石,特别是那些指相化石(分布广、地史分布时限长、环境专属性强的化石),就可知道化石产出地的环境特征及其沧海桑田的历史。

(4)化石能告诉我们煤、石油、天然气、磷矿以及盐类矿产等是如何形成和分布的,为何中东富产石油,为何煤、石油和天然气等化石能源主要形成于古生代以来的地层中,特别是中、新生代的沉积盆地中。

(5)化石能给我们美的享受、美的冲击、美的联想和美的启迪。博物馆的恐龙化石骨架和复原模型是最受少年儿童喜爱的展品,恐龙的体型、体态、体重、身长与身高等都会给少年儿童强烈的视觉冲击和无穷的想象空间,对唤醒孩童的好奇心和求知欲具有不可替代的作用;办公桌上摆放一块铁饼大小、打磨光亮的中生代菊石化石会使办公室充满科学与智慧的气氛;客厅墙壁上镶嵌一块向日葵状的海百合化石会使客厅充满生机与文化气息。

第六节　相标志:沧海桑田的见证

一、什么是相和相标志?

这里的**相**为沉积相的简称,是指反映地层形成环境条件的原生岩石和生物特征的总和。侧重地层原生岩石特征的相称为**岩相**,侧重地层原生生物特征的相称为**生物相**(侧重实体化石类型、组合及其环境意义)或**遗迹相**(侧重遗迹化石类型、组合及其环境意义)。沉积相与沉积环境密切相关,但二者不能等同。沉积相侧重沉积环境的物质记录,是地史时期时过境迁古环境重建的标志。沉积环境是一个具有独特物理、化学和生物特征及其组合的自然地理单元,侧重沉积记录的空间特征和属性。河流相(环境相)是指在河流环境中形成的各种原生岩石特征和生物特征的统称。浊流相(作用相)是指由浊流沉积作用形成的各种原生岩石特征和生物特征的统称。砂岩相和灰岩相等是从描述性的角度使用相这个概念,侧重相的物质记录本身,这与河流相和浊流相这类解释型相的使用明显不同。依据地层的岩石特征和生物特征,分析、推断地层的形成环境称为**相分析**。由古环境的变化导致岩石特征和生物特征在空间上的变化称为**相变**。需要强调的是,相变一定是指在一个等时面或等时间隔内沉积环境及其沉积记录的变化。

相标志是指反映地层形成环境条件的原生沉积特征,即地球沧海桑田的见证。相标志可以划分为4种类型:生物相标志、物理相标志、化学相标志和组合相标志(表2-8,图2-21)。根据某一种或几种相标志及其组合,依据将今论古的类比原理,地质学家可以重建地史时期的环境类型、条件、格局及其演变。其中要回答的问题主要是:记录地球史的地层是在什么环境条件下形成的,是海相还是陆相、是深水还是浅水、是干旱还是潮湿、是温暖还是寒冷、是氧化还是还原、是高能还是低能(表2-9)。对这些问题进行回答不仅能满足人们对遥远过去地球沧海桑田演变的好奇心,也是我们了解地球环境的过去、把握地球环境的现在、预测地球环境的未来,查明石油、天然气和煤等化石能源,以及钠盐、钾盐、铁、锰等沉积矿产资源形成、分布规律和找矿勘探的需要。需要指出的是,某一种或某几种相标志通常只能指示沉积环境某一个或某几个方面的环境参数,而不是具体的环境类型。只有某些特殊的相标志和相标志组合才能明确地指示具体的环境类型,如块状珊瑚礁灰岩(图2-21A),能明确地指示中—低纬度温暖、富氧、高能、清澈、盐度正常的浅海环境。

表 2-8 相标志分类

大类	类	亚类或观测要素	备注
生物相标志	实体化石	保存状态、化石类型、大小、丰度、分异度或组合、体态与纹饰	区分原地与异地埋藏是化石指相不可或缺的前提
	遗迹化石	保存状态、化石类型、大小、丰度、分异度或组合、交切关系	通常为原地埋藏,异地埋藏罕见
物理相标志	岩性	颜色、成分、结构	在成岩和后生阶段形成的特征是沉积相分析的"噪音",应予以剔除
	层面构造	波痕;干裂、雨痕、雹痕、气泡砂;槽模、工具痕、渠模等	槽模、工具痕、渠模等通常见于岩层的底层面
	层理构造	水平、平行层理;板状、楔状、槽状交错层理;透镜状、波状、脉状层理;爬升层理;递变层理等	层理是指沉积岩的原生特征在垂直层面方向上的变化

续表 2-8

大类	类	亚类或观测要素	备注
物理相标志	层厚	巨厚层、厚层、中层、薄层、纹层、微层（>100 cm、100~50 cm、50~10 cm、10~1 cm、1~0.1 cm、<0.1 cm）	层厚指的是自然单层的厚度，与单位时间内的沉积速率成正比
物理相标志	软沉积物变形构造（SSDS）	包卷层理，砂、泥、油火山，火焰状、碟状、砂枕、砂球构造，重荷模、碎屑注入体	SSDS 发生于沉积物沉积以后至成岩以前，触发因素包括内力和外力地质作用，如地震、台风、飓风等
化学相标志	结晶沉淀	鸟眼构造、盐类假晶、帐篷构造	通常指示浅水、干热环境
化学相标志	元素含量或比值	包括常量、微量和稀土元素	样品的原生性和保真度是其古环境指示意义的前提条件
化学相标志	同位素比值	包括 O、C、S、Sr、Mo、Fe、Si、Ca 等的同位素比值	样品的原生性和保真度是其古环境指示意义的前提条件
化学相标志	分子化石（生标）	类脂物（烃、酸、醇、酮、醛）、木质素、碳水化合物、蛋白质	样品的原生性和保真度是其古环境指示意义的前提条件
组合相标志	垂向沉积序列	二元结构、鲍马序列等	二类或多类相标志组合
组合相标志	相模式	潮坪相模式、三角洲相模式、海底扇相模式等	二类或多类相标志组合
组合相标志	微沉构造（MISS）	砂岩中的干裂、叠层石、皱饰构造、气穿隆、肯尼亚波痕等	微生物、化学和物理作用多机制复合成因

表 2-9 相标志的环境意义

相标志与环境	生物相标志	物理相标志	化学相标志	组合相标志
海相	珊瑚、腕足类、笔石、头足类、放射虫等化石；动藻迹、古网迹	海绿石砂岩、鲕粒灰岩、鲕粒铁质岩，海滩层理、潮汐层理、部分浪成交错层理	B 的含量（300~400）×10^{-6}，B/Ga>7，Sr/Ba>1	珊瑚等礁灰岩、放射虫硅质岩、笔石页岩

续表 2-9

相标志与环境	生物相标志	物理相标志	化学相标志	组合相标志
陆相	轮藻、原地埋藏的植物化石；恐龙足印、植根迹、斯柯茵迹（Scoyenia）	风棱石、沙漠漆	$B<100\times10^{-6}$，$B/Ga<1.5$，$Sr/Ba<1$	古土壤、二元结构、根土岩、厚层煤系地层
深水	菊石、放射虫、笔石、浮游竹节石、介形类；古网迹等雕画迹	浊积岩，等深积岩，内潮汐岩，内波岩，钙质、硅质软泥	Mn、Ni等与海水深度成正比；以还原色为主	放射虫硅质岩、笔石页岩
浅水	蓝细菌、轮藻、舌形贝、珊瑚；恐龙足印、石针迹、斯柯茵迹（Scoyenia）	干裂、雨痕、雹痕、干涉波痕、气泡砂、盐类沉积、钙结壳、原生白云岩	盐类假晶、鸟眼构造、帐篷构造；以氧化色为主	介壳灰岩、礁灰岩
干旱	珊瑚等生物礁、肋木、胡杨	沙漠漆、风棱石、风成沙丘、盐类沉积、钙结壳；蒸发岩、原生白云岩	岩石富K、Na、Ca等易溶解元素	黄土及其陆生化石组合
潮湿	鳄鱼、红树林、大羽羊齿、网脉蕨、格脉蕨	铝土矿、高岭石、鲕粒赤铁矿、煤（湿热或湿冷）	岩石富Fe、Al等难溶解元素	煤系地层
温暖	大熊猫、剑齿象、鳄鱼；珊瑚等生物礁	铝土矿、高岭石、鲕粒赤铁矿	岩石富Fe、Al等难溶解元素	部分煤系地层
寒冷	企鹅、北极熊、披毛犀、猛犸象、安加拉叶、舌羊齿	羊背石、冰碛岩、冰川落石、钙芒硝状方解石	岩石富K、Na、Ca等易溶解元素	冰碛岩及其生物组合
氧化	甲壳类、介形类、棘皮类、苔藓虫、珊瑚等	平行层理，板状、楔状、槽状交错层理；赤铁矿、褐铁矿；石英砂岩、介壳灰岩、鲕粒灰岩、鲕粒铁质岩	富含Fe^{3+}、有机质少或无，颜色以紫红色、褐色、灰白色为主	珊瑚等礁灰岩

续表 2-9

相标志与环境	生物相标志	物理相标志	化学相标志	组合相标志
还原	无化石或仅赋含最耐缺氧的有孔虫等化石；细小的丛藻迹、动藻迹	黄铁矿、海绿石、鲕绿泥石；黑色页岩、泥岩	富含 Fe^{2+}、有机质丰富，颜色以黑色、深灰色、灰绿色为主	笔石页岩、具水平层理的放射虫硅质岩
高能	珊瑚、海绵等生物礁；石针迹、双杯迹等	平行层理，板状、楔状、槽状交错层理，冲刷构造；石英砂岩、砾岩	以灰白色、紫红色等氧化色为主	珊瑚等礁灰岩、介壳灰岩
低能	完整保存的笔石、三叶虫、植物叶片、昆虫等；蠕形迹、类砂蚕迹等	水平层理；泥岩、粉砂岩；灰泥与杂基含量>15%的碳酸盐岩和碎屑岩	以灰绿色、灰黑色等还原色为主	笔石页岩、具水平层理的放射虫硅质岩

二、相标志类型及其古环境意义

1. 生物相标志

生物相标志是指主要由生物作用形成的相标志，包括实体化石和遗迹化石（表 2-8，图 2-21A、B）。由于不同的生物适应不同的环境，不同的环境造就不同的生物，因此，生物相标志在古环境和古气候等的重建中具有特别重要的作用。如前所述，造礁珊瑚只能生活在盐度正常、水体清澈、动荡、富含氧气、热带—亚热带温暖的浅海环境；古生代的三叶虫、腕足类、海百合、棘皮动物、鲎等主要生活于浅海环境（图 2-22、图 2-23）。

在利用生物标志指示古环境时，需要特别注意两点：其一，化石的**原地埋藏**（生物的生活环境与其埋藏环境一致）与**异地埋藏**（生物的生活环境与其埋藏环境不一致）。只有原地埋藏的化石才能用化石的生态环境分布规律指示含化石地层的古环境特征。陆生生物（如陆生植物、陆生昆虫、陆生脊椎动物和陆生无脊椎动物等）可以在自然营力（如河流、风、风暴浪、风暴潮、浊流、地震和海啸等）的作用下被搬运到不同深度水体的海洋中，海生动物通常不会被自然营力搬运到河流、湖泊等陆地环境。因此，在深海相、浅海相和滨海相地层中不时会发现陆生植物碎片、陆生植物、陆生脊椎动物或陆生无脊椎动物碎片等陆生生物化石。由此可见，正确识别和区分化石的原地和异地埋藏是用生物标志重建古环境的关键（表 2-10）。其二，

图 2-21 生物(A、B)、物理(C、D)、化学(E)和组合(F)相标志集锦

A. 珊瑚礁石灰岩,由群体四射珊瑚构成,早二叠世栖霞组,广西来宾;B. 遗迹化石动藻迹(*Zoophycos* isp.),根据交切关系可以分辨出 3 个世代 a(最早)、b、c(最晚),粒泥灰岩,中二叠世茅口组,广西来宾;C. 不对称波痕(指示波痕形成时的水流方向为自右上向左下)和干裂(黑色箭头所指),含泥质细砂岩,中元古代云梦山组,河南辉县;D. 楔状交错层理,鲕粒灰岩,寒武纪苗岭世张夏组,河南云台山国家地质公园;E. 鸟眼构造,厚层灰岩,晚泥盆世东村组,桂林唐家湾;F. 鲍马序列 Tab+Tabcde,粗—细粒砂岩、页岩,末志留世(普里道利世)乌图布拉克组,新疆西准噶尔乌图布拉克

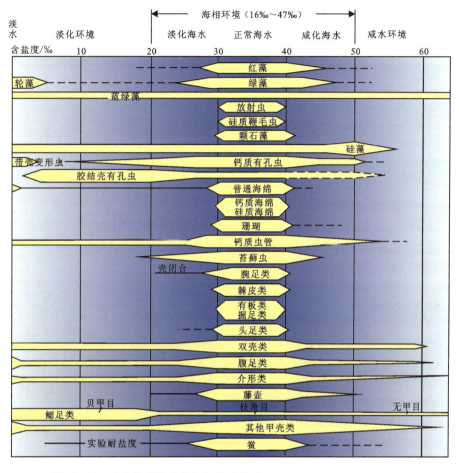

图 2-22 生物的环境分布与盐度的关系(据全秋琦和王治平,1993 改编)

生物生活环境分布的演化。将今论古是地质学重建地球沧海桑田的基本原理,即我们可以用现生生物的生活环境类比分析地史时期同类生物的生活环境。但生物是演化的,一部分现生生物与地史时期同类生物的生活环境会发生演变,如腕足动物和棘皮动物中的海百合在古生代主要生活于浅海环境;中生代以来,它们主要生活于半深海和深海环境;显生宙以来,遗迹化石动藻迹(Zoophycos isp.)的环境分布经历了从浅海→半深海→深海的演变(图 2-24)。

2. 物理相标志

物理相标志是指主要由物理过程形成的相标志,包括岩性、层面构造、层理构造、层厚和软沉积物变形构造等(表 2-8)。尽管某一种物理相标志不像某种生物相标志那样能明确地指示某种特定的环境,但在指示某种环境参数和物理过程方

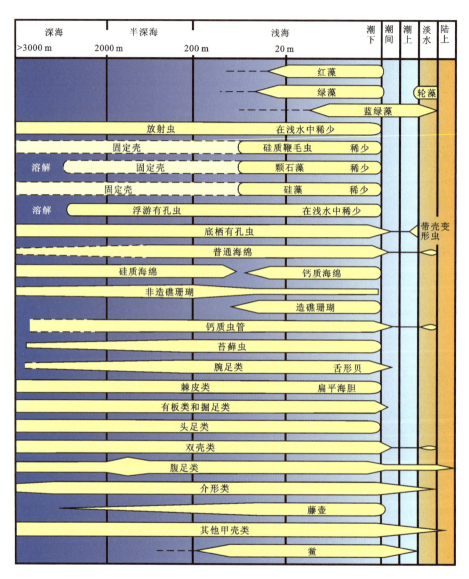

图 2-23 生物的环境分布与水深的关系（据全秋琦和王治平，1993 改编）

面，物理相标志往往有着不可替代的作用。如：石英砂岩通常指示高能量的海滩环境；黑色页岩和泥岩指示低能、缺氧或贫氧、滞留的还原环境；大型交错层理、平行层理指示高能量的沉积环境；干涉波痕、削顶波痕、雨痕和干裂指示浅水或暴露环境；巨厚层状、厚层状、块状沉积岩通常指示快速堆积的沉积环境等。由此可见，物理相标志对指示沉积环境的物理过程和环境参数细节具有独特的作用。

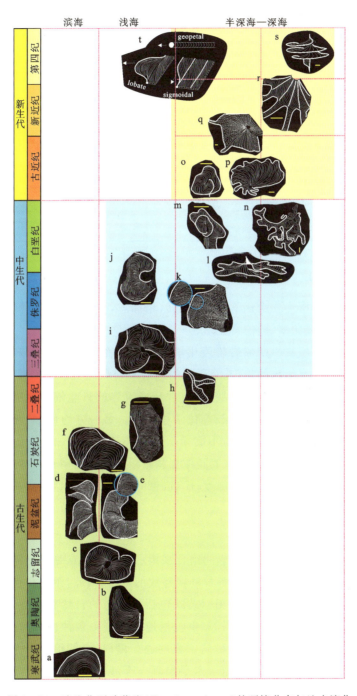

图 2-24 遗迹化石动藻迹（*Zoophycos* ispp.）的环境分布与地史演化
(据 Zhang et al.（张立军等），2015)
a-t. 不同时代和产地动藻迹标本的素描编号或形态成因图解

表 2-10　化石原地埋藏与异地埋藏的识别标志

特征与类别	原地埋藏 （原地原位和原地异位）	异地埋藏 （异地异位）
化石的产出状态	呈正常生活或工作状态	呈非正常生活或工作状态
化石的完整程度	完整	不完整
化石被分选和磨蚀	无或很低	有明显的分选和磨蚀
化石的纹饰	保存完好	被磨蚀的印记清楚或不可见
化石间的共生组合及与其他相标志关系	协调	不协调

3. 化学相标志

化学相标志是指主要由化学过程形成的相标志，包括由结晶沉淀作用形成的相标志、元素含量或比值、同位素比值、分子化石（生标）（表 2-8）。尽管自生矿物和部分自生色是沉积或早期成岩阶段化学过程的产物，但习惯上都归类于物理相标志的岩性类。需要指出的是，并非所有的地层序列和地层单元中都赋含化石、层理、波痕等相标志，当这些相标志缺乏时，古环境重建就只能依赖地层的化学元素含量或比值、同位素比值、分子化石等化学相标志。另一方面，化学相标志也能指示古环境某些特殊的、其他相标志不能指示的特征和细节。如没有受到成岩和构造-热事件影响的海相碳酸盐岩的氧同位素和基于生物骨骼磷酸盐的氧同位素，能定量重建地史时期海水表层的古温度；B/Ga 和 Sr/Ba 的值能区分海相与陆相地层（表 2-9）等。

4. 组合相标志

组合相标志是指用多种相标志的组合来指示古环境。这是最可靠和使用最多的古环境重建方法。由于环境是各种环境参数的集合，因此，组合相标志才能从不同方面重建古环境的特征。组合相标志既包括相标志的自然有序组合，如曲流河的二元结构、浊流沉积的鲍马序列等，也包括地层序列中各种相标志的综合分析，如海百合茎＋植物化石碎片＋杂砂岩＋古网迹＋槽模，这种组合相标志通常指示海相深水浊流环境；双壳类＋页岩＋水平层理＋干涉波痕＋石盐假晶组合相标志通常指示湖相浅水蒸发量大于降水量的干热环境。

第七节 揭示地球奥秘的若干定律和假说

一、地质记录的时空定律

地质记录是地球起源和演化的见证,正确解读和诠释这些记录,既需要我们认真地观察、思考和实验,也需要正确的地质学理论和定律指导,地层学三定律、交切关系定律、包含物定律、化石层序律与瓦尔特相律等在众多的地质学理论和定律中具有基础地位。

1. 地层学三定律

地层学三定律包括地层叠覆定律、地层水平定律和地层侧向连续定律,由丹麦学者斯坦诺(N. Steno,1638—1686,丹麦人,移住意大利后,曾任佛罗伦萨宫廷御医,业余爱好是地质考察)于1669年提出。**地层叠覆定律**:原始地层自下而上是从老到新的,即下老上新。**地层水平定律**:原始地层都是水平摆放的,即水平摆放。**地层侧向连续定律**:原始地层在侧向上都是连续的,即侧向连续。所谓原始地层是指地层沉积或成岩以后,没有遭受构造变动和风化剥蚀的强烈改造。显然,地层时代越老,越容易遭受构造变动和风化剥蚀的强烈改造,这时我们可以通过保存在地层记录中的示顶底标志加以辨识。常用的示顶底标志包括沉积学标志、古生物学标志和构造地质学标志三大类。沉积学标志,如对称波痕的尖脊和槽状交错层理的凹面指向地层序列的变新方向(图2-25);古生物学标志,如化石的原位生长状态、化石指示的地质时代等;构造地质学标志,如劈理的倾角通常大于层理的倾角(仅适用于单期次的变形改造)。尽管地层学三定律不能囊括所有地层记录的时空特征和属性(如大陆斜坡、台地斜坡和礁斜坡等环境沉积的地层并非都是水平摆放的,侧向加积作用形成的地层记录并非在任何时空尺度上都服从下老上新的地层叠覆定律),但它的深刻内涵、简明表达和易于操作的方法仍不愧为原始、理性和现代地层学(龚一鸣和张克信,2016)乃至构造地质学的基石。地层学三定律的显著特征是源于实践经验的总结,直观、简便、实用,主要目的是告诉人们地层基本的时空特征和属性。

2. 交切关系定律(也称穿切关系原理)

被交切者较交切者形成早。此定律由英国学者赫顿(J. Hutton,1726—1797)于1795年提出。

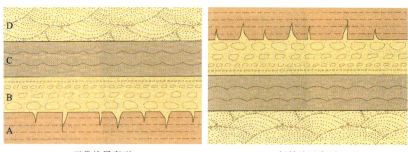

图 2-25　能指示地层顶底方向的沉积构造(据陈建强和王训练,2018 改编)
A."V"字形干裂的尖端指向地层序列的变老方向;B.正递变层理的粒度变细方向指向地层序列的变新方向;C.对称波痕的尖脊指向地层序列的变新方向;D.槽状交错层理的凹面指向地层序列的变新方向

3. 包含物定律

被包含者较包含者形成早。此定律由被誉为地质学之父的英国学者莱伊尔(C. Lyell,1797—1875)提出。交切关系定律和包含物定律言简意赅地阐明了空间上的相关与时间上相随的关系,空间与时间是密切相关的,为人们甄别共生地质体形成的时序奠定了理论基础。

4. 化石层序律(也称化石对比原理)

不同时代的地层含有不同的化石,含有相同化石的地层时代相同。该定律由英国学者史密斯(W. Smith,1769—1839)于 1815 年正式提出并得到广泛的认同,由此史密斯被誉为地层学之父。该定律的理论基础有 3 点:生物的演化具有前进性和不可逆性;生物是同源的,具有广泛与快速的迁移和扩散能力;不同时代的生物具有可识别的面貌和特征。该定律的意义可以概括为 2 点:不同地区含化石地层的时代和时序的确定以及对比可以转化为对化石的采集、鉴定和对比;使跨区域和全球统一年代地层系统与地质年代表的建立成为可能。

5. 瓦尔特相律(也称相对比定律)

只有那些目前可以观察到、横向上相互毗邻的相和相区,才能在垂向上原生地叠置在一起(图 2-26)。该定律由德国学者瓦尔特(J. Walther,1860—1937)于 1894 年提出。它告诉我们,在整合、连续的沉积地层序列中,沉积相的垂向叠置关系是其形成时在空间上(横向上)毗邻关系的体现,这种毗邻关系在现在的地球表层环境中是可以观察到的。使用瓦尔特相律的前提条件是垂向叠置的地层整合、连续,使沉积相发生迁移(横向上)和叠置(纵向上)的驱动机制是渐进型的海进或海退。在古环境、古地理重建和剖面相分析工作中,瓦尔特相律是检验相分析结论和相的时空配置正确性与合理性的重要判据和不二准绳。

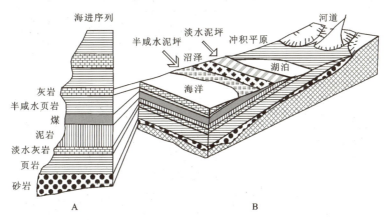

图 2-26　瓦尔特相律模式图(据刘本培和全秋琦,1996 改编)
A.由渐进海进形成的连续整合的地层和沉积相的垂向叠置序列;B.地球表层环境相的空间配置关系及其相对应的沉积相记录

二、地球的起源和演化假说概要

人们在探索和认识自然的过程中,对地球的起源和演化提出了多种假说或猜想,其中影响较大、科学含量较高的假说或学说有康德-拉普拉斯星云假说、水成论与火成论、均变论与灾变论、固定论与活动论,下面作简要介绍。

1. 康德-拉普拉斯星云假说(Kant-Laplace nebular theory)

康德-拉普拉斯星云假说是德国学者康德(I. Kant,1724—1804)于 1755 年和法国学者拉普拉斯(P. S. Laplace,1749—1827)于 1796 年关于太阳系起源说的合称(图 2-27)。

康德认为太阳系起源于大小不等、形状不同的微粒和固体颗粒组成的原始星云(宇宙大爆炸的产物),运动、旋转的原始星云在万有引力的作用下相互靠近,形成较大的颗粒或团块,团块滚雪球似的越来越大,团块最大、引力最强的中心部分吸引的物质最多,先形成太阳,外面的微粒和颗粒在太阳的吸引下向其中心体降落时与其他微粒碰撞而改变方向,作绕太阳的圆周运动。这些绕太阳运动的微粒和颗粒又逐渐形成若干个引力中心,这些引力中心最后凝聚成朝同一方向转动的行星、矮行星、卫星,以及不同运动速度和轨道的小行星和彗星。

拉普拉斯认为太阳系起源于一团巨大、灼热、转动着的球状气休星云,随着星

图 2-27　康德-拉普拉斯星云假说示意图(图片来源于网络)

1.运动的微粒和固体颗粒在万有引力作用下组成的球状星云;2.旋转运动的星云在中心引力和离心力的共同作用下,逐渐变为扁平的环状;3.每当离心力与引力相等时,就有部分物质保留下来,演化为多个绕中心转动的环;4.星云环的中心部分凝聚成太阳的雏形,其他环和环间物质则凝聚成行星、卫星、小行星和彗星的雏形;5.星云环的中心部分凝聚成太阳,其他环和环间物质则凝聚成八大行星及其相关的卫星、小行星和彗星

云的逐渐冷却和收缩,其转动速度加快(角动量守恒),在中心引力和离心力的共同作用下,星云逐渐变为扁平的盘状,在星云收缩的过程中,每当离心力与引力相等时,就有部分物质保留下来,演化为一个绕中心转动的环,以后又陆续形成多个环,星云的中心部分凝聚成太阳,各个环则凝聚成八大行星,较大的行星在凝聚过程中同样能分离出一些气体和固体环来形成卫星、小行星和彗星。

康德-拉普拉斯星云假说否定了牛顿的"第一推动力",首次系统地提出了自然界是其自身不断运动和发展的辩证观点,是自哥白尼(N. Kopernik,1473—1543)

以来天文学取得的重大进步。康德的假说侧重于哲理与逻辑,而拉普拉斯的假说则从数学和力学上进行了论证。康德-拉普拉斯星云假说在 19 世纪曾被人们普遍接受,由于科学技术的发展和假说自身存在的缺陷,甚至错误,该假说曾一度被人们摒弃。但目前不少天文学家认为,康德-拉普拉斯星云假说的基本思想是正确的,与目前被科学所证实的"大爆炸理论"大体契合。

2. 水成论与火成论

水成论与火成论是地质学系统知识与理论体系形成初期(18 世纪早中期)关于地表岩石成因和地质作用基本因素的两种针锋相对的假说。*水成论*(neptunism)认为,对地表改变起决定性作用的因素源于水,地表的岩石都是在全球性的大洋中沉积或结晶形成的。水成论诞生于 18 世纪早中期,代表人物是德国学者维尔纳(A. G. Werner, 1749—1817)。*火成论*(plutonism)认为,火(火山)对地表的改变起决定性作用,地质作用主要源于火,玄武岩和花岗岩等岩石并不是在水中沉积形成的,主要是由火的作用形成的。火成论诞生于 18 世纪中期,略晚于水成论,代表人物是英国学者赫顿(J. Hutton),水成论与火成论交锋的主要时期是 18 世纪中叶。用现代地质学的知识体系来衡量,无论是水成论还是火成论,都具有明显的片面性和局限性,但在地质学系统知识和理论体系形成初期,这两种假说对人们认识自然和探索地球的奥秘、地质学系统知识和理论体系的建立都发挥了巨大作用。今天被科学界普遍接受的概念和理论,如沉积岩与火成岩(岩浆岩)、水的地质作用、岩浆和火山的地质作用等都闪耀着水成论与火成论假说的科学思想的光芒。

3. 均变论与灾变论

均变论与灾变论是地质学系统知识和理论体系形成的重要时期(18 世纪末—19 世纪初)关于地质作用和地质现象发展演变的两种针锋相对的认识论。

均变论[uniformitarianism,也称现实主义原理(actualism)]认为,地球过去的历史,可以用我们现在能观测到的、正在发生的作用和过程来解释。它的思想内涵和主要内容可以概括为 3 点:①对地质记录和地球历史的解读应建立在对现今地质作用和地质记录观测、认识的基础上,无需也不存在超自然的力量;②地质作用与地质记录在质和量上具有时空上的普遍性与一致性;③沧海桑田的巨变是缓慢、不易察觉、长期地质作用量变积累的结果,不存在灾变。对均变论核心思想最简明的表达是"将今论古(The present is the key to the past)"。均变论思想最早由赫顿(J. Hutton)于 1785 年在爱丁堡皇家学会会议上提出,后经他自己和同事不断完善,特别是后起之秀、被誉为地质学之父莱伊尔(C. Lyell, 1797—1875)的系统阐述和发展,上升为了地质学的基本原理。均变论的提出和建立为地质学从神话走向

科学、从猜想走向实证、从主观走向客观、从直觉走向理性奠定了理论基础。

需要指出的是,均变论也存在两方面明显的不足:其一,在强调支配地质作用的物理与化学法则和机制古今一致的同时,忽略了地球发展阶段性的巨大差异,如冥古宙和太古宙初期(3800 Ma),地球上还没有出现生物,极度酸性、还原、缺氧的大气圈和水圈中盛行的地质作用类型、强度、速度及其形成的地质记录与显生宙和现代是存在根本差别的;在冥古宙初期(4000 Ma)的月地距离为 20 000 km,现代的月地距离达 384 404 km,从遥远的冥古宙至今,月地距离逐渐增大,必然导致海洋潮汐作用的强度和幅度逐渐减小,朔望月和大潮小潮周期加长,古今形成的潮积岩(以潮汐作用为主导形成的沉积岩)必然存在显著的不同。如果我们机械地运用将今论古的现实主义原理来指导地质实践必然误入歧途。因此,将均变论理解和表述为"现在是理解过去的一个关键窗口(The present is the key hole to the past)"更为科学。其二,在强调地质作用和地质过程缓慢、渐变的同时,否定灾变的存在。渐变(缓慢、微小的变化或量变)和灾变(快速、巨大的变化或质变)是自然界与人类社会事物发展变化的两种基本形式。在地球发展演变的过程中,既有通过缓慢、微小、量变的积累实现质变的现象,也存在快速、巨变而实现质变的事实。前者如山脉遭剥蚀与盆地被充填,炽热的岩浆在地壳中侵位、冷凝和结晶形成侵入岩的过程,生物个体在正常的生命周期中从出生、发展到死亡的过程;后者如小行星撞击地球导致的地球环境和生命演替的巨变,高强度的地震、火山、海啸等事件导致区域与跨区域环境与生物的突变等。

灾变论(catastrophism)认为,在地球历史(不超过 6000 a)中曾发生过 4 次区域性的灾变事件(大洪水),每经历一次灾变事件,原有生物被全部毁灭,新的生物被超自然的力量创造出来,两次灾变事件之间物种是不变的。灾变论的要点有三:①地球和生物的发展演变是灾变与不变的历史,灾变具有突发性和重现性;②发生灾变的原因是区域性的大洪水,大洪水的淹没和干枯是导致生物大灭绝的原因,新的生物是超自然的力量创造出来的或从没有发生大洪水的地区迁移来的,新的生物与已经灭绝的生物不存在联系;③物种要么不变、要么灾变,没有渐变(殷鸿福等,1988)。灾变论的思想最早由法国学者居维叶(G. Cuvier,1769—1832)于 1821 年提出。灾变论基于对地层与化石记录的研究提出灾变和生物大灭绝的思想是对地球和生物演化理论的重大创新,对当时、后续乃至现在的地质学和古生物学的研究与发展都具有重要意义。灾变论根本性的错误有 3 点:①将灾变在地球和生物演化中的作用片面地夸大;②不承认地球和物种之间的渐变;③将灾变的起因归于大洪水和超自然的力量。

4. 固定论与活动论

固定论与活动论是关于地壳运动的两种相互对立并长期争论的观点。固定论以地槽-地台学说为代表,活动论则以大陆漂移和板块构造理论为代表。

固定论(fixism)认为,大陆和海洋的位置是固定不变的,地壳运动以垂直运动为主,水平运动是垂直运动派生的产物。地球上呈狭长凹陷,沉降、接受以巨厚海相沉积为主,后期褶皱成山的地质构造单元称为地槽,如北美的阿巴拉契山地区。地球上由褶皱变质的基底和平坦沉积盖层两部分组成,其间被大型角度不整合面分隔的地质构造单元称为地台,如东欧的俄罗斯平原地区。固定论思想的代表人物是地槽、地台学说的创立者,如美国学者霍尔(J. Hall,1811—1898)、丹纳(J. Dana,1813—1895),奥地利学者休斯(E. Suess,1831—1914)和法国学者奥格(E. Haug,1861—1927)等。固定论思想的发祥地是大陆,特别是大陆中的山脉,如北美的阿巴拉契山和欧洲的阿尔卑斯山。

活动论(mobilism)认为,大陆和海洋的位置是不断变化的,地壳和岩石圈以水平运动为主,垂直运动是水平运动派生的产物。活动论思想的最早提出者是德国学者魏格纳(A. L. Wegener,1880—1930)。1915 年,魏格纳在其出版的《海陆的起源》一书中正式提出大陆漂移假说,即三叠纪以前,全世界的大陆聚合成一个潘基亚超大陆(Pangea),被泛大洋所包围,现今海陆分布格局是三叠纪以来由大陆漂移和板块构造作用形成的。在固定论思想占地学统治地位的 19 世纪中至 20 世纪初,大陆漂移假说如同晴天霹雳,立即遭到固定论者的强烈反对,直到 20 世纪中叶,随着大量地球物理和地质资料的不断积累以及板块构造学说的问世,大陆漂移假说才被证实,并被人们广泛接受。活动论的发祥地是海洋,其思想和理论经历了从大陆漂移(∽1915 年)→海底扩张(∽1962 年)→板块构造(∽1967 年)→后板块构造(∽2000 年)的发展阶段。

目前,关于固定论与活动论的关系有两种认识:二者是谬误(固定论)与真理(活动论)的关系;二者是互相补充的关系。固定论发祥于大陆,只是描述了大陆地质构造的表象,基本未能涉及地壳运动的本源、动力学机制和占地球表面积 71% 海洋的成因。活动论虽然发祥于海洋,但它将海洋和大陆作为一个互相关联的整体,从现象与地球动力学机制的结合上揭示了地壳和岩石圈运动乃至壳幔、核幔过程的特征与机制,自 20 世纪中叶以来逐渐成为大地构造学的主导理论。

主要参考文献

陈建强,何心一,李全国,2019.古生物学教程[M].6 版.北京:地质出版社:1-291.
陈建强,王训练,2018.地史学简明教程[M].北京:地质出版社:1-324.
龚一鸣,1993.新疆北部泥盆纪火山沉积岩系作用相类型、序列及其与板块构造的关系[J].地质学报,67(1):37-51.

龚一鸣,张克信,2016.地层学基础与前沿[M].2版.武汉:中国地质大学出版社:1-465.

刘本培,全秋琦,1996.地史学教程[M].3版.北京:地质出版社:1-277.

全秋琦,王治平,1993.简明地史学[M].武汉:中国地质大学出版社:1-180.

桑隆康,马昌前,2012.岩石学[M].2版.北京:地质出版社:1-620.

童金南,殷鸿福,2007.古生物学[M].北京:高等教育出版社:1-421.

谢树成,龚一鸣,童金南,等,2006.从古生物学到地球生物学的跨越[J].科学通报,51(19):2327-2336.

殷鸿福,徐道一,吴瑞棠,1988.地质演化突变观[M].武汉:中国地质大学出版社:1-201.

张守信,2006.理论地层学与应用地层学:现代地层学概念[M].北京:高等教育出版社:1-340.

赵珊茸,2011.结晶学及矿物学[M].2版.北京:高等教育出版社:1-478.

赵珊茸,2015.简明矿物学[M].武汉:中国地质大学出版社:1-130.

朱筱敏,2008.沉积岩石学[M].4版.北京:石油工业出版社:1-484.

FAN J X,SHEN S Z,ERWIN D H,et al.,2020. A high-resolution summary of Cambrian to Early Triassic marine invertebrate biodiversity[J]. Science(367):272-277.

FAN R Y,UCHMAN A,GONG Y M,2017. From morphology to behaviour: quantitative morphological study of the trace fossil *Helminthorhaphe*[J]. Palaeogeography, Palaeoclimatology, Palaeoecology(485):946-955.

FU D J,TONG G H,DAI T,et al.,2019. The Qingjiang biota: a Burgess Shale-type fossil Lagerstätte from the early Cambrian of South China[J]. Science(363):1338-1342.

GRADSTEIN F M,OGG J G,OGG G M,2017. The concise geologic time scale 2016[M]. Amsterdam:Elsevier:1-229.

HAZEN R M, FERRY J M,2010. Mineral evolution: mineralogy in the fourth dimension[J]. Elements,6(1):9-12.

HECK P R,GREER J,KÖÖP L,et al.,2020. Lifetimes of interstellar dust from cosmic ray exposure ages of presolar silicon carbide[J]. PNAS,117(4):1884-1889.

KRANENDONK M J V,BENNETT V C,HOFFMANN J E,2019. Earth's oldest rocks[M]. Amsterdam:Elsevier:1-1078.

RONOV A B,1982. The Earth's sedimentary shell (quantitative patterns of its structure,compositions,and evolution)[J]. International Geology Review,24(11):1313-1363.

SALVADOR A,1994. International stratigraphic guide:a guide to stratigraphic classification,terminology,and procedure[M]. 2nd ed. IUGS & Geol. Soc. Amer.,Inc:1-214.

WICANDER R,MONROE J S,2007. Historical geology:evolution of Earth and life through time[M]. 5th ed. Belmont (CA):Thomson Books/Cole:1-440.

ZHANG L J,FAN R Y,GONG Y M,2015. *Zoophycos* macroevolution since 541 Ma[J]. Scientific Reports(5):14954,doi:10.1038/srep14954.

主要知识点

(1)地球的物质状态 Earth's state of matter

(2)地球的圈层结构 geospherical architecture

(3)地球的物理、化学和生物运动 physical,chemical and biological movements of Earth

(4)矿物分类 mineral classification

(5)内生矿物 endogenic mineral

(6)外生矿物 exogenic mineral

(7)变质矿物 metamorphic mineral

(8)陨石矿物 meteorite mineral

(9)生物矿物 biomineral

(10)矿物的演化 evolution of mineral

(11)岩石类型及其识别标志 rock type and their identification

(12)岩浆岩 magmatic rock

(13)沉积岩 sedimentary rock

(14)变质岩 metamorphic rock

(15)岩石的演化 evolution of rocks

(16)地层的接触关系 stratal contact relationship

(17)实体化石 body fossil

(18)遗迹化石 trace fossil

(19)生物相标志 biological facies indicator

(20)物理相标志 physical facies indicator

(21)化学相标志 chemical facies indicator

(22)组合相标志 combinational facies indicator
(23)古环境 paleoenvironment
(24)海相 marine facies
(25)陆相 continental facies
(26)地层叠覆定律 principle of stratal superposition
(27)化石层序律 principle of fossil succession
(27)瓦尔特相律 Walther's law (law of sedimentary facies correlation)
(29)交切关系定律 principle of cross-cutting relationship
(30)包含物定律 principle of inclusion
(31)康德-拉普拉斯星云假说 Kant-Laplace nebular hypothesis
(32)水成论与火成论 neptunism and plutonism
(33)均变论与灾变论 uniformitarianism and catastrophism
(34)固定论与活动论 fixism and mobilism

思考题

(1)举例说明地球的物理、化学和生物运动的特点和规律。
(2)矿物、矿石、宝石有何异同？
(3)如何区分岩浆岩、沉积岩和变质岩？
(4)陨石与岩石、岩石与地层有何异同？
(5)为什么要进行地层的划分和对比，其方法有哪些？
(6)化石的类型和科学价值是什么？
(7)举例说明生物、物理、化学和组合相标志及其环境意义。
(8)举例说明地层学三定律和化石层序律的科学性与局限性。
(9)矿物、岩石和生物的演化有何异同？
(10)什么是康德-拉普拉斯星云假说、水成论与火成论、均变论与灾变论、固定论与活动论？如何评价它们的功与过？

第 三 章

地质年代表

　　地质年代表是由国际地层委员会编制，由国际地质科学联合会授权发布的科学法律文件，是地球前世今生的编年表，是地球科学有关时间的共同语言，是集自然科学之大成的成果。地质年代表由"金钉子""时钟"和数字年龄将地球46亿年的历史划分为冥古宙、太古宙、元古宙和显生宙四个大的演化阶段及其若干个细分的小阶段。

第一节 什么是地质年代表？

一、地质年代表的定义和作用

地质年代表（geologic time scale，简称GTS）是指依据生物演化和其他地质事件发生的阶段性与时间顺序，将地球历史按照先后顺序划分为不同级别的地质年代单位，并以图表的形式加以表达。法定的、国际通用的地质年代表通常包括5[①]级地质年代单位：宙（Eon）、代（Era）、纪（Period）、世（Epoch）、期（Age）。这5级单位级别依次由高到低，前者包含后者，前者的时长也大于后者。简言之，地质年代表就是地球历史的编年表，类似于我们使用中国历史编年表来记录中国自原始社会有文字记载以来的各朝各代的先后顺序和起止时间。

地质年代单位是由年代地层单位（详见本书第二章的第四节）抽象出来的时间概念，两套单位严格对应。因此，地质年代单位的级别划分、从属关系、先后顺序、延续时间等也与年代地层单位一一对应，即地质年代单位宙（Eon）、代（Era）、纪（Period）、世（Epoch）、期（Age）依次对应于年代地层单位的宇（Eonothem）、界（Erathem）、系（System）、统（Series）、阶（Stage）。

两套单位的全球标准都基于国际地层委员会（International Commission on Stratigraphy，简称ICS）制作和更新并通过官网（https://stratigraphy.org/）发布的**国际年代地层表**（International Chronostratigraphic Chart，简称ICC）（Cohen et al.，2013）。国际年代地层表精确定义了宇（Eonothem）、界（Erathem）、系（System）、统（Series）、阶（Stage）5个级别的年代地层单位所构建的年代地层层次体系，全面展现了地球自形成以来46亿年全球统一的年代地层框架，给出了地球历史统一的时间坐标，为全球地层划分与对比提供了国际标准，是全球地层学乃至地学工作集大成之体现，为地球科学领域的学习者、工作者与爱好者提供了学习、研究和交流的时间语言标准与表达方式。需要注意的是，在非正式场合的口头表达中，地质年代表这一通俗的说法更为常用，因此，本章亦以地质年代表泛指全球标准地质年代时间框架和年代地层时空框架。

---

① 需要说明的是，国际地质科学联合会2021年经投票赞成将亚统/亚世定义为正式单位，年代地层和地质年代单位由5级变为6级。但目前该变化仅体现在新近系/纪和第四系/纪，其他地史时期的年代地层和地质年代单位还是分为5级（见图3-1），本章和本书为统一，仍使用5级的规定。

二、地质年代表的要素和含义

最早的地质年代表制作于1900年左右,当时地层的相对新老关系已基本确立,随着同位素年代学、层序地层学、事件地层学、定量地层学、地球生物学、旋回地层学等学科的兴起,地层学进入更为系统化和专业化的发展阶段,地质年代表中蕴含的信息也日益丰富和完善起来。特别是进入21世纪以来,地质年代的研究进展迅速,地质年代表基本上逐年更新,有时候一年更新还不止一次。目前标准地质年代表的最新版本发布于2023年4月(图3-1),最新的汉译版发布于2022年10月(图3-2),本节内容即以这两个版本为基础,介绍地质年代表所包含的主要信息。

国际年代地层表作为表名标注于表的上方,2012年以前称为国际地层表(International Stratigraphic Chart)。表名下方标注的是制作和发布该表的唯一官方机构——国际地层委员会(ICS)。在2000年以前,国际通用的是1989年由国际地质科学联合会[International Union of Geological Sciences,简称国际地科联(IUGS)]和国际地层委员会共同发布的地层表。之后,由国际地质科学联合会授权国际地层委员会负责该表的更新和发布。表名下方还标注了国际地层委员会的官方网址(www.stratigraphy.org)和版本号(即该版本的发布时间,如v2021/10,表示该版本发布于2021年10月),在该网站可下载2008年以来的所有英文版和包括汉译版在内的10余种不同语言的最新官方翻译版本的国际年代地层表。标注于表名文字两侧的分别为国际地质科学联合会(IUGS)和国际地层委员会(ICS)的会徽。

地质年代表的主体布局包括4栏,这4栏从右向左、由下而上,地质年代由早到晚依次排列。这4栏中每一栏都包含了写在表格内的年代地层单位和标注于表格右侧的"金钉子"/"时钟"以及数字年龄这3类信息(图3-3)。

图表各栏填充了不同的颜色,这些颜色并非仅仅是为了美观和简单的区分,而是有着科学的标准和依据。世界地质图委员会(Commission for the Geological Map of the World,简称CGMW)统一规定了地质图件中填充不同地质历史时期的地层所使用的颜色,如新生界/代使用柠檬黄色、白垩系/纪使用果绿色等,并且制作了CMYK和RGB两种显示模式的标准配色方案,成为各时代及其地层的全球填色标准。Gradstein等(2020)出版的《地质年代表2020》(*Geologic Time Scale 2020*)中给出了配色方案的具体参数,本章将之作为附图和附表置于正文内容之后,供读者绘图时参考(附表3-1,附图3-1,附图3-2)。

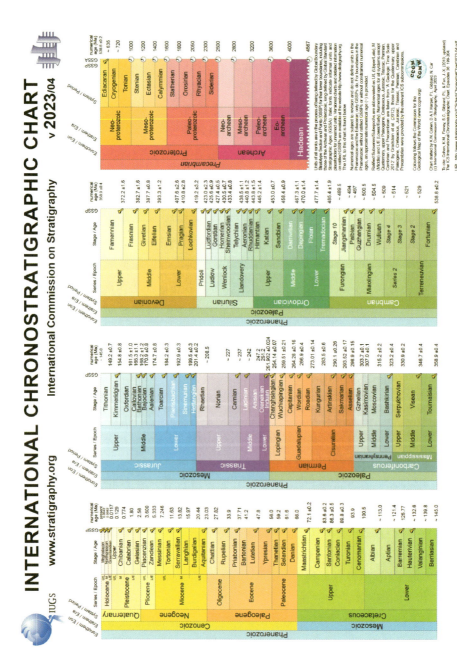

图 3-1　国际年代地层表(引自 www.stratigraphy.org)

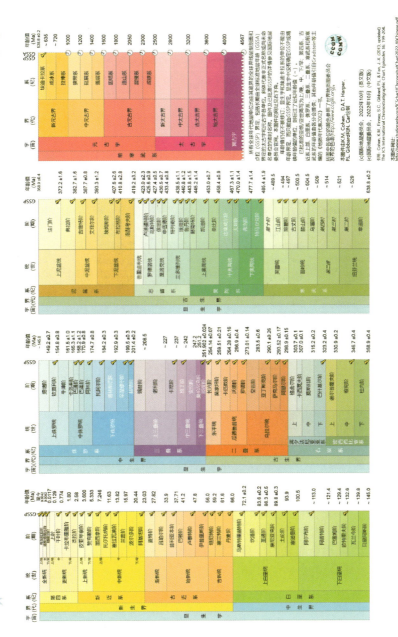

图 3-2 目前最新汉译版国际年代地层表（引自 www.stratigraphy.org）

第三章 地质年代表

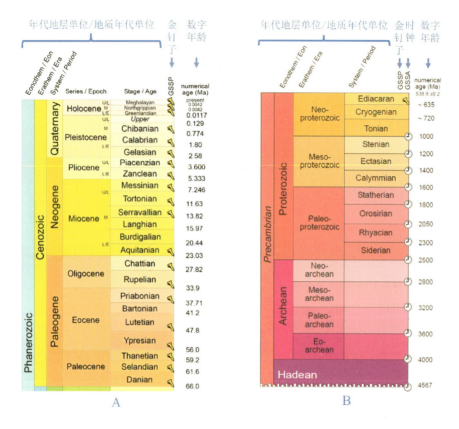

图 3-3 地质年代表的要素和组成

以图 3-3A 为代表的左侧的 3 栏是**显生宇/宙**(Phanerozoic)的全球划分标准。表格中依次列出了宇(Eonothem)/宙(Eon)、界(Erathem)/代(Era)、系(System)/纪(Period)、统(Series)/世(Epoch)和阶(Stage)/期(Age)5 个级别的划分方案,包含古生界/代(寒武系/纪、奥陶系/纪、志留系/纪、泥盆系/纪、石炭系/纪、二叠系/纪)、中生界/代(三叠系/纪、侏罗系/纪、白垩系/纪)和新生界/代(古近系/纪、新近系/纪和第四系/纪)3 个界/代级别和 12 个系/纪级别的单位,并进一步细分为 102 个阶/期(古生界、中生界和新生界分别包含 36 个、34 个和 32 个阶)。除第四系/纪以外,各系/纪的时间跨度 30~80 Myr①不等。年代地层单位中低于系的单位称为统,对应的地质年代单位为世,往往代表了某一类生物进化的阶段性(目/科),比

---

① Ga、Ma 和 ka 分别表示十亿年前、百万年前和千年前,指一个时间点;Gyr、Myr 和 kyr 分别表示十亿年、百万年和千年的时长,指一个时间段。G、M 和 k 是词头,分别是吉[咖](giga,10^9)、兆(mega,10^6)和千(kilo,10^3);a 和 yr 分别是 annus(年,拉丁语)和 year(年)的缩写。

如早寒武世（纽芬兰世＋第二世）以产头大尾小的原始类型三叶虫为特征，其对应时间跨度为 13～35 Myr。统的命名主要根据地层的叠覆关系，如三叠系可以划分为下三叠统、中三叠统和上三叠统，二叠系可划分为乌拉尔统、瓜德鲁普统和乐平统，分别对应俄罗斯、美国和中国的某处命名该统的地名或地理名称，也有的是希腊词组合，如新生界各统的名称等。阶/期是年代地层学/地质年代学的基本工作单位，也是可以在全球范围内识别的标准年代地层等级中最小的单位。它是根据生物演化阶段或特征（如属/种/亚种）划分的，代表 2～10 Myr 相对较短的时间跨度内的地质记录。阶多以层型所在的地名命名，如二叠系的长兴阶，就是由于该阶的层型建立在我国浙江省长兴县而得名。需要说明的是，显生宇/宙这 3 栏代表的地质历史时长分别为～145 Myr、～214 Myr 和～180 Myr，但在表中这 3 栏的高度相等，因此，这 3 栏中各阶高度分配的比例不同。

每一栏表格右侧的"金钉子"符号表示的是 GSSP，全称为**全球标准层型剖面和点**（Global Standard Stratotype Section and Point 或 Global Boundary Stratotype Section and Point），俗称"**金钉子**"（Golden Spike）。"金钉子"的本义是1869年第一条横贯美洲大陆的铁路建成通车前钉下的最后一颗铁路道钉。这颗由 18k 金制作的钉子标志着该铁路的顺利竣工，更宣告了美洲大陆一个新时代的开始，后来被地质学家借用以象征性地表达全球标准年代地层界线的位置。GSSP 的确立依据一般是某个化石种的全球**首现层位**（first appearance datum，简称 FAD）或者**末现层位**（last appearance datum，简称 LAD），抑或气候、海平面、磁极性、碳同位素等发生突变的层位，要求该标志具有全球等时性，易于识别，且在跨区域范围内可追索，一般选择在沉积连续、无明显相变的海相地层序列中，要求地层未发生强烈变形变质或遭受破坏，化石丰富且保存完好，交通便利易于到达，具备开展多学科综合研究等条件。GSSP 的确立往往需要多年的研究积累，需得到 ICS 主席及分会主席（约 20 人）60% 以上的投票支持，并经 IUGS 执行委员会绝大多数成员同意，其建立过程受到科学、历史、政治等多方面因素的影响，程序严格而复杂。正因如此，GSSP 在确立后的 10 年内不允许变更。自 20 世纪 60 年代提出 GSSP 的概念和 1977 年确立全球第一颗"金钉子"（泥盆系洛赫考夫阶底界）以来，目前（2023 年 4 月版地质年代表）全球已经确立的 GSSP 共计 80 个（含显生宇各阶底界 79 个和前寒武系的埃迪卡拉系底界 1 个），分布在不同的国家和地区。虽然我国开展"金钉子"相关研究时间较晚，但是从确立第一颗"金钉子"（1997 年，中奥陶统达瑞威尔阶底界的"金钉子"确立在浙江常山黄泥塘）以来 20 余年的时间里，我国确立的 GSSP 已达 11 颗（第 11 颗"金钉子"，即寒武系苗岭统乌溜阶底界的 GSSP，于 2018 年确定在贵州省黔东南州剑河县）（图 3-4），数量位居世界各国前列，这是我国地球科学领域工作成就的集中体现,是值得中国人自豪的国际领先的科研成果! 同时,显生宇尚有 23 个阶底界的"金钉子"未确立,前寒武系除埃迪卡拉系以外的各年代地层底界标准也虚位以待,表格中还有一些地层单位未得到各地层分会的认可(斜体表示),这些都是目前地质年代表的不完善之处,但更是未来地层学研究的契机和突破点,期待在我国地球科学工作者的不懈努力下有更多"金钉子"落户我国。

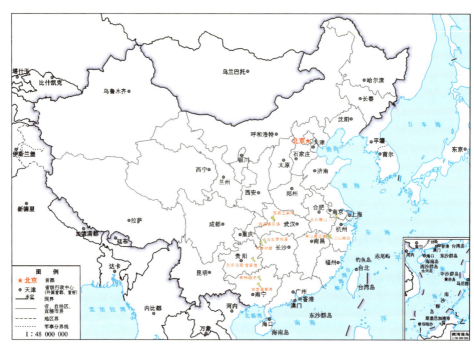

审图号:GS(2019)1824号　　　　　　　　　　　　　　　　　　自然资源部 监制

注:①各"金钉子"点位根据 https://stratigraphy.org/gssps 提供的位置和经纬度投点;②浙江长兴煤山共确立 2 颗"金钉子"。

图 3-4　11 颗"金钉子"在中国的分布

图 3-3B 展示了**前寒武系/纪**(Precambrian)(非正式单位),即从地球诞生 4567 Ma 到 539 Ma 的年代地层和地质年代划分情况,表格中列出了**宇**(Eonothem)/**宙**(Eon)、**界**(Erathem)/**代**(Era)、**系**(System)/**纪**(Period)3 个级别的年代地层/地质年代单位,包含冥古宇/宙、太古宇/宙和元古宇/宙,并进一步细分为 7 个界/代,依次为始太古界/代、古太古界/代、中太古界/代、新太古界/代、古元古界/代、中元古界/代和新元古界/代,元古宇/宙又包含 10 个系/纪,分别为(从老到新)成铁系/纪、层侵系/纪、造山系/纪、固结系/纪、盖层系/纪、延展系/纪、狭带系/纪、拉伸系/纪、成冰系/纪和埃迪卡拉系/纪。

在图 3-3B 的年代地层/地质年代单位表格右侧,除了标注于埃迪卡拉系底界的"金钉子"符号以外,还有 12 个标注于各年代地层界线右侧的"时钟"符号,这就是 GSSA,即**全球标准地层年龄**(Global Standard Stratigraphic Age)。前寒武纪由于生命尚处于孕育和起源演化的早期阶段,化石记录相对贫乏、零星和微小,加之地层记录的保真性相对较差,地层界线很难使用"金钉子"进行标定(表 3-1)。于是,从 1989 年开始,地质学家借助放射性同位素测年得到的数字年龄来定义前寒武纪大规模构造-岩浆热事件、特殊沉积类型和生物演化等重大地质事件发生的层位,并作为前寒武系全球划分的标准(表 3-2),每个"时钟"右侧的数字代表的就是这个年龄值,单位以百万年(Ma)计。地质年代表中未确立 GSSP 或 GSSA 的年代地层界线,由于缺乏严格的数字年龄限定,则在已获取的粗略数字年龄值前加"~",表示大约的意思。

表 3-1 年代地层划分略表的主要框架(据 Gradstein et al.,2020 改编)

宇	界	底界确定依据
显生宇	新生界	GSSP(年代地层划分)
	中生界	
	古生界	
元古宇	新元古界	数字年龄(时间范畴划分)
	中元古界	
	古元古界	
太古宇	新太古界	
	中太古界	
	古太古界	
	始太古界	

总体来讲,随着地质时代由老变新,地层记录越来越完整和系统,其保真性也越来越高,年龄值的精度也逐步增加。相对于前寒武纪,显生宙地质记录更为完整,研究程度更高,划分也更为精细。特别是对于一些研究程度较高的地层界线,如显生宙最大规模生物灭绝事件发生的层位二叠系-三叠系界线,即印度阶底界,其年龄值为 $(251.902 \pm [1] 0.024)$ Ma,精度已达千年级别;全新统各阶底界年龄更

---

[1] "±"代表年龄值的不确定性,一般情况下代表 2-σ(95%置信区间)值的标准差。

是达到百年级别。另外,如果我们对比不同时期发布的地质年代表可以发现,每个地层界线的数字年龄值在不断变化,但总趋势是变得越来越精确。比如 2008 年版地质年代表中,除了新生界各阶以外,显生宇各阶底界的年龄值误差基本是十万年级别,而在 2020 年版的地质年代表中,部分阶的底界年龄值误差已达万年至千年级别。高精度的数字年龄是测年方法和技术手段取得巨大进步的结果,为地球科学研究提供了更客观和精确的时间依据。

表 3-2 元古宇/宙划分及依据(据 Ogg et al.,2016 改编)

年代地层/地质年代单位			底界年龄/Ma	词源(除标注外均为希腊语词根)	地质事件
Proterozoic 元古宇/界(希腊语,表示"早期生命")	Neoproterozoic 新元古界/代	Ediacaran 埃迪卡拉系/纪	~635(GSSP)	*Ediacara*:澳大利亚土著术语,表示靠近水的地方	最早的后生生物出现;冰期结束;碳同位素明显变化
		Cryogenian 成冰系/纪	~720	*Cryos*:冰;*Genesis*:起源	全球规模冰期发育
		Tonian 拉伸系/纪	1000(GSSA)	*Tonas*:拉伸	全球主要地台进一步扩张,并最终克拉通化
	Mesoproterozoic 中元古界/代	Stenian 狭带系/纪	1200(GSSA)	*Stenos*:狭窄	各地台被狭窄的强烈变质变形带所分隔
		Ectasian 延展系/纪	1400(GSSA)	*Ectasis*:延伸	地台覆盖范围继续扩张
		Calymmian 盖层系/纪	1600(GSSA)	*Calymma*:覆盖	新地台形成及盖层扩张
		Statherian 固结系/纪	1800(GSSA)	*Statheros*:稳定的	新地台形成,褶皱带克拉通化
	Paleoproterozoic 古元古界/代	Orosirian 造山系/纪	2050(GSSA)	*Orosira*:山脉	全球规模造山阶段
		Rhyacian 层侵系/纪	2300(GSSA)	*Rhyax*:岩浆流	杂岩体层状侵入
		Siderian 成铁系/纪	2500(GSSA)	*Sideros*:铁	条带状铁建造形成

地质年代表的更新也是基于以上相关工作的最新研究成果,比如有新的年代地层单位被正式确立下来,或者某个年代地层单位有新的划分方案被认可,以及有

新的 GSSP 被确定，或是某个界线获得了新的更为精确的数字年龄值等。但是基于国际时间标尺使用的稳定性，修订或新增的单位名称及数据需要在广泛的地层对比等实际工作中经过较长时间的验证确保其普适性，应该避免频繁更新。

第二节　地质年代表是如何构建的？

一、地质年代表的构建依据和方法

上一节所讲的地质年代单位宙、代、纪、世、期，用于描述地质年代的相对早晚，称为**相对地质年代**，如寒武纪比泥盆纪要早，白垩纪比侏罗纪要晚，而以 GSSA 为代表的数字年龄值可以告诉我们具体的时间，称为**绝对地质年代**。现在我们使用的地质年代表中同时包含了这两套地质年代的表示方法。然而，绝对地质年代是在 19 世纪末期元素的放射性被发现之后才开始得到广泛应用。在此之前，相对地质年代是地质学研究的主要时间标尺。

在地质学启蒙时期（18 世纪以前），天生具有好奇心的人类就对地球的年龄有了探索，但大多以神创论为理论依据。如 1701 年版的《圣经》认为，公元前 4004 年 10 月 23 日上帝创造了地球，地球诞生有 6000 余年这一观点统治了在此之后至少一个世纪的时间。而进入近代地质学发展阶段（18 世纪末至 20 世纪初），科学开始成为人类探索自然奥秘的主要手段，由此推算出的地球年龄也有了数量级的改变。如 18 世纪中期法国动物学家布丰（Georges Louis de Buffon）通过冷却不同大小的熔融态铁球实验，推算出地球至少形成于 75 000 年前。还有学者通过计算沉积厚度和沉积速率、测定地球水体中盐的含量等方法推断地球的年龄，但因受沉积快慢、剥蚀程度强弱、盐在自然界循环的复杂性等诸多因素的影响，这一时期推算的地球年龄值悬殊较大，介于 1 Ma～2 Ga 之间。

与此同时，地质学领域一系列朴素的基本定律相继建立。如丹麦学者斯坦诺（N. Steno）在 1669 年提出的地层学三定律①，现代地质学的开创者苏格兰地质学家赫顿（J. Hutton）于 1785 年提出的均变论等，特别是地质学家莱伊尔（C. Lyell）出版的《地质学原理》(*Principle of Geology*)一书对均变论原理进行了完善，并将之上升为地质学的基本原理。连同化石层序律（principle of fossil succession）、交切关系定律（principle of cross-cutting relationships）、包含物定律（principle of

---

① "地层学三定律"即地层叠覆定律（principle of superposition）、地层水平定律（principle of original horizontality）和地层侧向连续定律（principle of lateral continuity），具体解释详见本书第二章第七节。

inclusions)一起，这一时期的基本定律成为相对地质年代最初确立的科学依据。

随着科学研究的深入和技术手段的进步，特别是19世纪末期元素放射性的发现，地质年代划分所依据的方法也在不断变化、丰富和发展，如放射性同位素年龄、全球范围的地球化学元素偏移、地球磁极性倒转、米兰科维奇天文气候旋回等都成为地质年代划分的重要标志和手段，涉及传统地质学、地球物理学、地球化学、地球生物学、旋回地层学等诸多学科领域。表3-3列出了20世纪以来不同时期构建地质年代表的主要依据和方法。图3-5为2020年版地质年代表中显生宙各纪的主要划分依据。从中可以看出，有一些传统方法仍占据重要地位，也有一些传统方法逐步被新方法所取代。总体来讲，地质年代表的构建依据趋于多元化，既有相对地质年代的确立依据，也有绝对地质年代的测定方法，定性和定量方法相结合，反映了当今科学研究领域多学科交叉融合的特点。下文将简要介绍目前地质年代表的主要构建依据。

1. 生物年代学（biochronology）

生物年代学指的是通过古生物学和生物地层学研究，将识别出的生物演化阶段与事件按照规模等级和发生顺序来划分地球历史的方法。地质年代最高级别的冥古宙、太古宙、元古宙、显生宙4个阶段，就是根据生物最高级别的演化阶段，也就是生物是否存在及其高级分类单元以何种形式存在而划分出的。目前用于地质年代划分的代表性生物门类主要有三叶虫、笔石、牙形石、菊石、钙质超微化石、有孔虫、沟鞭藻、植物等（图3-6）。但是传统的古生物学和生物地层学研究受制于采样数量、保存程度、沉积环境、区域演化差异性、迁移扩散时间间隔和鉴定可靠性等多方面因素的影响，而使得单纯依靠化石记录难以全面客观地标定地球历史。基于化石数据库的**定量地层学**（quantitative stratigraphy）方法，比如图形对比法（graphic correlation）、约束优化法（constrained optimization）、序列优化与测评法（ranking and scaling，RASC）的运用，在一定程度上消除了生物年代学的局限性。

2. 天文年代学（astrochronology）

地球的自转和公转受到来自月球及其他行星引力的影响而产生轨道和旋转参数（如地轴斜率、偏心率和岁差）的（准）周期性变化。这一变化使得地球不同纬度带和不同季节所接受到的日照量出现差异性，从而导致地球气候表现出大尺度的周期性变化，而且这种变化可以记录并保存在相应地质历史时期的沉积物中，通过岩性、岩相、地球化学、地球物理、（古）生物等各种可识别的指标呈现出的周期性变化来查明旋回沉积的驱动机制及其周期值。这种研究天文轨道驱动导致气候变化进而产生地层旋回的分支学科称为**旋回地层学**（cyclostratigraphy），其中著名的

表 3-3 地质年代表的主要构建依据

不同时期发布的地质年代表参考文献

构建依据	Holmes,1937	Holmes,1960	Kulp,1960	Funnell,1964	Berggren,1972	Hardenbol & Berggren,1978	NDS-Odin et al.,1982	GTS1982-Harland et al.,1982	DNAG-Palmer et al.,1983	EX88-Haq et al.,1987	GTS1989-Harland et al.,1989	Odin & Odin,1993	Obradovitch,1993	McArthur et al.,1994	SEPM95-Gradstein et al.,1995	Tucker & Makerrow,1995	Berggren et al.,1995	Lourens et al.,1996	Laurie et al.,1996	Hardenbol et al.,1998	Weedon & Jenkyns,1999	Shackleton et al.,1999	Rohl et al.,2001	GTS2004	Palike,2006	Walker & Geissman,2009	Hilgen et al.,2010	GTS2012
(1) 各时段沉积物最大厚度	•	•																										
(2) 阶的相等时间跨度								•																				
(3) 放射性同位素	•	•	•	•	•	•	•	•	•	•	•	•	•		•		•		•	•				•		•	•	•
(4) 旋回地层与轨道调谐															•			•			•	•	•	•	•		•	•
(5) 地层的成因		•	•	•	•	•		•	•	•	•				•	•	•	•	•		•		•	•		•	•	•
(6) 生物地层/磁极性整合															•		•		•	•				•				
(7) 带和亚带的相等时间跨度															•									•				
(8) 带的时长与对应地层厚度等比例															•									•				•
(9) 海底扩张的稳定性					•	•			•		•																	
(10) Sr/Sr 稳定同位素变化趋势											•		•	•														
(11) 数学地质和统计插值法													•			•				•				•				•
(12) 匹配时同线最佳年龄和地层归属关系																								•				•

注：表格所使用文献及数据均由 Gradstein 等（2012）Figure 1.7 整理而得，主要用于说明地质年代表构建依据的多元化和阶段性发展特点，参考文献中仅包含了在正文中有相关引用内容的文献。

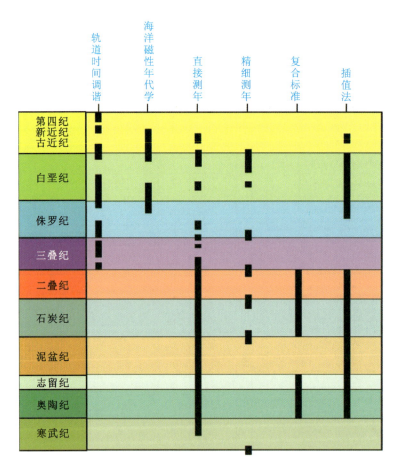

图 3-5 2020 年版地质年代表中显生宙各纪的主要划分依据
(据 Gradstein et al., 2020 改编)

米兰科维奇旋回(Milankovitch cycles)理论就是该分支学科的重要理论依据。旋回地层学通过在地层旋回序列中识别出的古气候替代指标和天文信号,使用谱分析和数字滤波等方法计算地层堆积速率,不仅可以进行地层划分和对比,同时可与国际年代地层表对比得到绝对年龄,建立**天文年代标尺**(astronomic time scale,简称 ATS),实现了将地层厚度的空间概念转化到地质年代这一时间尺度,从而搭建起天体运动、地层记录和地质时间三者的桥梁。从 Rio 等(2003)提出天文地质年代表这一概念以来,对地质年代进行天文校准的时间范围从新生代扩展到了更早的地质历史时期。对于新生代的地层,可以直接将滤波曲线与 Laskar 等(2004)理论的目标曲线进行对比,进而通过天文调谐来建立天文地质年代标尺,天文精确度

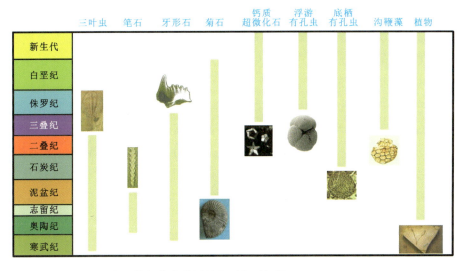

图 3-6 显生宙生物年代学使用的主要化石门类(据 Gradstein et al. ,2020 改编)

已经达到万年甚至更短时间,比如新近系和渐新统使用周期为 20 kyr 的轨道旋进振荡进行整合。对于中生代及更老的地层,稳定的 405 kyr 的偏心率长周期是定年的主要依据。通过天文调谐建立的"浮动"天文年代标尺与绝对年龄控制点相结合,就可以转换成高精度的、连续的绝对天文地质年代标尺。

3. 地磁极性年表(geomagnetic polarity time scale,简称 GPTS)

我国劳动人民在先秦时代就认识到了地球表面具有磁性这一自然现象,指南针的前身司南作为我国古代四大发明之一,将地球磁性运用到方位测定中,推动了科学技术在大地测量、航海、军事、地球科学、旅行等领域的发展和进步。现代人们根据年轻熔岩中存在与现代磁场方向相反的剩磁这一现象,提出地磁场曾经发生过倒转。之后,随着同位素地质年代学的发展,发现具有相同极性的剩磁在世界不同地区的分布具有同时性,从而开启了利用磁极性进行地层划分和对比以及地质定年的新纪元。地磁场在某种极性状态下的持续时间一般为万年到几千万年,而地磁场的倒转则在数千年甚至更短的时间间隔内完成。因此,从以百万年计的地球科学研究时间尺度来讲,地磁场的极性倒转具有瞬时、全球等时和非周期性的特点。记录地磁场倒转的层位称为**极性倒转面**(polarity-reversal horizon)或**极性转换带**(polarity transition-zone),被它们所间隔的**正常极性/正向极性**(normal polarity)(即与现代地磁场方向一致)和**倒转极性/反向极性**(reverse polarity)交替存在的地磁极性序列如同条形码一样记录在地层中,就构成了磁极性地层间隔(表 3-4)。科学家通过对陆地剖面和大洋岩芯的研究以及对大洋磁异常的测量，获取不同地质历史时期地磁极性倒转序列的数据，在生物地层学、同位素地质年代学、旋回地层学等定年数据的约束下，就可以建立全球通用的地磁极性年表（GPTS）。其中，受到洋壳年龄的限定，大洋岩芯和大洋磁异常只能提供中侏罗世（160 Ma）以来的磁极性序列记录（图3-5），更早的地质记录只能在陆地剖面中获取。从目前建立的GPTS来看，晚白垩世以来的磁极性序列划分精度最高，也就是被称为大洋磁条带的C序列①，特别是上新世（5.3 Ma）以来的GPTS经天文调谐校准后发展成为高精度的天文极性年表（astronomical polarity time scale，简称APTS）。而中生代早期的GPTS还有待进一步完善，古生代大部分时期的磁极性序列还只是一个框架，前寒武纪的磁性记录迄今为止还未得到开发。

表 3-4　磁性地层极性单位和极性年代单位划分

磁性地层极性单位	对应的极性年代单位	时间延限
极性巨带（polarity megazone）	极性巨时（pegachron）	亿年～10亿年
极性超带（polarity superzone）	极性超时（superchron）	千万年～亿年
极性带（polarity zone）	极性时（chron）	百万年～千万年
极性亚带（polarity subzone）	极性亚时（subchron）	十万年～百万年
极性隐带（polarity cryptozone）	极性隐时（cryptochron）	<3万年

4. 放射性同位素地质年代学（radioisotope geochronology）

放射性同位素定年指的是根据放射性元素具有稳定的衰变速率这一原理，可以通过测定矿物、岩石或其他载体中所含母体同位素与子体同位素的含量进行定年的方法（图3-7）。该方法可用如下公式表示：

$$N = N_0 e^{-\lambda t}$$

式中：N为经过时间t后的子体同位素含量；N_0为母体同位素初始含量；e为常数2.718；$\lambda = (\ln 2)/t_{hl}$，为衰变常数，与放射性同位素半衰期（half-life）有关。将λ代

---

① 大洋磁条带可分为较年轻的C序列（早白垩世阿普特期、晚白垩世—新生代）和较老的M序列（中侏罗世—早白垩世）。

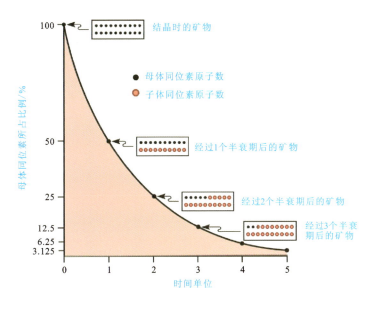

图 3-7 放射性同位素衰变原理示意图（据 Wicander and Monroe，2016 改编）

入公式中,可得到赋含放射性同位素载体(如矿物或岩石)在放射性同位素体系封闭后的年龄为

$$t=\frac{t_{hl}}{\ln 2}\ln\frac{N}{N_0}$$

常用的放射性同位素定年方法有 K-Ar 法、Ar-Ar 法、U-Pb 法、Re-Os 法、Rb-Sr 法、Sm-Nd 法、铀系不平衡法、宇宙成因核素法等。与之相伴生的是适用于不同放射性同位素的测试技术,如 U-Pb 测年使用的化学稀释法、高分辨率离子显微探针质谱法(SHRIMP 法)、激光剥蚀-电感耦合等离子体质谱法(LA-ICP-MS 法)。由于不同的放射性元素半衰期差别较大,适用的测年范围也因此各有不同(表 3-5)。具体选择哪种测年方法,主要取决于研究目的和研究对象的时长。如进行第四纪以来的地层测年,可以选用 ^{14}C 方法、铀系不平衡法等。而在研究对象的选择方面,由于放射性同位素测年测定的是同位素体系封闭至今的年龄,因此,测年一般选择地层中的火山岩夹层,而碎屑岩则不宜选作测年对象(碎屑岩测得的年龄往往是碎屑颗粒形成时的年龄而非碎屑岩的沉积年龄)。另外,测年的精度还会受到样品新鲜程度、测量技术、测量仪器和误差等多种因素的影响。目前,除全新世测年数据可达百年级精度以外,其他地质时代的数据误差基本在十万年级别(图 3-1、图 3-2)。

表 3-5 常用放射性同位素

(据刘本培和蔡运龙,2000;龚一鸣和张克信,2016;Plummer et al.,2016;Wicander and Monroe,2016 改编)

母体同位素	子体同位素	半衰期	有效测年范围	赋存矿物或岩石
钾(^{40}K)	氩(^{40}Ar)	13 亿年	10 万年～46 亿年	海绿石、白云母、黑云母、角闪石、火山岩全岩
铀(^{238}U)	铅(^{206}Pb)	45 亿年	10 百万年～46 亿年	锆石、铀矿
铀(^{235}U)	铅(^{207}Pb)	约 7 亿年	10 百万年～46 亿年	
钍(^{232}Th)	铅(^{208}Pb)	约 140 亿年	10 百万年～46 亿年	
铀(^{238}U)不平衡法	铀(^{234}U)	24.8 万年	≤12.5 万年	珊瑚礁和水
铷(^{87}Rb)	锶(^{87}Sr)	约 490 亿年	10 百万年～46 亿年	白云母、黑云母、钾长石、变质岩或岩浆岩全岩
碳(^{14}C)	氮(^{14}N)	5730 年	100 年～40 000 年	木材、骨骼、肉、生物壳体及溶于水的 CO_2

5. 稳定同位素地层学(stable isotope stratigraphy)

稳定同位素定年指的是根据研究对象(岩石、矿物、生物壳体等)中稳定同位素的组成变化特征是否具有区域/全球一致性数值或全球同步变化趋势等特征进行地层划分和对比的方法。常用的稳定同位素包括碳、氧、氮、锶、硫等传统稳定同位素和钼、铬、铁、铀、锇、钕等非传统重金属稳定同位素。稳定同位素组成一般用 δ 值表示,其计算公式为

$$\delta = \left(\frac{R_{样品}}{R_{标准}} - 1\right) \times 1000$$

式中:$R = {^a}E/{^b}E$,表示某元素 E 的两种同位素 ^{a}E 和 ^{b}E(通常 $a > b$)的丰度比值,通过计算样品中的丰度比值和标样中对应值的相对千分差,即可获取两种同位素 ^{a}E 和 ^{b}E 在样品中的富集情况,δ 值为正,表示样品中的重同位素 ^{a}E 较标样中更为富集;δ 值为负,则代表样品中的轻同位素相对富集。

各种稳定同位素因其属性差异应用于不同的地质时代和研究对象,如下对几种常用的稳定同位素地层学方法进行简要介绍。

(1)**碳同位素地层学**(carbon isotope stratigraphy)。碳有两种稳定同位素,即 ^{12}C 和 ^{13}C,^{13}C/^{12}C 值是该方法的研究指标,习惯上常用 δ^{13}C 表示。该方法早期通常采用美国南卡罗来纳州白垩系皮狄组中箭石 *Belemnitella americana* 壳体的 ^{13}C/^{12}C 值(约 11 237.2×10^{-6})作为国际标准,简称为 PDB(Peedee Belemnite)。由

于该种箭石被使用殆尽，国际原子能机构(IAEA)在维也纳的实验室制作了可与 PDB 对比的标准，即 VPDB(Vienna Peedee Belemnite)，成为目前广泛接受的碳同位素比值的国际标准。碳稳定同位素研究目前已涵盖全岩、微区、单矿物、生物壳体和骨骼等多种无机与有机载体，是区域甚至全球地层划分和对比的常规方法之一。

(2) **氧同位素地层学**(oxygen isotope stratigraphy)。氧有 3 种稳定同位素，即 ^{16}O、^{17}O 和 ^{18}O。$^{18}O/^{16}O$ 值是氧同位素地层学的研究对象。氧同位素比值的国际标准一般有两种，一种也是美国南卡罗来纳州白垩系皮狄组中箭石的 $^{18}O/^{16}O$ 值 (约 $2\,067.1\times 10^{-6}$)，即 PDB，现在多用于碳酸盐样品分析；另一种则为标准平均海水 SMOW(Standard Mean Ocean Water)(约 $2\,005.20\times 10^{-6}$)。和碳同位素一样，IAEA 也在实验室制作了可对比的标准，分别为 VPDB 和 VSMOW。氧同位素组成因较易受到后期地质作用的影响，是中、新生代地层划分和对比的重要指标与依据，一般不用于古生代地层的划分和对比。

(3) **锶同位素地层学**(strontium isotope stratigraphy)。锶元素在海水中的残留时间(10^6 a)远远大于海水的混合时间(10^3 a)，因此，海水中的锶元素在全球范围内某一时代的同位素组成($^{87}Sr/^{86}Sr$ 值)一致。当海洋中的矿物(生物成因的碳酸盐、非生物成因的海相碳酸盐胶结物、重晶石和磷灰石等)形成时，从海水中获取锶，而没有锶同位素的分馏，因而可以保存与其形成时的海水相同的 $^{87}Sr/^{86}Sr$ 值。考虑到锶元素壳源(大陆风化作用，$^{87}Sr/^{86}Sr$ 全球平均值为 0.711 9)和幔源(洋中脊热液作用，$^{87}Sr/^{86}Sr$ 全球平均值为 0.703 5)的差异性，$^{87}Sr/^{86}Sr$ 值受到全球构造运动、风化作用等地质事件的影响，通过测定该比值建立不同地质历史时期的海水锶同位素数据库和标准变化曲线(图 3-8)，实际研究测得的曲线与之对比即可相应推断其地质时代。

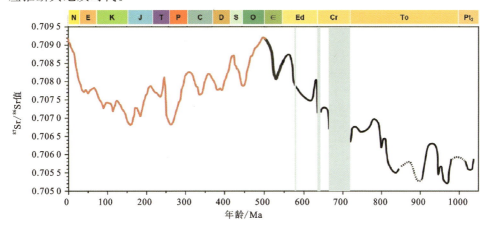

图 3-8　新元古代以来海水锶同位素组成变化(据 Gradstein et al.，2020 改编)

图中的纵向灰色柱子代表冰期，缺乏锶同位素数据

(4) **硫同位素地层学**(sulfur isotope stratigraphy)：$^{34}S/^{32}S$ 值是硫同位素地层学的研究指标，通常采用美国亚利桑那州迪亚布洛峡谷的陨硫铁(Vienna Canyon Diablo Troilite，简称 VCDT)中的硫同位素比值作为国际标准。根据现代海洋中硫酸盐库较大且滞留时间长的特点，硫酸盐硫同位素组成特征($\delta^{34}S_{sulfate}$)是地质年代测定的重要载体。研究表明，$\delta^{34}S_{sulfate}$ 除了在泥盆纪-石炭纪之交发生一次显著的正偏以外，从寒武纪到二叠纪末期，由 +30‰ 下降到约 +10‰，从三叠纪开始逐渐升高，但都低于寒武纪时的比值，特别是 45 Ma 以来，一直在 +22‰ 左右浮动，处于相对稳定时期。

6. 大火成岩省(large igneous provinces，简称 LIPs)

大火成岩省最早由 Coffin 和 Eldholm 于 1994 年提出，指规模巨大(覆盖面积超过 $10×10^4$ km²，体积超过 $10×10^4$ km³)、持续时间较短(单幕式爆发小于 5 Myr，多幕式爆发最多持续数十个百万年)的火山喷发形成的以(超)镁铁质成分为主的溢流玄武岩(continental flood basalt，CFB)及其伴生的侵入岩，包括区域分布的岩墙群、席状岩床群、层状镁铁质—超镁铁质侵入体、大陆岩浆底侵等一系列岩浆系统产物，代表了地球上最大的火山作用，在大陆和大洋环境均可发育(图 3-9)。根据岩浆成分，大火成岩省可分为**长英质大火成岩省**(silicic LIPs，简称 SLIPs)和**镁铁质大火成岩省**(mafic LIPs，简称 MLIPs)两种。其中，大陆大火成岩省(continental LIPs)以长英质成分为主，在元古宙平均出现周期为 30Myr。大洋大火成岩省(ocean LIPs)包括大洋高原和海底喷发玄武岩，一般不易保存，在造山带的蛇绿

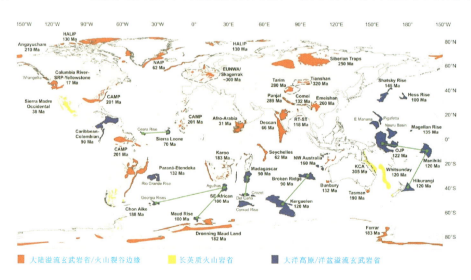

图 3-9　宾夕法尼亚亚纪(~320 Ma)以来全球主要大火成岩省分布

(据 Bryan and Ferrari，2013 改编)

岩套残片中零星可见。研究认为,大火成岩省的形成与来自深部的地幔柱岩浆活动有关。通过对大火成岩省进行高精度 U-Pb 测年认为,大多数 LIPs 持续时间不超过 1 Myr,往往与板块聚散、生物灭绝、特殊沉积(如黑色页岩)、成矿作用、极端气候、海洋结构及组成变化(如生产力增加、缺氧、酸化、重金属输入、海平面变化)等全球地质事件相伴而生(图 3-10),因而,LIPs 常用于一些重大地质事件的成因机制解释。如西伯利亚暗色岩系等相关火山活动可能是导致二叠纪-三叠纪之交生物大灭绝的主要原因之一,印度德干暗色岩系则被认为在白垩纪末期的生物大灭绝中与希克苏鲁伯小行星撞击扮演同等重要的角色。因此,LIPs 在地层划分对比中具有重要意义,是事件地层学的良好指标,在未来 GSSP 工作中有望发挥更大的作用。

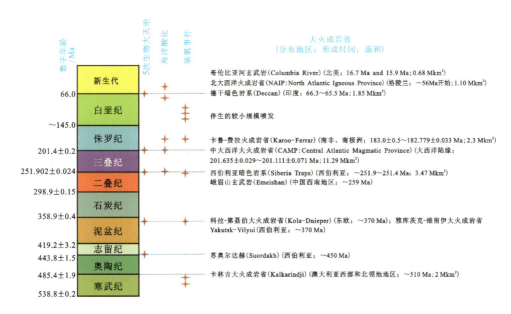

图 3-10　地质历史时期部分大火成岩省与生物-环境事件在时间上的相关性

(据 Gradstein et al.,2020 改编)

7. 显生宙全球海平面变化(Phanerozoic eustasy)

全球海平面上升对自然环境、生态系统、人类生活和经济发展有着重要影响,是全球变化研究的重要内容之一,在当今社会备受关注。现在海平面上升的幅度、速率、持续时间、机制以及对人类社会带来的影响可以通过观测、对比、模拟等技术手段获取定量化数据。例如《中国气候变化蓝皮书(2020)》指出,全球平均海平面(global mean sea level,简称 GMSL)呈加速上升趋势,上升速率从 1901—1990 年的1.4 mm/a增加到1993—2019年的3.2 mm/a。其中,2019年为有卫星观测记录以来的最高值。1980—2019年,中国沿海海平面变化总体呈波动上升趋势,上升速率为3.4 mm/a,高于同期全球平均水平。2019年,中国沿海海平面为1980年以来的第三高位,较1993—2011年平均值高72 mm,较2018年升高24 mm(图3-11)。那么,地质历史时期的海平面是否也有类似变化?是否留下了蛛丝马迹?海平面的变化又有什么科学意义?科学家们通过对有观测记录以来的海平面变化研究发现,海平面变化存在不同时间和空间尺度的变化,据此可将海平面变化划分为不同的级别(表3-6)。短期变化如日变动、季节性变动、年变动等,升降幅度小,且常是局部变化,主要受天文调谐的气候变化、冰川作用等的影响;长期变化则变动幅度相对较大,亿年级别的海平面变化可产生100~300 m的海平面升降,导致海岸线移动乃至海陆变迁,具有大区域甚至全球性特征,一般认为受板块运动等内动力驱动。地质历史时期的海平面变化和现在类似,既有长期变化,也有短期变化,存在不同的持续时间、升降幅度和速率。在构造沉降、沉积物供应和气候变化等因素的共同控制下,海平面上升和下降阶段对应不同的堆积空间、沉积物类型、沉积层序和沉积体系,并呈现出有规律的变化。通过对这些保存了地质历史时期海平面变化证据的地层记录进行地层学、沉积学、同位素地球化学、地球动力学等的解读,发现海平面变化往往与泛大陆聚合、生物爆发、大洋缺氧等重大地质事件密切相关(图3-12)。例如,寒武系多个阶的"金钉子"(GSSP)底界标准化石的首现层位(FAD)都有海平面显著升降和气候变化记录。而百万年级别的海平面变化(即表3-6中的级别Ⅲ)由于可以实现与沉积旋回的良好对比,成为地质学重点研究的海平面变化周期。

图3-11 近40年中国沿海海平面变化(海平面距平表示相对于1993—2011年平均值)

[据《中国气候变化蓝皮书(2020)》]

表 3-6 全球海平面变化周期及其成因解释(据龚一鸣和张克信,2016 改编)

周期级别	持续时间/Myr	成因解释
Ⅰ	>100	泛大陆聚合和离散
Ⅱ	10~100	全球性板块运动或大洋中脊体积变化
Ⅲ	1~10	全球性大陆冰盖生长和消亡;洋中脊变化;构造挤压或板内应力变化
Ⅳ	0.1~1	大陆冰盖生长与消亡或天文驱动力
Ⅴ	0.01~0.1	米兰科维奇旋回

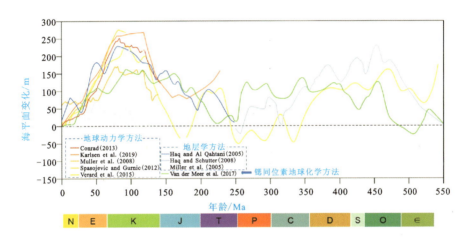

图 3-12 地质历史时期的全球海平面变化(据 Gradstein et al.,2020 改编)

8. 数学地质(geomathematics)

数学地质基于数学理论、方法和模型,以计算机技术为平台,定量地研究地质学的基础理论及其实践中的问题,是地球科学、数学及计算机科学相结合的交叉学科。从 1968 年国际数学地质协会成立至今,数学地质引领地质学进入定量化研究阶段。然而,地质学涉及的数据庞杂,存在不同地理位置的多样性、地层和化石记录的不完整性、精确定年相对缺乏等多方面的问题。因此,数学地质的实际操作过程非常复杂。Kemple 等(1995)将使用数学地质方法整合地质年代表比作推销员旅行问题(travelling salesman problem),即推销员途中经过的每一座城市相当于一次地质事件,城市之间的距离对应每两次事件之间的间隔,那么最短的路线就是研究所要获得的地质时间线。对 GTS2004 以来多个版本的地质年代表,数学地质学家们都采用了不断改进的约束优化方法(CONOP),将不同剖面的地理位置、标准化石、生物演化、数字年龄及各种地质事件数据进行分类和区别对待,把全球各地若干剖面都调整匹配到一个放之四海而皆准的最优全球序列（optimal global sequence）中。在这一序列中，往往出现与单个剖面数据不一致的情况。例如生物带在最优全球序列的延限通常会比单个剖面的更广，而用于指示关键层位的同位素异常区间等数据，其范围在最优全球序列中则会倾向缩小。优化后的全球序列还要经过曲线拟合技术（curve fitting）插入测年数据，以及局部加权回归散点平滑法（LOWESS）处理等一系列的数学统计方法，才得到我们实际看到的地质年代表。GTS2020 还使用了限制性立方样条（restricted cubic splining）、聚类分析（cluster analyses）和交叉验证（CV）等方法。但是，由于地质数据的复杂性，在使用数学地质方法进行地质时间重建的每一步里都包含了一定的猜测和不确定性。

需要注意的是，由于地球历史的复杂性以及地质历史记录的不完整性，针对不同的地质年代所采用的具体操作方法也不尽相同（表 3-3，图 3-5）。例如，早古生代各阶段使用经约束优化法合成的笔石带、牙形石带等并结合高精度锆石定年和透长石定年进行综合层序划分；石炭纪则采用 ID-TIMS（同位素稀释热电离质谱法）测得的高精度 U-Pb 锆石年龄整合岩石地层、旋回地层和生物地层框架，年龄精度一般可达 100 kyr 左右，达到米兰科维奇旋回频率带的时间精度；而中—新生代的年代划分，对旋回沉积进行天文调谐以建立和校准天文年代标尺则成为重要方法。即便同样使用放射性同位素地质年代学方法进行地质年代的构建，在针对不同地质历史阶段的研究中所借助的元素种类及测年方法也存在差异（图 3-13）。

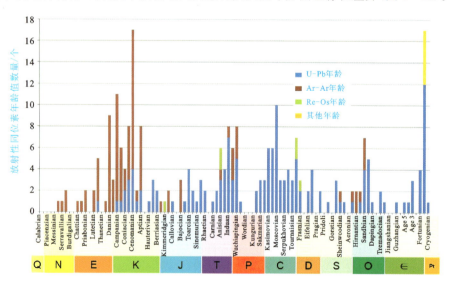

图 3-13　不同地质时代测年使用的放射性同位素种类及数量统计

（据 Gradstein et al.，2012 改编）

二、地质年代表更替史上的4个里程碑

从上一节可以知道,地质年代表具有多重构建依据,特别是20世纪以来,构建依据逐步多样化。例如,体现宏观与微观生物演化的灭绝和复苏事件、刻画天文和气候记录的米兰科维奇旋回、记录地球磁场倒转的磁极性序列,以及大火成岩省、冰期、小行星撞击等各类重大地质事件,当然还少不了各类数学方法的应用(表3-3,图3-5)。总体来说,随着构建方法的不断改进,特别是越来越多定量化方法的运用,由这些依据构建而成的地质年代表这个成品也随之更新。相对于最初的雏形,它所包含信息的丰富程度和精确性都已经发生了质的飞跃。

Rio等(2003)认为,地质年代表历经了4个发展阶段,即最早的19世纪出现的以传统古生物学和地层学研究成果为主的**化石地质年代表**、20世纪上半叶出现的以放射性同位素测年为标志的**数字地质年代表**、20世纪60年代出现的以古地磁极性为标志的**磁极性地质年代表**和20世纪90年代出现的以旋回地层为标志的**天文地质年代表**。从表3-3各种构建依据的罗列情况来看,这种阶段性变化也显而易见。可以说,地质年代表每一次划时代意义的革新都伴随着新的理论、方法和/或技术的产生,地质年代表的发展阶段,实际上是地层学乃至整个地质学甚至自然科学与技术各分支学科诞生与发展历程的集中体现。

1. 化石地质年代表

化石地质年代表,顾名思义就是以地层学三定律和化石为主要依据构建而成的地质年代表。最初的化石地质年代表制作于1900年左右,大致如图3-14所示,其理论基础是地层学三定律和化石层序律。

1669年丹麦学者斯坦诺地层学三定律的提出,确定了地层形成先后顺序的识别判据。18世纪末期,英国工程师威廉·史密斯在英格兰南部修建运河时,观察到了斯坦诺提出的地层叠覆现象,并由此联想到地层下老上新的叠覆规律应同样适用于其所含化石。随后,他通过大量野外观察发现,通过对比不同地区的化石(组合)

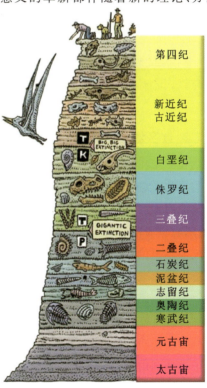

图3-14 化石地质年代表(示例)

序列就可以判断岩层的相对新老关系。史密斯的这一发现开创了使用化石进行地层划分对比的研究方法,在地层和化石之间架起了桥梁。

19世纪,地层学进入近代快速发展阶段。其中,最具代表性的成果之一就是显生宙所有系/纪这一级别的相对地质年代单位均建立完成(图3-15)。相对地质年代单位为地质学研究提供了相对完善的时间和空间格架,为地质年代表的确立提供了充分可能。从显生宙各纪的命名时间和地点(图3-15)可见,18—19世纪,科学的中心在欧洲,欧洲的中心在英国。

图3-15 显生宙各纪命名时间及地点

2. 数字地质年代表

化石地质年代表的建立为地质学工作提供了可参考的时间标准,但地质学家在利用化石进行地层划分对比过程中也发现了一些新问题,例如新化石的发现会导致原有地层界线的改变、根据某种化石确定的界线可能会具有非等时性等。另外,随着世界范围内地层学工作的大量开展,不同区域之间地层的缺失、覆盖和对传统地层单位界线的定义成为阻碍地层学高精度研究和国际交流的突出问题。19世纪末期元素放射性的发现,使地质年代表的定量化表达成为可能。

英国地质学家霍尔姆斯(Arthur Holmes)在他的专著《地球的年龄》(*The Age of Earth*,1913年出版,1937年再版)中首次使用了地质年代学,根据含铀矿物中的放射性氦和铅的含量,将始新世和3个古生代的年龄应用于地质年代的划分,告别了单纯利用地层最大厚度划分地球年龄的时代。1960年,霍尔姆斯编写了兼顾地层年龄和厚度的地质年代表(图3-16)。自此开始,根据放射性同位素定年技术确定地层界线和地质体年龄的研究发展迅猛,地质年代表进入数字表达阶段。《显生宙地质年代表》(*The Phanerozoic Time-Scale*)(Harland et al.,1964)一书系统地报道了显生宙的放射性同位素年龄数据库,之后学者在此基础上不断完善,建立了被简称为 PTS 和 A 的数据库,其中 A 特指 Armstrong 于 1978 年新增的数据。1976 年,地质年代分会修正了 U–Th–Pb、Rb–Sr 和 K–Ar 体系的衰变常数与同位素丰度,为放射性同位素测年提供了新的标准。1982 年的地质年代表 GTS1982 就是依据该新标准编制的。*Numerical Dating of Stratigraphy*(Odin,1982)对 251 个放射性同位素研究进行了梳理,由此建立了 NDS 数据库体系。

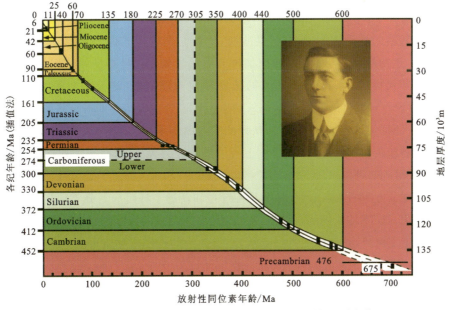

注:水平轴数值表示根据火山灰、海绿石和侵入岩获取的放射性同位素年龄。

图 3-16 霍尔姆斯建立的最早的数字地质年代表

(据 Holmes,1960;Gradstein et al.,2012 改编)

3. 磁极性地质年代表

地质学家通过对熔岩流和海底磁异常条带的研究认识到,地磁场会发生磁极性倒转现象,并结合生物地层学、同位素地质年代学、旋回地层学等多种定年手段,建立了全球通用的地磁极性年表(GPTS)。从 20 世纪 60 年代开始,GPTS 开始成为构建地质年代表的主要依据之一。特别是随着深海钻探计划的实施,通过开展多门类浮游微体化石高精度的生物地层学、沉积物磁极性测定以及更为可靠的放射性同位素定年,地质年代表的划分精度得到明显提高,其中以晚白垩世以来大洋磁条带 C 序列的划分精度最高,尤其是上新世以来的 GPTS 经天文调谐后升级为天文极性年表（APTS）。这一阶段具有代表性的地质年代表，如 GTS1982（Harland et al.，1982）和 GTS1989（Harland et al.，1990）等，都将磁极性作为了地质年代划分的重要依据。图 3-17 对比了新生代在地质年代表的几个不同发展阶段的划分情况，相对于 1960 年基于地层厚度和少量放射性同位素年龄建立的划分方案，将磁极性作为构建依据的 GTS1982 显然有了更为精细的划分，定年数据的精度也从百万年级提高到了十万年级。

4. 天文地质年代表

天文地质年代表即将天文年代学作为重要构建依据的地质年代表。20 世纪 90 年代，地质学家们开始尝试将旋回地层学的理念运用到地质年代学研究中。特别是对于较新的地质年代，如更新世冰期，学者们发现其沉积记录特征、地球化学元素变化、生物演化都与米兰科维奇旋回导致的气候变化具有良好的相关性，于是天文地质年代标尺（ATS）成为重要的地质年代构建依据（详见上文的"**天文年代学**"）。GTS2004 就将旋回地层学纳入地质年代表的主要构建依据。从图 3-17 可以看出，GTS2004 在新生界的划分方案虽然大致继承了 GTS1982 的体系，但是基本确定了各阶的界线，且在年龄精度上有了数量级的提高，这在很大程度上得益于 ATS 的应用。如果与 GTS2020 比较可以发现，GTS2004 奠定了截至目前仍在使用的新生界划分方案的基本框架，特别是古近系和新近系各阶的划分与现在相比大体上没有变化。GTS2004 的经典与 40 余位地层学家组成的国际研究团队将近 10 年时间的酝酿密不可分，其工作扎实程度从表 3-3 中的构建依据也可见一斑，GTS2004 几乎采用了所有可能涉及的研究方法。据统计，*A Geological Time Scale 2004* 共引用分析 2600 多条参考文献，并采用 GSSP 和 GSSA 的概念统一了正式的地层界线。

总体来讲，地质年代表经过 100 余年以来多次具有里程碑意义的升级后已逐步趋向完善，但若干 GSSP 尚未确立、部分地层界线数字年龄值不够明确等问题依然存在，地质学家们也必将一如既往地致力于地质年代表的更新工作，并期待在不久的将来地质年代表能实现如下目标，为深时地球科学研究提供更加稳定、可靠、高精度的全球标准时间坐标。

（1）地质年代表中所有阶/亚阶均有明确定义和命名，不再使用上、中、下来限定。

（2）地层界线的数字年龄使用稳定的地质年代插值方法获得。

（3）侏罗纪以来的地质年代统一使用 405 kyr 的天文调谐周期进行划分。

（4）对侏罗纪之前的地质年代建立长周期的、可靠的旋回序列，获取精度更高的 U-Pb 和 Ar-Ar 标准化年龄，使用全球序列综合标准对地质事件和各地质历史阶段进行优化排序。

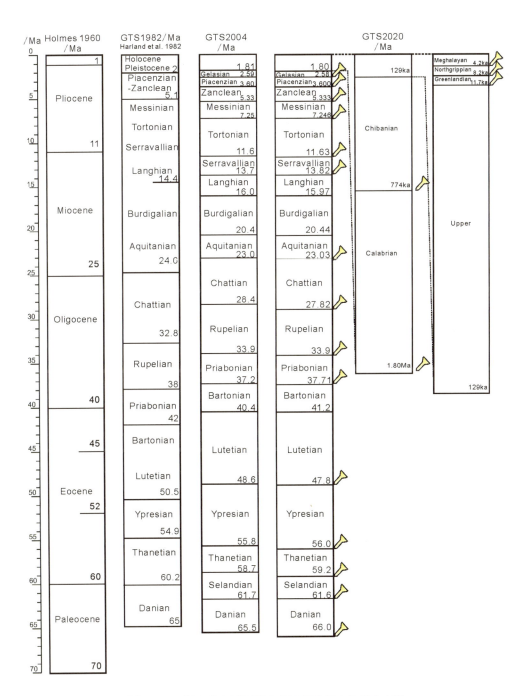

图 3-17 新生代在不同版本地质年代表中的划分方案
(据 Gradstein et al.,2012 及 www.stratigraphy.org 改编)

第三节　地质年代表中的地球演化史

一、前寒武纪的地球

前寒武纪（Precambrian）泛指从地球诞生（4567 Ma）到寒武纪开始［即（538.8±0.2）Ma］之间约40亿年的地质历史时期，由于其贫乏、细小、单调的生物记录与显生宙生机勃勃的生物界面貌形成强烈对比，因此，又被称为**隐生宙**（Cryptozoic）。除生物形式单调、低等和化石记录稀少以外，前寒武纪的岩石也多发生强烈变形或者变质作用。因此，与显生宙以GSSP标定各年代地层界线不同，前寒武纪的划分着重考虑地球演化的自然阶段，一般以造山运动、火山活动、特殊沉积记录等全球规模的重大地质事件为划分标志，并对这些事件进行全球标准年龄（GSSA）标定（如表3-2元古宙的划分依据，埃迪卡拉系底界除外）。前寒武纪涵括了冥古宙、太古宙和元古宙从老到新3个最高级别的地质年代。

1. 冥古宙（Hadean, 4567～4000 Ma）

冥古宙（Hadean）由美国古生物学家普雷斯顿·克罗德（Preston Cloud, 1912—1991）于1972年命名，取名于希腊神话中的冥王哈迪斯（Hades），在希腊语中意为"看不见的地方"，指从地球诞生到最早的地壳形成之间的地球早期形成和演化阶段，时间漫长，过程复杂，而且地球上这一时期的岩石记录罕见，更没有确切的生命痕迹。想了解冥古宙的地球，只能根据对太阳系其他星体的研究进行"将天论地"的类比推测（假设地球和太阳系其他星体形成时间大体相同）。

球粒陨石中的富钙铝包体（calcium-aluminum-rich inclusions，简称CAIs）被认为是太阳系中已知最早形成的物质，通过对其进行U-Pb法测年获得目前比较认可的年龄值为（4 567.30±0.16）Ma（Connelly et al., 2017）。这一年龄值即被作为原始地球从太阳系原始星云分化形成的时间，也就是冥古宙或者说地球历史的开端。

冥古宙的地球，火山爆发和天体撞击频繁，整个地球处于高温熔融状态。之后，在重力作用下，原始地球中的亲铁元素因相对密度大而下沉形成铁镍地核，亲石元素上浮组成地幔和原始地壳，更轻的液态和气态成分通过火山喷发溢出地表后冷却形成原始大气圈和水圈，逐步形成初始的圈层分异（图3-18）。西澳大利亚杰克山（Jack Hill）变质砂砾岩中的碎屑锆石记录了地球上目前已知最古老的年龄～4400 Ma，说明44亿年前已有地壳物质形成。测年数据为～4030 Ma的加拿大西北大奴克拉通(Slave Craton)阿卡斯塔(Acasta)片麻岩则是目前地球上已知最早的岩石记录,但是也有学者推测可能地球上还有更早的地壳岩石,如同样位于加拿大的努夫亚吉图克(Nuvvuagittuq)绿岩带曾测得年龄值为42.8亿年。不少地质学家认为,将最早的岩石年龄作为划分冥古宙和太古宙的标准更为合理,但是,这些古老的岩石遭受的变质变形作用强烈,给测年工作带来极大困难,地质学家对于测得的年龄值也尚存争议。目前,冥古宙在地质年代表中的结束时间为4000 Ma,在冥古宙内部尚未作进一步的细分。

图3-18 地球形成早期的推测景象(据Wicander and Monroe,2016)

2. 太古宙(Archean,4000~2500 Ma)

太古宙(Archean)取名于希腊语arche(意为"起初、初始"),由美国地质学家丹纳(J. Dana)于1872年提出。这一时期全球克拉通的雏形(陆核)基本形成,大气圈和水圈逐步成型并处于强还原和强酸性状态,出现了以原核生物为代表的原始生命形式。在目前的GTS中,太古宙划分为始太古代(Eoarchean,4000~3600 Ma)、古太古代(Paleoarchean,3600~3200 Ma)、中太古代(Mesoarchean,3200~2800 Ma)和新太古代(Neoarchean,2800~2500 Ma)4个阶段。

相比冥古宙,太古宙一系列的岩石和化石记录得以保留,但至今为止发现的太古宙岩石也多已发生明显的变质变形作用或被覆盖。地球上出露的太古宙变质岩主要以花岗-片麻杂岩(granite-gneiss complexes)和绿岩带(greenstone belt)的形式呈现(图3-19),其原岩包括以英云闪长岩(tonalite)、奥长花岗岩(trondhjemite)和花岗闪长岩(granodiorite)为代表的侵入岩(简称为TTG岩石,是太古宙基底的主体)以及层状火山岩和沉积岩,反映当时地球上存在大规模的火山熔岩溢流和深部岩浆侵位。这些岩浆的溢流和固结为地壳的增多、加厚、趋于稳定并形成各大板块的雏形提供了物质基础。从全球范围来讲,大面积出露的加拿大地盾、非洲绿岩带、欧洲的波罗的地盾和乌克兰地盾都是太古宙岩浆作用和沉积作用的产物,它们后续分别发展成为北美板块、非洲板块和俄罗斯板块。我国太古宙时期形成了鄂尔多斯陆核、冀辽陆核、河淮陆核等,这些陆核不断增生扩大连接继而形成华北板块的基底。

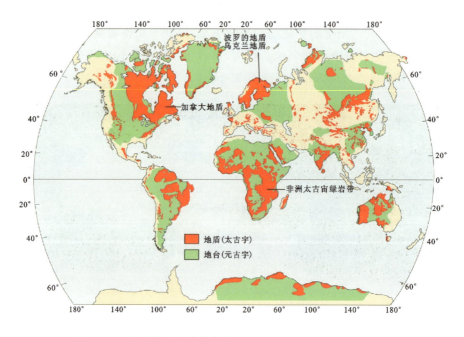

图 3-19　全球前寒武系分布图(据 Wicander and Monroe,2016 改编)

随着固体地球表层系统的建立,岩浆喷发过程中的排气作用(图 3-20)使得大气圈逐步形成规模,但太古宙的大气圈以水蒸气、二氧化碳、氨气、甲烷等气体为主,与以氮气、氧气为主体的现代大气圈组成截然不同。随着沉积盆地的形成和原核生物的发展,越来越多的二氧化碳被固定在叠层石等碳酸盐沉积中,从而使得大气圈中的二氧化碳浓度逐步降低。这一时期是黄铁矿和含金-铀矿等还原环境矿产的重要形成时期,元古宙开始(成铁纪)则出现含铁红砂岩,这些信息暗示缺氧的大气圈可能一直持续到太古宙末期。地球早期的排气作用将地球内部大量的水蒸气也释放出来,这些水蒸气冷凝汇聚成为水圈中水的重要来源。另外,有学者认为陨石,特别是冰彗星撞击地球也为地球带来了水;也有学者提出宇宙星际物质中存在大量 H、He 元素,它们经过一系列化学反应可以形成不同形式的水,地球因其在太阳系合适的位置而使得水以液态形式存在。水圈中 H、O、Na、Mg、Cl、K、Ca、S、I 等元素的存在也在一定程度上支持水圈的形成有外生来源的贡献的观点,因为这些元素也是星际物质的主要组分。

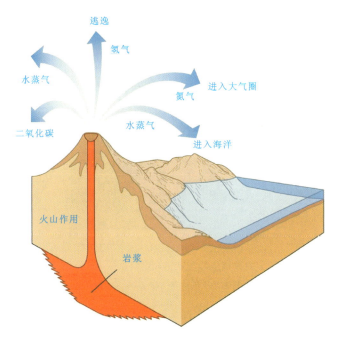

图 3-20　地球早期的排气作用（据 Wicander and Monroe，2016 改编）

　　岩石圈、大气圈和水圈的演化为生命的诞生创造了条件。C、O、H、Na、P 等元素经过一系列复杂的合成产生有机质化合物，完成了从无机物到有机物的转变，这是生命的化学进化阶段。地球上目前已知最早的化学化石记录是发现于格陵兰岛西部距今 38.5 亿年前条带状含铁沉积中的富含轻碳的有机化合物。之后，有机物演化成为有机体，诞生了最早的生命形式——原核生物。目前普遍接受的原核生物的最早化石记录是距今 34.65 亿年前澳大利亚瓦拉伍纳群（Warrawoona Group）硅质叠层石中的丝状-链状体（图 3-21）。最近科学家在格陵兰岛北大西洋克拉通伊苏阿上地壳带（Isua supracrustal belt）中保存的 37 亿年前的叠层石中发现了可能的原核生物化石记录，因此，最早的原核生物记录时间可能将进一步提前。另外，西澳大利亚皮尔巴拉克拉通（Pilbara Craton）北极穹顶（North Pole Dome）距今约 35 亿年前的叠层石沉积是公认的迄今为止最早保存了原生沉积构造的沉积岩。这些保存在叠层石中类似现代蓝细菌（也称蓝藻或蓝绿藻）的原核生物从出现后一直到太古宙末期长达 10 亿年的时间，几乎是地球上唯一的生命存在形式。然而，它们的出现和存在意义非凡，生命从此正式登上地球历史的舞台，并在这之后 30 多亿年的漫长历史中给这个蔚蓝的星球带来蓬勃的生机和灵动的色彩。

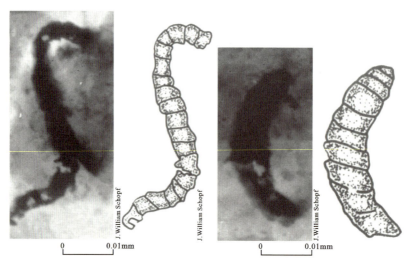

图 3-21　地球上最早的原核生物丝状-链状体（据 Wicander and Monroe, 2016）
[产自 34.65 亿年前澳大利亚瓦拉伍纳群（Warrawoona Group）硅质叠层石中]

3. 元古宙（Proterozoic，2500～539 Ma）

元古宙（Proterozoic）于 1887 年由埃蒙斯（S. F. Emmons）命名，protero 意为"早期的"、zoic 意为"有生命的、含化石的"。元古宙在地质年代表中划分为 3 个代 10 个纪，分别为古元古代（Paleoproterozoic，2500～1600 Ma，成铁纪、层侵纪、造山纪、固结纪）、中元古代（Mesoproterozoic，1600～1000 Ma，盖层纪、延展纪、狭带纪）和新元古代（Neoproterozoic，1000～539 Ma，拉伸纪、成冰纪和埃迪卡拉纪）。元古宙期间，全球各陆核不断增生扩大，形成规模更大、稳定性更高和以硅铝质成分为特色的大陆地壳（地台）。地球开始拥有氧化的大气圈和表层海洋，生物演化为更高级别的真核生物和多细胞后生生物，数个精美保存的多门类生物化石群落被陆续发现和报道。与太古宙相比，元古宙时期有更加丰富的、较高保真度的地质记录保留了下来，为人类探索地球早期演化史提供了翔实的材料。

太古宙形成的分散陆核（始克拉通）在元古宙时进一步拼贴增生，中元古代开始接受碎屑沉积形成具有似盖层沉积的原地台（原克拉通），原地台的进一步固化和增生，形成在构造性质上稳定的地台（克拉通），如我国的华北地台、塔里木地台、上扬子地台、西藏地台等。这些地台的碰撞拼合或裂离形成全球规模的板块聚散，地球从此经历了从**克罗岚超大陆**（Kenorland，25 亿年前形成）到**哥伦比亚超大陆**（Columbia，19 亿～18 亿年前形成）（图 3-22），再到**罗迪尼亚超大陆**（Rodinia，13 亿～9 亿年前形成）（图 3-23）以及**潘基亚超大陆**（Pangea，约 2.5 亿年前形成）的多个聚合-裂解的超大陆旋回阶段。

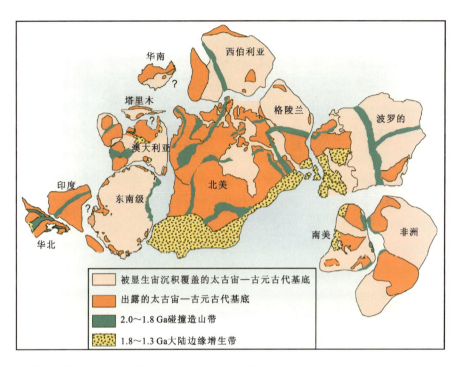

图 3-22 哥伦比亚超大陆(Columbia)复原图(据 Zhao et al.,2002;李三忠等,2016)

元古宙稳定地台的发育使得地球上形成了广阔的浅海区域,为海洋生物的繁盛和碳酸盐岩的沉积创造了条件。大气圈中的 CO_2 减少,大气圈开始转化为弱氧化状态,这一点从古元古代成铁纪(Siderian)大量出现的**条带状铁建造**(banded iron formation,简称 BIF)可以得到印证。一般认为,元古宙时地球上曾发生过两次大气圈氧含量显著上升的事件,分别称为**大氧化事件**(great oxygenation event,简称 GOE;约开始于 24 亿年前,持续到 21 亿～20 亿年前)和新元古代氧化事件(Neoproterozoic oxygenation event,简称 NOE)(或称作第二次大氧化事件 second great oxygenation event,简称 GOE-Ⅱ)。经过这两次大氧化事件,大气圈中的氧含量达到现在的 60%,甚至更高。弱氧化—氧化的大气圈为生物的演化提供了必要条件。元古宙,蓝细菌开始繁盛并成为海洋中的优势类群,它们是浅海碳酸盐岩沉积的重要贡献者。同时,原核的单细胞生物逐步向真核生物和多细胞后生生物演化,生物由此进入早期演化阶段。最早的真核生物记录可能是发现于澳大利亚北部距今 27 亿～25 亿年前沉积岩中保存的真核生物所特有的生物标记物甾烷,目前较为公认的地球上最早的真核细胞生物为发现于 21 亿年前美国密歇根 Negaunee 铁建造中的碳质宏体化石(图 3-24)(也有学者认为定年数据应为～18.7 亿年)。在多处 17 亿年前的地层中则发现了具有抗酸碱的有机质壁化

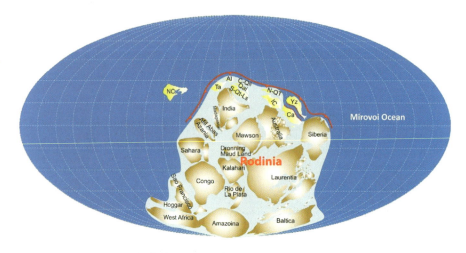

图 3-23 罗迪尼亚超大陆(Rodinia)复原图(1000～850 Ma)(据 Zhao et al.,2018)

NC. 华北;Ta. 塔里木;Al. 阿尔泰;C-QiI. 中祁连;Qai. 柴达木;S-Qt-Ls. 南秦岭;N-QT. 北羌塘;IC. 印支;Yz. 扬子;Ca. 华夏;India. 印度;Madagascar. 马达加斯加;Australia. 澳大利亚;Siberia. 西伯利亚;Afif. 阿菲夫;Abas. 阿巴斯;Azania. 阿扎尼亚(南非);Mawson. 莫森;Sahara. 撒哈拉;Droning Maud Land. 毛德皇后地(东南极);Congo. 刚果;Kalahari. 卡拉哈里;Laurentia. 劳伦;San Francisco. 圣弗朗西斯科;Rio de La Plata. 拉普拉塔;Hoggar. 霍加尔;West Africa. 西非;Amazoina. 亚马孙;Baltica. 波罗的;Mirovoi Ocean. 米洛维亚洋

石,标志着确切的真核生物开始出现。新元古代生物逐步演化为更高级的生命形式,出现了以我国的宋洛生物群、瓮安生物群、蓝田生物群、庙河生物群和澳大利亚埃迪卡拉生物群(图 3-25)等为代表的多个后生生物群。

元古宙期间发生的重大地质事件中,除了岩石圈、大气圈和生物圈的重要演化事件以外,必须提及的还有两次全球冰期。古元古代的休伦冰期(Huronian glaciation)被认为是地球历史上第一次全球规模的冰期,发生在 22.9 亿～22.5 亿年前,因冰盖证据主要发现于北美洲休伦湖而命名,其成因可能与大氧化事件导致氧含量增加进而破坏了大气圈中的温室气体甲烷有关,但是该冰期是否具有全球规模目前尚存在争议。另一次冰期发生在新元古代的成冰纪(相当于我国的南华纪),至今识别出了 4 个冰期期次,其中以斯图千冰期(Sturtian glaciation,720～700 Ma)和马林诺冰期(Marinoan glaciation,650～630 Ma)两个全球规模的冰期最具代表性。新元古代冰期事件被认为是地球历史上最极端的一次全球冰期事件,有学者认为,这次冰期事件导致了"雪球地球"(Snowball Earth)的形成,那时的地球表面甚至包括近赤道地区几乎全部被冰层覆盖,全球平均温度下降到 −50 ℃左右,即使赤道地区的平均温度也只约 −20 ℃。而随后"雪球地球"时代的终结

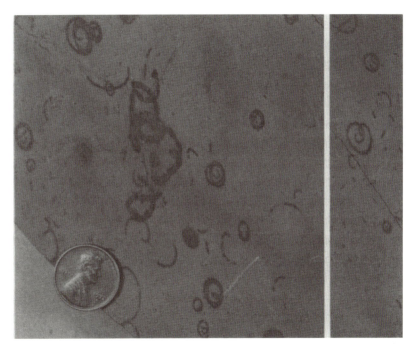

图 3-24 美国密歇根 Negaunee 铁建造层面发育目前可能最早(21 亿年前)的真核生物化石 Grypania spiralis(Walcott)

(据 Han and Runnegar,1992)

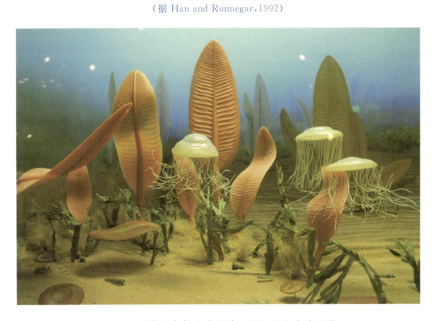

图 3-25 埃迪卡拉生物群复原图(图片来自网络)

和盖帽碳酸盐岩(cap carbonates)的大量出现,不仅代表着新元古代冰期的结束,还标志着一个全新的时代——埃迪卡拉纪(于 2004 年正式引入地质年代表,相当于我国的震旦纪)的来临。在这一时代,全球由冰室环境转化为温室环境,生物由蓝细菌等原核生物进化为多细胞真核生物,为显生宙的到来和生物演化奠定了环境基础。

二、显生宙的地球

显生宙(Phanerozoic)一词来自古希腊语,表示"可见的生命",指从寒武纪以来的地球历史时期,当然也包括现在。以寒武纪生物大爆发(也可以简称为寒武纪大爆发)、有矿化骨骼的小壳生物大量繁盛为开端,地球从此步入宜居地球时代,被不同门类、不同生态系统的高级生命形式接替主宰。生物界虽几经浩劫,却依然生命不息、欣欣向荣。根据生物演化的总体趋势(生物亚门/纲级别),显生宙划分为 3 个代 12 个纪,分别为古生代(Paleozoic,寒武纪、奥陶纪、志留纪、泥盆纪、石炭纪和二叠纪)、中生代(Mesozoic,三叠纪、侏罗纪和白垩纪)和新生代(Cenozoic,古近纪、新近纪和第四纪)(生物纲级别)(表 3-7),共包含 102 个期。显生宙划分精度明显高于前寒武纪,在地质年代表中占据了 3/4 以上的页面。

表 3-7 显生宙各纪名称来源

地质年代单位	起始年龄/Ma	词源
第四纪 Quaternary	2.58	来自拉丁语词 quaternarius,由意大利地质学家以意大利北部岩层为基础命名; 更新世:由希腊语词 pleistos "大多数"和 kainos "新"组成; 全新世:由希腊语词 holos "整个、全部"和 kainos "新"组成; 千叶期,2020 年 7 月确立于日本千叶市,记录了 77 万年前地球磁场的倒转
新近纪 Neogene	23.03	由希腊语词 neos "新"和词缀 genēs "产生、诞生"组成; 中新世:由希腊语词 meiōn "较少"和 kainos "新"组成; 上新世:由希腊语词 pleion "更多"和 kainos "新"组成
古近纪 Paleogene	66.0	由希腊语词根 palaios "古"和词缀 genēs "产生、诞生"组成; 古新世:希腊语词根 palaios "古"和 kainos "新"组成; 始新世:由希腊语词 eos "开端"和 kainos "新"组成; 渐新世:由希腊语词 oligos "少"和 kainos "新"组成

续表 3-7

地质年代单位	起始年龄/Ma	词源
白垩纪 Cretaceous	~145.0	1822 年由比利时地质学家研究巴黎盆地时命名,拉丁文 *creta* 意为"黏土",白垩系的缩写 K 源自于德语白垩 Kreide
侏罗纪 Jurassic	201.4±0.2	源自法国与瑞士交界的阿尔卑斯山以北的侏罗山(Jura Mountains),Jura 源自凯尔特语词根 *jor*,拉丁化形式为 *juria*,意为"森林",日本译名"侏羅紀",1795 年,德国地质人洪堡(Von Humboldt)命名
三叠纪 Triassic	251.902±0.024	最早在德国南部研究,地层具有明显三分性,*tri* 即"三"的意思,1834 年由 Von Alberti 命名
二叠纪 Permian	298.9±0.15	日本早期译名,最早由莫企逊(Roderick Impey Murchison)命名于俄罗斯乌拉尔山西坡的彼尔姆(Perm),德国发现的同时代地层呈现白云质灰岩和红色岩石上下两层
石炭纪 Carboniferous	358.9±0.4	因地层中含煤得名,词源为拉丁语词 *carbo*(意为"煤")和 *ferre*(意为"搬运"),日语把煤称为石炭,William Conybeare 和 William Phillips 研究英格兰和威尔士时发现,1891 年威廉斯把石炭纪拆分为宾夕法尼亚亚纪和密西西比亚纪
泥盆纪 Devonian	419.2±3.2	由赛奇威克(Adam Sedgwick)和莫企逊命名,取自英国地名德文郡,最早在该地研究泥盆纪地层,日本人利用日语汉字音读创造的译名泥盆纪
志留纪 Silurian	443.8±1.5	由莫企逊于 1835 年命名于英国威尔士边境,名字来源于该地一个古代凯尔特人部落 Silurian,日本人利用日语汉字音读创造的译名志留纪
奥陶纪 Ordovician	485.4±1.9	由拉普沃思(Charles Lapworth)在 1879 年将英国威尔士志留系之下的地层命名为奥陶系,名字来源于一个古代凯尔特人部落 Ordovices,日本人利用日语汉字音读创造的译名奥陶纪
寒武纪 Cambrian	538.8±0.2	英国威尔士古拉丁文地名 Cambria,最早在该地研究寒武纪地层,赛奇威克于 1835 年命名,日本人利用日语汉字音读创造的译名寒武纪

1. 古生代(Paleozoic,简称 Pz;539～252 Ma)

Paleozoic 由希腊语词根 *palaios* 和 *zoe* 组成,表示"古老的生命"。古生代以寒武纪生物大爆发开启,几乎所有已知的(生物)门都在这一时期出现。其中,早古生代(Pz_1,寒武纪—志留纪)以海生无脊椎动物繁盛为特征;晚古生代(Pz_2,泥盆纪—二叠纪)形成脊椎动物、蕨类植物和海生无脊椎动物并存的三足鼎立的生物界面貌,造就了"鱼类的时代"(泥盆纪)和"两栖类的时代"(石炭纪—二叠纪)。古生代在经历了奥陶纪生物大辐射、奥陶纪-志留纪之交生物大灭绝和晚泥盆世弗拉期-法门期之交生物大灭绝之后,最终随着显生宙最大规模的生物大灭绝事件——二叠纪-三叠纪之交生物大灭绝(约 90% 的海洋物种灭绝)的发生而落下帷幕。

生物的繁盛为古生代地层的划分对比提供了重要依据,古生界的 6 个系中已有 39 个阶的底界以标准化石确立了"金钉子"。其中,被称为"三叶虫时代"的寒武纪已确立的 GSSP 中,除幸运阶以外的 5 个阶底界均以不同种的三叶虫作为"金钉子"确立依据,而奥陶纪和志留纪则以笔石最为繁盛,在 15 个确立"金钉子"的阶中有 11 个以不同种笔石的首现作为全球划分标准。除此之外,由于生物古地理分区和沉积相类型的多样化,腕足类、古杯、牙形石、疑源类、小壳化石、遗迹化石、几丁虫、珊瑚、层孔虫、放射虫和介形虫等化石门类被应用于早古生代不同沉积环境的区域地层划分对比。到晚古生代,牙形石几乎包揽了目前已确立的 18 个 GSSP 中的绝大多数(15 个),成为确立"金钉子"标准化石的第一选择。另外,除了蜓类、笔石、菊石、浮游介形虫、竹节石、疑源类、几丁虫等在海相地层研究中作为重要化石门类以外,随着晚古生代脊椎动物的发展和生物的登陆,鱼类、四足动物和宏观植物也开始跻身于标准化石行列,成为陆相地层的重要划分对比依据。

生物的演替与板块运动、海平面变化、古气候变化、冰川作用、火山作用等一系列地质事件的发生息息相关。古生代的地球,处于潘基亚超大陆的形成阶段,在加里东运动(Caledonian movement)和海西运动(Hercynian movement)的作用下,劳伦(即北美)、波罗的、西伯利亚等陆块逐步聚合形成北方的劳亚大陆,南美、南非、澳大利亚和南极洲等板块汇聚为南方的冈瓦纳大陆,二叠纪末期形成由潘基亚超大陆(Pangea)、**古特提斯洋**(Paleo-Tethys)和**泛大洋**(Panthalassa,又称原太平洋 Proto-Pacific)构建而成的全球海陆格局(图 3-26)。潘基亚超大陆的聚合对地球的演化产生了一系列影响,如板块聚合使得地球表面陆地面积大量增加,为生物的登陆创造了广阔的生存空间(图 3-27),晚古生代大规模森林的出现进一步为全球范围的成煤事件奠定了基础;板块聚合驱动了火山作用的发生和古气候的变化,导致了温度升高、缺氧等环境效应,进而左右了生物界的兴衰等。碳同位素($\delta^{13}C$)、氧同位素($\delta^{18}O$)、锶同位素($^{87}Sr/^{86}Sr$)、磁极性、地层层序等特征的突变往往指示了这些重大地质事件发生的层位,它们是区域性或全球性地层划分对比中的重要指标。

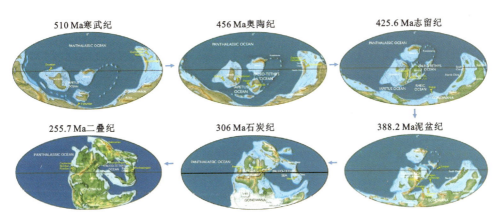

图 3-26 古生代潘基亚超大陆的形成过程(据 Gradstein et al.,2020 改编)

图 3-27 古生代各纪生物界面貌复原图(据 Wicander and Monroe,2016;Fu et al.,2019 改编)

2. 中生代(Mesozoic,简称 Mz;252～66 Ma)

Mesozoic 由希腊语词根 *meso* "中间"和 *zoe* "生命"组成,意指生物界经历显生宙最大规模的灭绝和复苏后演变为中生代型面貌。这一时期,海生无脊椎动物中的菊石成为海洋世界的主宰,爬行动物特别是恐龙成为陆地动物界的霸主,植物界则以裸子植物最为繁盛。因此,中生代又有"菊石的时代""恐龙的时代"或"裸子植物的时代"等别称。在经历短暂的辉煌后,菊石、牙形石和恐龙等中生代海陆统治者先后在三叠纪-侏罗纪之交和白垩纪-古近纪之交的两次生物大灭绝事件中销声匿迹。随着陆地生态系统的完善,湖泊成为中生代生物的重要生活场所,同时脊椎动物开始演化出飞向天空的原始鸟类,更有"世界上第一朵花"和早期哺乳动物等新生代的动植物先驱也开始崭露头角。以我国**关岭生物群**(Guanling biota)和**热河生物群**(Jehol biota)等为代表的化石群落描绘出了中生代海、陆生物界的生动局面。海-陆-空生物共繁荣的美好画卷在中生代已经徐徐铺开(图 3-28)。

中生代目前已确立"金钉子"中有 19 个以标准化石为依据。其中,菊石逐步取代牙形石成为首选门类,特别是在侏罗系,所有 8 个阶的"金钉子"都以菊石作为标准化石。钙质超微化石、浮游有孔虫、双壳等海生生物门类也开始展示优势并在之后的新生代成为重要的标准化石。在陆相地层研究中,恐龙、鸟类、孢子花粉、宏观植物、叶肢介、介形虫等成为重要生物门类。此外,旋回地层学、磁极性地层学、地球化学、层序地层学等学科的研究揭示了与生物演化紧密关联的一系列地质事件。

其中,影响最为深远的事件是在晚古生代末期聚合而成的潘基亚超大陆从中生代开始裂解,板块的漂移导致全球海陆格局发生了根本变革(图 3-29)。大西洋、印度洋和北冰洋等现代大洋开始形成并逐步扩张,泛大洋逐步萎缩并开始向两侧大陆俯冲,形成一直到现在还处于活动状态的太平洋构造域。在我国广泛发育的印支运动(Indosinian movement)、燕山运动(Yanshanian movement)以及欧美地区的老阿尔卑斯运动(Alpine movement)等就是这一时期板块运动的具体体现。伴随着板块的运动,岩浆活动频繁发生,形成广泛发育的大火成岩省,以三叠纪末期的中大西洋大火成岩省为典型代表(图 3-10)。同时,海陆重组改变了全球洋流分布和古气候类型,也为生物的迁移分布开辟了新的通道,造就了趋向于现代生物地理分布的格局。

3. 新生代(Cenozoic,简称 Cz 或 Kz;66 Ma 至今)

Cenozoic 由希腊语词根 *kainos* "新"和 *zoe* "生命"组成。新生代目前包括古新世(Paleocene)、始新世(Eocene)、渐新世(Oligocene)、中新世(Miocene)、上新世

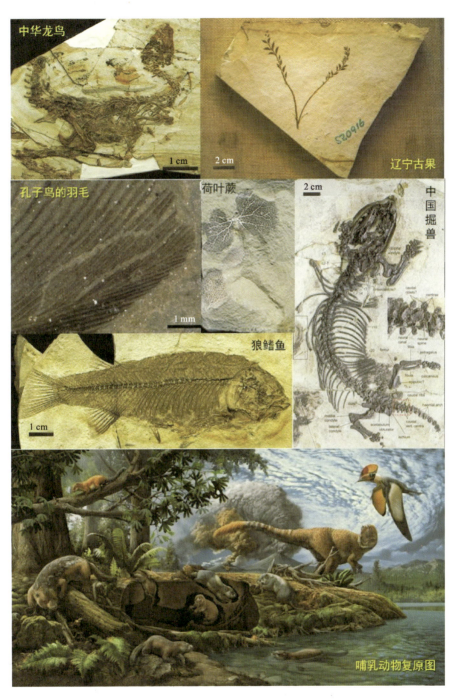

图 3-28 热河生物群部分代表化石和哺乳动物复原图

(据 Pan et al.,2013;Zhou,2014;Mao et al.,2021 及网络图片改编)

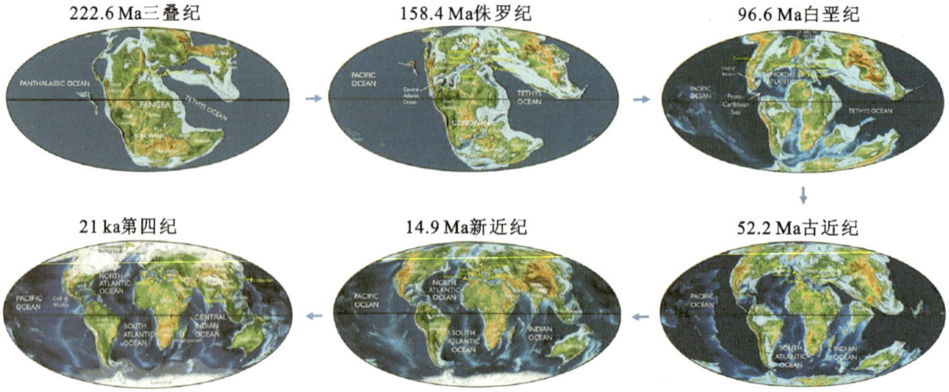

图 3-29　中生代—新生代潘基亚超大陆的裂解和现代世界海陆分布格局的形成

(据 Gradstein et al.,2020 改编)

(Pliocene)、更新世(Pleistocene)和全新世(Holocene),代表着在经历白垩纪末期的小行星撞击后,生物界又迈入一个新的演化阶段——哺乳动物和被子植物取代爬行动物和裸子植物得到大发展,特别是人类的出现,对地球系统的改造、建设和破坏作用超过其他任何物种,成为生物界中是非功过最难下定论的物种。有学者提议,将从 20 世纪中期或史前农业阶段以来的时期称为人类世(Anthropocene),以此体现人类对地球的巨大影响,但目前这项提议尚未经国际地层委员会投票通过。

尽管新生代以来的生物化石在地球历史上保存最为完备,但是新生界已经确立的 20 个"金钉子"中,仅有 8 个以有孔虫和钙质超微化石作为标准化石或辅助依据,磁极性倒转、气候变化、深海氧同位素变化等指标成为新生代地层划分对比的主要国际标准。如第四系全新统的 3 颗"金钉子"分别确立在冰芯或洞穴沉积物中,以代表气候突变的新仙女木事件、8.2 ka 气候冷事件和 4.2 ka 气候变干事件的层位标定。在不同沉积环境的地层格架构建和对比以及生物与环境演化等的研究中,陆生哺乳动物(如马、长鼻类、灵长类)、放射虫、硅藻、甲藻(包囊)、沟鞭藻等生物门类的演化和黄土沉积、湖泊沉积、深海岩芯等高精度地层序列也成为科学家重点关注的对象,新生代发生的全球或区域性的地质事件也在这些高分辨率研究中受到广泛重视。

潘基亚超大陆在新生代继续裂解,至新近纪时已基本形成现代海陆分布格局(图 3-29)。随着喜马拉雅运动(Himalayan movement,对应欧美的新阿尔卑斯运动)的发生,横贯欧亚大陆的阿尔卑斯-喜马拉雅造山带和环太平洋的环太平洋造山带构成当今地球上两大主要造山带。喜马拉雅运动造就了我国西高东低、大江东去的地势格局,气候带的分布和自然地理环境的区域划分。

新生代的气候发生了多次冷暖交替(图 3-30),其中以发生在**古新世-始新世之交的极热事件**(Paleocene-Eocene thermal maximum,简称 PETM)和**更新世冰期**(Pleistocene glaciation)最为典型。据研究,PETM 发生期间,地球平均温度升高约 5 ℃,连北极等高纬度地区都可达到 23 ℃ 的高温,这一急速升温事件持续了大约 20 万年。在此过程中,大量轻碳被排放到大气和海洋中,导致记录在地球表层碳库中的碳同位素发生了明显的负偏移。生物则在升温和缺氧等环境因素的影响下,发生大规模灭绝或迁移,导致生物界面貌、生物多样性和古地理分布重组。高精度定年数据显示 PETM 事件与北大西洋大火成岩省喷发的时间一致。因此,该全球变暖事件可能由火山作用导致,但也有学者认为可能与彗星撞击等事件有关。虽然目前对导致该事件的成因机制尚没有形成完全统一的认识,但毫无疑问,PETM 事件的高分辨率研究对理解当今全球变暖和碳循环的关系进而探讨未来的生物、气候和环境变化具有重要参考意义。

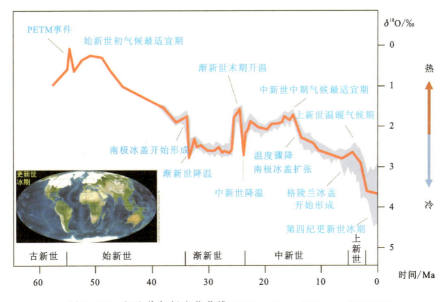

图 3-30　新生代气候变化曲线(据 Wicander and Monroe,2016 改编)

更新世的冰期使得大陆冰川遍布南极、格陵兰和北半球广大区域,小规模山岳冰川则广泛发育在世界各地。据统计,当时地球上的冰川覆盖面积大致相当于如今冰川面积的 3 倍,约合 4500 万 km^2,冰层厚度可达 3 km。南极冰盖在始新世约 40 Ma 即开始发育;渐新世时,由于古特提斯洋的逐步闭合限制了暖流向高纬度地区的运动,至中新世时南极冰盖已扩张至一定规模;经过上新世短暂的温暖期后,北半球在约 2.58 Ma 开始形成大陆冰盖,地球从此正式进入了冰期。作为地球历史上距今最近的一次冰期,更新世冰期保存了高分辨率的地质记录,为科学家研究冰川作用进而认识全球气候变化提供了良好素材。一般认为,更新世冰期表现出了冰期和间冰期多次转化的旋回特征,现代人类生活的全新世就处于**末次冰期**(Last Glacial Period)之后的间冰期阶段。

主要参考文献

陈建强,王训练,2018.地史学简明教程[M].北京:地质出版社:1-324.

樊隽轩,陈冬阳,侯旭东,2016.《国际年代地层表》(2016/04 版)、配色方案及其应用[J].地层学杂志,40(4):341-348.

樊隽轩,彭善池,侯旭东,等,2015.国际地层委员会官网与《国际年代地层表》(2015/01 版)[J].地层学杂志,39(2):125-134.

龚一鸣,杜远生,童金南,等,2008.旋回地层学:地层学解读时间的第三里程碑[J].地球科学(中国地质大学学报),33(4):443-457.

龚一鸣,张克信,2016.地层学基础与前沿[M].2 版.武汉:中国地质大学出版社:1-465.

胡修棉,李娟,韩中,等,2020.中新生代两类极热事件的环境变化、生态效应与驱动机制[J].中国科学:地球科学,50(8):1023-1043.

黄春菊,2014.旋回地层学和天文年代学及其在中生代的研究现状[J].地学前缘,21(2):48-66.

黄思静,石和,刘洁,等,2001.锶同位素地层学研究进展[J].地球科学进展,16(2):194-200.

金玉玕,王向东,王玥,2003.国际地层表(2002 年修订)[J].地层学杂志,27(2):161-162.

李三忠,赵国春,孙敏,2016.华北克拉通古元古代拼合与 Columbia 超大陆形成研究进展[J].科学通报,61(9):919-925.

全国地层委员会,2017.中国地层指南及中国地层指南说明书(2016 年版)[M].北京:地质出版社:1-62.

任美锷,2000.海平面研究的最新进展[J].南京大学学报(自然科学),36(3):269-279.

王伟,王文倩,2013.稳定同位素地层学研究的展望和建议[J].地层学杂志,37(4):566.

王训练,吴怀春,2016.地球系统科学时代的高分辨综合地层学[J].地学前缘,23(6):246-252.

吴怀春,张世红,冯庆来,等,2011.旋回地层学理论基础、研究进展和展望[J].地球科学(中国地质大学学报),36(3):409-428.

徐道一,2005.天文地质年代表与旋回地层学研究进展[J].地层学杂志,29(增刊):635-640.

徐义刚,何斌,罗震宇,等,2013.我国大火成岩省和地幔柱研究进展与展望[J].矿物岩石地球化学通报,32(1):25-39.

许艺炜,胡修棉,2020.深时全球海平面变化重建方法的回顾与展望[J].高校地质学报,26(4):395-410.

殷鸿福,宋海军,2013.古、中生代之交生物大灭绝与泛大陆聚合[J].中国科学:地球科学,43(1):1-14.

殷鸿福,童金南,丁梅华,等,1994.扬子区晚二叠世—中三叠世海平面变化[J].地球科学(中国地质大学学报),19(5):627-632.

尹大庆,林东维,林景晔,2013.石油数学地质统计方法及推广应用[J].油气田地面工程,32(11):8-9.

张启锐,2015.是全球界线层型剖面点(GSSP)还是全球标准地层年龄(GSSA)[J].地层学杂志,39(2):208-210.

张拴宏,裴军令,胡国辉,等,2019.大火成岩省与大规模黑色页岩沉积的成因联系及其意义[J].地质力学学报,25(5):920-931.

赵兵,庞艳春,2014.地史学简明教程[M].2版.北京:地质出版社:1-286.

赵鹏大,2015.大数据时代数字找矿与定量评价[J].地质通报,34(7):1255-1259.

赵元龙,彭进,杨兴莲,等,2018.全球寒武系苗岭统及乌溜阶"金钉子"的确立[J].贵州大学学报(自然科学版),35(4):14-16.

中国气象局气候变化中心,2020.中国气候变化蓝皮书(2020)[M].北京:科学出版社:1-102.

BERGGREN W A,KENT D V,SWISHER Ⅲ C C,et al.,1995. A revised Cenozoic geochronology and chronostratigraphy[C]//BERGGREN W A,KENT D V,HARDENBOL J. Geochronology,time scales and global stratigraphic correlation. Tulsa: SEPM Society for Sedimentary Geology Special Publication (54):129-212.

BRYAN S E,FERRARI L,2013. Large igneous provinces and silicic large igneous provinces:progress in our understanding over the last 25 years[J]. GSA Bulletin,125(7/8):1053–1078.

COHEN K M,FINNEY S C,GIBBARD P L,et al.,2013. The ICS International Chronostratigraphic Chart[J]. Episodes,36(3):199–203.

CONNELLY J N,BOLLARD J,BIZZARRO M,2017. Pb-Pb chronometry and the early Solar System[J]. Geochimica et Cosmochimica Acta(201):345–363.

CONRAD C P,2013. The solid Earth's influence on sea-level[J]. Geological Society of America Bulletin(125):1027–1052.

FU D J,TONG G H,DAI T,et al.,2019. The Qingjiang biota:A Burgess Shale-type fossil Lagerstätte from the early Cambrian of South China[J]. Science(363):1338–1342.

GRADSTEIN F M,OGG J G,SCHMITZ M D,et al.,2012. The Geologic Time Scale 2012[M]. Amsterdam:Elsevier:1–1144.

GRADSTEIN F M,OGG J G,SCHMITZ M D,et al.,2020. The Geologic Time Scale 2020[M]. Amsterdam:Elsevier:1–1357.

HAN T M,RUNNEGAR B,1992. Megascopic eukaryotic algae from the 2.1-billion-year-old negaunee iron-formation,Michigan[J]. Science,257(5067):232–235.

HAQ B U,Al-QAHTANI A M,2005. Phanerozoic cycles of sea-level change on the Arabian Platform[J]. GeoArabia(10):127–160.

HAQ B U,SCHUTTER S R,2008. A chronology of Paleozoic sealevel changes[J]. Science(322):64–68.

HARLAND W B,ARMSTRONG R L,COX A V,et al.,1990. A Geologic Time Scale 1989[M]. Cambridge:Cambridge University Press:xvi+263.

HARLAND W B,COX A V,LLEVELLYN P G,et al.,1982. A Geologic Time Scale[M]. Cambridge:Cambridge University Press:1–131.

HARLAND W B,SMITH A G,WILCOCK B,1964. The Phanerozoic time-scale:a symposium dedicated to Professor Arthur Holmes[J]. Geological Society Special Publication(1):1–458.

HOLMES A,1937. The age of the Earth[M]. 2nd ed. London:Thomas Nelson:1–263.

HOLMES A,1960. A revised geological time-scale[J]. Transactions of the Edinburgh Geological Society(17):183–216.

KARLSEN K S,CONRAD,C P,MAGNI V,2019. Deep water cycling and sea-level change since the breakup of Pangea[J]. Geochemistry, Geophysics, Geosystems(20):2919-2935.

KEMPLE W G, SADLER P M, STRAUSS D J, 1995. Extending graphic correlation to many dimensions: stratigraphic correlation as constrained optimization[C]// MANN K O, LANE H R. Graphic correlation. Tulsa: SEPM Society for Sedimentary Geology Special Publication(53):65-82.

LASKAR J, ROBUTEL P, JOUTEL F, et al., 2004. A long-term numerical solution for the insolation quantities of the Earth[J]. Astronomy and Astrophysics, 428(1):261-285.

MAO F Y, ZHANG C, LIU C Y, et al., 2021. Fossoriality and evolutionary development in two Cretaceous mammaliamorphs[J]. Nature(592):577-582.

MILLER K G, KOMINZ M A, BROWNING J V, et al., 2005. The Phanerozoic record of global sea-level change[J]. Science(310):1293-1298.

MÜLLER R D, SDROLIAS M, GAINA C, et al., 2008. Long-term sea-level fluctuations driven by ocean basin dynamics[J]. Science(319):1357-1362.

ODIN G S, 1982. Numerical dating in stratigraphy[M]. Chichester: Wiley Interscience:1-1040.

OGG J G, OGG G M, GRADSTEIN F M, 2016. A Concise Geologic Time Scale 2016[M]. Amsterdam: Elsevier:1-234.

PAN Y H, SHA J G, ZHOU Z H, et al., 2013. The Jehol Biota: definition and distribution of exceptionally preserved relicts of a continental Early Cretaceous ecosystem[J]. Cretaceous Research(40):30-38.

PLUMMER C C, CARLSON D H, HAMMERSLEY L, 2016. Physical geology[M]. 5th ed. New York: McGraw Education:1-595.

RIO D, SILVA I P, CAPRARO L, 2003. The Geologic Time Scale and the Italian stratigraphic record[J]. Episodes, 26(3):259-263.

SPASOJEVIC S, GURNIS M, 2012. Sea-level and vertical motion of continents from dynamic Earth models since the Late Cretaceous[J]. The American Association of Petroleum Geologists Bulletin(96):2037-2064.

van der MEER D G, van SAPAROEA A V D B, van HINSBERGEN D J J, et al., 2017. Reconstructing first-order changes in sea level during the Phanerozoic and Neoproterozoic using strontium isotopes[J]. Gondwana Research(44):22-34.

VÉRARD C, HOCHARD C, BAUMGARTNER P O, et al., 2015. 3D palaeogeographic econstructions of the Phanerozoic versus sea-level and Sr-ratio variations[J]. Journal of Palaeogeography(4):64-84.

WICANDER R, MONROE J S, 2016, Historical geology: evolution of Earth and life through time[M]. 8th ed. New York: Cengage Learning: 1-434.

ZHAO G C, CAWOOD P A, WILDE S A, et al., 2002. Review of global 2.1~1.8 Ga orogens: implications for a pre-Rodinia supercontinent[J]. Earth-Science Reviews, 59(1-4):125-162.

ZHAO G C, WANG Y J, HUANG B C, et al., 2018. Geological reconstructions of the East Asian blocks: from the breakup of Rodinia to the assembly of Pangea[J]. Earth-Science Reviews(186): 262-286.

ZHOU Z H, 2014. The Jehol Biota, an Early Cretaceous terrestrial Lagerstätte: new discoveries and implications[J]. National Science Review(1):543-559.

主要知识点

(1) 地质年代表 Geologic Time Scale / 国际年代地层表 International Chronostratigraphic Chart

(2) 全球标准层型剖面和点(俗称"金钉子") Global Standard Stratotype Section and Point

(3) 首现层位 first appearance datum

(4) 末现层位 last appearance datum

(5) 全球标准地层年龄 Global Standard Stratigraphic Age

(6) 相对地质年代 relative geologic time

(7) 绝对地质年代 absolute geologic time

(8) 天文年代标尺 astronomic time scale

(9) 地磁极性年表 geomagnetic polarity time scale(GPTS)

(10) 生物年代学 biochronology

(11) 天文年代学 astrochronology

(12) 放射性同位素地质年代学 radioisotope geochronology

(13) 定量地层学 quantitative stratigraphy

(14) 旋回地层学 cyclostratigraphy

(15) 稳定同位素地层学 stable isotope stratigraphy

(16) 数学地质 geomathematics

(17)米兰科维奇旋回 Milankovitch cycle

(18)大火成岩省 large igneous provinces(LIPs)

(19)海平面变化 sea-level change

(20)前寒武纪 Precambrian

(21)隐生宙 Cryptozoic

(22)冥古宙 Hadean

(23)太古宙 Archean

(24)元古宙 Proterozoic

(25)显生宙 Phanerozoic

(26)古生代 Paleozoic

(27)中生代 Mesozoic

(28)新生代 Cenozoic

(29)克罗岚超大陆 Kenorland

(30)哥伦比亚超大陆 Columbia

(31)罗迪尼亚超大陆 Rodinia

(32)潘基亚超大陆 Pangea

(33)古特提斯洋 Paleo-Tethys

(34)泛大洋 Panthalassa

(35)条带状铁(含铁)建造 banded iron formation(BIF)

(36)大氧化事件 great oxygenation event(GOE)

(37)关岭生物群 Guanling biota

(38)热河生物群 Jehol biota

(39)更新世冰期 Pleistocene glaciation

思考题

(1)什么是地质年代表？它在地球科学研究中有什么作用？

(2)基于2022版的地质年代表，说明其特征和构成及科学内涵。

(3)地质年代表从出现至今主要经历了哪几个发展阶段？其主要变化体现在哪些方面？

(4)什么是全球标准层型剖面和点(GSSP)？其确立依据有哪些？

(5)确立在我国的GSSP有哪些？请按照时间顺序依次列出其地质时代和剖面位置。

(6)地质年代表的构建依据主要有哪些？

(7)全球海平面变化有哪些级别？分别受控于什么因素？

(8)简述地球在前寒武纪的主要特征，并按照时间顺序列出在此期间发生的重大地质事件。

(9)选择一个地质历史阶段，说明地球各圈层之间的耦合作用。

(10)我国化石资源丰富，拥有众多世界闻名的化石群落，请选择其中的一个进行描述，并说明其在生物演化史中所处的阶段和地位。

附表

附表 3-1 地质年代(纪及以上单位)CMYK 和 RGB 模式色标简表

(据 Gradstein et al. 2020 改编)

CMYK 模式色标			RGB 模式色标		
显生宙 40/0/5/0	新生代 5/0/90/0	第四纪 0/0/50/0	显生宙 154/217/221	新生代 242/249/29	第四纪 249/249/127
		新近纪 0/10/90/0			新近纪 255/230/25
		古近纪 0/40/60/0			古近纪 253/154/82
	中生代 60/0/10/0	白垩纪 50/0/75/0		中生代 103/197/202	白垩纪 127/198/78
		侏罗纪 80/0/5/0			侏罗纪 52/178/201
		三叠纪 50/80/0/0			三叠纪 129/43/146
	古生代 40/10/40/0	二叠纪 5/75/75/0		古生代 153/192/141	二叠纪 240/64/40
		石炭纪 60/15/30/0			石炭纪 103/165/153
		泥盆纪 20/40/75/0			泥盆纪 203/140/55
		志留纪 30/0/25/0			志留纪 179/225/182
		奥陶纪 100/0/60/0			奥陶纪 0/146/112
		寒武纪 50/20/65/0			寒武纪 127/160/86
前寒武纪 0/75/30/0	元古宙 0/80/35/0	新元古代 0/30/70/0	前寒武纪 247/67/112	元古宙 247/53/99	埃迪卡拉纪 254/217/106
					成冰纪 254/204/92
					拉伸纪 254/191/78
		中元古代 0/30/55/0			狭带纪 254/217/154
					延展纪 253/204/138
					盖层纪 253/192/122
		古元古代 0/75/30/0			固结纪 248/117/167
					造山纪 247/104/152
					层侵纪 247/91/137
					成铁纪 247/79/124
	太古宙 0/100/0/10	新太古代 0/40/5/0		太古宙 240/4/127	新太古代 249/155/193
					250/167/200
		中太古代 0/60/5/0			中太古代 247/104/169
					248/129/181
		古太古代 0/75/0/0			古太古代 244/68/159
					246/104/178
		始太古代 10/100/0/0			始太古代 218/3/127
					230/29/140
冥古宙 30/100/0/0			冥古宙 174/2/126		

埃迪卡拉纪 0/15/55/0
成冰纪 0/20/60/0
拉伸纪 0/25/65/0
狭带纪 0/15/35/0
延展纪 0/20/40/0
盖层纪 0/25/45/0
固结纪 0/55/10/0
造山纪 0/60/15/0
层侵纪 0/65/20/0
成铁纪 0/70/25/0
新太古代 0/35/5/0
中太古代 0/50/5/0
古太古代 0/60/0/0
始太古代 5/90/0/0

附图

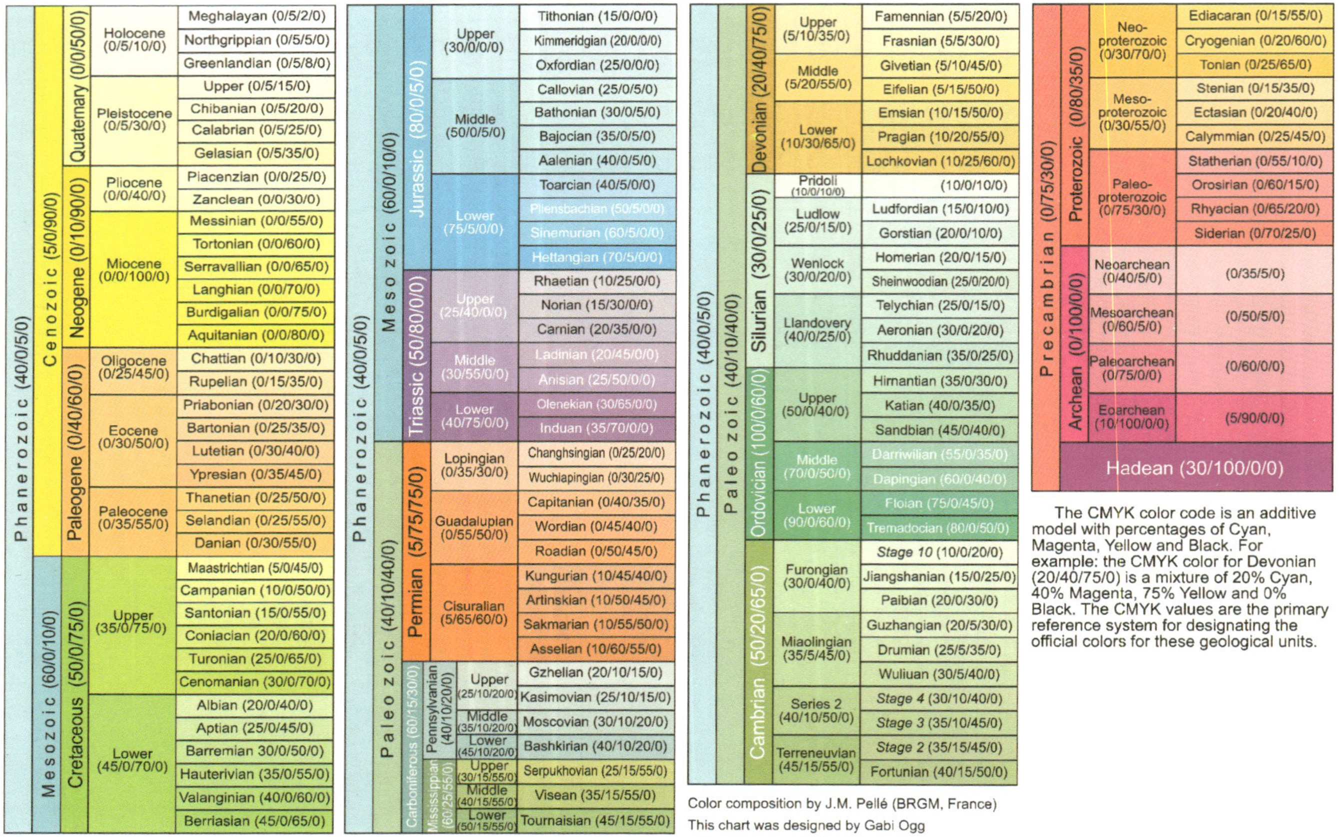

附图 3－1　地质年代表 CMYK 模式色标(据 Gradstein et al.,2020)

附图 3-2 地质年代表 RGB 模式色标（据 Gradstein et al., 2020）

第三章 地质年代表

第三篇

分论

第 四 章

生命与环境的协调演化

目前,地球上的动植物种类约1000万种,经科学家登记在册的约200万种,他们经历了从无到有、从小到大、从少到多、从原核到真核、从单细胞到多细胞、从水生到陆生、从简单到复杂、从低级到高级的演进过程。环境孕育了生物,生物也改变了环境,生物与环境是协调演化关系。

第一节　生命的起源与演化

地球诞生于距今46亿年前,大致上,距今46亿~35亿年前是生命的起源阶段。35亿年以来,生命的演化大体经历了4个阶段:原核生物演化阶段(35亿~20亿年前)、真核生物演化阶段(20亿~6.3亿年前)、多细胞动物辐射演化阶段(6.3亿~5.1亿年前)、动植物躯体结构的多样化和复杂化阶段(距今5.1亿年以来)。生命的演化既是由低级到高级、由简单到复杂的进步性演化,又是突变与渐变相互交替的阶段性(间断平衡式)演化。

一、生命的起源

(一)前生命阶段——元素和化学演化(46亿~35亿年前)

图4-1显示的是从元素和化学演化到生物学演化的一个长期过程。在距今约138亿年前,也就是宇宙大爆炸以后,在很长一段时间里是元素的演化过程,其中的C、O、H、N、P、S等几种元素构成了生命的最重要元素。此后又经历了漫长的化学演化过程,这些元素组成多种化合物。地球在46亿年前诞生以后,最初11亿年(冥古宙和古太古代早期阶段)的演变(距今46亿~35亿年前),均属于元素和

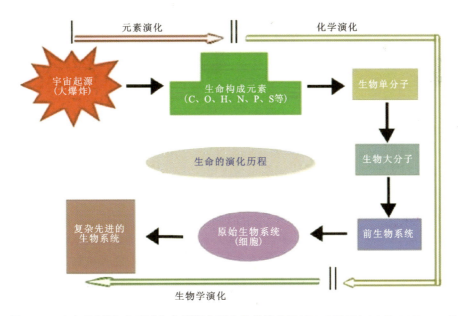

图4-1　生命的起源:从元素和化学演化到生物学演化[据徐士进课程演示文稿(PPT),1999]

化学演化的前生命阶段。在距今 39.5 亿～38.5 亿年前,地球经历了一次强烈陨击事件、大规模岩浆活动和变质作用,其表层遭受了严重的破坏。所以地球上很少保存有早于 38 亿年前的地层,也不大可能保存那时以前的地球生命。在年龄为 38 亿年的格陵兰阿基利亚(Akilia)岛条带状铁建造(BIF)中,发现了可能与生命活动相关的碳同位素负异常,但它是否代表了原始生命活动的信号,目前意见分歧很大。现在比较有生命证据的,是距今 35 亿年前、具有细胞结构的化石记录——叠层石。

　　化学演化过程包括由元素演进为无机化合物和有机化合物。在生命构成元素中,碳元素特别重要,碳原子相互连接,构成链状或环状的碳骨架,再与氢、氧、氮、硫、磷等原子相连接,形成有机化合物或生物分子。后者又由生物单分子演进到生物大分子,这些构成生命的基本材料形成了前生物系统,但还没有形成能新陈代谢和繁殖的细胞,所以还不是生命。生物单分子是有机的、相对低分子量的化合物,由较简单的碳骨架与生命构成元素相连接而组成(图 4-2)。

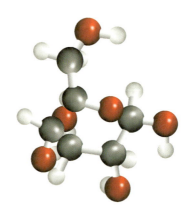

图 4-2　生物单分子举例——葡萄糖结构
深灰球.碳原子;红球.氧原子;浅灰球.氢原子

　　生物大分子(polymer)是由生物单分子聚合成的多聚体,如蛋白质、核酸、脂类和多糖。DNA 是大家熟悉的生物大分子,又称脱氧核糖核酸,它由许多元素构成,包括碳、氢、氧,还有少量的磷和氮,具有双螺旋体结构(图 4-3)。

　　由生物大分子到原始单细胞——原核生物,需要经历 3 个过程:①建立自我复制,即遗传系统;②进行新陈代谢,即在细胞内接受能量、产生有机物、消耗它而产生能量、以能量运转细胞的过程;③形成既与外界隔离又能进行能量和物质交换的生物膜。建立这些过程的历史现在还没有搞清楚,一般认为最早出现的遗传基因是核糖核酸——RNA,后来在长期演化中 DNA 才成为遗传基因。

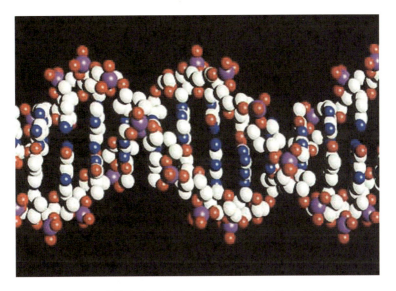

图 4-3 生物大分子举例——DNA 结构（据维基百科网站）
白球.碳原子；红球.氢原子；蓝球.氧原子；它们与其他生命元素组成有机分子，
再进一步组成双螺旋结构的 DNA

(二) 生命的地内和地外起源说

1. 地内起源说

20 世纪初，俄国学者奥巴林曾提出"**原始汤**"(primordial soup)的假说，认为生命是在地球上经缓慢复杂的过程造就的，是从非生命的有机物合成并以"原始汤"的形式开始，再由似胶状的有机物质演化成在无氧环境下生存的厌氧生物，它们又是异养生物，靠吸收原始海洋中的有机物质来进行生长和自我复制。1953 年，美国学者米勒和尤瑞在实验中模拟奥巴林假定的早期地球大气圈成分，在烧瓶中加入氢气、甲烷及氨气等还原性气体和水蒸气，将烧瓶密闭并插入两支电极，通电产生电火花。7 天后，他们在烧瓶中收集到了数种氨基酸。米勒-尤瑞实验证明，在早期的地球上，如果大气圈含有大量的还原性气体，如甲烷、氨气、氢气等，并存在原始海洋，它们就有可能在闪电或其他的能源作用下合成多种氨基酸和其他简单的有机化合物，这些有机化合物可能在原始地球的某种环境中（如潟湖）浓缩，再进一步聚合成蛋白质、多糖和高分子脂类。米勒-尤瑞实验证实了"原始汤"模式通过化学合成形成前分子阶段的推测。

20 世纪后期，在大量热泉特别是深海黑烟囱环境中，发现了发育完整的不依赖光能的黑暗世界生态系统。它们的底层生产者是一些嗜热的（80～110 ℃）古菌，属于生命之树的最基部。由于黑烟囱类似于地球早期环境（如高温、富还原性气体、无光合作用)和生命合成条件(合适的温度梯度、水化学界面梯度、硫和黄铁矿等催化物等),许多人认为地球生命起源于类似热泉和黑烟囱的环境。

2. 地外起源说

另一种观点认为生命起源于宇宙,是由地外带入的。理由是:①星球上能满足前生命化学演化需要的条件为固态岩石圈上有水、有合适的大气(如还原性,含C、N等)、温度适宜,这类宜居行星在宇宙中不止地球一个。②太阳系中的火星、木卫二、土卫六等具有可能的生命标志信息,如火星上有水、盐类,大气中有甲烷;木卫二有冰和可能的冰下海洋;土卫六表面有冰和可能的冰下海洋(冰和海洋的成分不一定是水,可能是甲烷),大气含氮气及丰富的碳氢化合物。许多科学家认为火星早期存在着适宜生命存在的条件,火星陨石也被报道过其中携带有有机物质。

由于地球以外的星体至今尚未发现真正的生命,科学界在坚持不懈探索的同时,一般仍主张生命的地内起源说。

二、原核生物演化阶段(35亿~20亿年前)

生命之树(图4-4)分三大枝——**古菌**(archaea)、**细菌**(bacteria)和**真核生物**(eukarya)。在35亿~20亿年前首先出现了古菌和细菌两大类。古菌例如各种嗜热菌和甲烷菌,细菌例如蓝细菌和变形杆菌,这两类都属于**原核生物类**(prokaryote)。细胞是生命的基本组成单位,原核生物的细胞没有细胞核和由膜包被的细胞器,是最简单的生物。原核生物都是微生物(图4-5)。

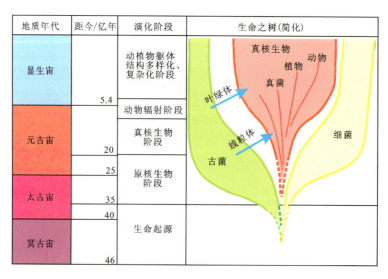

图4-4 生命起源和演化的主要阶段

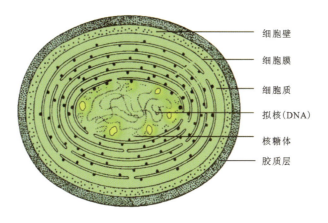

图 4-5　原核生物(蓝藻/蓝细菌)的细胞结构(图片源自网络,略有修改)

生命最早出现的证据是在西澳大利亚的 Pilbara,分别在距今 35 亿年前和 35 亿~33 亿年前的岩石中发现了由生物形成的叠层石和呈丝状、球状集合体的疑似微生物(图 4-6),被认为是蓝细菌,还有距今 35 亿年前的与硫酸盐还原菌有关的硫同位素分馏现象,这说明原核生物已经出现。南非巴伯顿最近亦找到距今 34.3 亿年前的长串状微生物。

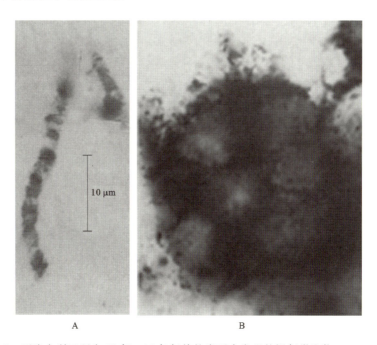

图 4-6　西澳大利亚距今 35 亿~33 亿年前的岩石中发现的疑似微生物(据 Schopf,2006)
A. 丝状体;B. 球状集合体

最早生命的另一类证据是非放射性的稳定碳同位素,它分为有机碳同位素和无机碳同位素。生物成因的有机碳同位素,其分馏值与无机碳同位素的值差得很远,一般小于−25‰。38亿年前,在格陵兰就已经出现了被认为是由生物成因造成的有机碳同位素分馏,也就是小于−25‰,有科学家认为这种碳同位素可能出现得还要早。也就是说,虽然细胞形态化石的生命记录在35亿年前出现,但碳同位素的分馏却显示在38亿年前就有了生命迹象。

原核生物演化阶段是以原核生物为主的演化阶段,大致相当于地质历史的太古宙—古元古代(图4−4、图4−7)。这个阶段的化石记录一般个体微小(纳米级到几十微米级)、形态简单(丝状或近球状),图4−7左侧的叠层石是一种微生物岩,由微生物(一般是蓝细菌)分泌的有机质层与其胶结的碳酸盐岩组成明暗交替的纹层。最早的微生物一般都在无氧环境中(厌氧)靠化学反应获取能量,将CO_2还原并合成有机物而自养生活(化能自养),也有一些利用光能将CO_2还原并合成有机物(光合作用)自养生活(光能自养),但不产氧。到了后期(29亿～27亿年前),出现了光能自养并产氧的微生物——蓝细菌,这是生物界的一大飞跃。氧气产生并在24亿年前积累而造成**大氧化事件**(great oxidation event),对地球表层及生物界产生了革命性变化(见本章第三节)。

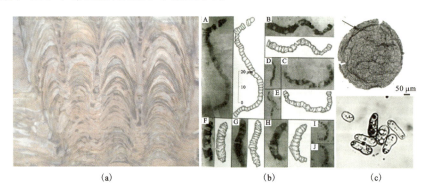

图4−7 原核生物演化阶段的生物沉积构造和化石代表

(a)原核生物形成的生物沉积构造叠层石(据Awramik,1984);(b)一些丝串状化石及其复原图;(c上)椭球状的原核化石;(c下)一些粒状的原核化石素描图(据Schopf,1993;Buick,2010等综合)

三、真核生物演化阶段(20亿～6.3亿年前)

真核生物与原核生物不同,其细胞具有细胞核和由膜包被的细胞器(叶绿体、线粒体、高尔基体等)(图4−8)。在图4−4的生命之树上,中间是一个大分支——真核生物,包括原生生物、动物、植物和真菌等比较高级的生物。现在所有高等生物都是由真核生物演变过来的。

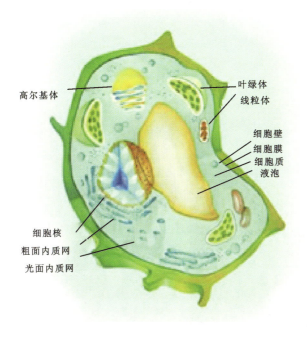

图 4-8　真核生物细胞结构示意图（据维基百科网站）

最早确认的真核生物在 21 亿年前，也有报道在 27 亿年前，但有争议。大致可以说，在生命出现后，经历了 15 亿年演变，到 20 亿年前后，也就是古元古代中期，才出现了真核生物。在距今 5.4 亿年后，也就是显生宙时期，这个分支有很大的增长，成为生物界的主流。

原核生物是怎么演变成真核生物的呢？现在一般认为基因的横向水平转移最为关键。人类父母生育子女是基因的垂直转移，父母的基因向下一代遗传，而真核生物在形成的过程中，是将遗传物质，特别是原核生物的遗传物质转移到自己体内，把它们的遗传物质——基因经过长期的体内共生变为自己的细胞器（如线粒体和叶绿体）。这个**内共生作用**过程是基因的横向水平转移，不是上一代传给下一代。一部分原核生物在长期演化中，其 DNA 相对集中的核区逐渐形成有核膜、核仁和核质的细胞核，同时其他原核生物被它吞噬，通过内共生成为它身体的一部分，如图 4-4 中斜向蓝箭头所示，这样有了核和细胞器，就成为了真核生物。

真核生物这一大分支在元古宙有很多发展，图 4-9 是大致在古元古代至中元古代的 18.5 亿～15 亿年前的真核生物，在 12 亿～10 亿年前又生成很多新类型。在 20 亿～6.3 亿年前这个阶段，主要还是以单细胞（或其简单集合）真核生物（真菌和藻类）为主，但它们比原核生物个体大（一般大于几十微米），样式多，不少种类呈全球分布。宏观藻类和疑源类在这一阶段最引人注目。前者是肉眼可见的原植体,常为单细胞简单集合,通常保存为碳质薄膜,呈球状、叶状、丝状、螺旋状,有的具柄(拟茎)。后者为近球状单细胞,有时带刺。一般认为它们大部分属于真核生物。

图 4-9　古—中元古代不同形态的宏体和微体真核生物

左图:a~g.不同形态的宏体真核生物,产于华北中元古代高于庄组(~1560 Ma),线条比例尺的长度分别为 5 cm(照片 a、b、g)、20 mm(照片 c)、40 mm(照片 d)和 5 mm(照片 e、f)(据 Zhu et al.,2016);右图:a~j.不同形态的微体真核生物,产于华北古元古代常州沟组上部和串岭沟组底部(1720~1634 Ma),线条比例尺的长度均为 20 μm,双、单线条比例尺分别针对照片 a~i、j(据 Miao et al.,2019)

四、多细胞动物辐射演化阶段(6.35亿~5.1亿年前)

7.2亿~6.35亿年前称为雪球地球(Snowball Earth)时代,是地球全部或大部被冰雪覆盖,但间有融冰期的地球寒冷时期。到6.35亿年前后气候转暖,冰雪迅速融化,同时地球上氧气也已积累到一定程度,形成**大氧化事件**(great oxidation event),导致真核生物迅速繁殖,并且以多细胞动物为主。从6.35亿年到5.1亿年前这时期发生了一系列生物演化事件,在生物机体结构、生活方式和生存空间各方面迅速演变,即辐射演化,其时间虽短,但变革深刻、巨大,所以独立为一个阶段,就是多细胞动物(或后生动物)辐射演化阶段(图 4-10)。

后生动物是除原生生物以外所有多细胞动物的总称,其辐射演化从6.35亿~5.1亿年,历时1亿多年。地球形成的40亿年中,这个演化阶段时间短但变革大,是一个突变阶段。它的前半段(6.35亿~5.39亿年前)属于元古宙的末期(埃迪卡

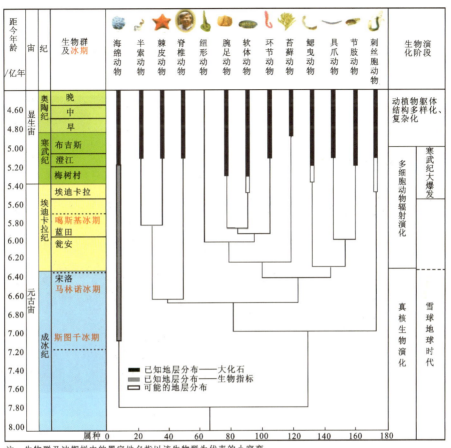

图 4-10　多细胞动物辐射演化阶段(6.35 亿～5.1 亿年前,据 Erwin et al.,2011 修改)

拉纪),后半段(5.39 亿～5.1 亿年前)属于显生宙第一个纪(寒武纪),所以在地球历史上,它是从隐生宙(包括冥古宙、太古宙和元古宙)到显生宙的过渡时期。经过进一步研究,这个突变阶段又可分为多个以某种生物群为代表的小突变期(图 4-10 生物群栏中的黑字,图 4-11),正像历史上一些大的突变事件中,包含许多小突变事件一样,地球的变化包括无机界和有机界的变化,其中有机界即生物界的变化远较无机界迅速而明显,所以无论从地球历史大阶段,例如宙的划分,还是在一个阶段内的次级划分,多以生物界的演变为其标志。

图 4-10、图 4-11 中显示了从瓮安到布吉斯 6 个生物群,各自代表 1 次小突变事件,其中有 4 个是以研究最早、最好的中国产地命名的,即瓮安(贵州)、蓝田(安徽)、梅树村(云南)和澄江(云南)生物群,所以贵州和云南是位于中国的世界古

生物宝库,其他两个以国外产地命名,但在中国也有同时代的代表。图中埃迪卡拉生物群在元古宙的最后时期,梅树村生物群(也称小壳动物群)在显生宙或寒武纪的第一个时期,在这两个宙的交替期发生了生物从软躯体为主到有硬壳的突变。有了硬壳,容易保存化石,生物的存在就显著化了,所以开始了显生宙。

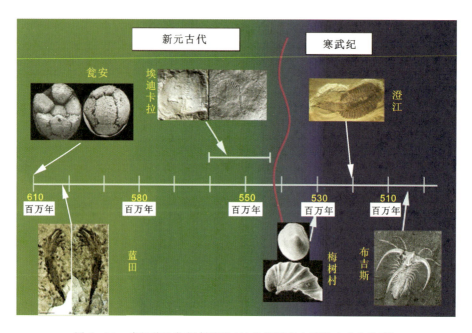

图4-11 多细胞生物辐射演化(从瓮安到布吉斯的6个生物群)

第一个后生生物群以后生动物为主,出现的时代为6.1亿年前的埃迪卡拉纪。在贵州瓮安首先发现的这个动物群特点是全为胚胎化石。胚胎细胞经过多次分裂,就出现如图4-11中所显示的球状胚胎,在显微镜下看是由4个、8个、16个以至更多分裂细胞所组成的,均小于1 mm。这属于有性繁殖,是后生动物的特征。6.1亿年前后它们大量成层出现,现在已发现更早的胚胎化石是在~6.3亿年前。但根据推论,在~7亿年前间冰期冰雪消融,就有了有性生殖,能形成胚胎。不过也有人认为那不是胚胎,有的只是一类分类地位不明的生物——疑源类。疑源类在6.3亿~5.8亿年前是最繁盛的生物。

第二个多细胞后生生物群以宏观藻类为主——**蓝田生物群**(~6.0亿年前)(图4-11),出现了许多宏体的多细胞藻类——后生植物,还有一些疑似多细胞动物。但是最近在神农架宋洛地区发现了一批相当于马林诺冰期(Marinoan glaciation,6.5亿~6.3亿年前)的宏观藻类,所以它们出现时间应当更早。

第三次小突变是距今 5.60 亿～5.43 亿年前的**埃迪卡拉生物群**(命名于澳大利亚)，这个生物群的特点是多样化的软躯体动物，由于保存得好，软躯体在岩石上的印痕都保存下来了。大的躯体直径有 1 m 多，也有很小的，但是都没有外骨骼。在中国亦有与埃迪卡拉生物群相当的代表，如西陵峡生物群(湖北三峡)，较早一些还有蓝田生物群(安徽休宁)和瓮安生物群(贵州)等。

后生动物经历了只有软躯体→外骨骼→内骨骼的演化。生物形成的骨骼首先是外骨骼；有了外骨骼以后经过很久历史时间，才演化出内骨骼。为什么一开始没有外骨骼呢？外骨骼也是一把双刃剑，在海洋中氧气还不多的情况下，没有外骨骼，它整个身体表面都可以进行呼吸，吸进氧气，呼出二氧化碳。氧气少时有外骨骼对身体呼吸不利，如果用外骨骼(外壳)把软躯体包起来，就必须先演化出一种呼吸器官来代替全躯体表面呼吸的功能，这种呼吸器官的表面积或呼吸功能相当于整个躯体的呼吸功能。埃迪卡拉生物群时期，生物演化和环境氧含量还不具备条件，这是下一突变期的任务。

到第四个突变期，即距今 5.39 亿～5.21 亿年前，生物出现了外壳，例如属于云南梅树村发掘出的小壳动物群和在它之前的高家山动物群，发现的化石是小壳动物群的外骨骼，即壳，一般很小，只有 1～3 mm。因为动物体积越大，呼吸时能交换氧气的躯体比例越小；反之体积越小，表面积越大，交换氧气的效率越高，所以一开始不可能产生大的躯体及外壳。

动物有了**外壳**，缺点是躯体与外界进行呼吸代谢的表面积减少了，迫使它的内部产生一些复杂的组织，如鳃、肺等，将呼吸组织专门化，而不是用表皮，虽然实际上皮肤还是有少量的呼吸作用的。动物有了外壳，优点是多了一层保护功能。相对于软躯体动物时代，这一时期生物复杂化了，出现了吃软躯体的生物。因为软躯体生物有被吃的危险，就要有防卫，要防卫，就要有外壳或骨骼，将躯体缩到壳里面去，这反映了当时的动物生态已经复杂和进步了。

第五个生物群(～5.2 亿年前)是最明显的一次突变。现存后生动物的 38 个门中，有 14 个在这个短暂时期内出现，这样一个生物多样性的快速增加，伴随着形态和生态类型的快速扩张(如个体增大、形态复杂化、骨骼化、生活方式多样化等)，被认为是寒武纪大爆发(或大辐射)的主幕。代表寒武纪大爆发主幕的生物群是云南澄江生物群(图 4-11、图 4-12)，出现了一系列有骨骼和无骨骼的多样化生物群，其中包括最早的脊椎动物——**海口鱼和昆明鱼**，它们是鱼的祖先无颌类，属于**广义的鱼形动物**。图 4-12 的右上方是澄江生物群中发现最早的鱼类。近期还发现了一个与澄江生物群约略同时的清江生物群，它与前者的区别是刺丝胞动物(兼具水母型及水螅型)繁盛以及产有丰富的幼虫和幼年类型。

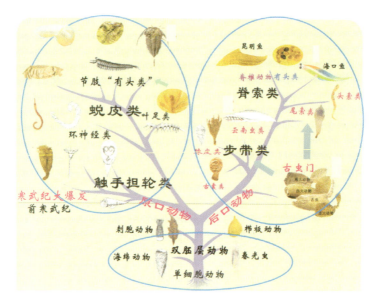

图 4-12 寒武纪大爆发动物树(据舒德干等,2009)

寒武纪大爆发动物树可按时间顺序划为 3 幕:下椭圆形为第一幕——基础后生动物阶段;左椭圆形为第二幕——原口动物阶段;右椭圆形为第三幕——后口动物阶段。

图的右上角是海口鱼头部放大,显示有眼

除了澄江生物群代表寒武纪大爆发主幕外,有人认为寒武纪大爆发也包括第 4 个生物群,即**梅树村生物群**,被认为是序幕。还有人把寒武纪大爆发按时间顺序划分为 3 幕(图 4-12)。第一幕相当于第 3 个生物群(埃迪卡拉生物群),基本上还是双胚层动物,还没有两侧对称动物出现,属于基础后生动物阶段。第二幕相当于第 4 个生物群(梅树村生物群/小壳动物群),已有了三胚层、两侧对称但还没有后口的动物,属于原口动物(口是由胚孔形成的)阶段。第三幕相当于第 5 个生物群(澄江生物群),包含了后口动物(与胚孔相对的后口形成嘴部)在内的全部真两侧对称动物,是寒武纪大爆发的主幕,属于后口动物阶段。

大爆发的余波延续到~5.1 亿年前,图 4-11 右下方为加拿大的**布吉斯页岩动物群**,这也是 6 次突变中的最后一次,其中发现了 140 种具壳的或软躯体的动物,以节肢动物为主。中国与之大致相当的代表是贵州的**凯里动物群**和三峡的**天河板古杯动物群**。

以上说明,在距今约 6 亿年时的前后 1 亿年间,即从 6.35 亿年前到 5.1 亿年前,有 6 次明显的小突变,期间包含了隐生宙新元古代到显生宙寒武纪的分界(5.39 亿年前),"显生"表示生物在距今 5.4 亿年以来就肉眼可见地显示出来了。

五、动植物躯体结构的多样化和复杂化阶段(显生宙5.4亿年以来)

图4-13显示了显生宙(539 Ma以来)动物(内圈)和植物(外圈)的多样化与复杂化过程。植物最早是水生的,元古宙末植物已开始由单细胞发展到宏观藻类。真菌-藻类混合体——地衣,大体在6亿年前开始登上陆地,高等植物(维管植物)过了1亿多年,在志留纪才登陆(图4-13中的原始陆生植物)。从复杂化过程说,从菌藻类演化到高等植物,首先是蕨类(由图中的原始陆生植物到种子蕨),后来是种子植物中的裸子植物(针叶植物-苏铁植物),最后是种子植物中的被子植物(有花植物)。

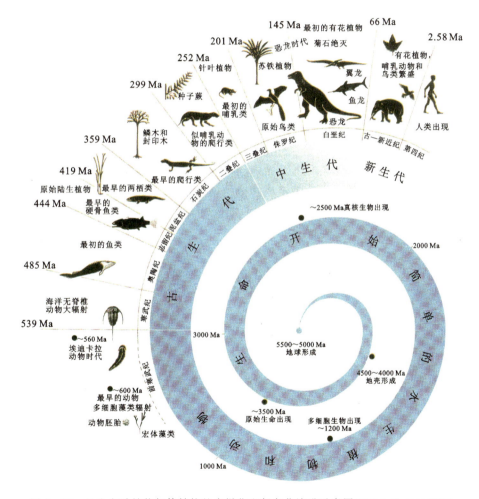

图4-13 显生宙动植物躯体结构的多样化和复杂化演进示意图(据沙金庚,2000修改)

从显生宙开始(5.39亿年前以来),动物的门级单元就基本出齐了。最早的动物是海洋无脊椎动物,寒武纪大爆发产生了最高级的动物大类——脊椎动物,其早期代表的鱼类亦是水生的。又过了1亿多年,到4.1亿年前,脊椎动物也登陆了。生物脱离了水以后,新的环境促使它产生新的进化。脊椎动物最早登陆的是总鳍鱼类,继以两栖纲、爬行纲、哺乳纲、鸟纲,主要是陆地动物。与脊椎动物演化相伴,多数无脊椎动物门类亦经历了复杂化和多样化过程。

动植物躯体结构的多样化、复杂化,多半经历了突变与渐变相互交替的间断平衡式演化过程,经过其祖先类别长期渐变的积累,新门类的起源是一次突变;起源之后,有的还要经过一段时间的渐变积累,才能辐射演化(短时间中物种或生态多样性迅速扩大),辐射又是一次突变;再经过长期的演化(其间包含一些次级突变),最后灭绝又是一次突变。与渐变相交替的一次次突变,就构成**生物演化的阶段性**。

表4-1显示了地球历史上的阶段性演化,即渐变和突变[表中只显示了大的突变:起源、大辐射(大爆发)、大灭绝]的交替。表中底界年龄这一列是各个纪的底界年龄,亦即其前一个纪的顶界年龄,可见每个纪都延续了几十个百万年之长,这是各种动植物(包括表中的动植物)长期缓慢渐变的阶段。起源与大辐射多数(但不是全部)发生在各纪的底界附近;大灭绝多数(但不是全部)发生在各纪的顶界附近,是生物短期突变的阶段。突变与渐变相交替的阶段性演化是生物演化的规律。此表也说明突变构成了演化的框架或历史的基本阶段(代、纪等)划分。下文将以显生宙海洋生物、陆地生物(植物和脊椎动物)的起源和大辐射为例,对突变予以说明。大灭绝将单独在第五章中叙述。

表4-1 显生宙动植物的起源、大辐射和大灭绝

代	纪	底界年龄/Ma	起源	大辐射	大灭绝
新生代	第四纪	2.6			
新生代	新近纪	23	人类		
新生代	古近纪	66			
中生代	白垩纪	145			白垩纪末
中生代	侏罗纪	201	鸟类	被子植物	
中生代	三叠纪	252	哺乳动物,恐龙	中三叠世	三叠纪末

续表 4-1

代	纪	底界年龄/Ma	起源	大辐射	大灭绝
晚古生代	二叠纪	299			二叠纪末
	石炭纪	359	爬行动物	石炭纪—二叠纪*	
	泥盆纪	419	两栖动物，软骨鱼类	裸子植物	晚泥盆世(中—晚泥盆世*)
	志留纪	444	陆地植物	早志留世*	
	奥陶纪	485	苔藓植物	早、中奥陶世	奥陶纪末
	寒武纪	539	鱼类	寒武纪大爆发	
新元古代	埃迪卡拉纪		地衣		

注：加*的生物大辐射事件为近年的新知识，感兴趣的读者可参阅文献 Fan et al. 2020.

(一)显生宙海洋生物的3次大辐射(大爆发)

第一次：**寒武纪大爆发**，前文已有叙述。新元古代末发生了雪球地球、第二次大氧化、局部硫化海洋等一系列环境事件。冰期结束后的盖帽碳酸盐岩，指示包括甲烷释放在内的多种因素导致了异常的碳循环及气候的迅速变暖，与此同时，发生了从真核多细胞生物的辐射到生物矿化等系列生命事件。其中，图 4-12 所显示的寒武纪大爆发(向下延伸至埃迪卡拉纪末期)代表显生宙海洋生物的第一次大辐射，也是地史上最大规模的多幕式生物辐射事件。这次多幕式辐射中，不仅是动物分类和形态的辐射，也是生态类型的辐射。从图 4-14 可见，当时的海洋动物已占领了从滨、浅海到深海，从底栖到游泳，从滤食到捕食的多种生态领域和生活方式。这次大爆发主要表现为属以上高级别分类单位的猛增。

寒武纪大爆发还在短期内实现了从早期基础性的多细胞动物到最高级动物的飞跃。图 4-12 右上图显示早期后口动物(后生动物的一支)的演化，由具鳃裂的古虫动物发展为脊索动物(如现今的长江海鞘和华夏鳗)，最后出现最早的脊椎动物(动物中最高级的一类)——昆明鱼和海口鱼(图 4-15)。

第二次：**奥陶纪生物大辐射**(图 4-16、图 4-17)，是继寒武纪大爆发后，海洋生命过程中的第二次大辐射事件，构建了历时逾 2 亿年的古生代演化动物群，在奥陶纪—二叠纪期间，成为海洋生态系的优势动物群。

图 4-14　寒武纪爆发式辐射的无脊椎动物占领了多种生态领域（据陈均远,2004）

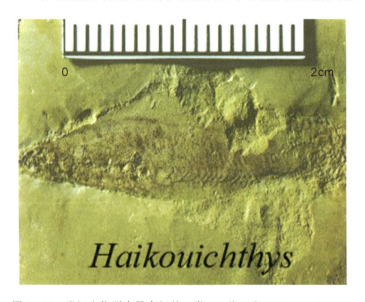

图 4-15　澄江生物群中最高级的一类——海口鱼（据 Shu et al.,1999）

　　这次生物大辐射的规模和型式在不同的板块、生态类型、门类与分类群间存在很大的差异。华南奥陶纪大辐射始于早奥陶世晚期,早于世界其他地区（中奥陶世）。与寒武纪大爆发不同的是,华南从芙蓉世（末寒武世）到奥陶纪初,除了属和目的多样性增加以外,更突出的是种的多样性猛增,而真正的辐射还在中奥陶世。经过这次辐射,海洋生物分类多样性达到寒武纪结束时的 7 倍多,但门类增加不多,苔藓动物门是唯一新生门级单元,并首现于华南。绝大多数寒武纪动物群都生

图 4-16　奥陶纪大辐射的主要无脊椎动物门类
A. 三叶虫；B. 笔石（浅色）；C. 头足类复原图；D. 腕足类

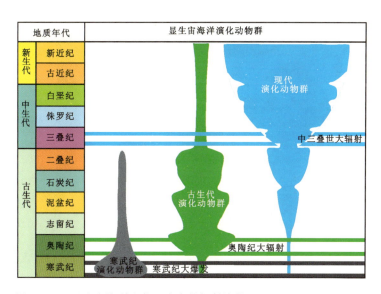

图 4-17　显生宙海洋生物 3 次大的辐射演化（据 Zhan et al., 2008 修改）

活于浅海，而奥陶纪大辐射后，海洋生物占领了从沿岸到深海的生态领域，并扩展到不同温度-纬度的生物地理区。三叶虫辐射始于中奥陶世早期，后向深水钙泥质底域拓展；浮游的笔石与腕足类和三叶虫有别，在辐射中起主导作用的双笔石类源自深水海域；底栖腕足类辐射先在浅海区发生，后占领较深水环境；主动游泳捕食的头足类则是当时生态系统顶级的食肉动物(图4-16)。晚奥陶世(除末期外)气候变暖，全球海侵，多种沉积相(含生物礁)发育，物种多样性猛增，达到华南奥陶纪大辐射的最高峰。

最近，中国学者在上述大辐射之外，又提出了石炭纪—二叠纪生物多样性事件(Fan et al.，2020)，在物种多样化的规模(种数增加3倍)上可与奥陶纪大辐射媲美。这后半部的古生代演化动物群主要由珊瑚、腕足类及有孔虫组成。

第三次：中三叠世大辐射。二叠纪末大灭绝后，经历早三叠世的复苏，于中三叠世早期引来显生宙海洋生物的第三次大辐射——以双壳类和腹足类等为特点的现代演化动物群的辐射(图4-17)。该期海洋生物科、属总数比前一时期分别增加4～5倍，达到三叠纪的最高值，其中最引人注目的是一系列大型海生爬行动物的繁盛(图4-18)。在华南，它们最早出现于早三叠世晚期(如湖北南漳和远安、安徽巢湖)，从中三叠世早期至晚三叠世早期臻于极盛，在云南罗平至贵州盘县、兴义、关岭大量产出，由此建立了一系列国家地质公园。

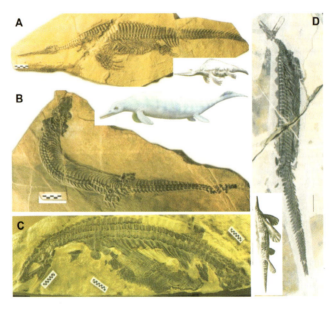

图4-18　早三叠世海生爬行动物化石及其复原图集锦
(化石照片源自湖北省自然资源厅，2021)

A. 南漳湖北鳄(*Hupehsuchus nanchangensis*)化石及其复原图(A的右下)；B. 张家湾巢湖鱼龙(*Chaohusaurus zhangjiawanensis*)化石及其复原图(B的右上)；C. 孙氏南漳龙(*Nanchangosaurus suni*)化石；D. 卡洛董氏扇桨龙(*Eretmorhipis carrolldongi*)化石及其复原图(D的左下)。A～D中的化石均产自湖北南漳和远安，照片中的比例尺一格为1 cm

不同类群复苏和辐射的始现时间与型式不同,菊石、底栖有孔虫、钙藻复苏期较短,约 1 Myr,有的在早三叠世晚期已开始辐射。多数门类到中三叠世早期才先后辐射,复苏期长达 5 Myr,是显生宙五次大灭绝后复苏期最长的,主要原因是许多生态系统在二叠纪-三叠纪之交大灭绝中完全被摧毁,作为所有生态系统基础的一些重要微生物功能群受到重创。很大程度上由于缺乏微生物对环境的调节功能,早三叠世长期保持类似前寒武纪的生态环境。生态系统的恢复长期受阻,故复苏期延长。

(二)陆地植物重要类群的演化

苏格兰 10 亿年前的托利登地层中曾报道淡水生活的微植物群,6.35 亿～5.51 亿年前出现了最早的地衣化石,5.2 亿年前出现两栖陆生植物,4.8 亿年前开始建立稳定陆地生态系统,4.6 亿年前出现苔藓和似苔藓的隐孢子,4.3 亿年前出现早期陆生维管植物 Cooksonia(最早的维管植物可能追索至～4.4 亿年前),3.85 亿年前出现以种子繁殖后代的植物。

古植代(Paleophytic era;大体相当于古生代)是以蕨类植物和裸子植物种子蕨类为主的时代。从志留纪晚期到泥盆纪,早期**维管植物**在各大陆普遍发育。石炭纪—二叠纪是上述植物最繁盛的时代,形成古生代煤系,具有明显的植物地理分区。大体上,南、北两半球的中、高纬区分别属冈瓦纳植物地理区和安加拉植物地理区;低纬度区则分为东、西两部分,分别属华夏植物地理区和欧美植物地理区(参见图 6-14)。

植物界的变迁通常都在动物界变迁之前,一般提前半个至一个纪。古植代与**中植代**(Mesophytic era)的分界大致在中、晚二叠世之交。中植代是以裸子植物,特别是以松柏类、先进种子蕨类和苏铁类为主的时代,大致从晚二叠世延至早白垩世,在侏罗-白垩纪臻于极盛,是中生代煤系的主要造煤植物。

通常认为,被子植物起源于白垩纪早期(但分子钟推测的时间更早)。晚白垩世时,多数被子植物已经出现并占主导,松柏、苏铁、银杏等中植代(即中生代)的植物衰退。被子植物的重要发现多集中于中国东北,特别是热河生物群(时代为早白垩世)中,如古果和李氏果(图 4-19)。需要指出的是,近年的新发现表明,最早的被子植物树状蕊南京花(Nanjinganthus dendrostyla)报道于南京附近的早侏罗世地层,数字年龄约 174 Ma,被认为是最古老的被子植物(图 4-19)。曾被古植物学家误判为是银杏类的施氏果(以一位德国化石猎人、古植物学家施梅瑟的名字命名的古植物),近些年的进一步研究表明,施氏果是早侏罗世早期的被子植物,其时代比南京花略早。在新生代晚中新世,适应干热气候的 C_4 植物起源,并迅速成为主要的生态系统之一。

图 4-19 侏罗纪和白垩纪的被子植物化石及其复原图

A~C(据孙革等,2011):A.辽宁古果化石,产于辽宁省北票市,生殖枝上螺旋状着生数十枚蓇葖果,内藏种子;B.辽宁古果化石复原图;C.李氏果复原图,该化石产于辽宁省凌源市,生殖枝的黄色花托顶上有 5 枚果实,叶呈三裂状。辽宁古果、李氏果均产于早白垩世义县组。D~F(据 Fu et al.,2018):南京花化石及其复原图,产于江苏南京早侏罗世南象山组;D、E.南京花的底视图和侧视图;F.南京花的复原图,是目前发现的最古老的被子植物之一

(三)陆地脊椎动物重要类群的起源与演化

图 4-20 的内圈显示了现生脊椎动物亚门传统分类的**鱼形超纲**(右半)和**四足超纲**(左半)下的各纲。外圈则是它们下一级的主要类别。按目前系统发育学分类,其中许多已非单系(由单一祖先及其全部后裔组成的)类群,所以讨论其起源已无意义,只能择重要类群述之。

1. 鱼类演化

寒武纪澄江生物群中的**海口鱼**与**昆明鱼**提供了最早脊椎动物和鱼形超纲基干类群的化石记录(图 4-15)。较原始的鱼形超纲(图 4-20、图 4-21)是无颌类,包括现代无颌类——圆口纲(主要是现代代表盲鳗与七鳃鳗)和奥陶纪晚期出现的化石无颌类——甲胄鱼纲。从无颌类到有颌类,代表鱼类主动捕食能力的进化,有颌类早期代表是志留纪—泥盆纪的盾皮鱼纲,后来发展出硬骨鱼纲、棘鱼纲(图 4-21 中未标出)和软骨鱼纲。硬骨鱼纲又分为辐鳍鱼和肉鳍鱼两个亚纲。肉鳍鱼亚纲

（如图 4-20 中的空棘鱼下纲及肺鱼形下纲）偶鳍基部有内骨骼以支持身体爬行，后来成为脊椎动物上陆的先驱。

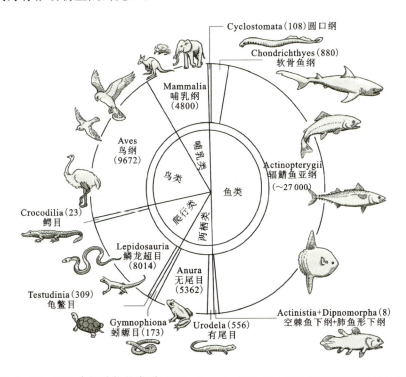

图 4-20　现生脊椎动物的类群（据 Pough et al.，2009，图中括号内数字是该类现生种数）

2. 脊椎动物上陆

图 4-21 中肉鳍鱼类现代的代表是发现于非洲东海岸及马达加斯加海区的**拉蒂迈鱼**（*Latimeria*），其化石代表多发现于泥盆纪，如东生鱼、真掌鳍鱼等。它们已经有具骨骼的偶鳍，并有供肺呼吸用的内鼻孔（有的现生种类的鳔亦能呼吸），头骨构造、牙齿的类型、脊椎椎体形态以及肉鳍骨骼的排列方式，都与早期的两栖动物相似。距今 3.6 亿年前地球气候变化，迫使它们不能在水中生活。它们就靠内鼻孔、鳔和肉鳍内骨骼的优势，慢慢爬上了陆地，成为脊椎动物上陆的先驱。最早的四足动物代表是两栖类**鱼石螈**（*Ichthyostega*），报道于北美和格陵兰泥盆纪晚期（法门期）地层。它兼有鱼类和两栖类的特性，幼年在水中度过且仍然用鳃呼吸，成年在很多地方与肉鳍鱼相似，区别是鱼石螈有四足，可用作行走。

3. 恐龙的演化

脊椎动物上陆以后，其进化路线为两栖类→爬行类→鸟类/哺乳类。中生代时，爬行动物的一支——恐龙类臻于极盛，以致有"恐龙时代"之称。恐龙不是民间

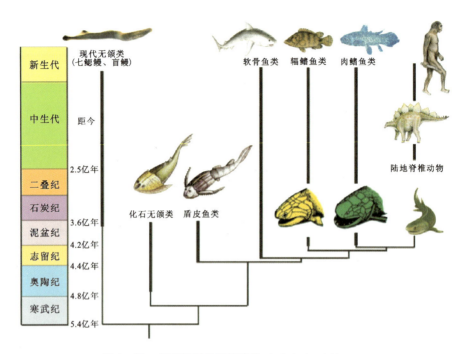

图 4-21 鱼形超纲的系统演化(据盖志琨和朱敏,2013)

传说的"龙",在中国动物学名词中,"龙"泛指爬行动物一些类群。恐龙包括了爬行动物中**蜥臀目**和**鸟臀目**这两个已经灭绝了的目级分类群的动物。这两目主要根据臀部组成腰带的3块骨头互相区别(图 4-22 底部)。

蜥臀目包括了两类非常不同的动物:一类是两足行走的肉食性恐龙——**兽脚类**;另一类主要是四足行走的素食性恐龙——**蜥脚类**。白垩纪晚期的霸王龙是肉食性恐龙的著名代表,体长约 12 m,体重可达 6~8 t,有可张开大口的巨大颌骨、锐利的爪和牙齿,但有的兽脚类可以小如鸽子。素食性恐龙躯体一般都很大,如在阿根廷距今 9500 万年的地层中发现了迄今最大恐龙骨骼化石[阿根廷龙(如 *Argentinosaurus huinculensis*)],头尾长 40 余米,高 20 m,相当于 7 层楼高,体重约 77 t,相当于 14 头非洲象体重之和。

鸟臀目恐龙腰带结构与鸟类相似,除了原始的**异齿龙**(*Heterodontosaurus*)外,形态结构都很特别,如鸭嘴龙类的嘴巴像鸭嘴,剑龙类的背上长有近于三角形的骨板,甲龙类身披骨甲,角龙类头上长角,肿头龙类头骨高高隆起。它们两足或四足行走,基本上为素食性恐龙,主要繁盛于白垩纪。

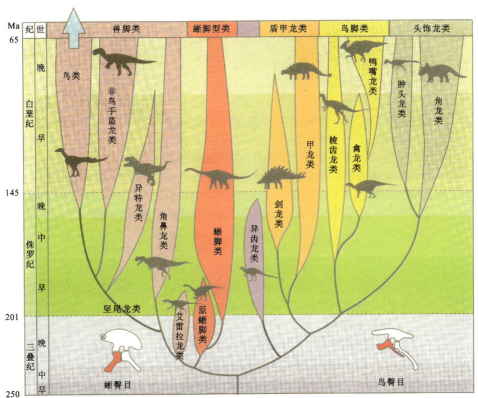

图 4-22 恐龙的演化(据周忠和,2013)

4. 鸟类的起源

恐龙的演化导致了一个重大生物事件,即鸟类的起源。自始祖鸟(*Archaeopteryx*)(图 4-23)发现以后,鸟类起源曾经有两种主要假说,即槽齿类爬行动物起源说和恐龙起源说。辽西侏罗纪的**燕辽生物群**和早白垩世的**热河生物群**在鸟类起源方面提供了重要证据。其中已发现鸟类化石 40 余种上万件珍贵标本,大量资料证明了鸟类是由恐龙起源的。1996 年在辽宁北票市义县四合屯热河生物群中发现了中华龙鸟(图 4-24),因其带有羽毛,开始时被认为是鸟类,多方论证后才被确定为恐龙。其后在北票地区和玲珑塔发现有多个长羽毛的恐龙,包括小盗龙、寐龙、晓廷龙、近鸟龙和尾羽龙等(图 4-25),这就为鸟类的恐龙起源说提供了重要证据。

注：注意其羽毛印痕。

图 4-23　始祖鸟（*Archaeopteryx*）化石（A）及其复原图（B）

（据 Ostrom，1976，转引自维基百科网站）

注：注意其身上的毛并非真正的羽毛。

图 4-24　中华龙鸟（*Sinosauropteryx*）化石（A）（据季强和姬书安，1996）及其复原图（B）

（转引自维基百科网站）

　　飞行的起源：恐龙进化为具有飞翔能力的鸟类时，到底是从具滑翔能力的**树栖型恐龙**进化而来，还是由**地栖型恐龙**在快速奔跑中进而飞起来的，曾经是长期争论的问题。地栖类脚趾向远端逐渐变短，树栖类脚趾向远端逐渐变长。在热河生物群中发现了后一类的证据，特别是"长 4 个翅膀的恐龙"——**顾氏小盗龙**

(图 4-25），不仅具有后一类脚趾，而且 4 个翅膀说明它不适于地栖行走，而是依靠滑翔飞行，因此，支持了飞行的**树栖起源说**。

注：化石发现于辽宁四合屯早白垩世义县组（据周忠和，2013；有科学家认为后肢上的"翅膀"是一种性选择现象）。

图 4-25 顾氏小盗龙（*Microraptor gui*）化石（A）及其复原图（B）（羽毛色彩据 Li et al.，2012）

5. 哺乳类时代

哺乳类在三叠纪时差不多与恐龙一起出现。它是动物演化最高级的一个纲，如有高度发展的脑、高的代谢率、恒定的体温（温血）、在母体中发育的胚胎（胎生）、哺乳、四足直立而非侧伸等。但是具有诸多优点的哺乳类在中生代并不繁盛，而是长期在霸主恐龙的阴影下生活。中生代末的大灾变使恐龙全部灭绝，从而使哺乳动物迅速发展，现存 29 目约 6400 种（Burgin et al.，2018）。除南极、北极中心和个别岛屿外，哺乳动物几乎遍布全球，营陆上、地下、水栖和空中飞翔等多种生活方式，可以说新生代是哺乳类的时代。

哺乳类中的**灵长目**保留了较多哺乳类的一般特征，杂食、不特化和具有社会性的行为特点使它们在生存竞争中逐渐胜出，在严酷的冰期时代逐渐演化为人，开创出了生物演化的新时代。

第二节　人类的起源与演化

一、人类演化的背景

1. 人在生物演化中的位置

人类从哪里来,又将到哪里去?这不仅仅是个科学问题,更是个哲学问题。几千年来这个问题一直困扰着人类自己。从远古的神话故事到近、现代的科学研究,人们都试图解开这一谜团。我国很早就有女娲造人的传说。西方圣经里认为上帝在6天的时间内创造了万物,包括人类。19世纪初,自然科学得到了极大的发展,人类的起源学说也翻开了新的一页。地球给我们留下了宝贵的化石资源,可以让我们一步步地去追踪生命起源和人类演化的痕迹。在这方面,英国著名生物学家达尔文走在了前列(图4-26)。这可能要归功于他对生物的极大热情和在"贝格尔号"船上为期

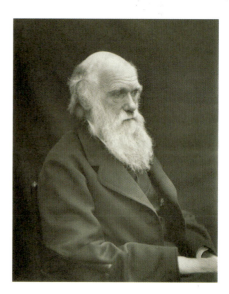

图4-26　达尔文照片(1809—1882)
(据 https://en.wikipedia.org/wiki)

5年的全球航行。回到英国后,达尔文将采集的标本进行了整理和研究,在23年后(1859年)出版了《物种起源》,详细地论证了现生的所有物种都是从原始的同一物种渐进演化而来。这就像一颗定时炸弹,引发了人们对"生命的起源和人类的由来"的大讨论。虽然《物种起源》并未讨论人类的起源,但是暗示了人类可能也是从其他物种演化而来。1863年,达尔文进化论的忠实拥护者托马斯·赫胥黎(Thomas Huxley)开始将进化论应用到人类演化中,出版了《人类在自然界中的位置》,认为人和大猩猩特别是非洲猩猩在演化上比较相似,人属于自然的一部分,从而对"人类凌驾于自然之上"的传统观念提出了挑战。1871年,达尔文在《人类的由来和性选择》一书中详细地论证了人和黑猩猩的亲缘关系,并预言人类的祖先可能生活在非洲。达尔文的这种言论在当时是极其大胆的,很快引来各方的批判。因为当时唯一已知的古人类化石是来自德国的尼安德特人,而且从情理上当时的

人们不愿意承认人类这种高智商的生物竟然来自殖民地的非洲。但是事实证明达尔文是正确的。

要了解人类的由来,首先要解决的问题是如何定义人,如何区分人和其他动物,这是一个既简单又非常复杂的问题。

首先从生物分类的角度,根据林奈的分类系统学,现代人类属于哺乳纲、灵长目、人科、人属、智人种。生活在现代的所有人都属于**智人种**(*Homo sapiens*)。

人在自然界的独特性是显而易见的。人类具有发达的大脑、复杂的语言和文化,能制造复杂的工具和直立行走。这些特征都可以将我们现代人与其他动物区分开来。但是人类的祖先可能不具有上述所有的特征。那我们如何去定义人类的祖先呢?

人类的演化其实就是指从古猿到现代人的演化过程,但并不是所有的古猿都进化成了人类,比如约800万年前的禄丰古猿、腊玛古猿等不能称之为人类。它们可能是人和其他现生猿类的共同祖先。人类演化的这一分支我们称之为**人族**(Hominini)(图4-27)。在研究人类过去时,首先面临的问题是怎样才算是属于人类。我们可以通过很多特征来定义,比如直立行走、制造工具、具有语言和思维能力。能否直立行走可以从化石中来判断,能否制造工具也可以根据实物判断,但是

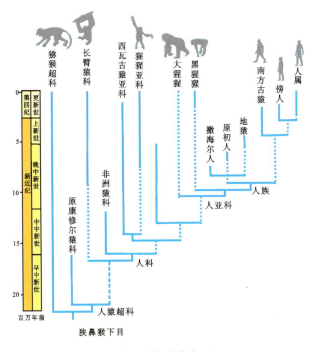

图 4-27 人在灵长类中的系统演化位置(据 Benton,2015 修改)

语言和思维这种抽象的东西只能通过间接的推论。所以不难看出,直立行走和制造工具是判断人类标准的首选。传统观点认为人和其他猿类最主要的区别是能否制造工具。然而,1960年英国生物学家古多尔(Dame Jane Goodall)深入非洲野外丛林对黑猩猩进行了长期研究,发现黑猩猩也能很好地制造工具,从蚁巢中攫取蚂蚁。所以这一区分标准不再被使用了。现在改用能否直立行走作为判断人和其他猿类的主要区别(吴汝康,1995)。

2. 如何研究人类的演化:化石和分子生物学证据

我们怎样知道人类的演化关系以及人类和其他物种的演化关系呢？最好的方法就是建立一个系统发育树(phylogenetic tree)。这就像家谱一样,我们能够知道人类演化有几个分支,而我们现代人又是哪个分支的直接后裔。值得注意的是,本书中系统发育树的建立方法和林奈分类法是不一样的,因为系统发育树不仅仅考虑特征的相似性,还要考虑他们之间的亲缘关系,区分原始特征和进步特征(衍征)。系统演化树就是根据不同类群的共有衍征来确定相互关系的(图4-28)。

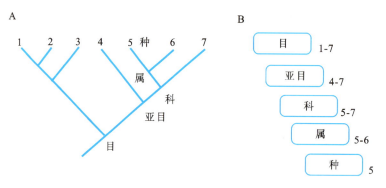

图4-28 分支系统学和林奈分类法的区别(据Lewin,2005修改)
A.分支系统学亲缘关系的远近是由共有衍征所决定的;
B.林奈分类法不区分进步和原始的特征

要了解人类的过去,化石是最有力和最直接的证据。任何有关人类起源的化石的发现,都会引起世界的关注。人类的化石包括实体化石和遗迹化石。实体化石包括骨骼和牙齿等。根据达尔文的理论,生命的演化是一种渐进的过程,我们可以根据实体化石推演出人类的起源和演化的过程,如头骨的大小可以反映出脑容量的变化,后肢的形态可以反映出能否直立行走。遗迹化石也非常重要,足迹化石可以帮助我们推断当时的古猿是否能够直立行走。此外,人类还会制造工具,后期还演化出独有的文化艺术。研究他们制造的石器可以让我们了解到他们文化的演变。

研究人类起源和演化的另一大法宝是分子生物学的证据。常用的方法是通过比较不同物种 DNA 序列的相似度来判断物种之间亲缘关系的远近，构建系统演化树。新物种的形成必定是原有物种基因发生了变异，所以 DNA 序列差异越大说明亲缘关系越远。利用分子古生物学来建立系统演化树具有它自身的优点：物种的演化是以分子的演化为基础的，而形态特征只是一种表现形式，大多数突变都是中性的，不同谱系中相同的突变概率低，所以分子数据受趋同演化的影响较小；另外，分子的突变速率是有规律的，称为分子进化钟（molecular evolutionary clock），它不仅可以建立系统演化树，还可以推断物种发生分异的时间。但是分子生物学也有很多不足之处，如不是所有的 DNA 突变都有规律可循。此外，最近也发现一些物种的 DNA 突变区域具有相似性，所以不能完全排除趋同演化的可能。DNA 分子的突变还具有隐蔽性，可能被低估。如某一位置可能会发生一次以上的突变，时间越长这种突变的频率越高，越有可能被低估，最后基因树上物种的事件分异往往早于真实的物种树。这是因为基因分离早于物种形态分离的时间。根据形态特征和分子数据建立的系统演化树各有优劣，所以不能说一种方法一定优于另外一种方法（Lewin，2005）。

3. 人类的骨骼学特征

人与其他猿类的根本区别是人能够直立行走，而身体骨骼结构为了适应两足直立行走发生了很大的变化。和猿类相比，人的足部扁平，失去了分开对握的脚趾，不能在树上攀援。腿骨变得细长，膝关节变得更加直立，骨盆变短呈碗状以支撑内脏。头骨也发生了变化，如枕髁和枕骨大孔由原来的向后变成向下。这些重要的特征都可以帮助古生物学家们判断发现的古人类化石能否直立行走，从而来判断是否已经达到人类的标准（图 4-29、图 4-30）（Benton，2015）。

人类演化过程中的另外一个趋势就是脑容量不断增加。现代人的脑容量平均为 1350 mL，年代越早的古人类脑容量越小。生活在 400 多万年以前的南方古猿脑容量仅为 400～550 mL，和现代黑猩猩的脑容量差不多。这反映在脑壳的大小和薄厚上。越接近现代人脑壳越大、越薄。由于脑容量的增大，猿类凸出的嘴巴和下巴开始转移到大脑的下方。脑容量的增加无疑是人类演化史上的巨大飞跃。

此外，人类的食性和其他猿类不同，所以从牙齿上也很好判断。如黑猩猩的犬齿比较大，显著大于其他牙齿，人类的犬齿显著退化。黑猩猩犬齿和门齿之间有大的间隙，而人类的牙齿中没有（图 4-29）。还有黑猩猩的齿列呈"U"形，两边是平行的，而人类的齿列呈碗状，两边不是平行的。在研究人类的演化过程中，我们都可以对这些特征进行观察和区分。

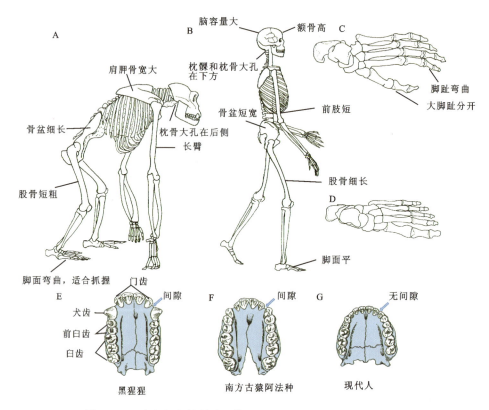

图 4-29 人和猩猩的骨骼比较(据 Lewin,2005;Benton,2015 修改)
A.大猩猩骨架;B.人体骨架;C.大猩猩足骨;D.现代人足骨;E.黑猩猩上颌;
F.南方古猿上颌;G.现代人上颌

4. 人为什么会演化出直立行走?

人类能够成为优势物种与人类发达的大脑有关,那么人类的脑容量为什么会增加呢? 另外,人类为什么会从四足行走改为直立行走呢? 直立行走和脑容量增加之间是否有一定的关联呢?

行为方式的改变应该与环境的变化是密切相关的。一种假说认为,大约在 1500 万年前,非洲从西向东森林广布。那时候该地区生活了很多的猿类,但在之后的几百万年里,环境发生了巨大的变化。非洲东部的地壳开始裂开,埃塞俄比亚和肯尼亚的陆地开始上升,形成了海拔 2700 多米的高地。这使得东部森林环境遭到破坏,干旱少雨,植被变得稀疏。另外,由于东非大裂谷的形成,他们与西部猿类的基因交流开始中断,这就迫使他们开始适应一种新的开阔的环境,从而使得人类和其他猿类分道扬镳。这被法国的人类学家科庞(Yves Coppens)形象地称为"东边的故事"(east side story)(Coppens,1994)。

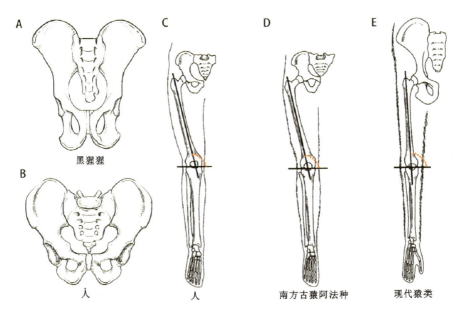

图 4-30 人与其他猿类在骨盆和后肢上的比较(据 Lewin,2005;Benton,2015 修改)
A.黑猩猩的骨盆(细长);B.现代人骨盆(短宽);C.现代人后肢,股骨和水平面的夹角显著大于 90°;D.南方古猿的后肢,股骨和水平面的夹角显著大于 90°,但比现代人略小;E.现代猿类的后肢,股骨和水平面的夹角为直角

直立行走对于猿类适应草原生活有很多优势,比如可以帮助他们发现猎食者,解放双手还可以获取食物等。另一种观点认为直立行走是一种能效更高的行为方式。加利福尼亚大学的人类学家罗德曼(Peter Rodman)认为两足行走是一种能效更高的行为方式,在森林萎缩、植被稀疏的情况下效率更高(Rodman and McHenry,1980)。所以在自然选择的条件下,直立行走对当时的猿类显然是有优势的,这个特征保留了下来并被逐渐强化。

但是现在很多早期的古人类化石不仅发现在热带草原中,还发现在树丛中。也就是说,他们也有可能在森林环境中就已经演化出了直立行走,这也是有证据可循的。生活在亚洲热带雨林的棕猩猩,由于森林枝叶繁茂,他们在树间穿梭的时候不需要下地,两个手臂拉住树枝,两条腿可以在下面的树枝上直立行走。所以在森林环境下演化出直立行走也是有可能的,只是还不完善,而当林地消失的时候他们就迅速成为了优势物种。

5. 人的脑容量为什么会增加?

从生物发育来看,人和其他哺乳动物有一个显著区别,人生下来在很长时间内是无助的,都需要双亲照顾,而不像其他动物生下来就能自理。这样虽然会给父母带来生活上的压力，但是婴儿就有充分的时间发育大脑，在双亲的照顾下能够不断地学习语言和文化。这在人类的演化史上是很了不起的一件事情。那么又是什么促使了人的脑容量增加呢？

传统观点认为由于环境的压力，人类解放了双手，通过制造工具促使脑容量增加。但是这样解释似乎太简单了，黑猩猩虽然不能长时间直立行走，但也能制造工具。实际上大脑的演化也是受到多种因素的影响。由于环境的压力，当南方古猿走出森林之后，变得更加适应于直立行走，这对于他们来说具有很大的生存优势。身体直立可能让他们更好地发现敌情。同时解放的双手可以用来采摘食物，并且可以进一步用于照顾婴儿，这有利于婴儿出生后大脑继续发育。可以说直立行走为大脑的发育提供了充分条件。另一方面，人类狩猎难以单独完成，需要相互之间的配合，这就锻炼了人类的组织协调能力和语言能力，进一步促进了大脑的发育。影响大脑发育的另外一个重要因素可能是，人是一种社会性的动物。由于彼此之间交流、合作乃至战争，人类具有不同于其他生物的复杂的社会关系，这也会促进脑力的不断增加。英国人类学家邓巴发现在灵长类中，社会关系越复杂的物种，大脑皮层越发达(Dunbar, 1998)。当然人类脑容量的增加会受到其他多种因素的影响。人类大脑在能人和直立人阶段发育较快。到了晚期智人阶段，人的脑容量增长已经非常缓慢或停止增长，这可能是由于人类群体对环境的高度适应，使得具有较小脑容量的个体也能够有足够多的后代，从而导致了整体基因的稳定(Lewin, 2005)。

二、追寻人类的祖先

1. 第一批古人类化石的发现

那么人类的祖先究竟是从哪里起源的呢？虽然达尔文很早就给我们指明了方向，但是寻找人类祖先是一个漫长和逐渐认知的过程，具有戏剧性的是，最早一批出土的古人类化石却不是在非洲，而是在欧洲和亚洲。早在1856年，第一批古人类化石在德国的尼安德特河谷附近山洞发现，被命名为**尼安德特人**，他们身材比现代人矮小，但脑容量已经和现代人相当，甚至超过了现代人。他们代表了较晚期的古人类化石，距今15万~3万年。1891年，荷兰医生杜布瓦(Eugene Dubois)在印度尼西亚的爪哇岛特里尼尔(Trinil)首次发现了时代更早的人类化石，他们的脑容量更小，只有900多毫升，但是却能够直立行走，杜布瓦将其命名为直立猿人，后人也称之为爪哇猿人。但当时的人们认为爪哇猿人只是一种猿，还不属于人类。因为爪哇猿人的周围并没有发现石器工具(当时仍然以能否制造工具作为人类的标准)。杜布瓦的工作并没有引起当时人们的重视，所以1929年北京猿人头盖骨在北京郊区周口店的发现就显得意义重大,被当时认为是最早的人类,证明了直立人的存在。周口店北京猿人遗址是已知世界上最丰富的古人类遗址之一,生存年代在50万~20万年前。除了大量的猿人化石外,还包括了大量的哺乳动物和鸟类化石,以及上万件人工打制石器,另外还发现了人类最早用火的证据。

2. 非洲——人类祖先的摇篮

亚洲和欧洲古人类化石的发现越来越多,但当时的非洲却非常平静,似乎与达尔文预言背道而驰。直到1924年,南非约翰内斯堡西南部的汤恩村一石灰岩采石场发现了一个幼年个体的不完整头骨化石,包括了颅骨、面骨和下颌,雷蒙·达特(Raymond Dart)(图4-31)经研究后认为这个头骨虽然具有似猿的性状,但是已经具备了人的特征,如嘴巴不像猿类那样凸出、颊齿咬合面较平、犬齿较小,最重要的是枕骨大孔位于脑颅的底部,

图4-31 解剖学家雷蒙·达特和汤恩幼儿头骨照片
(据 https://en.wikipedia.org/wiki)

显示已经能够直立行走。雷蒙·达特将其命名为**南方古猿非洲种**(*Australopithecus africanus*),这就是著名的汤恩幼儿。初步推断这个幼儿大概生活在200万年前。虽然汤恩幼儿的发现并未引起人们足够的重视,但揭开了非洲人类起源的序幕。

汤恩幼儿的发现引起了苏格兰古生物学家罗伯特·布罗姆(Robert Broom)的极大兴趣。10年后,布罗姆在南非雄心勃勃地开展了新的古人类化石发掘计划,并发掘出大量的古人类化石,最重要的包括命名了**近人**(*Plesianthropus*,后归入南方古猿非洲种)和**傍人粗壮种**(*Paranthropus robustus*,后归入南方古猿粗壮种)。这些发现强烈地支持了南方古猿已经属于真正的人类,沉寂了几十年的非洲终于爆发了。

20世纪50年代,人类起源的焦点转移到了非洲东部大裂谷附近,特别是肯尼亚、坦桑尼亚和埃塞俄比亚地区,迄今为止发掘出上千具古人类骨骼化石,并且不断将人类祖先的时间向前推移。这个时期的重大发现包括:1959年,古人类学家路易斯·利基(Louis Leakey)发现并命名的生活在175万年前的东非人鲍伊斯种(*Zinjanthropus boisei*,后改名为南方古猿鲍伊斯种);1974年,美国人唐纳·约翰逊(Donald Johnson)在埃塞俄比亚阿法区哈达尔(Hadar)河谷发掘出了距今340万年的一保存非常完整的女性骨架,该女性骨架被命名为露西(Lucy,属于南

方古猿阿法种),身高约 0.92 m,保存较完整的骨盆、腿骨和足骨,首次明确地证明了在 300 多万年前,已经演化出了能够直立行走的人类;1976 年,首个人类足迹在坦桑尼亚莱托里地区被发现,时代为 370 万年前(图 4-32);1994 年,怀特(Timothy White)在埃塞俄比亚阿法盆地发现了距今 440 万年的古人类化石,并命名为南方古猿始祖种(*Australopithecus ramidus*),但是由于与其他南方古猿特征差异较大,后来重新建立了新属种**地猿始祖种**(*Ardipithecus ramidus*)。到目前为止,南方古猿已经发表了约 10 个种。

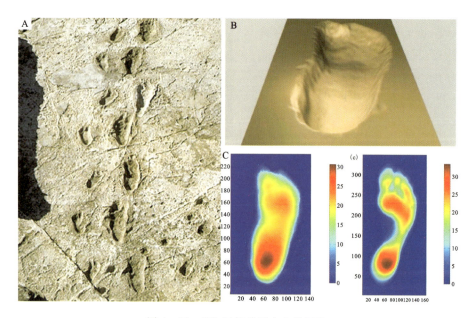

图 4-32 370 万年前远古人类足迹

A. 实物图(据网络 www.getty.edu);B. 远古人类足迹模型;C. 远古人类足迹(左)和现代人足迹(右)对比,颜色越深表明深度越大(单位:mm)(B、C 据 Crompton et al.,2012)

3. 发现更古老的人类

21 世纪以前,南方古猿被认为是最古老的人类化石。但是根据分子生物学的研究,人类的祖先可以追溯到 800 万～500 万年前,而最早的古人类化石证据只有 400 多万年前。这是否存在矛盾呢?人们需要找到更古老的化石来验证假说。很快,人们就有了答案。

21 世纪初,更古老的类人猿化石被发现,包括**撒海尔人乍得种**(*Sahelanthropus tchadensis*,约 700 万年前)、**地猿卡达巴种**(*Ardipithecus kadabba*,580 万～520 万年前)和**原初人图根种**(*Orrorin tugenensis*,约 600 万年前)。这个阶段的古猿脑容量很小,仅有 300～380 mL,和黑猩猩脑容量相当或更小,但是已经能够直立行走,并且出现了类似人类的一些特征,如犬齿小和粗壮的眉脊。这些发现将人类的起源时间大大推前,并且证明了分子生物学人类起源时间的假说。

2000 年,法国和肯尼亚联合科考小组领导的团队在肯尼亚图根山区发现了古人类的牙齿、下颌、上肢和下肢部分骨骼,并将其命名为原初人图根种(Senut et al.,2001)。该种的牙齿与猿类类似,可能以水果和种子为食,但是股骨非常粗壮,特别是上半段,这是能够直立行走的一个证据。但是上肢的形态和弯曲的手指表明他们又可以在林间穿行,所以该种可能同时存在两足行走和四足行走的方式,生活在一种林地的环境(Roberts,2011)。

地猿包括了地猿始祖种和地猿卡达巴种,都采自埃塞俄比亚。地猿始祖种已发现了 110 多件标本,可以进行完整的复原。他们脑容量与现代的黑猩猩相似,但具有退化的犬齿。地猿可以在林间攀爬,但是肢骨的形态和枕骨大孔位置前移,说明他们已经能够直立行走。此外,地猿大脚趾和其他趾骨分开,可以对握,与现代猿类相似,这说明他们也可以在树上攀爬。2009 年,古生物学家正式报道了一完整的雌性个体,身高 1.2 m,脑容量 320～370 mL。这比之前发现的雌性个体露西(南方古猿阿法种)还要早 100 万年(White et al.,2009)。

地猿卡达巴种化石材料不多,仅包括一些牙齿和散碎的骨骼,争议很大,原来被归入南方古猿,后来又被认为是地猿始祖种的一个亚种。2004 年,Haile-Selassie 等根据新发现的一些牙齿的特征,将它作为地猿属的一个独立的种。

2002 年,由法国科学家领导的国际小组在中非乍得(Chad)共和国发现了距今 700 万～600 万年的撒海尔人乍得种(图 4-33),保存有较完整的头骨和破碎的下颌与牙齿(Brunet et al.,2002)。他们脑容量较小(320～380 mL),与黑猩猩的脑容量相当,但是具有类似于人属的粗壮的眉脊和小的犬齿,面部也不像现代猿类那样凸出。虽然没有直接的证据表明他们能够直立行走,但是这可能是和人与猿类共同祖先最接近的证据。这与根据分子生物学推测的人、猿分离的时间已经非常吻合。

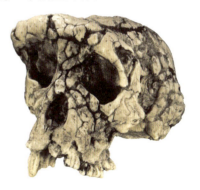

图 4-33 撒海尔人一具较完整的头骨模型

(眉脊粗壮,犬齿较小)

(据 https://en.wikipedia.org/wiki)

三、人类的演化

1. 重建人类演化树

21 世纪前,人类的演化大体上可以分为 4 个阶段:南方古猿、直立人、早期智人和晚期智人。但随着越来越多的古人类化石的发现,这种化石演化之间的界限越来越模糊,而且更加复杂,非但没有一个统一的标准,反而争议越来越多。现在,人们往往不对人类演化阶段进行划分,但是为了使读者能够理清人类演化的脉络,我们仍然将人类的演化进行了大致的划分,分别是远古人、南方古猿、前现代人和现代人阶段(图 4-34)。前现代人包括了前人所提到的直立人和早期智人。这些阶段的划分主要根据骨骼特征,虽然有时间上的重叠,但是总体反映了人类演化上的一种趋势。

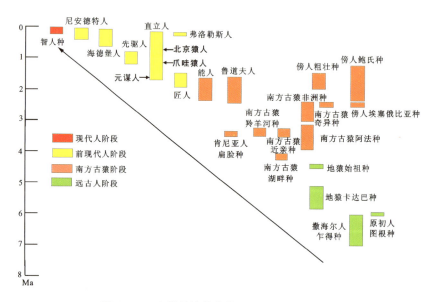

图 4-34 人类的演化阶段(据 Wood,2010 修改)

远古人包括了已知比南方古猿更早的化石记录,时代在 700 万~400 万年前,可能代表了最早的人类化石。如前文所述,目前已经报道了 3 属 4 种。

南方古猿生活在 420 万~140 万年前,到目前为止已经发表了 10 个种。时代最早的是湖畔种(*Australopithecus anamensis*),另外还有非洲种(*A. africanus*,可能是人属的祖先)、近亲种(*A. deyiremeda*)、阿法种(*A. afarensis*)、奇异种(*A. garhi*)、羚羊河种(*A. bahrelghazali*)、埃塞俄比亚种(*A. aethiopicus*)、鲍氏种(*A. boisei*)和粗壮种(*A. robustus*),有人把后 3 个种归入傍人(*Paranthropus*)。化石产

自南非、埃塞俄比亚、肯尼亚、坦桑尼亚和乍得。他们脑容量介于 400～550 mL 之间，具有粗壮的颌和厚层的珐琅质，推测主要以较坚韧的食物为生。他们大体上可以分为两类：一类属于粗壮型，一类属于纤细型。粗壮型和纤细型主要表现为食性有差异。前者主要以植物为食，所以臼齿比较粗大，适合研磨，而且咀嚼肌也比较发育；后者的食性比较杂（吴新智，2010）。

与南方古猿共存的还有生活在 360 万～330 万年前的扁脸肯尼亚人（*Kenyanthrops platyops*），他们保存有基本完整的颅骨、上颌和牙齿，因其面部下方不像南方古猿那样突出而被称为扁脸，这是一种比南方古猿更进步的特征（Leakey et al., 2001）。

南方古猿生活的晚期出现了**人属**（*Homo*）。截止到目前人属也有 9 个种，最早的是能人（*Homo habilis*）。人属与南方古猿最主要的区别是人属脑容量显著增大，比南方古猿大一半。南方古猿和之前发现的古猿还不会制造工具。从能人开始，他们已经能够制造一些简单的石器工具，包括简陋的石核和石片。这种最初的制造技术称为**奥杜韦技术**（Oldowan technology，第一模式技术）。

以上标本都发现在非洲。200 万年前，能人或鲁道夫人演化出了直立人（*Homo erectus*），并开始向其他大陆扩散。直立人是最早走出非洲的人类。非洲早期的直立人有时候也被称为匠人（*Homo ergaster*），生活在 190 万～170 万年前，在肯尼亚、埃塞俄比亚和南非都有发现，最著名的是在图尔卡纳发现的一具完整的骨架。匠人身体细长、身高明显增加，与我们现代人接近，前肢和后肢的比例也与现代人接近，说明他们逐渐适应于陆上两足行走的生活。这个时候石器有了很大改进，被**称为阿舍利技术**（Acheulean technology，第二模式技术），不但有前面所说的类型，还有了新的形式——手斧（handax）。手斧的制作是一项复杂的技术，这暗示着那个时候可能产生了语言。

直立人在亚洲很多地方都有分布，年代延伸很广，如印度尼西亚距今 100 万年的爪哇猿人。亚洲东部早期的直立人化石都采自中国，最早的可能是在云南发现的 170 万年前（年代有争议）的元谋人，年代较确定的最早的直立人是生活在 163 万～115 万年前的陕西蓝田人，最著名的是 50 万～20 万年前的北京猿人，其他还有 80 多万年前的湖北郧县人以及生活在 50 万～30 万年前南京汤山人和安徽和县龙潭洞直立人。

早期智人（Archaic *Homo sapiens*）是骨骼特征介于直立人和晚期智人之间的一系列的化石的统称，没有明确的定义。早期智人的脑容量已经接近或者达到现代人的水平，但是颅骨的形态比现代人原始，如颅骨比现代人厚，在非洲、欧洲和亚洲都有发现。欧洲最早的化石记录是 1997 年在西班牙北部阿塔普尔卡 Gran

Dolina 洞穴里面发现的 120 万～80 万年前的先驱人（*Homo antecessor*），包括牙齿和头骨碎片等，其鼻骨发育，下巴退化，与现代人很像。这可能是最早一批从非洲迁入欧洲的人类。与先驱人同时出土的还有石斧、石片和石核，但是缺少进步的手斧。

欧洲的**海德堡人**生活在 60 万～20 万年前。最早是 1907 年在德国的海德堡附近毛尔地区发现了一较完整的下颌，之后在法国、英国和非洲都有发现。海德堡人出土的化石丰富，包括男性、女性和幼儿，有 30 多件个体。他们骨骼粗壮、身高相对较高（成年男性可以达到 1.75 m），与非洲的匠人有很多相似的形态，但是脑容量在 1100～1400 mL 之间，和现代人已经很接近。他们眉骨突出，下肢相对较粗壮，完整的齿列已经和现代人无异。海德堡人和之后的尼安德特人已经能够制造更加复杂的工具，包括手斧和石片等，用于打猎。海德堡人可能是尼安德特人的祖先。尼安德特人在欧洲产出非常丰富，脑容量甚至超过了现代人。

亚洲地区，在菲律宾的吕宋岛还发现了生活在 6.7 万年前的新的人种——吕宋人（*Homo luzonensis*）(Détroit et al., 2019)。我国的早期智人也是比较丰富的，包括辽宁金牛山人、陕西大荔人、广东马坝人、湖北长阳人等，在世界海拔最高的青藏高原发现了距今 16 万年的丹尼索瓦人(Chen et al., 2019)，在哈尔滨地区发现了距今 30.9 万～14.8 万年的新人种——**龙人**（*Homo longi*）化石(Ji et al., 2021)。早期智人已经具备了很高的狩猎技术，可能已经会人工取火。欧洲、非洲和中亚成员发展出了更进步的**莫斯特技术**（Mousterian techonlogy，第三模式技术），可以较精确地对石核、石片进行修理，可能已经有了埋葬文化。

晚期智人（*Homo sapiens*）在骨骼解剖学上和现代人已经趋于一致，所以又称为解剖学上的现代人。最早可以追溯到 21 万年前(Harvati et al., 2019)。与早期智人不同的是，晚期智人前额高，脑壳短、高，骨骼更加轻薄。最早发现的晚期智人是 1868 年在法国的克罗马农村的**克罗马农人**（Cro-Magnon man），距今约 3.8 万年，身材高大，脑容量超过了现代人。我国的晚期智人包括距今 4 万～1 万年的广西柳江人、四川资阳人、内蒙古河套人和北京山顶洞人等。2015 年，我国学者发现了更早的现代人化石。在湖南省道县发现的 47 枚具有现代人特征的牙齿化石，距今 12 万～8 万年(Liu et al., 2015)，因此现代人在东亚出现的时间可能比欧洲早 7.5 万～3.5 万年(吴秀杰, 2018)。这个阶段石器进一步精细化发展，特别是精细的石叶工艺，人类已经掌握了第四（以石叶及其制品为特色）甚至第五（以多样的细石器及其制品为特色）模式技术，还出现了艺术品、精致骨器和角器，洞穴壁画和雕刻艺术，并且能够摩擦生火。

2. 能人：自然界的能工巧匠

1960 年，乔纳森在奥杜韦峡谷发现了除了南方古猿之外的另一种人类的头骨片。骨片相对较薄,颊齿相对较小,而脑容量比南方古猿大了约一半,约为 600 mL。路易斯·利基非常激动地认为这是比南方古猿更进步的一个新的物种,在发现了更多材料之后,于 1964 年将其命名为**能人**(*Homo habilis*)(图 4-35),意思是能够制造工具的人。能人是迄今发现的第一个能够制造工具的物种。最古老的石器工具来自 250 万年前埃塞俄比亚,包括一些简单的石核、石斧和石片。

能人仅发现于非洲,包括埃塞俄比亚、肯尼亚和南非。出土的骨骼也非常丰富,包括头骨、肢骨等。能人生活在 250 万~160 万年前,与南方古猿晚期的种生活在同一个时代,但是能人的骨骼较纤细,脑容

图 4-35 能人头骨模型
(据 https://en.wikipedia.org/wiki)

量与南方古猿相比要大得多。男性的脑容量达到 700~800 mL,女性的脑容量在 500~600 mL 之间,男女的平均身高分别为 157 cm 和 141 cm(吴新智,2010)。另外,能人面部不像南方古猿那样突出,下颌短,眼睛上部有粗壮的眉脊。能人的牙齿与南方古猿也不同,臼齿和前臼齿变窄,犬齿和门齿相对大,与南方古猿相比,能人更像现代人。

3. 北京猿人:轰动世界的发现

1929 年 12 月 2 日下午 4 时,日落西山,更增加了几分寒意,在北京西山周口店的一个洞穴中,由裴文中带领的工人们还在进行着紧张的化石发掘工作。连日的辛劳已经使他们非常疲惫,只希望能早点结束当日的工作。突然,裴文中大喊了一声:"是人头骨!"让大伙坠入了极度的兴奋之中。第一颗北京猿人头盖骨终于找到了,这一历史性的时刻被永久地载入史册。此后科学家们在周口店继续发掘,直到 1937 年中日战争全面爆发被中断。新中国成立后,科学家们继续发掘并获得了丰富的材料,包括 6 个不完整的头盖骨、150 多颗牙齿,另外还有很多其他哺乳动物化石以及石器(吴新智,2001)。

为什么北京猿人的发现引起了世界的轰动?除了化石保存比较完整之外,还有就是他们被认为是已知确定的最早人类。生活时代为距今 50 万~20 万年。如前文所述,之前发现的人类化石只有与现代人比较接近的尼安德特人,另外就是在印尼发现的爪哇猿人,但是爪哇猿人一直有争议。直到 1959 年,在非洲坦桑尼亚的奥杜韦峡谷发现了距今约 170 万年的东非人化石和石器,北京猿人才退居"二线",但仍是中国最早的人类,一直到 20 世纪 60 年代中国发现了早于 100 万年的古人类化石。

北京猿人属于直立人,具有粗壮的眉脊和厚重的下颌,前额扁,没有下巴,头骨的骨壁比现代人厚1倍,脑量可以达到1000多毫升,约占现代人脑容量的3/4(图4-36)。北京猿人已经能够利用火,并且会制造更多种类的石器,如砍砸器、刮削器和尖状器等。

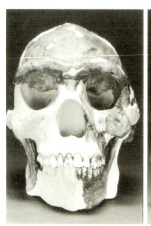
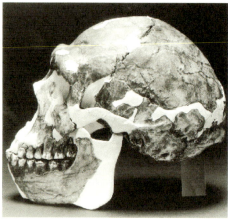

图4-36 北京猿人头骨复原模型(据Tattersall and Sawyer,1996)

遗憾的是,北京猿人头盖骨大部分材料在"二战"中丢失,至今下落不明。现在我们所看到的模型都是根据当时的原始描述进行的复原。

4. 尼安德特人:脑容量超过现代人的早期智人

尼安德特人(*Homo neanderthalensis*)是最早发现的古人类化石,曾被认为属于人类的一种原始部落或者有疾病的个体。1864年,爱尔兰解剖学家威廉·金(William King)认为这是一个不同于现代人的一个新种,命名为尼安德特人。尼安德特人在欧洲、亚洲西部和西伯利亚都有发现,生活在35万~3万年前。尼安德特人是现代人的直系祖先还是人类演化的旁支曾经存在争议,因其DNA与现代人有很大差异,现在普遍认为是人类演化的旁支,后来被晚期智人所代替。

发现的尼安德特人化石非常丰富,特别是在欧洲已经出土了上百件个体,包含了从幼年到老年个体的各个阶段(Roberts,2011)。总体而言,尼安德特人既有一些原始的特征,又有进步的特征,另外还具有一些独有的特征(图4-37)。它们骨骼强壮,肌肉发达,身体短宽,面颊突出,可能适应寒冷的生活。另外,尼安德特人的脑容量推测有1450 mL,比现代人脑容量的平均值还要高出100 mL。尼安德特人可能已经具备了语言表达的能力。

尼安德特人主要以打猎和采集为生,工具制造已经非常成熟,能够用于切割刮削实物。他们所处时代的制作技术被称为**莫斯特技术**,因发现在法国莫斯特地区

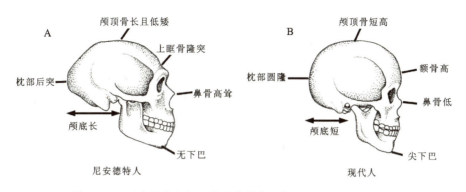

图 4-37　尼安德特人与现代人头骨的比较(据 Benton,2015 修改)

的一个山洞里面而命名,比较典型的是出现了石核修理技术。尼安德特人生活时代的晚期,出现了更加精细的石器工具,包括骨骼、鹿角和象牙等制作的一些人工制品。尼安德特人和现代人同时生活在欧洲,他们可能已经有了葬礼文化。如在法国的一个洞穴中发现了一具人骨和陪葬品,包括其他动物的一些骨骼和燧石工具(Lewin,2005)。

5. 克罗马农人:具有绘画和雕刻艺术的晚期智人

1868 年,在法国多尔多涅区(Dordogne)莱塞济(Les Eyzies)附近的克罗马农山洞发现了 5 具骨骼,其中 4 具成人骨骼、1 具幼儿骨骼,距今约 3 万年。他们身体高大,颅骨高,额部隆起,眉脊不突出,下巴突出。脑容量达到 1600 mL,显著超过了现代人的平均脑容量。克罗马农人是首次发现的与我们现代人为同一物种的人类,与它们同时埋藏在一起的还有贝壳和动物牙齿,这些可能是作为陪葬品一同埋葬。

广义上的**克罗马农人**指生活在欧洲及相邻地区的最古老的现代人,现在也常用欧洲早期现代人(European early modern humans)来代替。目前已知最古老的克罗马农人在意大利和英国,生活在 4.5 万～4.3 万年前。在法国克罗马农人遗址里还发现了绘画和雕刻艺术(图 4-38),与尼安德特人相比更适应于温暖的环境。克罗马农人和尼安德特人很有可能曾经交流过,因为发现现代人含有少量的尼安德特人的基因。

6. 弗洛勒斯人:现实版的小矮人

从达尔文出版《物种起源》至今 160 多年的时间里,越来越多化石的发现使得人类的演化逐渐明朗,如脑容量不断增加,身高不断增加,以及不断适应于直立行走。但弗洛勒斯人(*Homo floresiensis*)在人类的演化历程中却是个异类(图 4-39)。2003 年,由澳大利亚和印度尼西亚组成的考古队在印度尼西亚的 Flores 岛发现一批

图 4-38 法国 Lascaux 洞穴中发现的距今 16 000 年的壁画
(据 https://en.wikipedia.org/wiki)

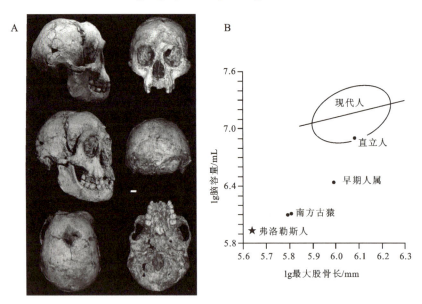

图 4-39 弗洛勒斯人头骨和身体相对大小(据 Brown et al., 2004)
A. 头骨外侧、前侧、后侧、顶侧和腹侧观,图中下部的白色线条比例尺长度为 1cm;
B. 不同人种身体大小与脑容量的比值

古人类化石,时代介于10万～6万年前(Brown et al.,2004;Sutikna et al.,2016)。但是比较奇怪的是,他们身材矮小,成年个体也才只有1 m左右,被形象地称为霍比特人(《指环王》中的小矮人)。同时,他们的脑容量也很小,仅有426 mL,类似黑猩猩和南方古猿。不过他们却很聪明,能够制造小型复杂的工具以及狩猎。这批小矮人和晚期智人生活在一个时代,是不是代表了一个未知的新种呢?还是由于某种疾病(如唐氏综合征)而导致的身材矮小?如果他们代表了一个新种,那又是从哪一支古猿或古人类演化过来的呢?他们又是如何演化出如此矮小的身材呢?科学不断地解开一个又一个谜团,却又不停地发现新的谜团,人类的起源和演化远比我们想象的复杂,更多的发现等待着我们去开启。

四、现代人的起源

1. 两个不同的概念:现代人的起源与人类的起源

前面我们讨论的都是人类的起源,人类起源于约700万年前的非洲目前已经得到了绝大多数科学家的认同,但是现代人的起源和人类的起源是两个完全不同的概念。现代人的起源时间范围要小,仅指从人属或早期智人演变到现代人的过程。现代人的起源涉及了更多的问题,如语言、文化、道德和意识等,由此也引发了更多的争议。在人类漫长的演化中,近几十万年发现的古人类演化证据无疑是最丰富的,但是也是最具争议的。一方面是人类解剖学上的证据以及人类所创造的物质和技术(如石器);另一方面是分子遗传学的证据。但是这些证据相互之间并不和谐,而是存在着诸多矛盾,因此形成了两种截然不同的假说:多地区起源说和非洲起源说(图4-40)。这两种假说的支持者各自提供了很多证据支持自己的结论,并指出对方的不足,进行了长达几十年的论战。那么最终哪一种假说是正确的呢?我们简要地分析和总结如下。

2. 多地区起源说及其证据

多地区起源说是1984年由美国密歇根大学古人类学家沃尔波夫(Milford Wolpoff)和我国古人类学家吴新智等提出(Wolpoff et al.,1984),认为亚、非、欧各洲的现代人由当地的早期智人甚至直立人独立演化而来,而不是被非洲来的现代人取代。

200多万年前,非洲的直立人向其他大陆迁移,开始定居于整个旧大陆。他们之间有小范围的基因交流,维持了进化的连续性,同时演化出了现代的智人。根据这种假说,现在各个地区的现代人解剖学特征,应该在该地区古人类化石中也有体现,并且可以一直追溯到200万年前,从非洲迁移到该地区的直立人中。

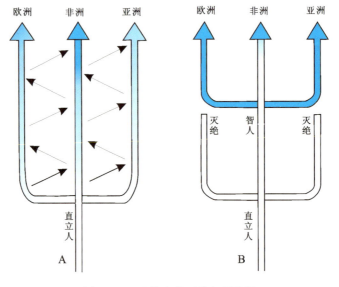

图 4-40　现代人的两种起源假说
A. 多地区起源说；B. 非洲起源说

多地区起源说的最重要证据就是人类演化特征在区域上是连续的，即在亚、非、欧各个地区从直立人到早期智人再到现代人，骨骼学的特征是逐渐变化的，不存在大的间断，比较典型的地区有澳大利亚、印度尼西亚和东亚，在印度尼西亚爪哇岛最早期的爪哇猿人，到爪哇西部发现的梭罗人（Solo man），再到现代澳大利亚人存在着特征演化上的连续性。早期的爪哇猿人属于直立人，生活时代为 100 万年前。在爪哇西部 Ngandong 发现的梭罗人，具有很多当地直立人的特征，但是脑壳更大，测定的生活时代在 5.3 万～2.7 万年前。考古学表明，现代澳大利亚人在 6 万年前迁移到大洋洲，但是从爪哇猿人到梭罗人间隔时间太长，以及最近的时代的测定不支持地区连续，而且这些骨骼特征是否能够代表该地区特有的连续进化，也有很大争议。

多地区起源说在中国也找到了很多证据。中国古人类化石是非常丰富的，直立人阶段包括 170 万年前的元谋人、115 万年前的蓝田人、50 万年前的北京人和郧县人、30 万年前的安徽和县人和南京汤山人、20 万～10 万年前的早期智人，如辽宁金牛山人、陕西大荔人、广东马坝人、湖北长阳人等具有从直立人到现代人的过渡特征，晚期智人阶段包括 4 万～1 万年前的广西柳江人、内蒙古河套人和北京山顶洞人等。直立人和智人形态上有交叉，并且混合了外来的基因。如中国发现的古人类化石有一系列共同的特征：鼻梁低、面部扁平、眼眶轮廓接近长方形、额骨下部突出、上门牙背面成铲状。但是个别化石又有类似于欧洲人的特征，如马坝人头骨眼眶近圆形,南京人头骨鼻梁比较高耸,大荔人头骨鼻腔前口和眼眶之间骨面隆突。这说明了中国古人类演化是连续的,同时又接受少量的外来基因。1998年,中国科学院吴新智院士根据颅骨和牙齿的特征,将其总结为"连续进化附带杂交",认为连续进化是主因,杂交是次要的,不存在人群的完全替代,并强调这种演化模式适用于东亚,但无法概括整个现代人的起源(吴新智,1998;高星等,2010)。

多地区起源说也得到了中国旧石器考古学的证据。中国科学院高星从考古材料的角度,包括石制品技术、特点和类型进行研究,认为中国旧石器文化体系是连续、完整的,西方的文化因素或许出现过,但没有成为主流,东亚不存在距今10万～4万年的材料空白,为中国和东亚古人类的连续进化理论提供了新的证据(高星,2014)。

但是该假说受到了非洲起源学说支持者的质疑,主要表现在:①分子生物学不支持该假说(下文中详述)。②中国实际上不存在直立人以来的连续进化证据。这主要是对一些中国古人类骨骼特征的质疑,如扁鼻梁在非洲出现的频率比在东亚更高,眼眶圆钝在澳洲人中更常见,铲形门齿虽然在中国古人类化石和现代人中都有,但是在尼安德特人和非洲的早期直立人中也有,即认为中国人独有的这些特征其实是更广泛地存在于其他人类中。③中国缺乏10万～5万年前之间的人类化石证据,即古人类和现代人之间存在着演化间断(高星等,2010)。2015年,我国学者报道了在湖南省道县发现的47枚具有现代人特征的牙齿化石,距今12万～8万年(Liu et al.,2015)。但是由于化石信息较少,无法判断是本地还是外来人群。

3. 非洲起源说及其证据

20世纪70年代,就有学者根据非洲发现的晚更新世的古人类化石推测现代人起源于非洲并向其他各地扩散(图4-41),与多地区起源说明显不同的是,非洲起源说认为现代人都是衍生自单一的较晚期出现的非洲演化出来的人群。非洲起源说强调:①现代的智人最早出现在非洲;②从早期智人到现代智人的骨骼演变仅出现在非洲;③同一地区人类特征的演化是不连续的;④远古人类和智人之间没有或者很少有杂交(Lewin,2005)。

该学说正式提出是由分子生物学家确立的。1987年,卡恩(Rebecca Cann)等分析了来自世界5个地区,包括非洲、亚洲、高加索、澳大利亚和新几内亚147人的线粒体DNA,根据线粒体往前追踪,都可以追溯到29万～16万年前生活在非洲的一个妇女,是所有现代人的祖先。这位妇女的一批后裔在18万～9万年前离开非洲,并迁往世界各地,取代了当地的土著居民而定居下来。这就是著名的"**线粒体夏娃假说**"(mitochondrial Eve hypothesis)(Cann et al.,1987)。

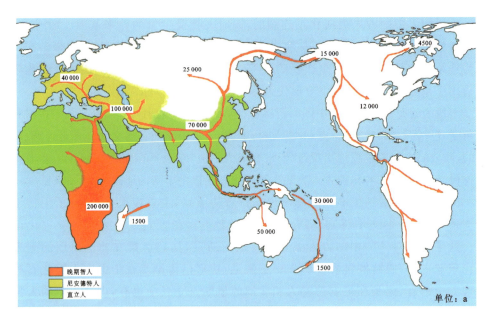

图 4-41　现代人类非洲起源说迁移路线图
(据 https://en.wikipedia.org/wiki)

早在 20 世纪 80 年代，埃摩里大学华莱士（Douglas Wallace）实验室和加利福尼亚大学的威尔逊（Allan Wilson）实验室就将目标对准了线粒体 DNA。众所周知，人体有 23 对染色体，由 3 亿对碱基组成，这些都分布在细胞核里面，但是也有少部分（37 个）基因分布在线粒体里面，精子和卵子结合后，精子里面的线粒体 DNA 被挡在卵细胞之外，所以受精卵线粒体 DNA 只来自卵子，因此线粒体 DNA 只由母系遗传。它们在遗传的过程中逐渐发生变异，这种变异是有规律的，因此被称为分子钟。根据现在各地人类线粒体 DNA 可以向前追溯到现代人唯一的女性祖先。该学说一经提出就引起了重大反响，并得到了更多分子遗传学的证据，很快成为西方的主流学说，且把"战火"烧到了中国。对中国现代人的起源进行分子生物学的研究结果表明，现代的中国人也是由外来人群侵入替代了本地的居住者，不存在人类的连续进化。

不仅现代人类的 DNA 支持非洲起源说，在古人类化石中提取的古 DNA 同样支持这一结论。虽然 DNA 容易降解，我们只能在个别保存较好的化石中提取部分碎片，但随着提取技术的进步，古 DNA 的研究越来越受到重视。尼安德特人是否为现代欧洲人的祖先曾经饱受争议，非洲起源说否定了这种观点，认为尼安德特人是被入侵的智人取代。研究人员对早期现代欧洲人线粒体 DNA 和尼安德特人同源序列进行对比发现,他们之间有显著不同。

不仅如此,非洲起源说还得到了越来越多的化石证据。现代的智人最早出现在非洲,比如埃塞俄比亚南部保存的部分头骨 Omo I,最新时代测定为 19.5 万年前,但是该头骨缺少眉脊的关键特征(Tattersall and Schwartz,2009)。比较确定的是来自 16 万年前埃塞俄比亚北部的 Herto 头骨,具有现代人的典型解剖特征,被认为填补了非洲早期人类和现代人的空白(White et al.,2003)。南非 Klasier River Mouth 洞穴中发现了距今 12 万~7 万年头骨碎片和肢骨。这些证据都支持了单一地区起源说(Benton,2015)。

近年来在非洲还出土了很多考古学证据。最重要的是 2002 年,研究人员在南非开普敦地区 Blombos 洞穴中,发掘出 2 块具有几何形态图案的赭石,距今 7.7 万年。这是具有现代行为艺术特征的证据。之后从南非的考古遗址中发掘出了更多的证据,包括石叶技术、软锤技术等由皮革加工的工具,加工骨器、雕刻木器、装饰贝壳等,时代为 7.5 万~5.5 万年前,但这与 5.5 万~4 万年前在欧洲和西亚的材料有很多相似之处。非洲发现的这些工具材料被认为可以追溯到 15 万~10 万年前由于非洲现代智人的出现,才出现了如此复杂的工具,使得现代人广泛适应环境,从而人口膨胀,开始向其他地区扩散(高星等,2010)。

非洲起源说因大量证据的支持而成为国际主流学说,但它并非无懈可击,而是存在着很多缺陷而受到某些学者的质疑。分子遗传学是非洲起源说最有力的证据,但是根据 DNA 的变异速率来追溯物种的分异时间是无法检验的。不同基因的变异速率是不同的,而且也不会一直保持恒定。人类利用遗传位点的变异速率只能进行大致估算,而且误差很大,这就造成了结果的不确定性(高星等,2010)。不同地区人群遗传变异的多寡,可以反映人群演化时间的长短。如人群变异越大,说明演化时间越长。但是这其实还受到很多其他因素的影响,如不同的生态环境。另外,非洲起源说认为古人类和现代人之间没有基因交流也是不对的。最新的研究表明,早期现代人含有 6%~9% 尼安德特人的基因(Fu et al.,2015),10 万年前西伯利亚南部阿尔泰山脉丹尼索瓦洞穴中尼安德特人含有现代人类的基因(Kuhlwilm et al.,2016)。

因此,现代人的起源可能比我们想象的更加复杂,不仅仅是非洲起源和多地区起源这么简单。中国古人类学家高星等(2010)认为这两种方式可能都是存在的,并表述为"现代人类演化的区域性多样化模式"。笔者认为,根据现有的资料,最早的现代人起源于非洲,在向世界各地迁移的过程中,未必能够完全地取代,但至少是促进了各地区人群之间的基因交流,最终繁衍出我们今天的人类。

第三节　生物圈与大气圈、水圈和岩石圈的关系

生命历史(35亿年)占地球历史(46亿年)的3/4,地球的历史是生命与地球长期相互作用、协调演化(co-evolution)的历史。当今地球环境亦靠生物圈与其他圈层的相互作用来维持和调控。为什么太阳系中只有地球是多彩的而非褐土一片?因为地球是有大量液态、气态水和生物圈的特殊星球,所以有青天白云、蓝海绿地。现在地球上四季温度适合生物居住,这种宜居性既是地球在太阳系中的特殊位置所致,也有生命演化过程的反馈作用,是地球和生物相互影响、协调演化的结果。

一、大气圈、水圈与生物圈的协调演化

1. 大气圈与生物圈的协调演化

图4-42显示了地球大气圈中二氧化碳、甲烷和氧气的演变过程。地球刚形成时(图4-42左端)氧气相对含量等于零,大气中充满了二氧化碳。现在地球大气中的氧气几乎完全是由生物进行光合作用产生的。因生命的存在,大气中的成分有了几次很大的变化。图中有两次大气中氧气相对含量跃增的大氧化事件,一次在24亿年前,另一次在生物大爆发的8亿~6亿年前,每次都是甲烷相对含量急剧下降,并伴有二氧化碳相对含量下降。从图4-42还可看出,两次事件都与生命演化有关系。24亿年前,地球上的氧气很少,而二氧化碳和甲烷却很多,由于原始的光合制氧生物——蓝细菌繁盛,以24亿年为界,氧气很快增加,甲烷明显减少。到8亿~6亿年前,后生生物适应辐射,氧气又一次增加,二氧化碳和甲烷进一步减少。这两次的变化主要是靠生物界的作用,也就是蓝细菌和植物等生物的光合作用。

图4-43是太古宙到现在大气和生命的协调演化示意图。25亿年以前,没有游离氧气,是无氧大气,那时只有原核生物存在。由无氧大气变化到有氧大气,靠的是蓝细菌等光合自养生物,它们大量吸收二氧化碳和甲烷,制造出了氧气。有光合自养生物才使大气和海洋有游离氧。早期的真核生物通过原始吞噬细胞把一些制氧的原核细胞变成自己的内共生体,进一步产氧。氧气占大气的比例由千分之几逐渐升至21%,成为富氧大气。富氧大气又为原始真核生物演化、为动植物并使之繁盛提供了条件,这就是地球与生命的相互作用和协调演化。

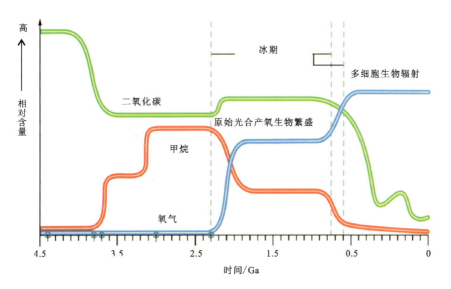

图 4-42 大气圈与生物圈的协调演化（据 Kasting,2004 修改）

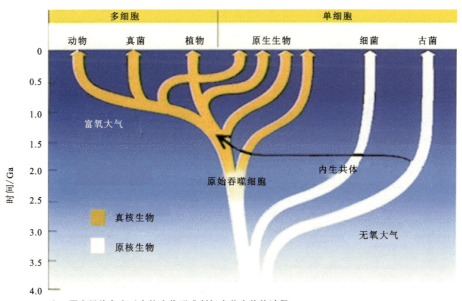

注：图中黑线条表示真核生物形成制氧内共生体的过程。

图 4-43 40 亿年前到现在大气和生命的协调演化

2. 海洋与生物圈的协调演化

海洋在太古宙形成后，开始是还原性的厌氧富 Fe^{2+} 海洋。海水中光合微生物蓝细菌的出现（可能在距今 27.5 亿年左右）不仅对大气而且对海洋都是重大事件，它开始了海洋氧化的进程。第一次大氧化事件发生于 24 亿年前，形成了大量硫酸盐。古—中元古代时,硫酸盐还原菌(SRB)对海洋起了重大作用。大陆风化积累于海洋的大量硫酸盐被 SRB 还原为硫化氢,在海面氧化带之下形成动态扩缩的含 H_2S 硫化楔,而深部仍为富 Fe^{2+} 海洋(图 4-44)。

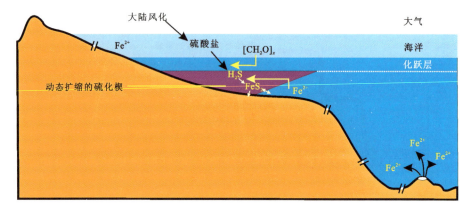

图 4-44 古—中元古代海洋中硫酸盐被硫酸盐还原菌(SRB)还原成硫化氢造成动态扩缩的硫化楔(据 Li et al.,2010 修改)

这种不利于需氧真核生物生存的海洋状况在 18 亿年前尤甚,致使其后长达 10 亿年的元古宙中期一直被原核生物所统治。新元古代因光合生物的增氧作用这种情况才消失,并发生第二、三次大氧化事件,导致寒武纪大爆发。到显生宙,因为海洋中有了能光合产氧的生物,海洋从深层(除最底部外)到表面都充氧了。只有在像 O-S(奥陶纪-志留纪)和 P-T(二叠纪-三叠纪)之交短暂发生的重大海洋缺氧、硫化事件时,浅海才发生相应的生物大灭绝事件。总之,生物和海洋也是相互作用的(图 4-45)。

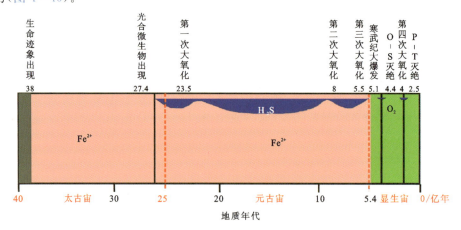

注:粉红色、紫色、绿色分别代表富 Fe^{2+}、富 H_2S 和富 O_2 的海洋。

图 4-45 太古宙到现在生命与海洋的协调演化

二、岩石圈与生物圈的协调演化

(一)生物圈与矿物的协调演化

大气和海洋与生物圈的关系是协调演化,那么地球的固体圈层与生物圈是什么关系呢?固体的岩石和土壤是陆地生物、海洋底栖生物的栖息地,这些生物的种类、形态和生活方式受这部分固体地球的控制,这是显而易见的。但是很少为人所知的是,生物亦反过来影响岩石和土壤。岩石和土壤主要是由矿物组成的,在地球刚形成的时候,只有60～250种矿物,它们组成了最早的岩石。在壳幔改造阶段,岩浆活动以及水圈形成后增加了一大批矿物,种数达到1500种。从太古宙开始,进入生物介导的矿物形成阶段,由于生物的作用,大气和海洋的氧含量逐渐增加,出现了一大批氧化物、碳酸盐、硫酸盐等含氧矿物,矿物种数由1500种增加到超过4000种(表4-2,图2-5)。可见生物对矿物和岩石的演变影响甚大。土壤是岩石(母质层)与水、大气和生物相互作用(主要是风化作用)的产物,土壤层有别于母质层,它是矿物和有机物的混合体,可见土壤离不开生物及其衍生的有机物。月壤没有生物及其有机物的风化物,其成因亦与地球土壤不同。

表4-2 地球历史时期生物圈作用下矿物种数的增加(据 Hazen and Ferry,2010 修改)

阶段	亚阶段	年龄/亿年	矿物种数
	前星云原始矿物	>46	12
行星增生阶段	(1)原始球粒矿物	>45.6	60
	(2)非球粒与小星体交代	>45.6～45.5	250
生物介导阶段	(6)厌氧生物世界	39～25	1500
	(7)大氧化事件	25～19	>4000
	(8)过渡性海洋(图4-45)	19～10	>4000
	(9)雪球地球	10～5.39	>4000
	(10)显生宙生物矿化作用	5.39至今	>4400

(二)生物圈与岩石的协调演化

1. 生物对沉积岩的作用

生命活动对沉积岩的形成、风化和侵蚀有重要影响。现代约62%的深海海底被含30%以上生物骨骼的生物沉积物所覆盖。成岩作用包括一般的生物成岩和生物化学成岩,其产物有如生物组成或生物诱导形成的碳酸盐岩(如生物灰岩、白云岩)、黏土岩(如黑色页岩)、硅质岩等。化石能源(煤、石油、天然气)绝大部分是生物及其成岩作用的产物。生物或生物地球化学过程还形成许多沉积矿产,这包括微生物介导的沉积矿产(一些铁矿、锰矿、铝土矿和磷块岩等)和低温热液条件下生物地球化学成矿作用的产物(金、银、铅、锌、铜、砷、汞、锑的含矿有机热液成矿)。下面就前寒武纪和显生宙各举一例进行说明。

1)前寒武纪微生物在条带状含铁建造和白云岩建造形成中的作用

(1)条带状含铁建造(BIF):指铁含量≥15%的薄层、纹层状赤铁矿或磁铁矿与SiO_2互层。最早出现在~38亿年前(格陵兰的Isua Belt),集中分布于35亿~18亿年前,高峰在28亿年前后,在18亿年前后BIF急剧减少并很快消失。在8亿~6亿年前,又出现仅存的几个BIF。此建造铁矿储量约占全球铁矿总储量的80%,是最重要的铁矿石(图4-46、图4-47)。

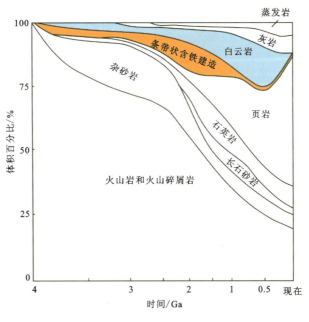

图4-46 条带状含铁建造和其他不同岩石类型的地史分布

(据Ronov,1982修改)

注:薄层、纹层状赤铁矿或磁铁矿层(红色层)与富SiO_2层(浅灰色层)互层。

图4-47 条带状含铁建造(图片来自网络)

目前多数科学家认为,BIF实际上是厌氧光合铁氧化菌(自养菌)对二价铁(Fe^{2+})的氧化作用的产物(图4-48),因为太古宙海洋富Fe^{2+},Fe^{2+}是最主要的电子供体。最早的生命迹象来自38亿年前,当时已显示出有可能存在微生物利用光、CO_2、H^+(H_2及H_2S)和Fe^{2+}通过厌氧氧化作用进行BIF代谢合成,其方程式如下:

$$4Fe^{2+} + CO_2 + 4H^+ + 光 \rightarrow CH_2O + 4Fe^{3+} + H_2O$$

即使在29亿年前蓝细菌开始产氧光合作用后,在近中性低氧条件下,微好氧菌仍可通过酶催化反应氧化Fe^{2+}以获得能量促进生长,其方程式如下:

$$4Fe^{2+} + O_2 + 10H_2O \rightarrow 4Fe(OH)_3 + 8H^+$$

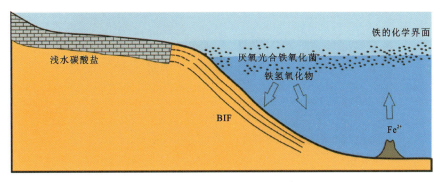

图4-48 厌氧光合铁氧化菌氧化二价铁(Fe^{2+})形成BIF(据Dekker et al.,2010)

营甲烷厌氧氧化(AOM)的甲烷古菌(ANME)和产生 H_2S 的硫酸盐还原菌(SRB)在~35亿年前均已出现。27.8亿~26.3亿年前为它们的繁盛时期。随着海洋中各种含氧化合物如硫酸盐等的聚集,硫酸盐还原菌的还原过程逐渐加强。在~18亿年前,海水表面以下的陆缘海洋变为硫化而非铁化(图4-45紫色部分),这对BIF消失是一决定性因素。

(2)**沉积白云岩建造**:最早的沉积白云岩见于29亿年前,但近来认为38亿年前就有微生物诱导沉积的白云岩。它是前寒武纪主要沉积类型之一,于元古宙极盛且为原生(生物化学沉淀)。白云岩在当代稀少且多为成岩作用产物,由于硫酸根与钙、镁的结合形成白云石(碳酸钙、碳酸镁)的动力学障碍,当代海洋一般不直接沉积白云岩,实验室在常温常压下亦不能沉淀白云石。当代情况不能解释元古宙情况,便成为白云岩(原生成因)问题。由微生物诱导在常温常压下形成原生白云石,初步解决了白云岩问题,是近20年的一大进展,其机制如下(图4-49):①蓝细菌、硫酸盐还原菌、嗜盐菌和产甲烷菌的活动消耗硫酸根离子,使周围水体pH上升,形成碱性的微环境,有利于碳酸钙、碳酸镁达到饱和而沉淀,使抑制白云石成核作用的硫酸盐浓度降低,消除动力学障碍。元古宙硫酸根离子浓度低,故白云岩发育。这些作用在盐碱环境中表现更为突出。②负电荷的细胞壁、荚膜胶鞘(细菌细胞壁外的黏液质薄膜)以及EPS(胞外聚合物)均能为白云石提供晶核位点。③微生物分泌的有机酸对溶液中钙离子的亲和力要比镁离子强,能增加溶液中的 Mg^{2+}/Ca^{2+},有利于白云石的形成。

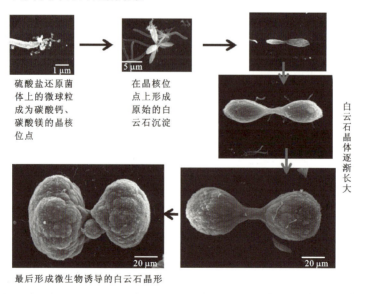

图4-49 微生物诱导在常温常压下形成原生白云石(据 Warthmann et al., 2000)

在以上作用的诱导下,在实验室成功沉淀了原生白云石,并且在野外和室内发现了微生物诱导白云石的化石和同位素依据,包括:①微生物诱导白云石的特征形态或印模;②保存为化石的 EPS 或丝状体;③保存为化石的纳米球形结构(nano-globular textures);④偏低的碳同位素(生物成因)。

根据以上研究结果已经在不少地点发现现生的原生白云岩,其沉积环境是半咸水或高盐度的潟湖、蒸发潮坪或咸水盆地。原生白云石在成岩作用中失去原晶形而呈成岩白云石晶形。

如果把条带状含铁建造与白云岩的地史分布放在一起比较,会发现两者盛衰交替的现象(图 4-50):在 38 亿年前(格陵兰的 Isua Belt)出现了最早的微生物迹象和 BIF。新太古代(29 亿年前后),出现沉积白云岩,在元古宙开始繁盛,中元古代达到高峰,而 BIF 消失。白云岩喜暖,在 8 亿~6.5 亿年前的冰期迅速衰落,而此时却出现了少量 BIF。显生宙白云岩衰落,而 BIF 绝迹。这与海洋化学(如 18.5 亿~7.5 亿年前硫酸盐浓度低,H_2S 作用)(图 4-50)及微生物(厌氧光合铁氧化菌、硫酸盐还原菌)有关。

(3)**前寒武纪的海洋化学**:太古宙—古元古代的海洋是铁化的 Fe^{2+} 海洋,且因大气富 CO_2 而呈酸性。大约在 29 亿年前出现产氧光合微生物——蓝细菌后,特别是 24 亿年前的大氧化事件后,元古宙海洋表层逐渐氧化,深部仍然铁化,而在两者之间的陆缘地区,出现了时大时小的硫化楔(即含游离 H_2S 带),H_2S 将海水中的 Fe^{2+} 以黄铁矿的形式沉淀,从而结束了 BIF 的全球性沉积。显生宙海洋整体氧化(虽然深海仍然是还原的),BIF 全部消失。海洋化学部分地解释了二者的分布关系。

太古宙的 BIF 以硅质为主,元古宙的叠层石则以白云岩为主,而到显生宙则多变为灰岩。这是因为太古宙的微生物作用尚不足以形成大量白云石,而当时海洋由于富 CO_2 而呈酸性,适于 SiO_2 沉淀。元古宙的微生物作用已强大到能形成大量白云石,并且海洋亦不再是酸性。因此,这两种重要沉积的地史兴衰均与微生物有关。

2)显生宙大灭绝后的微生物岩和错时相沉积

古生代-中生代之交(PTB)大灭绝可作为显生宙生物大灭绝影响沉积的典型代表,其影响一方面有正常生物沉积的缺失(礁缺失、煤缺失、硅缺失),另一方面有微生物岩和错时相(anachronistic facies)沉积的发育。某些沉积相类型一般仅限于前寒武纪或至多到寒武纪—奥陶纪,但在这次大灭绝后它们往往短暂重现,被称为"时代上错位的相",故名错时相沉积。许多错时相沉积与宏体生物灭绝后微生物活动繁盛有关,并随着宏体生物复苏、微生物活动减弱而消失。PTB 后,它们在早二叠世低纬度海区如华南、中东及北美西部广泛分布。

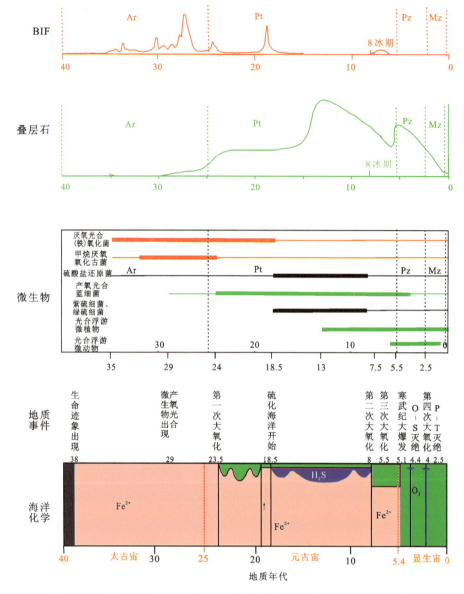

图 4-50 前寒武纪微生物在条带状含铁建造和白云岩建造形成中的作用
横坐标为地质年代(单位:0.1Ga);BIF、叠层石和海洋化学图的纵坐标为相对含量,白云岩因未获详细资料,其地史分布由叠层石大致代表,两者总趋势一致

极浅水型错时相主要是微生物岩(包括叠层石、核形石、树形石、凝块石等)(图 4-51),广泛分布于前寒武纪,主要为蓝细菌活动产物,寒武纪以后由于多细胞动物啃食、生物扰动等各种生态压制作用而衰退。但每次多细胞动物灭绝后,都有一幕微生物岩大发展时期。PTB 大灭绝后的微生物岩在华南东西展布达 1500 km。

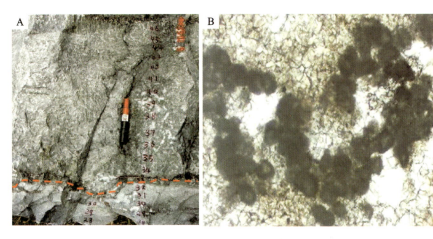

图4-51 重庆老龙洞剖面PTB处的微生物岩(王永标提供图片)
A.PTB生物灭绝线(红线)以上的微生物岩,呈凝块石(白色斑块)状;B.微生物岩偏光显微镜照片,示含有机质的圆形钙化蓝细菌化石,个体直径20~30 μm

浅水型错时相沉积还包括竹叶状灰岩、蠕状灰岩、浅水薄层泥晶灰岩及泥质条带灰岩等,它们具有以下共同特点:①形成于低(贫)氧浅海环境,缺乏正常宏体生物;②由于缺乏宏体生物活动及生屑沉积,沉积速率低,且为薄层泥晶,貌似深水沉积而实为浅水沉积;③由于缺乏垂向的生物扰动,得以保存原始薄—纹层状的层理。这些特点与微生物诱导沉积的特点一致。分子化石和同位素研究表明,其中蓝细菌、绿硫细菌、硫酸盐还原菌、固氮菌等微生物作用活跃,厌氧菌类的活动有利于海底同生胶结,如竹叶状灰岩的形成,某些蠕虫状结构亦可能与微生物活动有关。

2. 板块构造对生物演化的作用

一般认为,岩石圈的板块运动与生物圈的兴衰有关,即板块聚合导致生物灭绝,而板块裂解导致生物兴起和辐射。下文将以两个实例进行阐述。

1) **罗迪尼亚超大陆(Rodinia)裂解、雪球事件与多细胞动物的起源和辐射**

新元古代,罗迪尼亚超大陆裂解、雪球事件与多细胞动物的起源和辐射这一过程可概括为:罗迪尼亚超大陆裂解→雪球地球形成→雪球地球融化(图4-52)→氧化事件和海洋化学演变→多细胞动物的起源与辐射。

(1) **罗迪尼亚超大陆裂解与雪球地球形成**。一般认为雪球地球的形成与罗迪尼亚超大陆裂解有关,其因果关系如下:

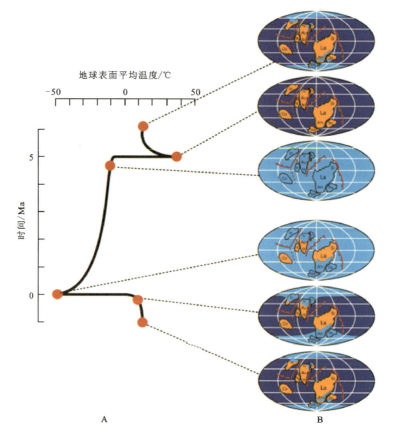

图 4-52　新元古代罗迪尼亚超大陆裂解和雪球地球形成(据 Kirschvink,1992)
A.红点为 7.5 亿年前后 6 个时期的地表温度;B.金黄色为裂解板块,红线为其间的洋中脊,
浅蓝色为冰雪覆盖的地球

a. 罗迪尼亚超大陆主要在 7.5 亿年前后裂解成 8 块。这使全球大陆边缘(有机碳的主要沉积区)的面积大大增长,导致有机碳埋藏量增大,使大气圈中 CO_2 浓度降低,从而弱化了温室效应,并引起冰反射率骤升。地球吸热量减少,冷冻作用增强。裂解使海岸线增加,生物活动增加,光合作用的加强,亦导致大量 CO_2 被吸收(图 4-52B 下面两个小图)。大量冰川形成→海平面下降→陆地面积增加→进一步增加地球的反射率,导致地球不断变冷,形成一个被冰雪包裹的地球,即雪球地球。

b. 原呈南北向展布的罗迪尼亚超大陆,在 800~750 Ma,真极移(TPW)经历了近 90°的快速旋转,使各裂解块体都到了赤道附近。赤道环境导致硅酸盐岩石风化加快,大量吸收 CO_2,导致气温下降。气候-地球化学模拟表明,这能使大气的 CO_2 浓度减少到 $<1320\times10^{-6}$,即 0.001 32(现代大气中,CO_2 浓度的体积占比约 0.034),使全

球由温室气候转变为冰室气候,导致斯图千冰期(Sturtian, glaciation, 720~700 Ma),即大致为图 4-52 中的**雪球地球**时期或图 4-53 中的古城冰期时期。

c. 罗迪尼亚超大陆在 780 Ma 时期,于赤道地区形成了一个大火成岩省(地幔柱)。根据模型计算,面积为 6×10^6 km² 的玄武岩省,持续风化 50 Myr,所消耗的全球大气 CO_2 就能达到启动雪球地球的 CO_2 浓度临界值(图 4-52 未表现)。

(2)**雪球地球融化-海水变暖**。雪球地球被冰雪覆盖,硅酸盐岩石无法再风化吸收 CO_2。大气中的 CO_2 由于火山爆发等因素的积累,使温室效应重新发挥作用。因此,在两次冰期之间曾有一个无冰雪覆盖的间冰期(图 4-52、图 4-53)。第二次冰期(南沱冰期)之后,罗迪尼亚超大陆一些裂块已经漂移到高纬度,不再大幅度吸收 CO_2。加上 6.35 亿年前碳酸盐沉积时甲烷释放造成的强大温室效应,迅速融化了雪球地球。

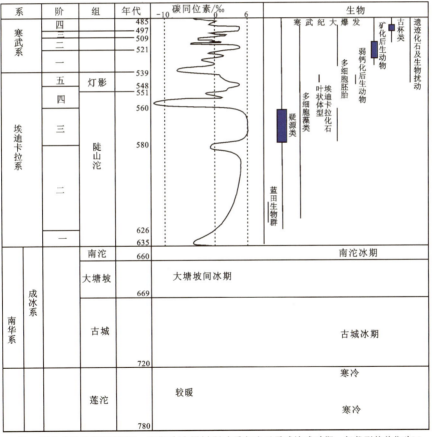

注:图中成冰系(国际划分)、南华系(中国划分)大致相当于雪球地球时期;年代列的单位为Ma。

图 4-53 从雪球地球到寒武纪大爆发(据朱茂炎,2009 修改)

(3) **氧化事件导致多细胞动物辐射**。雪球地球大量吸收 CO_2 导致氧化效应,雪球地球后的海洋由富硫转为富铁,为多细胞动物的繁殖提供了养分。大陆风化增加了盐度。蒸发矿物石盐中的包裹体研究显示,埃迪卡拉纪海水温度已与现今同纬度海水温度范围相似。合适的海水含氧量、温度及化学成分允许真核生物向多细胞动物演化,化石个体同步增大,生物骨骼矿化也同步发生(图 4-53)。雪球地球融化后,6.35 亿~5.39 亿年前有 3 次 $\delta^{13}C_{carb}$ 正偏,对应于 3 次氧化事件和生物事件[瓮安生物群(多细胞胚胎)、蓝田生物群及疑源类、埃迪卡拉生物群,见本章第一节]。寒武纪早期(5.39 亿~5.10 亿年前)碳同位素快速波动,矿化的后生动物、古杯类等相继出现,并最后导致寒武纪大爆发。

2) 潘基亚超大陆(Pangea)聚合与生物的灭绝和复苏

地史上的生物大灭绝与板块聚合、海陆格局重组、洋流改变、海平面变化、火山活动、重大碳-氮-硫循环异常和海洋缺氧硫化等环境突变有因果关系。作为显生宙最大的二叠纪-三叠纪之交(古、中生代之交,PTB)生物大灭绝是这方面的最好例子。图 4-54 显示,在二叠纪-三叠纪之交,发生了与潘基亚超大陆聚合有关的一系列古全球变化。此外,潘基亚超大陆形成甚至还可能与地内的地幔活动、地核偏移及地磁倒转有关,这使古、中生代之交成为一个重大地质突变期。这次大灭绝的生物概况请参看第五章,这里只叙述灭绝的环境(外因)因素。

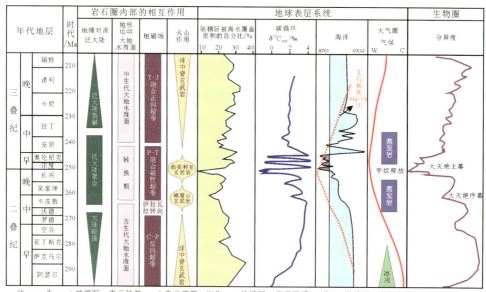

注:ano 为 anoxia 的缩写,表示缺氧;oxic 表示富氧;W 为 warm 的缩写,表示温暖;C 为 cool 的缩写,表示寒冷。

图 4-54 潘基亚超大陆聚合与二叠纪-三叠纪之交生物大灭绝之间的关系

(据殷鸿福和宋海军,2011 修改)

最重要的环境变化之一是全球规模的火山活动,它由地幔柱引起,可能与潘基亚超大陆的聚散有关。当时规模最大的西伯利亚通古斯暗色岩(玄武岩质)面积约 400×10^4 km^2,最大厚度 2500 m(尚未计入埋于西西伯利亚的地下部分)。现在多数人认为西伯利亚暗色岩是晚二叠世-早三叠世之交到达地表的地幔柱,它与 PTB 大灭绝有因果关系,因为它们之间存在时间和因果耦合关系。另一方面,华南分别在二叠系-三叠系界线上下约 6 万年的时间(不足 1 m 厚)内有两层中、酸性火山灰层,广布约 100×10^4 km^2 的面积,并可能亦见于特提斯其他区域。它们与西伯利亚暗色岩不一定有关,而其产出层位恰与两幕灭绝层位一致,因此,亦有人说是这次火山活动导致华南生物的大灭绝。

火山爆发对生物灭绝的效应可归纳为如下 4 点:①火山排入大气中过量的二氧化碳、甲烷、氮的氧化物等,导致气温上升,产生灭绝效应。②火山喷入海水中过量的二氧化碳,导致海水酸化,使海洋生物或者由于对缺氧和酸化的不适应而选择性灭绝,或者由于高碳酸血症而死亡;岩浆活动在地壳表层释放出的二氧化碳则妨碍陆生植物根系吸氧,使之死亡。③喷出的二氧化硫、爆发物质和冲击加热产生的二氧化氮、氰化物等有毒物质会产生污染效应。④大规模火山活动产生的二氧化硫形成 H_2SO_4 气溶胶,会加速含氯化合物的活动,破坏平流层的臭氧,导致紫外线辐射增强,可能对陆地植被造成灭绝效应。上述多种效应的联合作用导致生物生存环境恶化,是造成当时生物大灭绝的重要因素之一。

古、中生代之交,地球各层圈发生剧变和耦合(图 4-55),导致一系列的连锁反应,如地球内部地幔对流导致板块聚合成超大陆,超大陆导致地表的高山深盆地形和大海退,同时造成大面积干旱化;地球内部形成的地幔柱导致大面积火山活动。

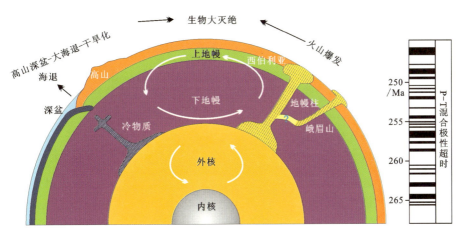

注:图中峨眉山指峨眉山玄武岩;西伯利亚指西伯利亚玄武岩。

图 4-55 古、中生代之交地球各层圈的剧变和耦合效应(据殷鸿福和宋海军,2013)

这两方面均造成环境恶化,导致了生物大灭绝。图4-55右边的柱子显示,地球磁场在这时期有重大转变,由前一时期稳定的极性超时转变为这一时期的忽正(黑)忽负(白),属于混合极性超时。总之,这一时期从地幔到地壳,再到大气和海洋,最后是生物,反映了同步的剧变和耦合。生物大灭绝乃是这次地球各层圈剧变和耦合的最显著反映。

三、地质微生物与地球环境的相互作用

人们通常认为环境与生物的关系是环境控制生物、生物适应环境的单向作用,而不是相互作用,这是不对的。前文已叙述了生物与环境的相互作用。相互作用在地质微生物与地球环境的关系中表现更为明显,下文中将主要叙述地质环境中微生物(地质微生物)对环境的作用。

(一)与生命元素有关的地质微生物(功能群)对环境的作用

谈到生物对地球环境的影响,人们常常联想到狮子、老虎、鲸鱼这些庞然大物。其实对地球环境施加更重大影响的却是各类微生物功能群,它们能够影响一些重要元素的全球循环,这些生物地球化学循环对地球环境产生了重大作用。其中,影响碳、氧、硫、氮、铁5类循环的微生物功能群尤其重要。

(1)与碳循环有关的微生物功能群不仅影响海洋环境,更重要的是影响大气环境。当代全球变化的重要标志——气候变暖,是由于碳循环出了问题(CO_2增加了)。在地球历史的许多时期,出现过碳循环的异常,其地质学标志是稳定碳同位素显著负偏(也有时为正偏)。如果有强温室气体甲烷(CH_4)大量释放到大气和海洋,这种负偏可达到-25‰,甚至更低。研究表明,在重大地质突变期,微生物功能群单独作用或与其他生物协调作用,使地质环境发生变化。产甲烷的地质微生物作用是导致甲烷产生和释放的重要因素,这又与高温事件之间存在内在的成因联系。

(2)光合作用微生物功能群和植物的作用是产生氧气,这是地球由早期的无氧状态演化到富氧状况的原因,也是后生生物能够出现的前提条件,所以它们是改变地球环境最重要的动力之一。

(3)第三类微生物与硫循环有关。现代黑海是一个缺氧硫化海洋,不适合海洋底栖生物生存。地质历史上有许多时期出现了硫化海洋,其范围比黑海大得多。例如,~1亿年前的白垩纪就有过数次大洋缺氧时期,当时典型的微生物功能群有硫酸盐还原微生物、H_2S的厌氧氧化细菌和硫化物的好氧氧化细菌。其中,硫酸盐还原细菌/古菌产生的大量H_2S是形成硫化海洋的前提,上文已有阐述。

(4)代谢氮的微生物功能群主要影响地质环境的营养条件。氨氧化细菌

(AOB)是利用氨作为唯一的能量来源、用二氧化碳作为碳源的化能自养型微生物。AOB能催化"硝化反应"($NH_3 \rightarrow NO_2^- \rightarrow NO_3^-$)。这个反应对自然界的氮循环起着重要作用。氨氧化古菌(AOA)也参与氨的氧化过程。在某些土壤和海洋环境中，氨氧化古菌(AOA)甚至比AOB还要多。在一些地质时期，海洋缺氧使海水出现寡营养，水体硝酸根缺乏，固氮蓝细菌通过固定大气N_2为生物提供了可利用的氮，从而直接影响海洋的初级生产力。

(5) 铁是生物所必需的营养元素，大洋中铁元素的供应可决定其生物的盛衰。在地质时期微生物曾对铁循环有重要影响，36亿~18亿年前广布于全球的前寒武纪条带状铁建造BIF，就是不产氧光合铁氧化菌在厌氧水体中使海水中丰富的Fe^{2+}被大规模氧化成Fe^{3+}而形成的。

(二)极端环境条件下的地质微生物

极端环境包括深海、陆地深部、高温高压、强酸和盐碱环境等，过去不被重视，近年来发现它们有很大的生物量和很高的分异度，以致前两者被列为与光合作用主导的生物圈相对应的"黑暗生物圈"的主角。还有一点很重要，即一些极端环境与地球早期的环境相似，因此，研究极端环境的生命有助于追溯生命起源。

1. 深海和陆地深部的地质微生物与"黑暗生物圈"

深海和陆地深部无光、高压(后者还高温)、有机碳贫乏，这里主要生存化能微生物群落，依赖地球化学能作为生长能源。其中，H_2是最丰富的能源。在深层地下产生H_2的两种首要途径分别是有机物的分解和发酵。第三种途径是通过基性、超基性岩石和流体之间的反应(如蛇纹石化)而产生H_2。近几年，人们对蛇纹石化过程研究的兴趣越来越浓。蛇纹石化过程可以产生很强的还原环境和高浓度的H_2，这个过程产生的H_2、CH_4和其他还原性化合物为地表与地下环境自养微生物的碳固定提供了主要的化学能。由于蛇纹石化产生大量的H_2和CO_2，产甲烷菌通常是该群落的主要成员。第四种途径是水经过辐射裂解产生H_2。在岩石中，放射性元素U、Th和K的衰变所产生的高能粒子可以裂解水而产生H_2。

(1)"黑暗生物圈"的碳源：对无机自养微生物来说，碳源是丰富的，形式有CO、CO_2和CH_4。对异养微生物，有人发现，来自350万年前的洋壳流体能够支持微生物(包括硝酸盐还原菌、嗜热性硫酸盐还原菌和嗜热性发酵异养型微生物)生长。这说明非生物成因的有机质可能被微生物所利用。埋藏的海洋沉积有机质在非生物条件下的降解产物能够为深海沉积环境中的微生物提供能源和碳源。

(2)硫酸盐还原菌和产甲烷菌：是黑暗生物圈中两种常见微生物，特别是在洋底沉积物与含气体水合物的沉积物中。硫酸盐和甲烷浓度随深度而出现规律性的变化，两者通常垂直分层；产甲烷古菌主要出现在富含甲烷的深层沉积物中；硫酸盐还原菌出现于其上富含硫酸盐的沉积层。在硫酸盐－甲烷过渡层中，硫酸盐还原菌和甲烷厌氧氧化菌形成共生集合体（图4-56），并产生耦合反应（SO_4^{2-} + $CH_4 \rightarrow HCO_3^- + HS^- + H_2O$）。

（3）**大陆地下深部异养和发酵菌作用下有机质的降解**：在大陆盆地深部油藏或地下含水层中，由于存在大量的有机物，地下微生物通常具有有机营养、嗜热/超嗜热的特征。这包括常温和嗜热的硫酸盐还原菌（SRB）、产甲烷菌、常温和嗜热的发酵菌和铁还原菌。它们通过降解沉积盆地中的

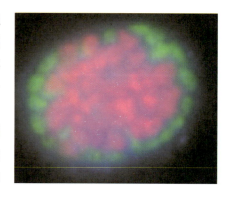

图4-56 甲烷氧化古菌
（ANME，红色）和硫酸盐还原菌
（SRB，绿色）的集合体
（直径6 μm）(Dekas et al., 2009)

有机碳和石油组分获取能量与碳源。在没有油藏的沉积盆地中，生活在高渗透性、高孔隙度砂岩中的微生物依赖邻近页岩的有机物作为能量来源。

2. 地热口、硫质喷气口和热泉等高硫环境的地质微生物

地热口、硫质喷气口和热泉等高硫环境生存着嗜热、化能自养的硫氧化细菌（SOB）和硫氧化古菌（SOA），它们依靠硫化物进行自养氧化作用，可以通过S^0的氧化形成硫酸，产生亚硫酸盐、硫代硫酸盐等次生硫酸盐。有几种SOB和SOA是兼性的，其生长也可以通过S^0作为电子受体氧化氢气，形成H_2S。它们一般处在酸性和中性环境下。

3. 盐碱环境的地质微生物

盐碱环境主要生存耐盐和嗜盐微生物功能性群，其多样性通常较低，且随盐度增高而下降，但细菌生物量减少，古菌生物量却有所增加。这类地质微生物中许多种类具抗辐射能力，表面因具鞭毛等附属器官而显粗糙。

4. 强酸环境的地质微生物

富含硫化物的煤和金属矿区等强酸环境形成酸性矿坑水，这里嗜酸微生物繁盛。它们强烈的淋滤作用可使周围地域有害金属超标而造成污染。其中一些喜氧微生物通过含铁硫化物的氧化获得能量，另一些厌氧微生物则还原氧化高价态的铁和硫以获取能量，从而形成重要的铁－硫循环。

四、小结

不仅是岩土、大气、海洋孕育了生命，生命也反过来对岩土、大气和海洋有重大影响。地球与生命是相互作用的，并在长期相互作用中协调演化（图4-57）。生命

不仅仅被动地适应环境,还通过生物过程强烈地作用于地球环境,它们之间是协调演化的关系。环境与生命长期相互作用和协调演化,形成了攀登地球历史的长梯。

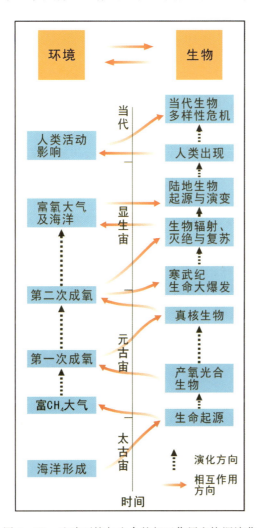

图4-57 地球环境与生命的相互作用和协调演化

主要参考文献

陈晶,童金南,徐世球,2009.从大灭绝走向复苏和繁荣:来自三叠纪海洋动物的信息[M]//世纪飞跃:辉煌的中国古生物学.北京:科学出版社:133-137.

陈均远,2004.动物世界的黎明[M].南京:江苏科学技术出版社:1-366.

盖志琨,朱敏,2013.显微CT技术在古生代鱼类研究中的应用[J].生命科学,

25(8):779-786.

高星,2014.更新世东亚人群连续演化的考古证据及相关问题论述[J].人类学学报,33(3):237-253.

高星,张晓凌,杨东亚,等,2010.现代中国人起源与人类演化的区域性多样化模式[J].中国科学:地球科学,40(9):1287-1300.

湖北省自然资源厅,2021.湖北化石[M].武汉:湖北科学技术出版社:1-210.

季强,姬书安,1996.中国最早鸟类化石的发现及鸟类的起源[J].中国地质(10):30-33.

沙金庚,2000.古老而充满活力的学科:古生物学[M].北京:科学出版社:1-11.

舒德干,张兴亮,韩健,等,2009.再论寒武纪大爆发和动物树成型[J].古生物学报,48(3):414-427.

孙革,张立君,周长付,等,2011.30亿年来的辽宁古生物[M].上海:上海科技教育出版社:1-176.

吴汝康,1995.对人类进化全过程的思索[J].人类学学报,14(4):285-296.

吴新智,1998.从中国晚期智人颅牙特征看中国现代人起源[J].人类学学报,17(4):276-282.

吴新智,2001.周口店北京猿人研究[J].生物学通报,36(6):1-3.

吴新智,2010.人类起源与进化简说[J].自然杂志,32(2):63-66.

吴秀杰,2018.中国古人类演化研究进展及相关热点问题探讨[J].科学通报,63(21):2148-2155.

殷鸿福,宋海军,2013.古、中生代之交生物大灭绝与泛大陆聚合[J].中国科学:地球科学,43(10):1539-1552.

周忠和,2013.十万个为什么(古生物卷)[M].6版.上海:少年儿童出版社:1-201.

朱茂炎,2009.揭秘动物起源和寒武纪大爆发的历史过程以及地球环境过程[M]//世纪飞跃:辉煌的中国古生物学.北京:科学出版社:81-95.

BEKKER A, SLACK J F, PLANAVSKY N, et al., 2010. Iron formation: the sedimentary product of a complex interplay among mantle, tectonic, oceanic, and biospheric processes[J]. Economic Geology, 105(3): 467-508.

BENTON M J, 2015. Vertebrate palaeontology[M]. 4th ed. Oxford: Blackwell Publishing: 1-480.

BROWN P, SUTIKNA T, MORWOOD M J, et al., 2004. A new small-bodied hominin from the Late Pleistocene of Flores, Indonesia[J]. Nature, 431(7012):1055-1061.

BRUNET M,GUY F,PILBEAM D,et al. ,2002. A new hominid from the Upper Miocene of Chad,Central Africa[J]. Nature,418(6894):145-151.

BUICK R,2010. Early life:ancient acritarchs[J]. Nature,463(7283):885-886.

CANN R L, STONEKING M, WILSON A C, 1987. Mitochondrial DNA and human evolution[J]. Nature,325(6099):31-36.

CHEN F,WELKER F,SHEN C C,et al. ,2019. A late Middle Pleistocene Denisovan mandible from the Tibetan Plateau[J]. Nature,569(7756):409-412.

COPPENS Y,1994. East side story:the origin of humankind[J]. Scientific American,270(5):88-95.

CROMPTON R H,PATAKY T C,SAVAGE R,et al. ,2012. Human-like external function of the foot,and fully upright gait,confirmed in the 3.66 million year old Laetoli hominin footprints by topographic statistics, experimental footprint-formation and computer simulation[J]. Journal of the Royal Society Interface,9(69):707-719.

DEKAS A E,PORETSKY R S,ORPHAN V J,2009. Deep-sea archaea fix and share nitrogen in methane-consuming microbial consortia[J]. Science,326(5951):422-426.

DUNBAR R I,1998. The social brain hypothesis[J]. Evolutionary Anthropology (6):178-190.

DÉTROIT F,MIJARES A S,CORNY J,et al. ,2019. A new species of *Homo* from the Late Pleistocene of the Philippines[J]. Nature,568(7751):181-186.

ERWIN D H, LAFLAMME M, TWEEDT S M, et al. , 2011. The Cambrian conundrum:early divergence and later ecological success in the early history of animals[J]. Science,334(6059):1091-1097.

FAN J,SHEN S,Erwin D H,et al. ,2020. A high-resolution summary of Cambrian to Early Triassic marine invertebrate biodiversity[J]. Science,367:272-277.

FU Q,DIEZ J B,POLE M,et al. ,2018. An unexpected noncarpellate epigynous flower from the Jurassic of China[J]. eLife(7):e38827. DOI:https://doi.org/10.7554/eLife.38827.

FU Q,HAJDINJAK M,MOLDOVAN O T,et al. ,2015. An early modern human from Romania with a recent Neanderthal ancestor[J]. Nature,524(7564):216-219.

HARVATI K,RODING C,BOSMAN A M,et al. ,2019. Apidima Cave fossils provide earliest evidence of *Homo sapiens* in Eurasia[J]. Nature,571(7766), 500-504.

HAZEN R M,FERRY J M,2010. Mineral evolution:mineralogy in the fourth dimension[J]. Elements,6(1):9-12.

JI Q,WU W S,JI Y N,et al.,2021. Late Middle Pleistocene Harbin cranium represents a new *Homo species*[J]. The Innovation,2(3):100132.

KASTING J F,2004. When methane made climate[J]. Scientific American,291(1):78-85.

KIRSCHVINK J L,1992. Late Proterozoic low-latitude global glaciation:the Snowball Earth[C]//The Proterozoic biosphere. London:Cambridge University Press:51-52.

KUHLWILM M,GRONAU I,HUBISZ M J,et al.,2016. Ancient gene flow from early modern humans into Eastern Neanderthals[J]. Nature,530(7591):429-433.

LEAKEY M G,SPOOR F,BROWN F H,et al.,2001. New hominin genus from eastern Africa shows diverse middle Pliocene lineages[J]. Nature,410(6827):433-440.

LEWIN R. 2005. Human evolution:an illustrated introduction[M]. 5th ed. Landon:Blackwell Publishing:1-277.

LI C,LOVE G D,LYONS T W,et al.,2010. A stratified redox model for the Ediacaran Ocean[J]. Science,328(5974):80-83.

LI Q,Gaoke Q,Meng Q J,et al.,2012. Reconstruction of *Microraptor* and the evolution of iridescent plumage[J]. Science,335(6073):1215-1219.

LIU W,MARTINON T M,CAI Y J,et al.,2015. The earliest unequivocally modern humans in southern China[J]. Nature,526(7575):696-699.

OSTROM J H,1976. *Archaeopteryx* and the origin of birds[J]. Biological Journal of the Linnean Society,8(2):91-182.

POUGH F H,JANIS C M,HEISER J B,2009. Vertebrate life[M]. 8th ed. San Francisco:Pearson Benjamin Cummings:1-752.

ROBERTS A,2011. Evolution:the human story[M]. London:Dorling Kindersley:1-258.

RODMAN P S,MCHENRY H M,1980. Bioenergetics of hominid bipedalism[J]. American Journal of Physical Anthropology,52(1):103-106.

RONOV A B,1982. The Earth's sedimentary shell (quantitative patterns of its structure,compositions,and evolution)[J]. International Geology Review,24(11):1313-1363.

SCHOPF J W,1993. Microfossils of the Early Archean Apex chert:new evidence of the antiquity of life[J]. Science,260(5108):640-646.

SCHOPF J W,2006. Fossil evidence of Archaean life[J]. Philosophical Transactions of the Royal Society of London B:Biological Sciences,361(1470):869-885.

SENUT B,PICKFORD M,GOMMERY D,et al.,2001. First hominid from the Miocene (Lukeino Formation,Kenya)[J]. Comptes Rendus de l'Académie des Sciences-Series IIA-Earth and Planetary Science,332(2):137-144.

SHU D G,LUO H L,CONWAY M S,et al.,1999. Lower Cambrian vertebrates from South China[J]. Nature,402(6757):42-46.

SUTIKNA T,TOCHERI M W,MORWOOD M J,et al.,2016. Revised stratigraphy and chronology for *Homo floresiensis* at Liang Bua in Indonesia[J]. Nature,532(7599):366-369.

TATTERSALL I,SAWYER G J,1996. The skull of "*Sinanthropus*" from Zhoukoudian,China:a new reconstruction[J]. Journal of Human Evolution,31(4):311-314.

TATTERSALL I,SCHWARTZ J H,2009. Evolution of the genus *Homo*[J]. Annual Review of Earth and Planetary Sciences(37):67-92.

WARTHMANN R,van LITH Y,VASCONCELOS C,et al.,2000. Bacterially induced dolomite precipitation in anoxic culture experiments[J]. Geology(28):1091-1094.

WHITE T D,ASFAW B,BEYENE Y,et al.,2009. *Ardipithecus ramidus* and the paleobiology of early hominids[J]. Science,326(5949):64-86.

WHITE T D,ASFAW B,DEGUSTA D,et al.,2003. Pleistocene *Homo sapiens* from Middle Awash,Ethiopia[J]. Nature,423(6941):742-747.

WOLPOFF M H,WU X Z,THORNE A G,1984. Modern *Homo sapiens* origins:a general theory of hominid evolution involving the fossil evidence from East Asia[M]//The origins of modern humans:a world survey of the fossil evidence. New York:Alan R Liss Inc:411-483.

WOOD B,2010. Reconstructing human evolution:achievements,challenges,and

opportunities[J]. PNAS,107(Supplement 2):8902-8909.
ZHAN R B,JIN J S,ZHANG Y D,et al.,2008. The great Ordovician radiation of marine life:examples from South China[J]. Progress in Natural Science,18(1):1-12.

主要知识点

(1)生命的起源 origin of life
(2)生命演化的4个阶段 four periods of life evolution
(3)海洋多细胞生物的3次大辐射 three great radiations of marine metazoan
(4)陆地动植物的起源和演化 origin and evolution of terrestrial animals and plants
(5)人类的起源和演化 origin and evolution of human beings
(6)现代人的起源 origin of modern human (*Homo sapiens*)
(7)大气、海洋与生物圈的协调演化 coevolution of atmosphere,ocean and biosphere
(8)矿物的演化阶段 evolutionary stages of minerals
(9)条带状含铁建造、白云岩建造和错时相沉积中的微生物作用 role of microbes in BIF and dolomite formation,and anachronistic deposits
(10)罗迪尼亚超大陆裂解和潘基亚超大陆聚合与生物演化的关系 relation between the Rodinia disintegration,the Pangea integration and life evolution
(11)微生物对地球环境的调节作用 microbial functions in modulating the Earth's environment

思考题

(1)生命演化过程总体上是什么样的？是前进性的、循环的还是进化与退化并重的？
(2)生命演化方式总体上是什么样的？是渐变的、突变的还是长期渐变与短促突变交替的？生命演化的阶段是依据什么划分的？
(3)人类和其他猿类的主要区别有哪些？化石中判断人类的标准是什么？人类演化的趋势是怎样的？
(4)人类大致经历了怎样的演化阶段？现代人的起源有哪两种假说？你更倾向于哪一种？为什么？
(5)地球环境影响和控制生物演变，生物过程能否影响地球环境？
(6)为什么说微生物在环境与生物的协调演化中非常重要？

第 五 章

重大生物事件

地球的生物史是新生与消亡、渐变与突变、大辐射与大灭绝、内因主导与外因调控交织的历史。显生宙的3次生物大辐射和5次生物大灭绝奠定了近6亿年以来生物发展和演变的格局与主旋律，也为人类社会应对序幕已经拉开的第6次生物大灭绝提供了不可多得的前车之鉴。

第一节 远古的灾难：生物大灭绝

一、生物演化的历程、格局与动因

1. 生命的演化历程

最早细胞形态的生命记录发现于澳大利亚距今35亿年前地层中的原核生物化石(Schopf, 1994)。距今35亿～5.4亿年前漫长的地质时期(前寒武纪)，生命形式比较简单，主要为一些单细胞生物和多细胞的菌藻类。在距今5.4亿年的寒武纪，多细胞的后生动物开始爆发式地发展，在很短的地质时期内，出现了地球上几乎所有现存动物门类的祖先类型，即著名的"寒武纪大爆发"。此后，地球上的生物才逐渐变得丰富多彩。从整个生命历程来看，地球生物的演化规律可以归纳为从简单到复杂、从低级到高级、从发生到辐射、从灭绝经复苏到再辐射……

2. 生物多样性演变

现代生物学中，**生物多样性**(biodiversity)是指在一定时间和一定地区所有生物(动物、植物、微生物)物种及其遗传变异和生态系统的复杂性总称。它包括遗传(基因)多样性、物种多样性、生态系统多样性和景观生物多样性4个层次。地质历史时期的生物多样性一般用已知时间间隔内生活过的类别数量(如科、属、种等)来衡量。总体上，地质历史时期的生物种类是递增的，但期间发生过多次灭绝事件，使得生物种类有不同程度的减少，即生物多样性损失。

根据有关学者基于化石数据库的研究(图 5-1A)，从埃迪卡拉纪到早寒武世，全球的生物快速递增至280科，但在晚寒武世减少为120科；奥陶纪时再增至约450科。古生代的生物种类在450～600科之间(最小估计值)；早三叠世减少到420科；其后快速增加，至白垩纪晚期达1260科；更新世和全新世为2150科。不过，生物多样性的最大估计值在晚二叠世约为650科，晚白垩世为1350科，至第四纪约2400科(图 5-1A)。最小值和最大值之间的差异主要是受古生物分类、化石保存等因素的影响。以陆生植物、昆虫和陆地脊椎动物为代表的陆生生物，在志留纪开始快速递增，至现代达到多样性最高水平(图 5-1B)。海洋生物的多样性演化显示略微不同的样式。在埃迪卡拉纪至早寒武世，海洋生物科的数目达到一个峰值；而整个古生代，多样性变化比较平稳(在曲线上表现为一个平台)；但中—新生代快速增加至1100科(图 5-1C)。近期有学者利用化石大数据和统计模拟分析等新技术手段，重新研究了寒武纪到三叠纪时期海洋无脊椎动物的复合多样性曲线(Fan et al.,2020),不仅更精确地重现了生命演化历史,而且发现当时的生物多样性曲线与大气二氧化碳浓度的变化密切相关(图 5-2)。

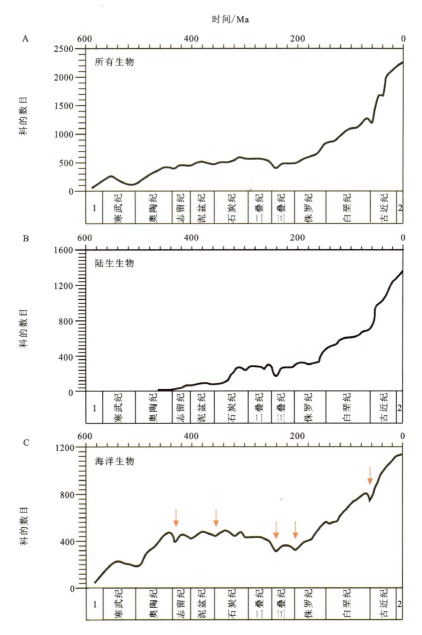

图 5-1 地质历史时期生物多样性演变曲线(据 Benton,1995 修改)

1.前寒武纪;2.新近纪＋第四纪;红色箭头指示大灭绝

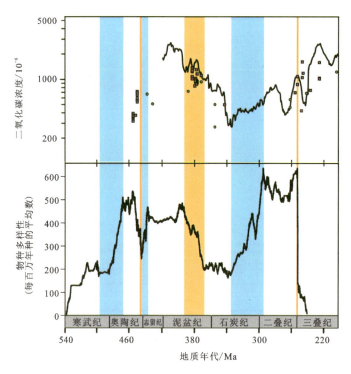

图 5-2　寒武纪至三叠纪生物多样性与大气二氧化碳浓度的关系（据 Fan et al.,2020 修改）
物种多样性增加（大辐射）对应二氧化碳浓度升高（蓝色纵向色带所示），物种多样性减少（大灭绝）对应二氧化碳浓度降低（橙色纵向色带所示）

3. 生物史上的重大事件类型

纵观生命的历程，生物发展之路并不是一帆风顺的，物种在地质历史时期生生灭灭，经历了一系列重大事件才演变为今天的面貌。这些事件可大致分为如下3种类型：①重大生物进化事件。例如，从非生物的化学进化发展到生物进化（距今38亿～35亿年前），大气充氧后的生物分异（距今约20亿年前），从原核生物进化到真核生物（距今约18亿年前），后生动物埃迪卡拉生物群的出现（距今约5.6亿年前）等。②生物大灭绝事件。地球生命史中，发生过多次全球性的生物大灭绝事件，它破坏了全球原有的生态系统，改变了生物群组成、群落结构和生物地理区系，是生命演化过程中最重要的事件之一。③生物复苏、辐射或大爆发。表现为生物的快速分异发展过程，是生物发生初期或大灭绝后产生的适应性演化和突变性分化。如寒武纪大爆发或生物大辐射（距今约5.39亿年前）、奥陶纪生物大辐射（距今约4.8亿年前）、三叠纪生物大辐射（距今约2.45亿年前）。其中，寒武纪生物大辐射搭建了动物界的基本框架，奥陶纪生物大辐射完善了动物界的系统结构，而三叠纪生物大辐射构建了现代生物多样性的概貌。

4. 生物演变的原因

生物演变的动力分为两种,即内因和外因。外因是环境的定向选择,内因是生物本身的不确定性变异。一定的生活环境,生物类群因适应而拥有一定的特性。例如,古代长颈鹿的长颈与短颈可以遗传,当缺乏青草的时候,颈长的可以吃到高处树叶得以生存,而颈短的因为吃不到高处树叶而被淘汰,这就是环境定向选择的结果。而变异的特点有很多,其中相关的两条是多向性和随机性。变异的本质是基因和染色体的变化,这些都是分子或者细胞水平上的变化,几乎完全出于偶然,会变成什么样,对个体有什么影响,在表现出性状之前无从得知。因此,它是不定向的,但却是生物进化的内因。

二、大灭绝的含义及研究方法

1. 大灭绝的含义

在地球生命史中,曾出现过多次由全球大灾变事件所引发的生物大灭绝(mass extinction)。据估计,在地质历史长河中,至少有 50 亿种生物曾生存于这个星球之上,然而 99% 以上的种都灭绝了。绝大部分动物和植物仅繁衍于显生宙,即过去约 5.4 亿年之内。而在这一段地质历史之内,既有显著的物种增长,同时也有瞩目的生物大灭绝,灭绝的是多数,留下的是少数,因此,现生的生物面貌仅代表全部生物史整体中极小的一部分。

生与死是任何一个生命都要经历的自然过程。无论出于什么原因,任何生物都会死去,或自然死亡,或意外死亡。同样,任何生物类群(如一个种、一个属,或者更高级的分类单元,如科、目等),也会有生和死。当一个生物类群死亡后没有遗留下后代(即没有演变成一个新的类群)时,我们就称之为**灭绝**(extinction)。如果这些生物是在演变过程中正常消亡(即灭绝)的,我们称其为**背景灭绝**(background extinction)。物种灭绝每时每刻都在发生,正常的速率是每年在每百万个物种中灭绝 1.8 个物种(Barnosky et al.,2011)。因此,即使许多生物正在灭绝,即使**灭绝率**已经超过背景灭绝率了,也并不意味大灭绝事件正在上演。只有在灭绝率分布图上出现一个高耸的峰值时(图 5-3),才能称之为一次**大灭绝事件**。

2. 大灭绝事件的鉴别特征

大灭绝通常是多种外部因素共同作用并对生物圈产生综合影响的结果,因此,它是一个大型、综合、复杂的自然过程。识别大灭绝事件可以参照以下 6 项鉴别特征:①不同级别(较高和较低)生物分类单元的灭绝百分比(即灭绝量);②单位时间内各级生物分类单元在大灭绝过程中的灭绝率;③各生物类群的不同级别分类单

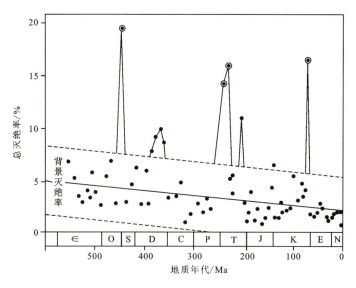

图 5-3　显生宙海洋生物五次大灭绝及背景灭绝率分布图(据 Sepkoski,1982 修改)

∈. 寒武纪；O. 奥陶纪；S. 志留纪；D. 泥盆纪；C. 石炭纪；P. 二叠纪；
T. 三叠纪；J. 侏罗纪；K. 白垩纪；E. 古近纪；N. 新近纪

元在大灭绝前后的新生物种数量和新生速率；④环境事件对各种生态环境中生态系统和群落结构与类型的破坏程度；⑤生物多样性曲线在大灭绝前后的变化(下跌与反弹)以及生物群的承继程度；⑥大灭绝后残存期的生物特征(包括生物的多样性、灭绝率和**新生率**)和长短，即复苏或辐射起始时限。

3. 大灭绝的研究现状

几十年来，大灭绝的研究一直广受关注，特别是进入 21 世纪后，探索生物宏演化的研究日趋深入，呈现出以下五大特点：①相关研究在全球普遍开花，美欧先行，亚洲急起直追，我国的成果毫不逊色，实例解析不断涌现，模式假说层出不穷。②研究工作越来越深入，在基础的古生物和地层学方面愈加深入，全球对比的精度大幅提高。③研究内容愈加广泛，交叉综合成为特色；团队合作参与，新生力量不断涌现；从碳、氮、硫等同位素及微生物与生物标志化合物等角度切入，分别成为大灭绝研究常见的和新的内容。④新技术手段和新方法的应用不断创新且越发频繁，实验数据(如古温度和绝对年龄值)的测定趋于精准。⑤科学家的参与欲望不断增强，新的学术观点层出不穷，争论(如对历次大灭绝触发机制的探索、突变与渐变、大灭绝持续历程的长短以及灭绝的形式和过程等)越来越激烈。总之，大灭绝研究已成为当前全球自然科学界中涉及领域最广、参与学者最多、研究最活跃、讨论最热烈、经久不衰的主题之一。公众与媒体对它也具有浓厚兴趣并给予强力关注,它已成为研究当代人类生存环境(生物多样性剧减和环境恶化)的重要参考范例。

4. 大灭绝的研究方法

从古生物的角度研究大灭绝的方法包括古生物多样性演化、生物灭绝的形式、各生物类别的灭绝率、不同生态环境的灭绝率等。这些年来,科学家们除直接用地层古生物资料分析大灭绝前后的生物群更替过程、用数理统计方法识别短期生物多样性危机外,还采用地球化学方法揭示灾变环境和用高精度同位素测年方法准确标定环境恶化的精确时间等,取得了长足的进步。在探索大气圈、水圈和岩石圈的变化给生物界造成大灾难的过程中,科学家"以史示今",根据生物圈的现状向人类提出了警示。

一般来说,对于大灭绝的研究要从以下几个基础性的工作着手:①大灭绝的识别。在对化石资料进行细致研究的基础上,利用化石统计数据建立生物多样性变化曲线来识别生物大灭绝事件。②大灭绝的时间。通过系统的地层学研究来确定记录了大灭绝事件岩层的地质年代。如果在该地层中能够找到当时火山作用形成的原始锆石矿物,还能通过测定其中铀和铅同位素的含量与比值来计算发生大灭绝的具体数字时间,当前的测量精度已经可以达到万年级,除此之外还有旋回地层学的数字定年方法(龚一鸣和张克信,2016)。③灭绝量和灭绝率。根据灭绝界线上、下古生物分异度的统计数据,分别计算出总的灭绝量(率)和各生物类别(科、属、种)的灭绝量(率)(灭绝量=灭绝类别数/灭绝前的类别总数;灭绝率=单位时间内灭绝的个数)。④新生量和新生率。要判断是否发生大灭绝,不仅要考虑灭绝量和灭绝率,同时要考虑新生量和新生率,因为一次生物大灭绝事件往往以高的灭绝量(率)和低的新生量(率)为特征(新生量=新生类别数/类别总数,新生率=单位时间内新生的个数)。⑤大灭绝的形式。根据化石在地层序列上的分布数据分析得出的灭绝形式。一般来说,生物大灭绝存在两种灭绝形式,即幕式灭绝(如一幕式、两幕式或多幕式灭绝)和渐进式灭绝(即整个大灭绝经历了一段在地质历史上可以识别的时间过程,但该时间段从地质时间尺度上看仍是十分短暂的,如数万年至数十万年)。

三、地质历史中的大灭绝事实及其共性

美国地质学会曾组织各方面专家编制了一套各个门类的无脊椎古生物学丛书(*Treatise on Invertebrate Paleontology*)。Sepkoski(1979,1981)、Raup 和 Sepkoski(1982)、Jablonski(1994)依据这些丛书中的化石数据,以阶或统为单位,统计

目、科、属的分布,绘制出各生物分类单元的多样性曲线后发现,显生宙5亿多年时间内曾发生过5次最显著的生物多样性下跌事件(图5-4),下跌幅度远超出正常背景值,分别出现在奥陶纪末(约4.43亿年前)、晚泥盆世(约3.72亿年前)、二叠纪末(约2.52亿年前)、三叠纪末(约2.01亿年前)和白垩纪末(约6600万年前),俗称"五大天绝"("Big Five" mass extinctions)(图5-1C)。其中,白垩纪末的大灭绝因恐龙的灭绝而最受人们的关注,但规模最大、涉及生物类群最多、影响最为深远的一次是二叠纪末(即古生代与中生代之交)的生物大灭绝。

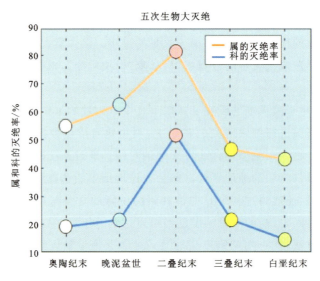

图5-4　显生宙五次生物大灭绝事件中科和属的灭绝率曲线(据 Jablonski,1994绘制)

由于地质历史时期曾发生过多次显著的生物大灭绝事件,因此,有学者认为,地质历史时期的灭绝事件可能具有周期性(图5-5)。除上述五次大灭绝之外,地质历史时期还发生过一些较小规模(或次一级)的灭绝事件。Raup 和 Sepkoski(1984)统计了自晚二叠世以来海洋动物中科的灭绝率,提出每隔2600万年,就有1次较大规模的灭绝事件发生。Rampino 和 Stothers(1985)经过重新分析这些资料,提出了3000万年的灭绝周期。Rodhe 和 Muller(2005)则认为生物大灭绝的周期为6200万年。这个6200万年的周期,一度引起很大的轰动,因为这样一来,如果从白垩纪末恐龙灭绝(距今6600万年)算起,人类也正好处于一个新的大灭绝时代。一些学者认为,这种长时间尺度的周期性可能与宇宙因素有关。Rampino 和 Stothers(1985)把生物灭绝的周期与太阳系穿越银道面的周期(约6700万年)联系起来,认为当太阳系穿过银道面时,有可能遇到集中在银道面附近的星际尘埃云,使得地球周围的行星际空间的小天体密度变大,从而增加小天体与地球发生冲撞

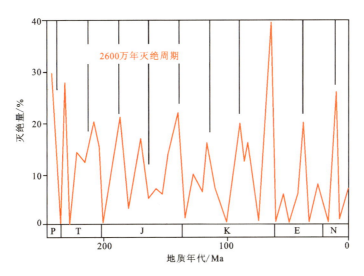

图 5-5 二叠纪以来海洋生物灭绝的周期性(据 Sepkoski,1986 修改)
P. 二叠纪;T. 三叠纪;J. 侏罗纪;K. 白垩纪;E. 古近纪;N. 新近纪

的概率,这样就形成了每隔2500万~3000万年,就有一次彗星等小天体撞击地球的事件发生,从而导致生物的周期性灭绝。但是,随着统计学和绝对年龄深入研究,灭绝的周期性已经受到越来越多的质疑。

生物大灭绝是生物多样性演化过程中的重要事件,它们的共同特点是:①灭绝量值大,通常有大量的物种(2/3 以上)在大灭绝事件之后销声匿迹,物种消亡;②大灭绝事件的发生时间短暂,通常为数万年至数十万年;③大灭绝事件所波及的范围不限于局部地区,而是全球性的灾难;④大灭绝所涉及的生物门类非常广泛,不仅仅局限于少数几个门类;⑤大灭绝强烈影响到全球生态系统,改变生物群组成、群落结构和生物地理格局;⑥大灭绝淘汰了大部分原有生物,只有适应能力强的生物才能幸存下来,给后来新的更高级生物的进化腾出了生态空间。

四、显生宙五次生物大灭绝事件

第一次大灭绝事件发生在奥陶纪末期。地球生物圈经历了自"寒武纪大爆发"以来的第一次生物大灭绝事件,49%~61%的属、约85%的种从地球上永远消失。据统计,奥陶纪末期,腕足类200多个属中有130多个属灭绝了,灭绝率为65%。鹦鹉螺177个属中灭绝了155个属,灭绝率为87.6%。北欧三叶虫200种中有180种灭绝了,灭绝率为90%。三叶虫经此大灭绝,残存的属种远远不及大灭绝之前,完全丧失了以前在海洋生态系统的优势地位。中、晚奥陶世的床板珊瑚和日射珊瑚共70个属中灭绝了50个属,灭绝率为71%。牙形石在晚奥陶世共有近100

种，约灭绝了80种，灭绝率约为80%。北美的海百合很繁盛，但到奥陶纪末期也有35个科、70个属灭绝了。笔石在早、中奥陶世极为繁盛，至晚奥陶世已逐渐减少，到末期也大量灭绝了。除此之外，几丁虫、疑源类、苔藓虫和层孔虫都发生了不同程度的灭绝。所以，**奥陶纪末大灭绝事件可能是规模仅次于二叠纪末的显生宙第二大灭绝事件**。

第二次大灭绝事件发生在晚泥盆世弗拉期（Frasnian）与法门期（Famennian）之交，一般用这两个时期的英文首字母F-F来代表。这次事件也具有全球性、同时性和生物灭绝率高等特点。低纬度热带-亚热带礁生态系统在这次事件中遭到严重破坏，浅海底栖生物所受影响尤为明显，21%的科、50%的属和75%的种在这次事件中灭绝。其中，层孔虫-珊瑚礁全部消失，竹节石和层孔虫近乎全军覆没，泥盆纪类型的珊瑚和苔藓虫惨遭灭绝，三叶虫的数量和种类急剧下降，腕足动物大幅度减少。以邓氏鱼为代表的盾皮鱼类以及多种无颌鱼类遭受重创。身着"重甲"的盾皮鱼类全部消失，海洋留给了更灵活、适应能力更强的其他鱼类，鲨鱼就是其中的一员，直到今天依然"笑傲"全球各大洋。

第三次大灭绝事件发生在二叠纪末，是地球历史上最大、最严重的生物灭绝事件，造成了生物界空前的大危机。据估计，二叠纪末期地球上有近70%的属灭绝，海洋动物种的灭绝率为90%~95%，陆生脊椎动物种的灭绝率为70%。消失的类型涵盖了多种多样的生态类型，体型有大有小，有食草的也有食肉的。完全灭绝的海洋生物有蜓类、四射珊瑚、床板珊瑚、三叶虫和笔石等。这次大灭绝使得占领海洋两亿多年的腕足类从此衰败，让位于双壳类。海洋生态系统也获得了一次最彻底的更新。在陆地上，孢子植物让位于针叶植物、苏铁类和其他裸子植物。植被的变化导致了陆地生活动物的一系列连锁反应。科学界普遍认为，这一灭绝是地球历史生物界从古生代型向现代型转折的里程碑。

第四次大灭绝事件发生在三叠纪末期。它虽然是五次大灭绝中程度最轻的一次，但仍有40%~53%的属灭绝。这次事件虽然没有二叠纪末那次那么惨烈，也没有白垩纪末的那次那么著名，但对生命世界还是产生了深刻的影响，尤其对海洋生物影响更大。牙形动物彻底灭绝，腕足类和腹足类等无脊椎动物也受到巨大冲击，海洋中大约一半的物种消失，所有的植龙和大多数合弓类动物都消失了。虽然恐龙兴起的时间还不长，但许多早期恐龙也灭绝了，只有那些进化程度高一些的恐龙幸存下来。许多槽齿目动物也灭绝了，幸存的植物包括针叶类和苏铁等。

第五次大灭绝事件发生在距今约6600万年的白垩纪末。这次事件使得全球85%的动植物种灭绝，包括统治地球长达1.6亿年的陆地霸主——非鸟恐龙类，控制天空的翼龙类，占据海洋的鱼龙类、沧龙类和蛇颈龙类全部灭绝。海洋中软体动物头足纲的菊石类全部灭绝,海绵动物61%的属、海百合动物70%的属、箭石类100%的属全部灭绝。急剧衰减或被彻底更替的还有软体动物门的古腹足类和部分双壳类、棘皮动物的海胆纲类、腔肠动物的六射珊瑚类、原生动物的大型底栖有孔虫等,就连超微的浮游生物也未幸免,它们从100多种猛降至4~5种。总之,仅海洋的无脊椎动物就灭绝100多个科、1000多个属,种就更多了,它们分别占到当时科级数量的26%,属级数量的64%,种级数量的75%。海洋中先进的脊椎动物也遭到重创,如软骨鱼类29%的属、硬骨鱼类80%的属、爬行类90%的属都灭绝了。陆地上的植物也同样遭灾,当时占统治地位的裸子植物本内苏铁类全灭绝;苏铁类、银杏类也大部分灭绝,仅剩少量孑遗分子残存下来;唯有松柏类保留较多。陆生爬行类(除恐龙之外的爬行类,如蛇、蜥蜴等)灭绝了30个属,灭绝率为55%。

五、大灭绝的形式及其环境背景

大灭绝事件发生的时间、过程和形式及其环境背景是查明大灭绝事件本质的基础要素,也是探讨大灭绝原因的关键。研究表明,显生宙五次大灭绝事件的表现形式及其环境背景既有共性又各不相同。

新的研究表明,奥陶纪末的大灭绝由两幕组成,前后经历了100多万年。大灭绝与气候巨变,即温度骤变有关。当时南极大陆的冰盖已经形成,冰川的分布范围覆盖了北非和沙特阿拉伯,还延伸到了土耳其。此时,热带海水温度下降约10 ℃,中国华南海区水温下降幅度更大,达18~20 ℃。那些长期适应于暖水环境的珊瑚、层孔虫和苔藓虫等因无法忍受温度的骤降而大量灭绝。奥陶纪末南半球冰盖形成时,全球海平面下降了50~100 m,大洋环境强烈波动,使得全球性的缺氧和有毒水体弥漫,使适于远洋生活的笔石、头足类和牙形动物等大量灭绝。而腕足类则得益于海水变浅,形成了奥陶纪末期的赫南特贝腕足动物群。随着志留纪初气候变暖,洋流变得缓慢,甚至不再流动。洋流变缓意味着水体很难被扰动,水中的氧含量减少。海洋中因而出现大片"死亡地带",生物进入缺氧水体中就会窒息而死。冰雪突然消融,形成大规模海侵,浅水生活的腕足类也难逃灭顶之灾。先是冰川,后是水体停滞,两者的共同作用导致了这次重大灭绝事件。

晚泥盆世的F-F大灭绝事件也由两幕构成。第一幕以大量的腕足类、四射珊瑚和底栖介形类等为代表的底栖动物灭绝;第二幕(主幕)以大量的四射珊瑚、介形类和少量腕足动物无洞贝类等底栖动物与大量浮游型牙形石、介形类、竹节石等动物灭绝为特征,两幕的持续时间约20万年(图5-6)。3~6 ℃的降温被认为是F-F大灭绝事件的罪魁祸首(Huang and Gong,2016;Huang et al.,2018)。

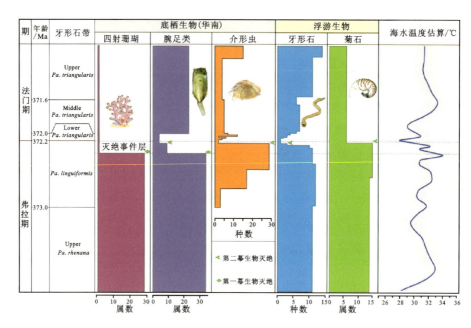

图 5-6　晚泥盆世 F-F 大灭绝事件的表现形式与致因(黄程和龚一鸣提供,2016)

二叠纪末的大灭绝事件也可能是由两幕构成的。第一幕几乎所有的浮游生物以及浅水环境(透光带内)生活的底栖生物全部遭到重大打击,如放射虫、钙质藻类、䗴类有孔虫、钙质海绵、四射珊瑚等,此外的其他海洋生物也受到不同程度的重创;第二幕(主幕)以大量的有孔虫、腕足类、介形虫、菊石和少量的双壳类、牙形石等动物灭绝为特征。两幕的持续时间约 6 万年(图 4-54)。目前已经识别出的异常环境事件,包括大规模火山活动(在约 100 万年的时间里,共喷发出了大约 250 万 km^2 的岩浆)、全球性的温度升高(赤道海水表面温度可高达 38 ℃,而陆地上温度可能高达 50 ℃)、海洋缺氧硫化等,这些事件的叠加可能导致了这次显生宙最大的生物灭绝事件。

三叠纪末的大灭绝最可能的原因是大规模的岩浆活动。伴随着潘基亚超大陆的裂解,在三叠纪末期出现大规模的岩浆活动,最为典型的是中大西洋岩浆喷发。这次岩浆活动使得潘基亚超大陆被切割成为两部分,即劳亚大陆和冈瓦纳大陆。火山喷发导致全球气温剧烈升高,全球平均温度从灾难发生前的 16 ℃,在短时间内迅速升高至 30 ℃。火山喷发的同时还喷出了大量的有毒气体,包括二氧化碳、二氧化硫、硫化氢、氯化氢等。由于有毒气体与植物消失等因素,大气中的氧含量也迅速下降,从而也摧毁了很多动物。而对于海洋生物,潘基亚超大陆聚散导致的海平面下降之后又上升,出现了大面积缺氧的海水,使得海洋动物缺氧窒息而死。

白垩纪末的大灭绝被认为最有可能与小行星撞击有关。最早，Alvarez 等(1980)发现在白垩系和古近系交界处铱元素含量异常高，是其背景值的 1000 倍。铱在地球表层非常稀少，但在地外陨石中非常丰富，因此，Alvarez 等(1980)认为铱异常来源于地外星体的撞击。后来有关学者又找到了更多撞击事件的证据，包括微球粒和撞击石英这些与撞击事件直接相关的证据。然而，最令人信服的证据是撞击坑的发现。在墨西哥尤卡坦半岛发现了一个直径约 200 km 的环形构造，其熔岩的放射性年龄为 6600 万年，与白垩纪末的大灭绝时间一致。小行星的撞击能产生铺天盖地的尘埃遮住太阳光，从而使气温骤降，植物也因为不能进行光合作用而纷纷死亡，接踵而至的"多米诺骨牌"效应是植食性动物死亡和肉食性动物死亡。此外，撞击事件产生的酸雨，对植物、浮游生物、具有钙质外壳的生物造成伤害，例如颗石藻和软体动物等。

六、大灭绝的生物学意义

显生宙五次生物大灭绝的主要特征、可能的触发和致命因素如图 5-7 所示。大灭绝淘汰的不仅是一个个物种，更重要的是杀灭了这些有可能演化出新种及其后裔的整个支系。与背景灭绝的机制不同，大灭绝使生物圈原先的生态平衡被彻底打破，使原有的优势类群(如以恐龙为主的爬行动物)衰落消亡而代之以新的优势类群(如哺乳动物)蓬勃发展，从而大大加快了新老生物群的更替，使生命演化的过程提速，并改变了生物的演化趋向，对地球上的生命进化产生了深远的影响。假如大灭绝未曾发生，某些新生类群便不可能得到及时发展乃至辐射的机会，漫长地史和今日的生物群会面目全非，也就不会有我们人类了。

对于大灭绝在生物宏演化过程中的作用还存在争论，有两种对立的观点始终贯穿争论的全过程。Gould 和 Calloway(1980)强调，大灭绝事件驾驭着生物演化的整个过程和总体形式，控制着全球显生宙生物多样性演变的长期趋势。而 Briggs(1998)则认为，大灭绝不能改变多样性演化的总趋势，其在控制生物多样性时只起着次要作用。

与大灭绝相关甚至与演化核心理论相关的问题，在国际上也有很多争论。例如，有些生物在大灭绝后还能幸存下来究竟是其运气好还是基因好，是自然选择还是意外选择？大灭绝对生物特征的选择是遵从一定的法则还是随机的，是历史偶遇的反映还是更替竞争的产物，是采用演化停滞模式还是"红皇后"假说(生存竞争成功者)？等等。针对上述学术争论，可以尝试用中国传统的中庸之道来解释。生物演化过程精彩纷呈、复杂至极，任何单一模式可能都无法包罗万象地去给出合理的解释，往往是两种对立或多种可能同时存在于自然界中。例如，演化的必然与偶

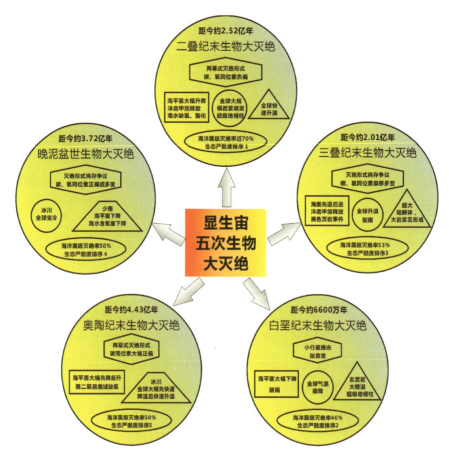

图5-7 显生宙五次生物大灭绝事件的特征和可能致因(据戎嘉余和黄冰,2014修改)

然,宏观与微观,外因(环境变化和自然选择)与内因(基因、遗传、变异和适应),共存与竞争,群体与个体(甚至分子水平),遗传与变异,渐变与突变,停滞(稳定、慢速)与剧变(灾变),成种与消亡,等等。辐射与灭绝的对立也是如此。在大灭绝过程中,生命世界的受挫可能主要起因于环境的恶化,但生命应对恶化环境的能力才是结果的体现。而在大辐射过程中,物种多样性的大增虽然源自生物的内因,但其成功的关键还需要有适宜的环境条件。

环境与生命如同一对矛盾体,在各种因素的交织中,双方不断此消彼长。各类矛盾的双方,大都你中有我、我中有你,并非水火不容。难怪,连著名的美国演化生物学家 Gould (1977)也说:"在演化理论中,大部分伟大的争辩,最后都得用中庸之道这条金科玉律来解决。"

第二节 大灭绝的幕后"黑手"

生物大灭绝的原因一直是科学家和公众关心的问题,但因其复杂性、多解性而长期得不到解决。它是由地球系统的多种因素引起的,情况异常复杂,既有触发(trigger)机制,又有杀灭(killer)机制,但两者经常不易分开。地质历史时期五次大灭绝的原因假说大体可以分为两类,即**地内原因说**和**地外原因说**。地内原因说包括大规模火山喷发、海平面升降、海洋状态恶化、食物链破坏、气候变化(全球变冷或变暖)、地球磁场变化等。地外原因说有外天体撞击、彗星雨等;此外,引起大灭绝也有生物内因,如生物特化等。任何一次大灭绝事件,可能都是多方面共同作用的结果,而非单一起因。

一、大灭绝原因研究方法

大灭绝原因的研究方法包括对外部因素(地球的环境过程,如古气候、古环境、古地理等)和内部因素(地球的生命过程,如遗传、基因、代谢、生理、生殖、居群、生态等)的研究,通常是在高分辨率生物地层、化学地层、磁性地层和高精度年代地层格架的基础上,运用生物多样性定量统计及多种矿物、岩石和地球化学指标(如碳、氧、锶、硫、铁等)分析,论证大灭绝事件的时空模式及其与古环境演变的关系,典型研究案例列举如下。

(1)地外撞击事件。铱元素在地球上含量非常少,而太空中的尘埃和星体中铱元素含量却很高。如果在地表沉积岩中发现铱元素出现异常富集,就可以认为其来自地外事件。研究发现,在白垩纪与古近纪之交某一层位的地层中,铱元素的含量比背景值陡然增加了30~160倍,这被认为是该时期曾经发生**外星撞击**事件的有力证据,因而也为如下假说提供了支持:6600万年前,陨星撞击地球,产生的尘埃遮天蔽日,引发气候剧变,植物大量死去,恐龙因食物匮乏而遭致灭顶之灾。

(2)火山喷发事件。火山喷发时,除了喷出岩浆、火山灰外,还会伴随很多有毒气体,包括二氧化碳、硫化氢和二氧化硫等。大规模的火山喷发本身以及所带来的气候环境事件(如"核冬天")都可能造成生物大灭绝。火山事件通常很容易留下证据,比如喷发出的岩浆,最终将形成岩浆岩暴露于地表或者近地表。此外,火山喷发时产生的火山灰可能会大面积甚至全球分布,最终将沉积到地球表面,因而沉积地层中出现的火山灰层可以用来指示火山事件。

(3)古温度变化。地质历史时期的古温度变化通常用矿物或者化石的氧同位素来指示。通过对华南二叠纪-三叠纪之交牙形石氧同位素分析,定量地重建了该时期古海水温度变化曲线,揭示了二叠纪-三叠纪之交发生了一次快速升温事件,温度短时间内上升了8～10 ℃,并在此后近5个百万年的时间内一直延续极端高温的过程,从而以实际数据论证了二叠纪末快速极热事件可能是导致这次生物大灭绝的重要原因之一。

(4)特殊的沉积矿物。沉积岩中的黄铁矿可用来指示海水缺氧事件,特别是粒径较小的、同沉积的草莓状黄铁矿颗粒。二叠纪-三叠纪之交沉积岩中普遍存在草莓状黄铁矿富集现象,指示海洋存在缺氧事件。二叠纪末的缺氧沉积在华南广泛分布,即使在较浅水的碳酸盐台地相地区(如四川华蓥山、苏州西山等剖面上),大灭绝界线附近也有较多的黄铁矿出现;而在作为全球二叠系-三叠系界线标准("金钉子")的长兴煤山剖面上,黄铁矿在大灭绝事件之前的地层中就已经出现,并在大灭绝界面上最为富集。

(5)硫同位素研究指示厌氧硫化海水环境。有学者根据硫同位素分馏原理和地质记录中所揭示的海洋化学组成特征,认为硫同位素异常是由厌氧硫化海水的间歇性上涌造成的。在时间上,海水的间歇性上涌与许多物种在大灭绝事件之前的大量减少是一致的。因此,提出厌氧海水的间歇性上涌可能造成生物物种的大量减少甚至灭绝。

二、地外原因说及其证据

1. 小行星撞击说

最典型的地外原因说就是小行星撞击说。小行星是太阳系形成过程中的残留物,这些残留物大都位于火星和木星之间的小行星带上。小行星带距离太阳2.2～3.6个天文单位(1个天文单位的数值取地球和太阳之间的平均距离,约为1.5亿 km),小行星带内约有大于50万颗小行星,其成分有碳质、硅酸盐质和金属铁镍质,其直径大的可达数百千米,小的仅尘埃大小。当一定体量的小行星撞击地球时,将会发生剧烈爆炸,形成巨大的撞击坑(或称陨石坑)。地球上近代的撞击坑,如美国亚利桑那州的巴林杰陨石坑(图5-8),宽1264 m,深174 m,坑的内壁笔直陡峭,距今才5万～2万年,还没有被风化和侵蚀,它的存在证明地球确实曾被小行星撞击过。

小行星撞击地球对地球上生物的打击是致命的。一方面撞击时释放出大量的尘埃进入大气层,形成一层保护罩将地球包围起来,这会导致阳光被遮挡,地球进入"核冬天",长期的黑暗就导致了营光合作用的初级生产者(植物)灭亡,进而破坏整个生态系统。另一方面,小行星与地球表面的大气层摩擦可能直接破坏保护地

(a) (b)

图 5-8 小行星撞击地球情景复原(a)和美国亚利桑那州的巴林杰陨石坑(b)
(图片源自网络)

球的臭氧层,从而将地表的生物直接暴露于太阳光的紫外线辐射下。强烈的紫外线辐射可能直接杀死陆地上的植物和动物,以及海洋表层的浮游生物,从而影响到整个生物圈。

白垩纪-古近纪之交的大灭绝事件被认为最有可能与小行星撞击地球有关。Alvarez等(1980)最先发现在白垩系-古近系界线处有一次铱元素含量的明显升高,是其背景值的1000倍。因为铱在地球表面非常稀少,但陨石中比较丰富。因此,他们认为铱的异常来源于小行星的撞击。后来有关学者又找到了更多小行星撞击的证据,如微球粒和撞击石英等,甚至还有学者发现了这一时期的小行星撞击坑,即在墨西哥尤卡坦半岛发现了一个直径约200 km的环形结构,其熔岩的放射性年龄为6600万年,与白垩纪-古近纪之交的大灭绝时间一致。这些证据表明撞击事件确实发生过。除此之外,在其他几次大灭绝事件的沉积记录中,如上泥盆统弗拉阶-法门阶界线,二叠系-三叠系界线和三叠系-侏罗系界线附近的地层中也曾报道过一些与撞击事件有关的证据,譬如撞击石英、撞击坑、铱元素异常等,但由于这些证据要么规模小,没有全球性的特点,要么时间上与大灭绝不完全吻合,因而没有被广泛接受。

2. 宇宙射线说

有学者提出伽马射线爆发也可能是造成生物灭绝事件的主要原因。一般认为,超新星爆炸时会释放出大规模、高强度的伽马射线(图5-9),这些爆发或许只会持续数秒,但是其强大的能量却足以造成大气中的氮发生反应生成NO_2。NO_2是一种红棕色的气体,这种气体一方面阻挡太阳光照到地球而使得地球降温,另一方面则会加速臭氧层的破坏,造成大量紫外线照射地表,剧烈伤害地表的生物。此外,NO_2溶在雨水中形成酸雨,这对于暴露的植物和各种依赖于雨水的动物都是灾难性的。酸雨流入海水则让海洋中的生物死伤惨重。有学者认为奥陶纪末的大灭绝就可能与这种事件有关(Melott et al.,2004)。只是目前关于这种说法的证据非常少,而且未来要如何找到某个时期的某一颗超新星爆炸去为地球历史上的某一次生物灭绝事件作解释,其困难度也可想而知。

图5-9　宇宙射线对奥陶纪末大灭绝起决定性作用示意图

(图片源自网络)

三、地内原因说及其证据

1. 大规模火山爆发

火山喷发是地球内部热能在地表的释放。火山喷发时,除了喷出岩浆、火山灰外,还会伴随很多火山气体,包括水蒸气、二氧化碳、硫化氢、氯化氢和二氧化硫等。大规模的火山喷发对生物的影响非常明显,一方面火山喷出的火山灰会进入大气层,在平流层中停留形成一层保护罩将地球包围起来,导致阳光被遮挡,出现短暂的"核冬天",从而抑制了营光合作用的初级生产者的生长;另一方面大量火山气体喷发也会改变大气的化学组成。含硫化合物进入大气形成硫酸,产生大量的酸雨,对陆地和海洋生物造成破坏。二氧化碳作为温室气体,其浓度的快速上升导致温度的升高,"核冬天"后的"极热"事件和极端高温会对温度耐受性较差的生物产生直接影响,而且地球表层温度升高会导致赤道和两极地区温差减弱,洋流循环也会减弱或者停滞,引起**海洋缺氧**,对海洋生物造成致命打击。

显生宙发生了很多次大规模陆地火山喷发事件(大火成岩省)(图5-10),其中大多数与生物灭绝事件有关,五次大灭绝中有4次被认为与大规模火山喷发有关(Bond and Wignall,2014)。晚泥盆世的威留维(Viluy)大火成岩省位于西伯利亚东北部,喷出玄武岩的体积约为100万km³。该大火成岩省目前还缺少较为精确的放射性同位素定年数据,但其喷发时间与晚泥盆世的生物大灭绝事件大体是一致的。与大灭绝显著耦合的火山事件是发生于二叠纪-三叠纪之交的西伯利亚大火成岩省(Renne et al.,1995),喷出地表的玄武岩面积超过300万km²,最大厚度达2500 m。二叠纪-三叠纪之交的火山岩与火山碎屑岩还广泛分布于特提斯洋周缘和泛大洋西缘、冈瓦纳特提斯北缘、俄罗斯滨海地区和中国南方等地区(殷鸿福和宋海军,2013)。其中华南位于二叠系-三叠系界线上下的两层火山灰分布面积约100万km²,在时间上与两幕式生物灭绝一致,进一步表明大规模的火山作用与二叠纪-三叠纪之交生物大灭绝之间存在必然的联系。伴随着泛大陆的裂解,在三叠纪末出现的中大西洋岩浆区(Central Atlantic magmatic province,简称CAMP)是显生宙最大规模的岩浆活动事件之一,总面积约为700万km²。锆石测年表明该火山发生于201 Ma,持续时间为60万年,与三叠纪末的生物大灭绝一致(Blackburn et al.,2013)。此外,形成于白垩纪末期的德干玄武岩(Deccan Traps),虽然出露面积仅约50万km²,但当时喷出的岩浆量却巨大。德干大火成岩省在时间上与白垩纪-古近纪之交的大灭绝一致,两个事件之间可能存在因果关系(Wignall,2011)。

2. 极端气候变化

气候变化是指长时期内气候状态的变化,通常用温度、降水等气候要素的定量变化来反映。在地质历史时期的极端气候变化主要包括全球温度的快速和大幅度下降与上升,极端干旱和超大规模洪水事件等。这些事件本身对陆地和海洋表层生物就可以造成直接的打击,而这些事件所引起的连锁反应则会对整个生物圈产生重要影响。全球尺度的快速降温,对陆地和海洋生物的低温忍耐性是严峻的考验,那些不耐低温的生物就会被淘汰。另外,快速的降温还会导致两极和高原地区冰川的积累,进而导致海平面的快速下降,造成陆表浅海面积的快速减少,给浅海生物带来灾难。快速升温也会对生物产生直接的影响,不耐高温的生物就会被淘汰。温度升高对陆地气候、大气和大洋洋流循环及水体溶氧量都会产生负面的影响,从而波及所有的生态系统。超大规模的洪水事件对于陆地动植物是一种致命的打击,洪水引起近岸海域水体浑浊,使其溶氧量降低,也会影响海洋生物。

地球表层极端气候变化的触发机制可能是一些特殊的地外事件,如小行星撞击等,或者是某些重大的地球内部变动(如壳-幔和核-幔的相互作用),但这些极端

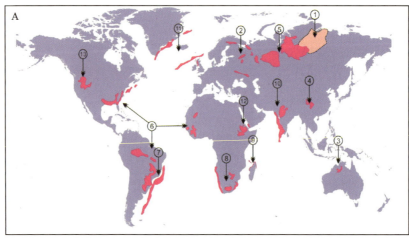

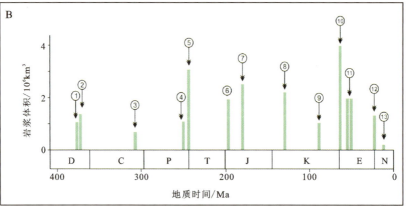

图 5-10　泥盆纪以来陆地大火成岩省的时空分布(据 Bond and Wignall,2014 修改)
①西伯利亚东北部威留维(Viluy),不确定具体范围;②东欧平原的普里皮亚季-第聂伯河-顿涅茨河(Pripyat-Dnieper-Donets);③印度洋凯尔盖朗群岛(Kerguelen);④中国四川省峨眉山(Emeishan);⑤俄罗斯西伯利亚(Siberia);⑥中大西洋(Central Atlantic);⑦南美洲巴拉那河(Parana);⑧南非卡鲁(Karoo);⑨马达加斯加(Madagascar);⑩印度南部德干(Deccan);⑪北大西洋(North Atlantic);⑫埃塞俄比亚也门(Ethiopia Yemen);⑬美国西部哥伦比亚河(Columbia River)

气候变化对生物圈的作用往往是直接的。显生宙与生物大灭绝有关的极端气候事件包括奥陶纪末变冷事件、晚泥盆世的弗拉期-法门期之交的气候快速而高幅变冷事件、早三叠世极热事件、晚三叠世卡尼期洪水事件、古新世-始新世之交的极热事件等。奥陶纪末的变冷事件发生极快,快速的降温时间可能不到50万年。冈瓦纳大陆冰盖高峰期——海平面的快速下降与奥陶纪末的第一幕大灭绝在时间上是一致的,而且灭绝后出现的赫南特贝凉水动物迅速在生态系统中占据主导地位,都表明变冷事件与大灭绝具有因果关系(戎嘉余和黄冰,2014)。二叠纪末的升温速度可能更快,根据牙形石氧同位素和新的放射性同位素测年数据,在不到1万年的时间里温度升高了8℃(Sun et al.,2012;Burgess et al.,2014),这对陆地和海洋生物都是致命的打击。更为可怕的是,极端高温环境持续时间很长,大约300万年,赤道地区早三叠世表层海水最高温度可能达到40℃,陆地温度则更高,这已经超过大多数生命的最高忍受温度。与此类似的是古新世-始新世之交的极热事件,有孔虫氧同位素数据表明,在热带地区海水表层温度上升了5~8℃,高纬度地区海水表层温度上升了8~10℃,且温度升高的过程还不到1万年(Zachos et al.,2001)。晚三叠世的卡尼期洪水事件(Carnian Pluvial Event,简称CPE)是指发生于中卡尼期的极端湿润事件,以幕式降雨量的增多为特征。它的形成原因可能与当时潘基亚超大陆上超级季风的盛行有关(Parrish,1993)。这次超大型洪水事件不仅对陆地生态系统产生重要影响,对海洋生态系统的影响也非常大,它抑制了碳酸盐岩的沉积,影响了具有钙质壳生物的发展。

3. 海洋环境恶化

海洋环境恶化是指海洋环境因子的某个或者多个变化产生对生物或者生态系统的负面影响。常见的海洋环境恶化包括海平面快速升降、海洋缺氧、**海洋酸化**、海洋毒化等。海平面快速升降影响的主要是海洋生物的栖息地,而其他几种海水恶化事件对海洋生物通常是一种直接的打击,轻则影响生物的生长发育、新陈代谢、生理机能,重则导致生物的死亡,甚至绝种。全球海平面的快速升降在显生宙的五次大灭绝中均有出现,其中奥陶纪与志留纪之交、二叠纪-三叠纪之交、三叠纪与侏罗纪之交全球的海平面都是先下降后上升,晚泥盆世弗拉期-法门期之交海平面是先上升后下降,白垩纪-古近纪之交海平面主要是下降。海洋缺氧也是常见的海洋环境恶化,在奥陶纪与志留纪之交第二幕灭绝事件和晚泥盆世弗拉期-法门期之交、二叠纪-三叠纪之交、三叠纪与侏罗纪之交的灭绝事件中都有发现。

4. 生态系统崩塌

环境剧变使生物不得不动员全身力量(如遗传、免疫、生理、生殖和生态等)来应对,当这种变化超过大多数物种的生存临界值时,大灭绝便不可避免。温度剧变严重破坏了生物的生理机能对恶化环境的适应和居群生殖的延续,是大灭绝互有牵连的诸多因素中关键的控制因素之一。有专家认为,二叠纪末生物大灭绝的真正"凶手"可能是环境在短时间内发生了巨大变化,导致整个生态系统的崩溃。科学家们通过对华南西部康滇古陆东侧的一系列从海到陆的二叠纪-三叠纪过渡期地层剖面研究发现,陆相地层中碳同位素的异常变化与海洋中同步发生,地层中还有土壤崩溃和气候干旱化的证据,古土壤呈现出紫红色,并且含有大量的钙结核、石膏这类干旱时才会出现的证据。而且在大灭绝事件地层中,通常能够找到大火燃烧的证据——炭屑,这说明当时的天气非常干燥,绵延不绝的野火给当时位于赤道的热带雨林带来灾难。森林的破坏又使得地表风化加剧,土壤系统随着植被系统瓦解而全面崩溃。作为"地球之肺"的原始森林大面积死亡,则直接导致局部乃至全球的二氧化碳浓度上升,气候随之发生变化。短期之内,整个生态系统全面崩塌。

四、生物内因说及其证据

所谓内因就是指生物本身的原因,其中最常见的情形是生物特化。特化是生物对某种生活条件特殊适应的结果,它们长期生活在这种条件下,虽然在形态和生理上发生局部变异适应,但整个身体的组织结构和代谢水平并无变化。稳定的环境使特化生物得以繁衍,但特化生物抗灾变能力并未与其繁荣发展同步增强,一旦环境突变,它们便走向灭绝。因此,特化是衰亡的前兆。

恐龙在侏罗纪和白垩纪时期成为地球的霸主,演化出许多分支,但到白垩纪-古近纪之交几乎全部灭绝,只有一支进化出鸟类而延续至今。为什么中生代曾经称霸的恐龙会发生大灭绝呢?除了外星体撞击和火山活动这些外因外,一般还认为有其他一些原因,如微量元素污染使恐龙生殖能力和孵化率降低,不适应以大量新生的被子植物为食而被毒死,不能适应气候变冷而被冻死,竞争不过哺乳动物而被淘汰等。为什么哺乳类和鸟类没被撞死或被毒死、病死、冻死呢?答案只能从内因上寻找,恐龙的特化正是导致其被淘汰的内因。事实上,早在外星体撞击前,恐龙就已经明显开始衰落了。

恐龙有哪些特化现象呢?一是个体特化。如庞大的剑龙,仅靠头部的小脑指挥不了尾巴和大腿,故在腰部另长一个神经节(脑)协助指挥后腿和尾巴。有些巨大的植食恐龙,近30 m长的身体,躯体部分还不到10 m,而头颈部和尾巴却有十几米长,它们对环境、食物等要求很苛刻,一旦环境不利,就产生适应危机。二是食物特化。如一些巨型恐龙,一天要吃百余斤(1斤=0.5 kg)甚至千余斤食物,一旦环境恶化,其食物供应便成为危机。三是演化加速。演化达到极盛,形成了很多种类,极盛之后便是衰退,加速极盛往往继而加速衰退,正所谓"来也匆匆,去也匆匆"。白垩纪晚期的恐龙已经开始衰退,有些地方恐龙蛋聚集,许多恐龙蛋可能因为感染真菌而孵化不出小恐龙(龚一鸣等,2008)。由于恐龙出现了以上一些特化,当环境突变时,便会导致其灭亡。

综上所述,显生宙的五次生物大灭绝除了具有某些共同特征外,也有各自独特的性质。生物大灭绝的机制是十分复杂的,既有地球外部的力量,又有地球系统内部的多种因素,同时还有生物本身的原因,影响机制复杂多样,但又相互关联。因此,要弄清大灭绝的原因,需要从基础做起,在高分辨率时间基础上,分别研究不同地区、不同沉积背景、不同生物门类的具体表现形式,分析各种异常环境发生的精确时间、持续时间、变化幅度、强度和频度等具体过程,最后才可能基于生物化石与环境因子在时间上和逻辑上的关联,从地球系统科学的角度来澄清大灭绝发生的复杂机制。

第三节 大灭绝后的生物复苏

生物大灭绝并不是消灭了地球上的一切生物。由于不同生物种类在组织、结构、生理机能、生活习性和生殖方式等方面存在差异,它们对环境的应变能力也大相径庭。因此,在每次大灭绝事件中,总会有少数类群能够忍受造成大灭绝的极端恶劣环境而幸存下来。同时,新的环境条件也给新物种的诞生创造了机遇。大灭绝期间幸存的和新生的物种,一般会在大灭绝后大量空出的生态空间中迅速复苏和辐射,开创出生物进化的新篇章。因此,每次全球性的生物大灭绝事件后,都伴随着大量生物的新生或复苏和辐射。

一、生物复苏的含义、研究内容和方法

1. 生物复苏的含义

大灭绝重创了原有的全球生态系统,打破了生物与环境之间的相对平衡,极大地弱化了旧有的生物屏障,给少数原先不占优势但生存能力强的生物的扩散与发展创造了新机遇。灭绝为幸存者和新生者提供了广阔的新生态位,促进了新类群的孕育和繁衍。例如,白垩纪末恐龙灭绝之后,哺乳动物开始兴盛,并逐渐在地球上占据主导地位。生物复苏是大灭绝后新一轮适应辐射的前奏。

2. 研究内容和方法

大灭绝后的生物复苏是演化古生物学研究的主要内容之一,也同样需要像研究大灭绝那样对地层剖面做精细的测量,对所含化石做大量的采集和鉴定,进行高分辨率的年代地层划分与对比,并确定复苏时期各属种的类型、首现和延限。这里特别需要研究的是那些幸存者,因为冲破大灭绝灾难的幸存者是生态系统演替的纽带,是大灾难事件的"见证者",它们和在灭绝后新生的生物一起是生物复苏的主要源泉。正是这些生物,开创了生物演化历史的新阶段。在上述分析基础上,从居群生物学、群落生态学及生物地理学入手,深入研究复苏时期生物界的特征,并结合沉积地球化学方法,探讨海洋、陆地环境在复苏时期的变化,以及新生态系统建

立的背景、过程和特点,都是复苏研究的重要内容。

(1) 居群生物学。调研各类生物在残存期(紧接着大灭绝后的一段时期,该时期少数生物存活下来,新生率小于或等于灭绝率)和复苏期(紧跟在残存期之后,生物类别逐渐多样化,新生率大于灭绝率)的基本情况,对于分析残存和复苏形式是一项基础性的工作。这里要特别指出的是,冲破大灭绝幕的幸存者,往往是那些拥有大居群的物种,即在短时期内大量繁殖,迅速占据大量空出的生态位,因而也常常在大区域范围甚至全球广布(通常称其为"灾难生物")。因此,需要详细研究这些"灾难生物"的居群规模、结构、动态,并与已灭绝的土著种、特化种等的居群进行深入对比分析。二叠纪末的大灭绝虽然消灭了绝大部分在晚二叠世十分繁盛并有显著特化的腕足动物(如长身贝类),但仍有极少量腕足类穿越大灭绝事件残存下来,如舌形贝类和小嘴贝类。与此同时,一些发生于大灭绝末期前的先驱进步类型,如双壳类的克氏蛤,却在大灭绝后空出的生态系统中迅速爆发增长,成为典型的"灾难生物",主宰了残存期的生态系统。不过,当环境逐渐好转、正常新生类群逐渐分化后,这些残存类型和新生"灾难生物"迅速消亡,群落中的居群结构渐趋平衡。

(2) 群落生态学。研究大灭绝前后生物群落的演变形式及其特征,是生物复苏研究的一个不可缺少的环节。通过这方面的研究,可以揭示由群落生态特征所反映的大灭绝前后生态系统的变化。就晚泥盆世的大灭绝事件而言,其对浅海台地相的底栖无脊椎动物影响尤为强烈,它导致珊瑚-层孔虫礁生态系统的消失和具有泥盆纪面貌的四射珊瑚动物群的灭绝。从全球来看,弗拉期浅海台地相的四射珊瑚共有47属,但经过F-F大灭绝之后,只有3个属幸存下来,其余都灭绝了;而生活在弗拉期较深水盆地中的12个属却全部存活下来。因此,在不同生活环境中的生物复苏形式是不同的。

(3) 生物地理学。在深入分析群落生态的基础上,研究大灭绝前后各生物的古地理分布特点,将有助于探讨生物残存和复苏的基本规律。在奥陶纪末大灭绝过程中,大多数土著分子发生灭绝,而志留纪初的幸存者大都是灭绝前具有全球性广泛分布的类别(Rong and Harper,1988),这也是大灭绝后海洋底栖无脊椎动物残存期的一个典型特点。到了复苏期,生物地理区系开始发生新的变化,除部分幸存者继续存活外,由于环境的好转,成种作用恢复,各地区出现了一批各具特色的土著分子,致使生物地理的区域性渐趋明朗。

二、生命起源、生物类群分化、生物复苏和辐射的事实及其异同

从演化的角度看,生命起源是化学进化的产物,而生物类群分化(起源)、生物

复苏、生物辐射都是生物进化的结果。生命起源之前，只有由无机小分子发生化学反应变成有机小分子，再由有机小分子合成大分子，进一步再产生有生命的物质；而生物类群分化、生物复苏、生物辐射都是建立在已有生命体（物种）的基础上，由原有物种发生变异产生新物种的过程。

从生物多样性变化上看，生命起源、生物类群分化、生物辐射都代表新的生物群的建立，生物分异度（多样性）都显著增加。尤其是生物辐射标志着生物群稳定后的快速多样化现象，是对环境的适应性辐射。这个时期的生物分异度将达到一个峰值。

从因果关系来看，生命起源是因，生物类群分化、生物复苏、生物辐射是果。生物所有演化事件的源头，如果没有最初的生命起源，任何生物演化事件都无从发生。

从相互关系来看，生物复苏过程中往往又涵盖了生物类群分化和生物辐射，即生物复苏过程中必然会产生新的生物类群分化，新的生物类群进化到一定阶段往往会产生生物辐射。例如，中生代初的生物复苏由于恶劣环境持续未能得到改善，因此，群落和生态系统的复苏与重建过程历经波折，海、陆生物都在历经近千万年后的中三叠世早期才得以完整复苏和辐射，形成了当时独具特色的一些高度分异的生物群，海洋中如中国南方的青岩动物群（以多门类底栖无脊椎动物高度分异为特征）和盘县-罗平动物群（以多营养层次的海生脊椎动物和无脊椎动物共同繁荣的复杂生态系统为特征），陆地上如中国北方的中国肯氏兽动物群等。与此同时，伴随这次曲折的生物复苏过程，一些现代生物群中的关键类型或其祖先先后萌发，例如现代海洋主导造礁的六射珊瑚、统治现代海陆水域的真骨鱼类，以及陆地上现代迷齿两栖类、龟类、鳄鱼类、蜥蜴类和哺乳类的祖先，特别是统治中生代海陆空的鱼龙、恐龙和翼龙也都是在这段复苏期诞生或初步萌芽的。但有一个非常值得注意的现象是，虽然这些现代型生物的祖先类型在三叠纪初近千万年的复苏过程中逐步产生或萌发，但它们在地球上的优势地位是在三叠纪生物复苏之后又经历了很长一段时期的生存竞争才逐步确立的。

三、大灭绝后的生物复苏过程及生物特征

大灭绝后的生物复苏过程包括残存期、复苏期和辐射期3个演化阶段。

1. 残存期生物特征

当大灭绝毁坏了原有的生态系统时，地球表层的生态系统都处于萧条状态，生态抑制较复苏期强烈，故生物分异度（又称多样性）很低，只有那些具有先进结构或生态忍耐性很强的小型和结构简单的属种才能幸存下来。这时，幸存者占据主导

地位,通常类别数量有限,但灾后泛滥种(灾难种)的个体数量可达到鼎盛,如兰多维列世(早志留世)初期的欣德贝(腕足动物)群落、早三叠世初期的克氏蛤(双壳动物)群落和水龙兽(爬行动物)群落等都属于这种类型。一般来说,这个时期的灭绝速率和成种速率等于或趋于零,几乎很少出现土著分子。此外,群落的类型和结构相对简单,全球的生物地理区系相对单调,也是这个时期的特点。

2. 复苏期生物特征

继残存期之后为复苏期,以成种速率高于灭绝速率、新进化类型逐渐占据优势、生物分异度与残存期相比明显增高为特点。这个时期环境开始好转,生物类别数量(分异度)增高,生态类型增多;部分幸存种继续存活,但数量有限;灾后泛滥种消失或数量大减;复活类型纷纷返回家园,新的土著分子迅速增多,它们是复苏期与残存期区别的一些重要标志。复苏期的群落类型和数量明显增多,群落结构趋于复杂;生物地理区系开始分异,土著性增强。复苏期既是残存期的延续,又是辐射期的前奏。

3. 辐射期生物特征

辐射期是大灭绝后生物进化的新的高潮阶段。由于新的生态系统已经建立并渐趋完善,生态环境已变得大大有利于各类生物的生存和繁衍,各类生物成种速率与规模均大大超过复苏阶段,它们爆发式地、成功地占领新的生态领域,使分异度和群落类型大量增多,群落结构变得相当复杂,导致生物丰富度和分异度都达到了顶峰。后生动物礁通常出现得较晚,它的快速扩张经常是辐射期后海洋生物发展的另一个高峰。在辐射期,较高级别的生物分类单元大量产生,演化新质(指新的形态构造、器官)普遍出现。因此,无论从生物演化阶段还是成种作用的规模而言,复苏与辐射是两个不同的阶段。复苏期向辐射期变化的过程、背景及机制是生物复苏研究中的一个重要环节。

四、地史时期的3次生物大辐射事件

1. 前寒武纪-寒武纪之交生物大辐射

这是生物进化史上的第一次多细胞复杂化后的大辐射演化事件,发生于前寒武纪末期至寒武纪初,历时超过1亿年。这次大辐射也是地球历史上最大规模的多幕式生物辐射事件,至少可分辨出4幕,其中最典型的是多细胞动物大辐射。

第一幕(635~580 Ma)是后生动物起源和早期演化的关键阶段,伴随真核多细胞生物的快速大辐射,这一阶段后生生物、海绵动物和刺胞动物等干群支系大量出现。在中国南方贵州瓮安埃迪卡拉纪早期的**瓮安生物群**就是这个阶段迄今全球最好的化石记录,该生物群以多细胞后生动物化石为特征,且主要是特异埋藏保存的胚胎化石(Xiao et al.,1998)。特别是埃迪卡拉纪早期大量繁盛的所谓"大型具刺疑源类"中一部分也可能是早期后生动物的休眠卵(Yin et al.,2007)。

第二幕(580～539 Ma)以大型化动物的出现为特征,除了前期出现的微型后生动物和海绵动物干群分子的大型化,首次出现了大量两胚层动物和两侧对称动物的干群支系,以及部分可能的原口动物和后口动物的干群支系。全球广泛分布的**埃迪卡拉生物群**(图 5-11)是这个阶段的代表性化石群。这一时期的生物群绝大部分只有软体结构,除了特殊条件下保存为印痕化石外,遗迹化石比较多见。

图 5-11　埃迪卡拉纪的埃迪卡拉生物群复原图(据冯伟民等,2014)

第三幕(539～521 Ma)是海绵动物、刺胞动物和两侧对称动物首次快速大辐射时期,以动物骨骼化的快速大爆发为标志,以全球分布的寒武纪**小壳化石群**为代表,如中国南方的**梅树村生物群**和西伯利亚的**托莫特动物群**。它们以个体细小(1～2 mm)、具有外壳的多门类海生无脊椎动物为特征。动物有了外壳,缺点是身体与外界进行呼吸代谢的表面积减少,迫使其内部产生复杂的组织,如鳃、肺等,优点是多了一层保护功能。这是生物发展史上具有里程碑意义的事件——**生物矿化**,因为随着生态系统中肉食性动物的产生,自我保护就成为了首要问题。

第四幕(521～515 Ma)是寒武纪大爆发高峰期,以寒武纪动物群的大爆发为标志,以产于云南澄江的**澄江生物群**(图 5-12)为代表。澄江生物群中出现了大量动物超门和门一级动物冠群与干群支系,特别是后口动物的大爆发,以泛节肢动物为优势类群,因而它造就了寒武纪演化动物群,构建了现代动物多样性框架的基础。寒武纪大爆发不仅是动物分类和形态的辐射,也是生态类型的辐射。在现存后生动物的 38 个门中,有至少 20 个门一级的生物是在寒武纪大爆发中造就的。这样一个生物多样性的快速增加,伴随着形态和生态类型的快速扩张(如个体增大、形态复杂化、骨骼化、生活方式多样化等),被认为是寒武纪大爆发的主幕。需要特别指出的是,在澄江生物群中出现了最早的脊椎动物鱼类的始祖——海口鱼和昆明鱼。近年还在中国发现了与澄江生物群时代相当、较深水生态系统的**清江生物群**(图 5-13)。

图 5-12 寒武纪初期的澄江生物群复原图(据陈均远,2004)

图 5-13 与澄江生物群同时代、较深水生态系统的寒武纪清江生物群复原图(据 Fu et al.,2019)

2. 奥陶纪生物大辐射

这是地球历史时期继寒武纪大爆发之后的第二次海洋生物多样性急速增加事件,历时 4000 多万年。这次事件构建了古生代演化动物群的基本框架,同时也使以滤食生物和造礁生物为主的古生代演化动物群完成了对以节肢动物为主的寒武纪演化动物群的全面替代。大辐射虽主要表现在较低级别的分类单元上(如目、超科、科、属和种),但使得地球海洋生态系统达到前所未有的复杂程度(图 5-14)。寒武纪时期,地球海洋生物主要集中在近岸较浅水区域,奥陶纪生物大辐射使得当时地球广大陆表海区域从近岸浅水到远岸较深水、从水体表层到不同水体深度以及海洋软底质表面和底质内部全部都被不同生态类型的海洋生物所占领,海洋生命系统呈现出纷繁复杂的景象。

图 5-14 奥陶纪海洋生态复原图(图片源自网络)

这次大辐射的规模和形式在不同的板块上,其生态类型、门类与分类群间存在很大的差异。华南**奥陶纪大辐射**始于早奥陶世晚期,早于世界其他地区。华南从晚寒武世到奥陶纪初,属和科的多样性快速增加,从 59 属、32 科增至 266 属、83 科,但真正的辐射发生在中奥陶世。经过这次辐射,海洋动物类别多样性达到寒武纪结束时的 7 倍多,苔藓动物门是唯一新生门级单元,并首现于华南。绝大多数寒武纪动物群都生活在浅海,而奥陶纪大辐射后,海洋生物占领了从沿岸到深海的各个生态领域,并扩展到不同温度和纬度的生物地理区。腕足动物辐射先在浅海区发生,后占领较深水环境。部分三叶虫于中奥陶世早期再次辐射,但向深水钙泥底质拓展。笔石与腕足类和三叶虫有别,在辐射中起主导作用的双笔石源自较深水区域。晚奥陶世(除末期外)气候变暖,全球海侵,多种沉积相(含生物礁)发育,物种多样性猛增,达到华南奥陶纪大辐射的顶峰。

3. 中三叠世生物大辐射

二叠纪末大灭绝后,经过早三叠世漫长的复苏,中三叠世早期迎来显生宙的第三次大辐射,为以双壳类和腹足类等为特点的"现代演化动物群"奠定了基础(图 5-15)。该时期海洋生物科、属总数比前一时期递增 4~5 倍,其中最引人注目的是一系列大型海生爬行动物的出现和繁盛。在华南,它们最早出现于早三叠世晚期(安徽巢湖、湖北远安—南漳),在中三叠世至晚三叠世早期迅速繁荣,在滇东—黔西南地区大量产出。其中,中三叠世中—晚安尼期的贵州青岩化石群则保存了三叠纪生物大辐射的最典型特征,以极度繁荣的底栖群落为代表,其中被识别的化石有 17 大类近 300 个种。盘县动物群、罗平动物群、青岩动物群都是二叠纪末生物大灭绝后、中三叠世早期生物圈快速分异过程的实证,它们含有处于食物链顶端的大型食肉类和多门类无脊椎动物,标志着中生代生态系统的形成,并奠定了现代型生态系统的结构基础。

图 5-15 中三叠世辐射后的海洋生态系统复原图(据陈晶等,2009)

不同类群复苏和辐射的始现时间和形式各不相同。菊石、底栖有孔虫、钙藻复苏较早,早于其他类群生物数百万年,有的在早三叠世中—晚期就已经开始快速分异。多数门类到中三叠世早期才先后辐射,复苏期长达 800~1000 万年,是所有大灭绝中复苏期历时最长的。主要原因是许多生态系统在二叠纪-三叠纪之交的大灭绝中完全毁灭,作为各种生态系统基础的一些重要微生物功能群也受到重创。同时,这一时期的地球环境也一直在剧烈波动,使得生物的复苏进程多次被打断和调整。因此,由于生物缺乏对环境的协调功能,早三叠世长期保持类似前寒武纪的恶劣环境状态,生态系统的恢复长期受阻,故复苏进程缓慢。

五、生物复苏的形式及其生态环境意义

1. 生物复苏的形式

复苏是生物对新的环境条件适应和生态分异的结果。生态环境与生物适应演变直接影响到**生物复苏**的进程,其中生物族群、支系及其居群对新环境的适应演变最为重要。一些生物类别能够从灭绝事件中幸存下来,表明其对灾变环境具有特殊的适应能力,因此,在大灭绝之后就容易快速复苏,如二叠纪末大灭绝之后某些幸存的双壳类。但如果大灭绝后生态环境仍在不断变化,那么一些幸存类别虽然成功穿越了大灭绝,却会在随后新的环境条件下被淘汰,如一些二叠纪末大灭绝后残存的腕足类。此外,还有一些幸存的种类,其多样性在大灭绝的800万~2000万年之后,才开始逐渐恢复元气,例如二叠纪末大灭绝之后的腕足类、腹足类、海绵等多数动物门类。因此,生物的复苏和辐射并没有统一的模式可循。

复苏形式的不同强烈反映在生物类群、古地理、古气候和古海洋的种种差异中。这些都为生物复苏在生态、生物地理和宏演化的复杂性方面提供了证据,表明了生物复苏形成与环境的时空演变和生物对环境变化的适应差异存在着密切的关系。

在地质历史时期,历次大灭绝后残存期和复苏期时限的长短并不相同。就古生代三次大灭绝后的复苏历程而言,志留纪初的残存期历时约200万年,复苏时间最短,尤其表现在营漂浮生活方式的笔石动物中,仅200万~300万年;泥盆纪法门期的残存期比较长,几乎占了整个法门期的绝大多数时间。到了法门期晚期,各门类生物开始复苏,出现许多新生类别。法门期的时间跨度约1400万年,残存期估计有1100万年,复苏期约为300万年。早三叠世的残存期历时100万~200万年。经历了二叠纪-三叠纪之交的两幕灭绝后,三叠纪的复苏历程最长,为500万~1000万年,直到中三叠世以后才恢复正常的生态系统面貌。复苏历程的长短与哪些因素相关很值得研究。

应该特别指出的是,各种类别生物的残存期与复苏期的长短是各不相同的,最突出的例子是生物礁。从目前的研究结果来看,以气候为控制因素的大灭绝事件总是先影响到热带地区,而处于热带海域的生物礁又因对环境的综合变化反应最为敏感,故总是最早受到影响;大灭绝后,它们一般比其他海洋底栖生物的复苏要晚些,如晚奥陶世末大灭绝后的生物复苏过程中,腕足类、腹足类等先后在志留纪

早期的晚鲁丹期—早埃隆期发生复苏,而扬子地区的生物礁一直到兰多维列世最晚期,即晚特列奇期(如川北、陕南的宁强组上部)才大量出现。究其原因主要与气候转暖的早、晚有关。晚奥陶世晚期的冰室气候导致全球大洋水温的大幅度下降(下降约10 ℃),这不仅影响到大范围的温带和亚热带,而且影响到赤道浅水区域。待扬子地区陆表海域的水温及其他造礁条件完全恢复时,已经到兰多维列世最晚期了。

2. 生态环境意义

生态环境的状态直接影响着生物复苏的进程。反过来看,生物复苏的形式也可以反映出生态环境的好坏。如二叠纪末的大灭绝导致海洋中90%以上的物种灭绝,且绝大多数灭绝于二叠系-三叠系界线之下的灭绝主幕。主幕灭绝后的残存生物中,一大部分又未能跨越紧邻二叠系-三叠系界线之上的第二幕灭绝事件。余下的极少量残存生物也灭绝于三叠纪初的残存期和复苏期,表明在早三叠世生物复苏过程中可能仍在不断发生导致生物灭绝的环境转换事件。直到早三叠世晚期随着环境趋于稳定,以及一些适应能力更强的新生类群逐步复苏,这种格局才被打破。由此可见,只有当环境变得稳定以及随着生物对环境适应能力增强使得生态环境变得适于新生生物生存时,生物复苏才成为可能。

第四节 生物兴衰之谜——环境演变与基因突变

一、生物与环境的关系

地球是太阳系中有生物圈的特殊行星,为生物提供了宜居的阳光、空气、水、营养物质、适宜的温度和生存空间。地球的历史包含了生物与地球环境长期相互作用、共同演化的历史。当今地球适合生物圈存在的这一特殊状态,是数十亿年来生物与环境之间相互作用、协同演化的结果,并且靠生物圈与其他圈层的相互作用来维持和调控。

1. 环境对生物的影响

生物的生存环境是由各种环境因子组合起来的复合体,这些因子之间相互作用、相互促进、相互制约,任何一个因子的变化都会引起其他因子发生不同程度的变化。影响生物生存和兴衰的环境因素包括非生物因素和生物因素(图5-16)。其中,非生物因素是指阳光、空气、水、温度、营养等特征;生物因素包括同种生物之间的互助与竞争,以及不同种生物之间的捕食与被捕食、竞争与协同、寄生与共生。

图 5-16 一个湖泊生态系统影响生物兴衰的生物因素与环境因素示意图（图片源自网络）
图中的非生物因素包括大气的组成、温度、湿度和水体的温度、营养盐含量、含氧量等，生物因素包括不同食物链位置生物的捕食和被捕食（如大鱼吃小鱼），类似生态位生物的竞争（如同为食草动物的牛和鹿）

地球历史上发生过的多次重大生物转折事件都与地球环境的重大突变有关。例如，地质时期占据着南半球的冈瓦纳古大陆的形成，使得地球生态系统复杂化，并改变了气候条件和大气成分，促进了生物多样性发展，这被认为是造成寒武纪大爆发的重要原因之一。生命最繁盛的时期，往往也是海侵的最高潮期，如奥陶纪中晚期、白垩纪中期等。生命起源于海洋，海侵给海洋生物带来更多的营养成分和生存空间。而生物的大灭绝，通常也是由于各种环境因素的突然剧烈变化给生物生存带来致命性打击，例如，气候的突然变冷或变热、海水缺氧等。

2. 生物对环境的适应

生物与其生存的外界环境条件是相适应的，而且每一种生物都具有与环境相适应的形态结构、生理特征和行为。例如，北极熊的皮下脂肪、麝牛厚重的外皮足以抵御北极刺骨的寒风；仙人掌多肉的茎能够在沙漠里茁壮成长；河马的"血汗"起到了很好的防晒和避免脏水浸染的屏障作用；螳螂具有保护色，能随着生活环境而改变体色；嗜热菌能够在高温废水、热泉、火山等高温条件下生长繁殖，嗜冷菌可以生活在深海、极地、岩洞、高山等低温环境。这些都是生物对环境的适应。为什么有些动植物在地球上仅生存了很短的时间就灭绝了，而有些生物在地球上却生存了几千万年甚至数亿年？这个问题到现在还没有确切的答案。一般来说，能够根据生态环境的变化,改变自身的固有特征与生存需求,适应性强的物种,即使濒临危机,也很有可能转危为安,继续生存繁衍下去。相反,那些不能适应生态环境改变的物种,就很容易在生态环境发生变化的情况下绝种。

3. 生物对环境的改造

生物既能适应环境,也能改造环境。蚯蚓在土壤中活动,可以使土壤疏松,其排泄物还能增加土壤肥力。森林利用光能固定二氧化碳,制造氧气,维持大气圈的碳氧平衡,保持水土,防风固沙,调节气候等。不过,在地球历史时期,真正对环境产生重大影响的,往往都是各类微生物群,它们虽然个小,但量大,且更替速度快。它们的生命活动能够影响一些重要元素的全球循环,而这些循环对地球环境产生重大作用,其中影响碳、氧、硫、氮、铁的5类微生物群尤其重要。

(1)与碳循环有关的微生物群可以影响海洋和大气的气候环境。例如,产甲烷的微生物群繁盛可以释放大量强的温室气体到大气和海洋中,引发温室效应。

(2)光合作用微生物群释放的氧气,不仅为后生动物的发生、发展和繁盛提供了前提条件,也使海洋和大气充氧,成为改变地球环境最重要的动力之一。

(3)与硫循环有关的微生物群,可以产生大量的H_2S,形成硫化海洋,引起海洋缺氧。

(4)代谢氮的微生物群改变了地质环境的营养条件。在一些地质时期,海洋缺氧使海水寡营养,水体硝酸根缺乏,固氮蓝细菌通过固定大量N_2为生物提供了可利用的氮,从而直接影响海洋的初级生产力。

(5)铁氧化菌可以将缺氧水体中的Fe^{2+}氧化成Fe^{3+},而Fe^{3+}是生物所必需的营养元素,决定了生物的兴衰。

综上所述,环境可以影响生物的生存和发展,生物也在不断地改变自己来适应环境,同时也可以通过生命活动来改造环境条件,进而营造更加宜居的生态环境。地球孕育了生命,生命造就了绿色的地球。生物与环境是相互作用、相互依存、相互影响的统一体,并在长期相互作用中**协同演化**。

二、生物抗灾变的能力

有些学者怀疑那些灭绝的生物就是因为它们的基因太"糟糕",无法适应环境;或者是因为它们"运气太差",遇到了无法适应的环境突变。然而,许多大灭绝事实表明,即使那些看似适应很成功、基因"很好"的生物,也难逃大灾变的厄运。那么,什么样的生物是有能力躲过大灭绝的"适者"呢?根据研究,大灭绝后能幸存下来的生物,一般都具有很强的抗灾变能力。

灾变事件可导致一系列巨大的环境变化,从而对生物产生严重影响。大多数生物就因不具备与这些环境变化相适应的能力而迅速死亡,仅当灾变造成的恶劣环境逐渐改善,生物才能重新复苏。生物由于结构、生理、生活习性、生态,尤其是生殖方式和能力的不同,对环境发生快速剧烈变化的抵御、适应、忍耐和再生的能力叫作**抗灾变能力**。有些生物抗灾变能力差,在环境严重恶化的条件下惨遭灭绝;而有些生物抗灾变能力强,在大灭绝中能幸存下来,并成为其后生物复苏的主要源泉。生物的抗灾变能力与它的适应能力、忍耐度、自我更新能力有密切关系。

1. 适应能力

生物界在长期进化过程中已形成了两类不同的适应能力:一类称为 **K-选择型**,其特点是出生率低,但成活率高、寿命长、个体大、空间扩散能力弱,此类生物适宜栖居较稳定的环境;另一类称为 **r-选择型**,特点是出生率高,但成活率低、寿命短、个体小、扩散能力强,适应栖居于多变的生态环境。因此,r-选择型生物对环境变化的应变能力较强,遇到灾变环境时能开拓或逃迁至空出的或新的生态域,在既无天敌又无竞争者的条件下快速繁殖。

一般来说,广适性物种具有较强的抗灾变能力。奥陶纪末期全球气候变冷,海洋大幅度降温,生活在浅水海域中的绝大多数笔石动物都没能幸存下来,只有少数生活在较深水海域表层含氧水中的广适性笔石分子能够幸存下来。腕足动物中的广温性分子并没有因为这次温度变化而灭绝,反而"劫后余生",表现出它们对不同水温的广适性。适于生活在滨岸多变生态环境中的舌形贝类,经历了地史时期的多次灾变事件仍然能够存活下来,从5亿多年前一直延续至今,在基本形态和结构上变化不大。

2. 忍耐度

每一类生物对任何一种环境因素(温度、阳光、空气、水深、盐度、CO_2含量等)都有一个适应的范围,超过这个范围就不能生存。如果生物能通过生理、形态等方面的特性,抗御生态因子不利影响而不受损害,我们称这种能力为生物的**忍耐度**,或耐受性、生态幅。不同生物个体,对环境的忍耐度也是不同的。面对环境突变,只有那些忍耐度较高的物种才能够存活下来。三叠纪早期海洋缺氧,水温升高,绝大多数物种忍受不了这种环境变化而发生灭绝,而双壳动物中的克氏蛤反而受益于这次大灾难,呈现出"灾后泛滥"的面貌,其中一个重要原因就是它们对低氧和高温环境的忍耐度较高。

3. 自我更新的方向与能力

大灭绝后的幸存生物往往具有较强的自我更新能力。这些生物为了维持生命,会根据环境的变化进行自我调整。当环境中营养物质贫乏的时候,它们能够降低新陈代谢的速度,减少自身的能量消耗和对食物的需求量,并最有效地利用营养物质。当温度发生变化时,它们通过改变自身的生物钟、变换体型(如小型化)和栖息地,提前或推迟开花(如芥末植株)、产卵时间(如鲑鱼),以增强后代适应环境的能力。一旦有生物跟不上步伐,就会导致数量减少、竞争优势锐减,甚至衰亡。

古生代的菊石就属于自我更新能力较强的类群。晚二叠世吴家坪期和长兴期菊石属的灭绝率和新生率都比较高(图5-17),说明演化更新速度快。但晚二叠世末期,菊石属的灭绝率和新生率都显著下降,并在二叠纪-三叠纪之交分异度降至最低(5科、7属,其中仅少数科成为可以燎原的"火种"),但属的新生率仍然较高(57%),新生分子占绝对主导位置。凭借高的新生率,菊石进入了既体现残存又具有复苏特点的"残存-复苏期",新菊石动物群的组成与特征发生了实质性的变化。正因为如此,随后才使得菊石的复苏、辐射比其他生物类群发生得早且快。

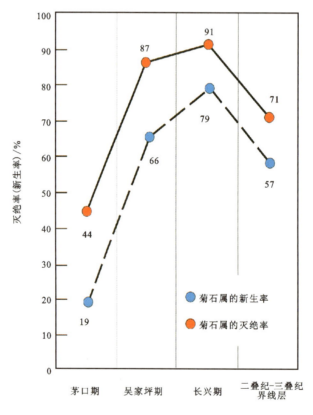

图5-17　中—晚二叠世菊石属的灭绝率与新生率(据戎嘉余和方宗杰,2004修改)

在二叠纪末大灭绝中,双壳类和腕足类都受到严重打击,虽说二者种的灭绝率均约为95%,但属的灭绝率却差异明显,分别是50%和90%。特别是在科级分类单元上,腕足类的灭绝率很高(约75%),而双壳类的灭绝率则低得多(约20%)。双壳类在较高分类级别上拥有较低的灭绝率,加上发育一批**先驱型**(在大灭绝中起源,在大灭绝后迅速分异、辐射,并广泛分布)、**灾难型**(在大灭绝前很少见,在大灭绝后爆发)和**复活型**(在大灭绝之前早已起源,在大灭绝期间消失,在大灭绝后重新出现)分子,使其成功地跨越了二叠纪-三叠纪之交的大灭绝,并在随后的复苏与辐射过程中占据主导地位。而腕足类不仅元气大伤,还因缺乏先驱型、灾难型和复活型分子而在大灭绝后完全丧失其在大灭绝前所拥有的海洋底域优势地位。中生代双壳类对腕足类的优势取代,从一个侧面说明双壳类具有更强的适应更新能力。这一点,除大灭绝外因外,生物本身的生理功能及其适应能力和忍耐度无疑起到了决定性作用。牙形类、鱼类等都是自由游泳的异养生物,因具有较强的运动能力,可以在短时间内快速逃离到稍好的环境而免遭灭顶之灾。可见不同生物类群在大灭绝过程中抵抗灾变环境的能力有着明显差异。

三、生存策略:基因突变

正所谓适者生存,某些物种为适应新的环境,在自然选择下进化出一个或多个新特性,这些变化发生在生物的整个基因构成中,是由DNA突变所引起的。基因突变的诱发因素包括:①物理因素,如宇宙射线、地磁场倒转、光照、温度、水流、水深、沉积条件、地理位置变化等;②化学因素,如盐度、酸碱度、痕量元素、二氧化碳、氧气、有机化合物等;③生物因素,如病毒或细菌的入侵、生存竞争等。

在一定诱发条件下,基因可能会从原来的存在形式突然改变成为另一种新的存在形式。基因突变的结果有3种情况:①产生的生命特征难以适应周围生存环境,导致死亡;②不改变生命或对生命特征仅有很小的影响,结果是产生了基因的多态性,如A、B、O等血型,疾病易感性,药物敏感性等;③产生的生命特征比原来优越,使生物更能适应环境。显然,只有第3种情况才是生物在环境变化中产生的适应性突变,它才使得生物能够更好地生存下去。

1. 基因突变导致寒武纪大爆发

对于寒武纪大爆发事件,有些学者以基因突变来解释。埃迪卡拉纪至寒武纪过渡时期,海水的持续氧化、钙和其他离子浓度的变化以及总盐度的降低可能是触发生物基因突变而产生寒武纪大爆发的主要环境因素。

2. 基因突变让总鳍鱼成功登陆

泥盆纪晚期陆地扩张,全球环境变得干燥和炎热,许多聚水盆地干涸,很多鱼类由于没有水而死亡。当时某种肉鳍鱼类(总鳍鱼)在不断尝试从一个水塘爬向另外一个水塘的过程中发生基因突变,偶鳍变成了四肢,逐渐演变成了既可在水中游动,又能在陆地上跳跃的原始两栖动物(图 5-18)。这种基因突变帮助生物在灾变环境中生存下来。

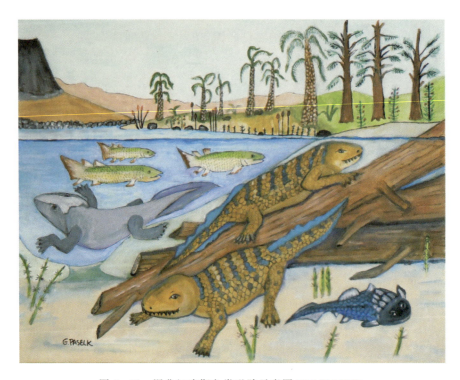

图 5-18　泥盆纪晚期鱼类登陆示意图(图片源自网络)

3. 核辐射导致巨型海洋生物

近年来不断有巨型的海洋生物被发现,例如,2015 年 8 月发现长达 55 m 的巨型八爪鱼(又名章鱼,有 8 条又细又长的触手,属软体动物头足类,个体通常较小,大个体的章鱼长度也不过数米);同年 9 月又发现巨型狼鱼,体长 2 m,形如怪物(图 5-19)。它们有一个重要的共同点是都来自日本福岛县双叶区海域的福岛第一核电站。因此,这些巨型生物极有可能是由于"3·11"东日本大地震(2011 年 3 月 11 日发生的 9.0 级地震)引发福岛第一核电站核泄漏导致了核辐射,使海洋生物发生了基因突变。

4. 微生物的基因突变

细菌、病毒等致病微生物往往会发生不定向性的基因突变,例如,某个细菌发生了基因突变,使它产生能够在青霉素环境下存活的能力。当我们使用青霉素来杀菌时,和它共生的其他细菌都被青霉素杀死,但这种突变的细菌却能存活并疯狂繁殖,也就是通常所说的产生了抗药性。

图 5-19 东日本大地震后日本海域发现的巨型海洋生物（图片源自网络）
(a)八爪鱼；(b)狼鱼

基因突变虽然会使生物体产生有害的变化，但有益的基因突变则是生物多样化的基本原因，是生物进化的主要因素。如果基因复制一直非常完美、零缺陷，那么地球上的生命早就全部灭绝了，因为它们将无法适应地球历史上反复发生的环境剧变。正是由于轻微但持续存在的基因突变，生物的后代才得以在千奇百怪的紊乱环境里成功存活并进化，从而演变成今日生机盎然的生物世界。

第五节　第六次生物大灭绝会来临吗？

地球的生命发展史遭遇了至少 5 次大规模的生物灭绝，其诱发原因都是某些极端环境事件对自然界的剧烈破坏。大量研究表明，当前世界上有 1/5 的哺乳类、鸟类、鱼类、爬行类和两栖类动物正面临灭绝的威胁，而且各类濒危生物的数量还在不断增加，人类在很大程度上是罪魁祸首。因此，有科学家断言，现在地球正在经历着第六次生物大灭绝。

一、生物多样性现状

1. 当代物种分异度及灭绝速度

据估计，目前地球上活着的动物和植物种类有 500 万～1000 万种，但是现在经科学家登记在册的总共只有 200 万种左右，还有更多的物种没有被发现和识别出来。由于人类活动的日益加剧和全球气候变化，目前地球上的生物种类正在以相当于正常水平 1000 倍的速度消失。有人可能会说："物种那么多，即使少了 20%，地球上的生物还是很丰富，生物的很多功能并不会完全丧失。"那他可能想错了。因为共同生活在一个生态系统里的生物，通过食物链互相联系，

自然界中，每一种被子植物与10～30种动物有关。其中的一些昆虫是它的授粉工具，其他动物则以它为生。如果我们消灭这种昆虫，那就破坏了植物的授粉途径，这种植物可能就会绝种。接着就是那些以这种植物为生的动物，它们可能也是其他生物的食物，或者寄主。随着那些动物的灭绝，更多的物种也会消失，其效应类似多米诺骨牌。

在正常情况下，从小小的微生物到大型哺乳动物，平均每年会有好几千个物种灭绝，其中不少都没有得到很好的研究，甚至很多可能还没有被认出来。当然，与此同时又有一些新的物种生成。一般说来，除了大规模灭绝时期之外，应该都是新生数略高于绝种数。正因为如此，地球上的生物多样性才能保持持续性增长。可现在，旧物种消亡的速度比新物种形成的速度要快1000倍左右。目前以每天有100种生物灭绝的平均速率计，只需1.8万年，现代生物的90%便会从地球上消失，完全与二叠纪末大灾难对物种的毁灭程度相当。即将到来的第六次大劫难将成为**人类世**的大灾难。

2. 典型灭绝物种

根据国际自然保护联盟（IUCN）的记录，目前已经发生灭绝的典型物种有澳洲袋狼、渡渡鸟、台湾云豹、冰岛大海雀、北美旅鸽、南非斑驴、直隶猕猴、高鼻羚羊、中国犀牛、南极狼等（图5－20）。

(1) 澳洲袋狼：长着类似狼的脑袋和像狗的身子，是现代最大的食肉有袋动物，又被称作塔斯马尼亚袋狼。它背部长着像老虎一样的黑色条纹，还有能张开很大的利爪。这种只在塔斯马尼亚才有的珍稀动物在100年前曾经繁盛一时，但由于会袭击羊，它遭到了被欧洲移民猎杀的灭顶之灾。

(2) 渡渡鸟：又称毛里求斯渡渡鸟、愚鸠、孤鸽，是仅产于印度洋毛里求斯岛上的一种不会飞的鸟。在15世纪以前，岛上的渡渡鸟数量还是很多的。但自从欧洲殖民者相继在这里定居之后，不仅他们带来的猪、狗、猴、鼠等动物开始捕食渡渡鸟的卵和雏鸟，而且他们也开始对大片森林进行砍伐和对肉味细嫩鲜美的渡渡鸟进行大肆猎杀，最终导致渡渡鸟于1690年前后灭绝。

(3) 台湾云豹：属于中国台湾特有亚种的猫科动物，也是台湾岛上最大型的野生动物之一。台湾云豹在1940年以前尚有几千只左右，但由于台湾地区的人们发现云豹的皮毛美观大方，毛质柔软并富有光泽，是制作皮衣的上等原料，台湾云豹因此遭到了灭顶之灾，被大量捕杀。到了20世纪60年代后期，有专家统计台湾野生云豹不足10只了。1972年最后一只台湾云豹倒在了不法分子黑洞洞的枪口之下，自此人们再未见过台湾云豹的身影。2013年4月，台湾学者宣布，台湾云豹可能已经灭绝。

图 5-20 近现代已经灭绝的物种代表
1.澳洲袋狼;2.渡渡鸟;3.台湾云豹;4.冰岛大海雀;
5.北美旅鸽;6.中国犀牛。1~6 比例尺长 20 cm

(4)冰岛大海雀:是一种不大会飞的水鸟,曾广泛生活在大西洋的各个岛屿上。15 世纪开始的小冰期对大海雀的生存产生了一定的威胁,但大海雀最终灭绝还是由于人类任意捕杀和对其栖息地大面积开发,大海雀和大海雀蛋的标本也成为价值昂贵的收藏品。1844 年 7 月 3 日,在冰岛附近的火岛上,最后一对大海雀在孵蛋期间被杀死。

(5)北美旅鸽:俗称旅鸽,为鸽形目旅鸽属下的一种陆禽,是一种特别喜欢旅行的鸽子,为近代灭绝鸟类中最为著名的代表。曾有多达 50 亿只的旅鸽生活在美国,它们结群飞行时最大的鸟群覆盖面积宽达 1.6 km²,长达 500 km,需要花上数天的时间才能穿过一个地区。由于被不断猎杀,以及禽类中的鸡新城疫(又称亚洲鸡瘟),外加其一次仅产一枚卵,旅鸽数量逐步减少,直至1914年彻底灭绝。

(6)中国犀牛:曾广泛分布在中国南方各省,栖息在接近水源的林缘山地地区。犀牛角是一种珍贵的清热凉血中药材,其皮和血也可以入药,这使得它们从远古时代便受到人类的大肆猎杀,且离近代越近被捕杀数量越多,就这样它们最终于20世纪初在中国几乎踪迹全无,并于1922年在中国彻底消失。

3. 极度濒危物种

全球已知21%的哺乳动物、12%的鸟类、28%的爬行动物、30%的两栖动物、37%的淡水鱼类、35%的无脊椎动物以及70%的植物处于濒危境地(蒋高明和李勇,2010)。2014年11月,IUCN再次更新了《濒危物种红色名录》,在47 987个被评估物种中,22 413个物种有濒临灭绝的危险,比例约为46.7%;目前约有3.4万种植物和5200多种动物濒临灭绝。以下为全球九大濒危物种(图5-21)。

图5-21 全球九大濒危物种集锦
1.白鳍豚;2.长喙针鼹鼠;3.佛罗里达美洲狮;4.古巴沟齿鼠;5.苏门答腊犀牛;6.黑犀牛;
7.双峰骆驼;8.澳洲毛鼻袋熊;9.苏门答腊兔。1~9比例尺长50 cm

(1)白鳍豚:中国特有的淡水鲸类,仅产于长江中下游。在20世纪80年代由于种种原因,白鳍豚种群数量锐减,2002年估计已不足50头,被誉为"水中的大熊猫"。白鳍豚自成一科,被列为国家一级野生保护动物,也是世界上12种最濒危的动物之一。2007年8月8日,《皇家协会生物信笺》期刊发表报告,正式公布白鳍豚功能性灭绝。

(2)长喙针鼹鼠:地球上最原始、同时也是最罕见且基因最独特的哺乳动物之一,此物种能像爬行动物那样下蛋,并直接送入它们的育儿袋,在那里大约10天内孵化。IUCN将其列为严重濒危动物。

(3)佛罗里达美洲狮:它是猫亚科动物中最大、最为凶猛的野兽之一。佛罗里达美洲狮是美洲狮的亚种之一,体长188~220 cm,体重32~72 kg,栖息于除热带雨林外的各种环境。但即便是这样的猛兽也逃不过赏金猎人的猎杀。20世纪80年代末期,佛罗里达美洲狮的数量急剧下降,只剩下30只幸存者,经过联邦政府的保护,现在的数量也不超过100只,在野外已经很难见到。

(4)古巴沟齿鼠:主要分布于古巴等加勒比海部分岛屿上。沟齿鼠属于一种杂食性动物,通常吃香蕉树落下的叶子,有时也会吃腐烂的动物尸体以及一些昆虫,它是生态系统中至关重要的一支物种。多年以来,科学家都一直以为沟齿鼠已灭绝消失,但2003年发现沟齿鼠仍有少数存活。它们是最濒临灭绝的物种之一。

(5)苏门答腊犀牛:双角犀属的唯一物种,是现存最小的犀牛,生活在雨林、沼泽和云林中。由于人类过度捕杀和栖息地受到破坏,该物种已成为极度濒危动物,全球仅存200余头。

(6)黑犀牛:栖息于森林与草地的过渡区,一般在茂密的多棘灌丛或刺槐灌丛地区,独栖或2~3只同栖,并有一定势力范围,用尿来标记领域。它们以树叶、灌丛、落地果实和杂草为食。20世纪,黑犀牛曾经是所有犀牛总数量最多的一种。但由于人类的偷猎和栖息地的减少,黑犀牛在20世纪后半叶数量急剧下降。

(7)双峰骆驼:主要栖息在中亚,生活在地球上最严酷生存环境的这种双峰骆驼如今幸存的数量不到1000只。

(8)澳洲毛鼻袋熊:栖息于半干旱的沙质草原或桉树林、金合欢林地。昼伏夜出,白天躲藏在地下洞穴中,属植食性动物,是世界上稀有的大型哺乳动物之一。这类动物濒临灭绝可能是由被猎杀、失去栖息地等原因造成。

(9)苏门答腊兔:一种只分布在苏门答腊岛西面巴里桑山脉森林中的兔,为夜行性动物,喜居于其他动物的巢穴里。苏门答腊兔所栖息的森林被大量砍伐,生存环境受到严重破坏,故被列为极危物种。

二、当代人类及其相关生物的生存环境现状

早在100多年前恩格斯就曾说:"不要过分陶醉于我们对自然界的胜利。对于每一次这样的胜利,自然界都报复了我们。"正如恩格斯所预料的那样,当代人类社会出现了严峻的环境问题。

1. 臭氧层破坏

臭氧层对保护地球环境具有特殊的重要功能,它可以吸收太阳光中的紫外线,减少紫外线对人类和其他生物的伤害。自70年前氟利昂研制成功并广泛应用于冰箱、空调、绝热材料等领域后,这种化学物质对臭氧层就开始造成严重破坏,其后果是海洋食物链遭到破坏、皮肤癌增多、传染病传播加快、建筑材料寿命大大缩短等。

自1979年以来,在南极大陆上空的大气中臭氧含量减少了40%～50%,臭氧层出现周期性稀疏化现象,以每年10月最为显著,形成所谓"臭氧空洞",此空洞正迅速向北、向赤道上空扩展(图5-22)。并且,北半球上空大气中臭氧含量也在减

图5-22 当代生物生存环境现状(图片源自网络)
A. 南极上空的"臭氧空洞";B. 全球变暖导致冰川融化;C. 温室气体造成城市雾霾;
D. 酸雨引发珊瑚礁"白化"

少，欧洲和北美洲上空的臭氧含量平均减少了 10%～15%，西伯利亚上空甚至减少了 35%。目前，臭氧空洞已达约 2930 万 km², 已开始使一些居住区（如智利）受到影响。科学家已发出警告：若这种现象长期持续下去，到 21 世纪中叶，受损的臭氧层将难以恢复。

2. 温室效应

自工业革命开始，由于人们燃烧化石燃料，如石油、煤炭等，或砍伐森林并将其焚烧时会产生大量的二氧化碳，即温室气体，这些温室气体使地球气温不断升高导致全球气候变暖。大气中二氧化碳含量上升，会导致海洋中二氧化碳含量上升，使海洋酸化，这会杀死大量微生物，海洋中具钙质骨骼的生物也将难以正常生存和发育。海洋温度上升也会破坏大量以珊瑚为中心的生物链。最底层的食物消失，使海洋食物链从最底层开始，向上迅速断裂，并蔓延至海洋以外。由于没有了食物，将有大量海洋生物和以海洋生物为食的其他生物死亡。**全球变暖**还会使全球降水量重新分配、冰川和冻土消融、海平面上升等，不仅危害自然生态系统的平衡，还威胁人类的生存。另一方面，陆地温室气体排放造成大陆气温升高，与海洋温差变小，进而造成了空气流动减慢，雾霾无法在短时间内被吹散，导致很多城市雾霾天气增多（图 5-22），影响人类健康。

化石和地层记录表明，在距今约 2.52 亿年前的二叠纪-三叠纪之交，地球经历了一次非常剧烈的气候变暖。当时全球气候变暖的程度和今天由人类活动导致的地球正在经历的变暖现象有类似的地方，它们都导致了大量动植物种类灭绝。

联合国政府间气候变化专门委员会（IPCC）预测，21 世纪气温将会升高 1.4～5.8 ℃。即使在 1.4～5.8 ℃范围内的最低数字，也将会超过 20 世纪的 2 倍；预测最高的 5.8 ℃，将超过 20 世纪大约 10 倍。这样的温度变化，第一个受到冲击的是不耐高温的水生生物，再就是两极冰川融化（图 5-22），造成海平面升高，靠近海边的低洼城市将被淹没。

3. 酸雨

酸雨是燃烧煤、石油和天然气所产生的 SO_2 和 NO 与大气中的水结合而形成的。酸雨中所含的酸主要是硫酸和硝酸，这些悬浮在大气中直径只有 1 μm 的硫酸和硝酸微粒随着雨雪回降到地面就是酸雨。酸雨与全球珊瑚礁"白化"（图 5-22）和海水酸化直接相关。珊瑚礁是海洋中最重要、最复杂的生态系统之一，被视为"海洋森林"，其退化将严重影响海洋生态系统。酸雨不仅能杀死水生生物、破坏水体生态平衡，而且能伤害陆地植物、农作物和各种树木，破坏土壤肥力，使树木生长缓慢并易感病害，同时还能腐蚀金属、建筑物和历史古迹。酸雨中含有的少量重金属也给人体健康带来不利影响。

现在世界各地已普遍下酸雨,欧洲是世界上第一大酸雨区,其次是美国和加拿大。亚洲的酸雨主要集中在东亚,其中中国南方是酸雨最严重的地区。随着工业的发展,人类将会燃烧更多的煤和石油,因此,今后酸雨对环境的污染和对人类的威胁也将越来越大。防治酸雨最有效的办法是限制 SO_2 和 NO 的排放量,或者从燃料中将这些物质去除。不过即使能够做到这一点,仍然需要很多年才能使已经失去了平衡的环境恢复到原来的状态。

三、放纵的人类活动将引发第六次生物大灭绝

人类在目前的地球上处于绝对的霸主地位,对任何事件的考虑都是以自己为中心,这将不可避免地影响其他生物的发展,生物多样性的单调是必然的,地球上的生物正在经历显生宙以来的**第六次大灭绝**。它与早前的几次生物大灭绝有很多相似点,但与以往不同的是,人类在这次生物大灭绝事件中充当了"肇事者"的角色。科学家认为,工业革命拉开了这次生物大灭绝的序幕,而且灭绝的速度越来越快。究竟是什么原因造成那么多动物和植物发生或濒临灭绝呢?纵观人类进化史,人类实施最多也最具有人类特色的是:向自然无限索取。IUCN 早在 2000 年的时候就发布了《濒危物种红色名录》,这份报告指出,当代物种危机几乎全是由人类造成的,基本上一小时就有一个物种从地球上消失。可惜的是,IUCN 在 20 年前的警告依然没有对人类起到警醒作用。

1. 泛杀滥捕

屠杀是人类对物种毁灭的第一种残酷手段,比如鹿因茸死、獐因麝亡,人类的贪婪导致了大量生物被杀害。当前,全球野生动植物的走私交易规模至少达到了 120 亿美元,是仅次于军火、毒品走私的第三大非法贸易活动。1 kg 的麝香在黑市上能够卖到 5 万美元,1 条藏羚羊绒的围巾走私价格是 4 万美元,1 棵墨西哥大烛台仙人掌售价高达 1 万美元,高昂的利润刺激了人类对动植物的无尽索取,导致了物种的灭绝。

2. 侵犯和破坏生态环境

许多动植物生息在茂密的森林里和辽阔的草原上。地球由于人口不断增加,居住地不断扩大,大片森林被烧毁、砍伐,草原也不断被开垦,以用来造房子、种庄稼、开辟娱乐场所等。在淡水生态系统,由于水利水电、江湖阻隔等,鱼类栖息地丧失。森林、草原、河流的面积越来越小,动植物的生活环境不断丧失或碎片化,致使许多物种的数量大量减少。

3. 引入外来物种

不科学地引入外来物种,会给当地的物种带来危害。俄国和美国的皮毛商人带来的狐狸,差一点让阿拉斯加阿留申群岛上的加拿大鹅绝种。跟随船只登上夏威夷群岛的老鼠,给岛上的鸟类造成巨大的威胁。为了除掉这些老鼠,人们把獴带到岛上来。可是,它们把老鼠吃掉以后,也开始吃起鸟来,造成夏威夷雁处于濒临绝种的境地。

4. 污染环境

杀虫剂的滥用、工业污水和生活废水的大量排放导致河道水源污染。生活在河流里的鱼类、软体动物是河道环境污染的首要受害者。当然,人类的饮水、粮食和食品生产以及水上娱乐活动也离不开水,所以水的污染对人类同样造成危害。海上原油泄漏造成海洋污染,石油所含的苯和甲苯等有毒化合物进入食物链,从低等的藻类到高等哺乳动物,无一能幸免。另外,由于人类大量燃烧化石燃料,无节制地排放二氧化碳等温室气体,引起全球气候变暖、海洋酸化等,也对全球动植物种类的迁移、分布和生存造成很大影响。

5. 人口爆炸

世界人口增长率急剧上升,人口基数呈指数增长。人口增长将使资源耗尽,人类将面临灾难性的后果。随着人口增长,人类对粮食的需求量愈来愈大,而土地随着化肥的使用,有机质遭到破坏,土地贫瘠化、沙漠化,再加上耕地被占用,解决粮食来源问题将更加困难。人口增长使人类对自然系统的压力直线上升,使大气污染日趋严重,生态环境遭受破坏。

6. 过度开发资源

地下水超采,引起地面沉降,直接造成地表生态环境改变;地表水过度开发造成水源枯竭,直接影响生物生存,同时会造成局部地区自然灾害,如干旱、动植物死亡、风沙等;土地资源的不断开垦、森林的不断砍伐致使土壤风蚀严重,引起土地荒漠化;过度放牧导致河流上游水土流失,使得入河泥沙量增加从而改变河流性质;过度利用煤、石油等化石燃料,导致大量二氧化碳、甲烷、氮氧化物释放,对大气造成严重污染。

7. 对生物的改造

那些埋藏在地下的自然资源、岩石中的重金属、岩层中的地下水,甚至深海里自由觅食的海洋生物,都变成了人类的食物、药物、器物或杀人武器。借助于科学,那些曾经与人类共存的生物,被不断驯化,其生存环境被岛屿化,有些则永久消失了;即使人类培育了上万年之久的农作物,也由于生物技术(如转基因)发展,物种被改造,生物与生物及生物与环境之间在长期的自然演变过程中建立起来的平衡关系被人为改变。总之,这一系列人为干预的结果,进一步促使物种消失达到了前所未有的速度。

  1984年起,美国科学家和工程师团队花了7年的时间,试图在美国亚利桑那州荒漠地区模拟的太空中创造一个类似地球生物圈的环境,号称"**生物圈 2 号**"(图5-23),而地球是"**生物圈 1 号**"。原本设计者自信地认为,这个人工生态系统至少可以维系上百年,结果却连两年都没撑住。这个实验最终以失败告终,同时也向人类传达一个最普通的道理:经历了几十亿年的演化,地球才变成现在的模样;人们渴望窥探这种精妙的平衡,但以人类现有的认知水平还无法望其项背。建设适合人类生存的空间,确实是人类最美好的愿望,但现下方舟未成,我们只拥有一个地球。地球是人类目前能够知道的太阳系中唯一有生命分布的星球,破坏地球环境是加速人类灭亡之举。

图5-23 美国在亚利桑那州建造的"生物圈2号"外景图(图片源自网络)

四、人与生物圈可持续发展的对策

1. 前车之鉴

  不可否认,气候变化会对生物多样性产生巨大影响,许多动植物种类都不可能经受温度、降水及其他气候条件的大幅度变化。过去的气候变化已使物种的物候、分布和丰富度等发生改变,使一些生物入侵范围扩大、生态系统结构与功能发生改变。气温和降雨格局的改变会对生物有机体的性状、种间关系、分布格局以及生物多样性产生影响。地质历史上的五次大灭绝,无一例外地都与气候及全球温度的变化相关。地球作为一个生态系统，不同的触发因素（地外天体撞击、地内火山喷发、造山运动、风化作用加强等）都会触发大气系统的响应，并最终导致全球变冷或变暖。奥陶纪末的大灭绝分为两幕，首先是温度降低、气候变凉、海平面下降，因此，大量的海洋生物丧失其栖息地（第一幕灭绝），但随后的气候快速变暖、海平面快速上升、海水缺氧，导致初步恢复了的生态系统再一次受到摧残（第二幕灭绝）。一般认为泥盆纪晚期的大灭绝与全球温度的降低、海平面的下降有关。二叠纪末、三叠纪末、白垩纪末的大灭绝事件，也都经历了全球气候的快速变化（短期变凉、长期变暖）。地内火山喷发、地外天体撞击等被认为是触发气候变化的重要因素，但这些因素主要是通过气候因子、生物栖息地等关键生态因子的重大改变，从而对生物群落产生直接影响，而且通常生物的大灭绝是某些关键生态因子非常重大而迅速"灾变"的结果。

史前大灾变导致大灭绝的事实给人类敲响了警钟。现今人类活动已经明显地加剧了地球环境的快速演变，使当代生物多样性受到严重威胁。一些改变生态链的悚然事件正在发生。例如，在锡林郭勒草原发现绵羊的胃里有未被完全消化的草原鼠与蝗虫，在科尔沁草原发生了大型变异的草原鼠袭击羊群事件。世界上任何地方的生态系统失去平衡，都将通过气候变化、洋流变化和物质循环变化等给全球带来灾难。如果不立即采取有效措施予以保护，那么人类所赖以生存的生物多样性基础将受到严重破坏，这将给人类自身的命运带来巨大灾难。

2. 道德引领

生存不是人类独有的，而是地球上所有物种的权利，也是物种之间相互依存的必然。在生物多样性日益丧失的今天，我们要不断地追问自己，我们能为下一代留下什么？是丰富多彩的世界，还是日益贫瘠的地球？200年前的一位印第安酋长说，地球并不只属于人类，但人类是属于地球的。在200年后的今天，他的话依然发人深省。人类在向自然界索取、创造富裕生活的同时，不能以牺牲人类自身生存环境作为代价。为了人类自身，为了子孙后代的生存，经过许许多多的曲折和磨难，人类终于从环境与发展相对立的观念中醒悟过来，认识到两者协调统一的可能性，认识到能够养育人类的只有一个地球，我们必须爱护地球，共同关心和解决全球性的环境问题，并开创一条人类通往未来的新的可持续发展之路——共同创建生态文明，共同构建人类命运共同体。

科学家指出，人类依然有时间避免第六次物种大灭绝造成的悲剧性结果，因为这次大灭绝主要是人为造成的。人类需要控制人口的不均衡增长，更有效地利用自然资源，同时减少破坏物种的栖息地、过度渔猎、污染环境以及其他造成物种灭绝的因素。人类是唯一有能力拯救其他濒危动物的物种，而且拯救它们也是人类自我救赎的唯一途径。因此，人类仍然可以通过加强环境保护来避免生物多样性的急剧衰减，但是必须要快速行动起来。

要想实现人与生物圈的可持续发展，需要采取如下措施：第一，要加强科普宣传教育，提高全民的道德意识，引领人们践行低碳生活，保护生物多样性，保护生态环境，保护人类共同的家园——地球。提高对生物多样性的认识，促进人们自觉保护生物资源是我们的共同责任。第二，通过保护生态环境来保护生物多样性，即在生物多样性保存较好、物种较丰富、生态类型较复杂的地区建立自然保护区。自然保护区具有涵养水源、保持水土、防风固沙、减少旱涝灾害、调节气候、维持生态系统稳定等重要功能，在维护生态环境中发挥着不可替代的作用。第三，要制定相关的法律法规并依法保护环境，保护生物多样性，加强生态文明建设，共同构建人与自然协调发展的人类命运共同体。

3. 法律制约

尽管在国际社会的努力下，全球环境管理已经取得了初步成效，但由于全球的环境问题持续出现新的变化，地球生态系统仍在遭受极大的破坏，在全球层面上进行更加成熟的环境管理行为以消除环境问题对社会、经济的影响，已经成为全人类的共同责任和义务。全世界几乎所有国家和地区都制定了相关的法律，保护濒危的物种。1972年在瑞典首都斯德哥尔摩召开的联合国人类环境大会上，生物多样性保护首次作为重点项目被确定。1992年6月，在巴西里约热内卢召开的联合国环境与发展会议上，150余个国家签署了《生物多样性公约》和《联合国气候变化框架公约》。2015年12月12日，《联合国气候变化框架公约》近200个缔约方在巴黎达成新的全球气候协议，称为《巴黎协定》。协定指出，各方将加强对气候变化威胁的全球应对，把全球平均气温较工业化前水平升高控制在2℃之内，并为把升温控制在1.5℃之内而努力。

为保护和改善环境，防治污染和其他公害，保障公众健康，推进生态文明建设，我国逐步颁布了一系列法律法规，如《中华人民共和国森林法》《中华人民共和国野生动物保护法》《中华人民共和国草原法》《中华人民共和国自然保护区管理条例》《中华人民共和国环境保护法》《中华人民共和国环境影响评价法》《中华人民共和国海洋法》《中华人民共和国水土保持法》《中华人民共和国节约能源法》等。对于生物多样性分布区域的自然保护方针是"全面规划、积极保护、科学管理、永续利用"；野生动物保护方针是"加强资源保护、积极驯养繁殖，合理开发利用"；生物多样性保护的政策是"自然资源开发利用与保护增殖并重""谁开发谁保护、谁利用谁补偿、谁破坏谁恢复"。上述法律、法规、条例，从法的高度上保证了生物多样性保护的严肃性和有效性。

主要参考文献

陈晶,童金南,徐世球,2009.从大灭绝走向复苏和繁荣:来自三叠纪海洋动物的信息[M]//世纪飞跃:辉煌的中国古生物学.北京:科学出版社:132-136.

陈均远,2004.动物世界的黎明[M].南京:江苏科学技术出版社:1-366.

冯伟民,陈哲,叶法丞,等,2014.生命进化史上的奇葩:埃迪卡拉生物群[J].生物进化(4):22-42.

龚一鸣,徐冉,胡斌,2008.石内真菌:恐龙大绝灭的可能杀手[J].中国科学·D辑,38(4):439-444.

龚一鸣,张克信,2016.地层学基础与前沿[M].2版.武汉:中国地质大学出版社:1-465.

蒋高明,李勇,2010.保护生物多样性就是保护我们自己[J].自然杂志,32(5):267-271.

戎嘉余,黄冰,2014.生物大灭绝研究三十年[J].中国科学:地球科学,44(3):377-404.

殷鸿福,宋海军,2013.古—中生代之交生物大灭绝与泛大陆聚合[J].中国科学:地球科学,43(10):1539-1552.

ALVAREZ L W, ALVAREZ W, ASARO F, et al.,1980. Extraterrestrial cause for the Cretaceous-Tertiary extinction[J]. Science(208):1095-1108.

BARNOSKY A D, MATZKE N, TOMIYA S, et al.,2011. Has the Earth's sixth mass extinction already arrived?[J]. Nature,471(7336):51-57.

BARRINGER, B,1964. Daniel moreau barringer(1860—1929) and his crater[J]. Meteoritics & Planetary Science,2(3):183-199.

BENTON M J,1995. Diversification and extinction in the history of life[J]. Science(268):52-58.

BLACKBURN T J, OLSEN P E, BOWRING S A, et al.,2013. Zircon U-Pb geochronology links the end-Triassic extinction with the Central Atlantic Magmatic Province[J]. Science(340):941-945.

BOND D P, WIGNALL P B,2014. Large igneous provinces and mass extinctions: an update[J]. Geological Society of America Special Papers(505):505-502.

BRIGGS J C,1998. Biotic replacements: extinction or clade interaction?[J]. Bioscience(48):389-395.

BURGESS S D, BOWRING S, SHEN S Z,2014. High-precision timeline for

Earth's most severe extinction[J]. Proceedings of the National Academy of Sciences(111):3316-3321.

FAN J X, SHEN S Z, ERWIN D H, et al., 2020. A high-resolution summary of Cambrian to Early Triassic marine invertebrate biodiversity[J]. Science(367):272-277.

FU D J, TONG G H, DAI T, et al., 2019. The Qingjiang biota-A Burgess Shale-type fossil Lagerstätte from the early Cambrian of South China[J]. Science(363):1338-1342.

GOULD S J, 1977. Eternal metaphors of palaeontology[M]//Patterns of evolution as illustrated by the fossil record. Amsterdam: Elsevier:1-26.

GOULD S J, CALLOWAY C B, 1980. Clams and brachiopods: ships that pass in the night[J]. Paleobiology(6):383-396.

HUANG C, GONG Y M, 2016. Timing and patterns of the Frasnian-Famennian event: evidences from high-resolution conodont biostratigraphy and event stratigraphy at the Yangdi section, Guangxi, South China[J]. Palaeogeography, Palaeoclimatology, Palaeoecology(448):317-338.

HUANG C, JOACHIMSKI M M, Gong Y M, 2018. Did rapid climate changes trigger the Late Devonian F-F biocrisis? Evidence from a high-resolution conodont $\delta^{18}O\ PO_4$ record from South China[J]. Earth and Planetary Science Letters(495):174-184.

JABLONSKI D, 1994. Extinctions in the fossil record[J]. Philosophical Transactions of the Royal Society B: Biological Sciences(344):1267-1270.

MELOTT A L, LIEBERMAN B S, LAIRD C M, et al., 2004. Did a gamma-ray burst initiate the late Ordovician mass extinction?[J]. International Journal of Astrobiology (3): 55-61.

PARRISH J T, 1993. Climate of the supercontinent Pangea[J]. The Journal of Geology(101):215-233.

RAMPINO M R, STOTHERS R B, 1985. Geological rhythms and cometary impacts[J]. Science(226):1427-1431.

RAUP D M, SEPKOSKI J J, 1982. Mass extinctions in the marine fossil record[J]. Science(215):1501-1503.

RAUP D M, SEPKOSKI J J, 1984. Periodicity of extinctions in the geologic past[J]. Proceedings of the National Academy of Sciences of the United States of

America(81):801-805.

RENNE P,BLACK M T,ZICHAO Z,et al.,1995. Synchrony and causal relations between Permian-Triassic boundary crises and Siberian flood volcanism[J]. Science(269):1413-1416.

ROBISON R A,1953. Treatise on invertebrate paleontology[M]. New York:Geological Society of America.

RODHE R A,MULLER R A,2005. Cycles in fossil diversity[J]. Nature(434):208-210.

RONG J Y,HARPER D A T,1988. A global synthesis of the latest Ordovician Hirnantian brachiopod faunas[J]. Earth & Environmental Science Transactions of the Royal Society of Edinburgh(79):383-402.

SCHOPF J W,1994. New evidence of the antiquity of life[J]. Origins of Life & Evolution of Biospheres(24):263-282.

SEPKOSKI J J,1979. A kinetic model of Phanerozoic taxonomic diversity II. Early Phanerozoic families and multiple equilibria[J]. Paleobiology(5):222-251.

SEPKOSKI J J,1981. A factor analytic description of the Phanerozoic marine fossil record[J]. Paleobiology(7):36-53.

SEPKOSKI J J,1982. Mass extinctions in the Phanerozoic oceans:a review[C]// Geological implications of impacts of large asteroids and comets on the Earth. Geological Society of America Special Paper:283-290.

SEPKOSKI J J,1984. A kinetic model of Phanerozoic taxonomic diversity III. Post-Paleozoic families and mass extinctions[J]. Paleobiology(10):246-267.

SEPKOSKI J J,1986. Phanerozoic overview of mass extinction[M]//Patterns and processes in the history of life. Berlin:Springer:277-295.

SUN Y D,JOACHIMSKI M M,WIGNALL P B,et al.,2012. Lethally hot temperatures during the Early Triassic greenhouse[J]. Science(338):366-370.

WIGNALL P B,2011. Earth science:lethal volcanism[J]. Nature(477):285-286.

XIAO S H,ZHANG Y,KNOLL,et al.,1998. Three-dimensional preservation of algae and animal embryos in a Neoproterozoic phosphorite[J]. Nature(391):553-558.

YIN L M,ZHU M Y,KNOLL A H,et al.,2007. Doushantuo embryos preserved inside diapause egg cysts[J]. Nature(446):661-663.

ZACHOS J C,SHACKLETON N J,REVENAUGH J S,et al.,2001. Climate response to orbital forcing across the Oligocene-Miocene boundary[J]. Science(292):274-278.

主要知识点

(1) 五次生物大灭绝 "Big Five" mass extinctions
(2) 奥陶纪末大灭绝 end-Ordovician mass extinction
(3) 晚泥盆世大灭绝 Late Devonian mass extinction
(4) 二叠纪末大灭绝 end-Permian mass extinction
(5) 三叠纪末大灭绝 end-Triassic mass extinction
(6) 白垩纪末大灭绝 end-Cretaceous mass extinction
(7) 大灭绝 mass extinction
(8) 背景灭绝 background extinction
(9) 灭绝率 extinction rate
(10) 新生率 origination rate
(11) 地内原因 terrestrial cause
(12) 地外原因 extraterrestrial cause
(13) 火山爆发 volcanic eruption
(14) 极端气候 extreme climate
(15) 温室效应 greenhouse effect
(16) 全球变暖 global warming
(17) 海洋缺氧 oceanic anoxia
(18) 海洋酸化 oceanic acidification
(19) 外星撞击 extraterrestrial impact
(20) 生物复苏与辐射 biotic recovery and radiation
(21) 寒武纪大爆发 Cambrian explosion
(22) 奥陶纪大辐射 Ordovician radiation
(23) 三叠纪大辐射 Triassic radiation
(24) 环境演变与基因突变 environmental evolution and gene mutation
(25) 第六次大灭绝 the sixth mass extinction
(26) 生物多样性 biodiversity
(27) 生态环境现状 ecological environment situation

思考题

(1) 显生宙的五次大灭绝事件分别发生在什么时期?

(2)背景灭绝与大灭绝有何异同？
(3)地球历史时期生物大灭绝的原因有哪些？
(4)在灾变事件中，为什么有些生物惨遭灭绝而有些生物可以存活？
(5)生物复苏的代表性生物群有哪些？
(6)什么是第六次生物大灭绝？
(7)你认为什么样的举措能防止或减缓第六次生物大灭绝的来临？
(8)举例说明生物与环境的关系。

第 六 章

气候变化

气候变化有长、中、短3种时间尺度和变暖、变冷、变干、变湿等多种变化过程，了解地质历史时期气候变化的特征和规律，是人类规范自己的行为、趋利避害和可持续发展的基础与前提，气候变化既是科学关注的问题，也是政治、经济和社会关注的问题。

气候变化是指气候的平均状态(如温度、降雨量和湿度等)随时间的变化。气候随时间的变化可分为 3 个时间尺度：构造尺度(tectonic-scale, $\geqslant 10^6$ a)、轨道尺度(orbital-scale, $10^6 \sim 10^4$ a)和亚轨道尺度(sub-orbital-scale, $\leqslant 10^4$ a)。本章将从气候变化记录与研究方法、气候事件及其致因和气候对地球系统的影响 3 个方面展开。

第一节 气候变化记录与研究方法

任何时间尺度的气候变化都会留下相应的气候变化记录。今天，我们能在寒冷的极地或雪山周缘见到冰碛物，在干旱的沙漠和戈壁见到各种形态的风成沙丘和风棱石，在湿润多雨的地区看到各种喜湿的动物和植物，这些地区的沉积物和生物等特征无一不是由它们所处的气候环境条件所决定的。经历数十年、数百年乃至数百万年之后，这些沉积物、生物、地貌及其化学和物理特征会保存下来，并演变成岩石、化石和古地貌遗迹，这些都是科学家研究气候变化的珍贵材料。例如，科学家在全球范围内 8 亿～6 亿年前的地层中发现了大量的冰碛物及其相关的地质记录，由此提出当时的地球为雪球地球(Snowball Earth) (Hoffman et al., 1998)。还有一些定量/半定量的气候变化记录需要通过特定气候指标才能揭示出来，如碳酸盐岩或钙质、磷质壳体的氧同位素组成可用来示踪周围海水的温度条件。在气候学上，用来反映气候变化的指标即为**气候替代指标**。替代指标的类型很多，有的是物理方面的，如沉积物/岩的矿物组成、粒度、结构、构造、颜色和磁学特征等；有的是化学方面的，如沉积物/岩的元素、同位素组成等；有的是生物方面的，如生物的类型、组合、丰度和分异度等。同时，这些指标所在的沉积地层都具有时间属性，需要依靠年代学方法确定其形成的时代。通过气候替代指标和年代学的研究，科学家就能够定性或定量地恢复一定地质历史时期的温度、湿度、降水量、大气 CO_2 浓度等的气候特征及其随时间的变化。

一、年代学：气候史书的断代与编年

地球气候变化的历史是以时间为经线、以气候事件为纬线的一部"气候通史"，其断代与编年需要进行年代学研究。常见的年代学研究方法有生物地层学、同位素地质年代学、磁性地层学和旋回地层学等。

1. 生物地层学

生物地层学通过研究生物化石类型和组合的时空分布来确定地层记录的相对

时代(图 6-1)。史密斯(William Smith)在 1816 年出版的 *Strata identified by organized fossils* 一书中,首次提出化石层序律的概念,即在整个地质时期内各种生物一个接着另一个按先后顺序出现,并指出相同的地层序列总是发现有相同的叠覆顺序,并且包含相同的特有化石。生物顺序发生是生物从低级到高级、从简单到复杂、从不够完善到逐渐完善的进化结果,该过程是一个前进性的、不可逆的发展演化过程。1893 年多勒(Dollo)把生物前进性的发展称为**进化不可逆法则**。因此,生物化石是鉴别地层相对时代最好、最便捷的工具(图 6-1)。生物化石在不同的地质年代中显示着各不相同的特定面貌,而同一地质年代的化石却具有相同的面貌。这一生物阶段性的发展与地质历史的阶段性是密切相关的,所以我们就能用生物的发展面貌来命名**地质年代**,如古生代、中生代和新生代等。

生物化石是生物地层学研究的基础材料。在利用化石属种作地层对比时,含有相同化石属种的地层被认为是同时代的地层(图 6-1),但一个化石种的持续时长通常在数万年至数百万年,且不同化石种的**时间延限**也是不同的,所以以化石为基础的"地质同时",不是一个精确的数字时间值,生物地层学的地质同时性必须与通常的时间概念相区别。为在理论上说明"生物顺序",就要研究化石种属的亲缘关系,恢复其演化顺序。当我们从生物学的角度证明了甲种是乙种的祖先,就可无误地断定它们出现的先后顺序,为确定地层的相对时代提供理论依据。生物的演化速率是地层对比中衡量化石价值的主要标志。对进化速度快、分布范围广、鉴别标志明确的化石,如笔石、菊石和牙形石等,可较精确地代表一定层位的相对时代,利用这类化石进行地层对比的精准性较高;进化缓慢的属种,比如舌形贝(从寒武纪延续到现代)等保守类型用作地层的划分和对比,其精准性就非常低。

2. 同位素地质年代学

能自发地发射各种射线(α、β、γ)的同位素称为**放射性同位素**,放射性同位素年代学即是利用自然界放射性衰变规律来确定地质体形成时代的科学。常用的定年同位素体系主要有 U-Th-Pb 体系、Sm-Nd 体系、Rb-Sr 体系、Ar-Ar 体系、Re-Os 体系和 Lu-Hf 体系等。放射性同位素放射出 α 或 β 射线而发生核素转变的过程称为**放射性衰变**,衰变前的放射性同位素为**母体同位素**,衰变过程中产生的新同位素叫**子体同位素**。在放射性衰变过程中,放射性母体同位素的原子数衰减到一半所需的时间称为**半衰期**。放射性同位素在单位时间内每个原子核的衰变概率称**衰变常数**(λ)。同位素定年的基础是放射性同位素衰变定律,即任何放射性同位素都随时间按负指数衰减(图 6-2),可用公式表达为

$$N = N_0 e^{-\lambda t}$$

式中:N_0 表示时间 $t=0$ 时放射性同位素的初始原子数;N 表示经过 t 时间后剩余

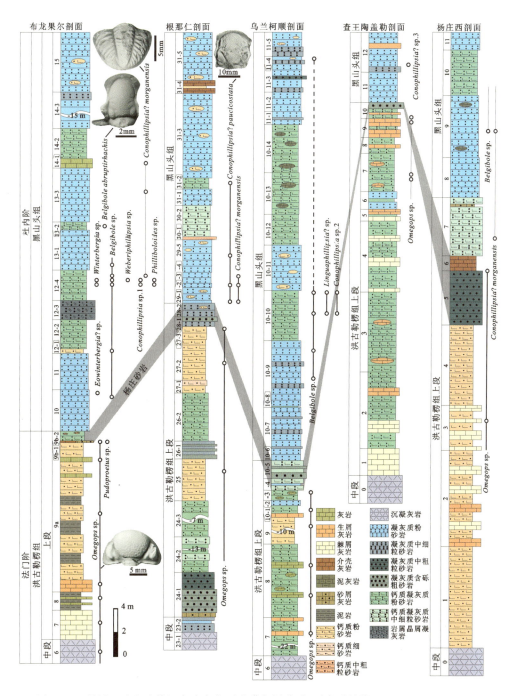

图 6-1 利用三叶虫及其组合确定的西准噶尔泥盆系-石炭系界线（据纵瑞文等，2020 改编）
以三叶虫 Omegops 的消失和三叶虫 Belgibole-Conophillipsia 组合带的出现作为泥盆系的结束和石炭系的开始

的未衰变的母体原子数；λ 为衰变常数，是表示放射性元素衰变速率的一项指标。经任何时间由母体同位素衰变的子体同位素原子数为

$$D=N_0-N$$

两式合并，可推导出同位素地质年代为

$$t=1/\lambda\times\ln(D/N+1)$$

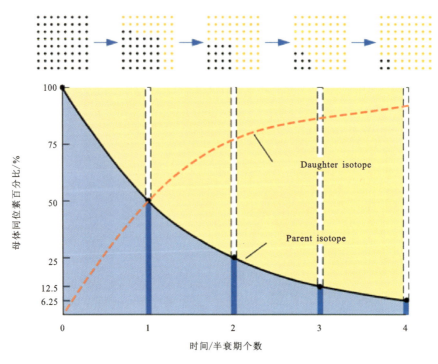

图 6-2　放射性同位素数字定年原理示意图（据 Carlson et al.，2011 改编）

Parent isotope. 母体同位素；Daughter isotope. 子体同位素

　　在实验室，可通过一定的方法精确测定地质样品中的放射性母体同位素和其衰变产生的子体同位素的量值，或测定母体同位素与子体同位素的比值，结合母体同位素的半衰期和衰变常数，可依据上述公式求解 t，即可得到所要测年体系发生衰变的时间，这即为放射性同位素定年的基本原理（图 6-2）。与生物地层学相比，放射性同位素定年可获得绝对的地质年龄，即从该地质体形成到现在的数字年龄。20 多年来，同位素地质年代学家与地层学家一起发起并开展了地时计划（EARTHTIME），使得 U-Pb、Ar-Ar 同位素测年技术取得了长足的进展。目前，科学家采用改进的 CA-TIMS（化学剥蚀热电离质谱）技术将锆石 U-Pb 同位素定年精度提高至＜0.5‰的水平，且通过与 Ar-Ar 定年和天文旋回地层学的相互校正，极大地提高了地质定年的精度和准确度（杨江海和殷鸿福，2014）。

3. 磁性地层学

地球具有磁场,磁场的方向类似于把一根条形磁铁放到地球中心,磁铁北极处于地理南极附近,磁铁南极处于地理北极附近。地磁场的一个重要特征是它的南北极会发生倒转,并且其倒转具有全球等时性,可进行全球对比(图6-3)。在地球历史的长河中,地磁极发生过多次倒转,距离我们最近的一次倒转发生在78万年之前。与现代磁场方向相同的时期称为**正极性期**,反之称为**反极性期**(图6-3)。20世纪60年代,科学家通过研究全球范围内火山岩的年代和记录的磁场方向,逐步弄清楚了地球磁场在过去约6Ma以来的倒转历史,并编制成了早期的地磁极性年表(图6-4)。随后,科学家们又通过大量海底磁异常条带的相对宽度建立了中生代以来完整的地磁极性年表。目前,科学家经过不懈努力,也基本建立了古生代时期的地磁极性年表。这些极性年表为全球尺度的磁性地层定年提供了标准。

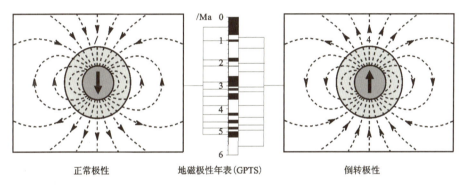

图6-3 地磁场倒转和地磁极性年表示意图(据张世红等,2016)
中间图为根据地磁极性状态建立的地磁场倒转序列,该序列经年龄标定以后称为地磁极性年表(GPTS),地磁极性年表中黑色段为正极性(与现代地球磁极性一致),白色段为反极性

磁性地层学的研究必须具备以下条件:其一,所研究的地层没有被后来的地质作用影响而重新磁化;其二,所研究的地层没有沉积缺失并能够记录多次极性倒转;其三,磁性地层对比时往往需参考一定的年代控制点,否则会导致多解性。

4. 旋回地层学(天文旋回地层学)

地球绕太阳公转的轨道(黄道)为一个椭圆,太阳位于其中的一个焦点上,同时,地球也以一定的地轴倾角在自转。在天文学上,用偏心率、斜率(地轴倾角或黄赤交角)和岁差3个轨道参数来分别描述地球运行的黄道形态、地轴倾角和春分点在黄道上的变化。近代和现代它们分别具有约10万年(长周期为40.5万年)、4万年(超长周期为120万年)和约2万年的主要周期(图6-5)。这些轨道参数的周期性变化可引起地球表面接受太阳辐射量在纬度分布和季节分配上发生微量的周期

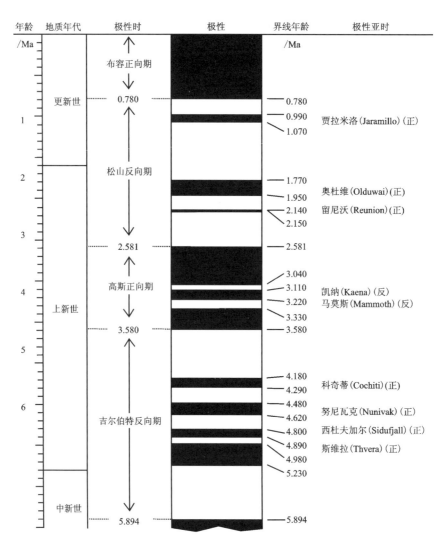

图 6-4 约 6 Ma 以来基于火山岩 $^{39}Ar-^{40}Ar$ 测年和古地磁结果建立的地磁极性年表
(据张世红等,2016)
极性柱中黑色段为正极性,白色段为反极性

性变化,从而可引起地球的气候也出现周期性变化。这一理论由南斯拉夫科学家米兰科维奇(Milankovitch)在 20 世纪初提出,称为米兰科维奇旋回。米兰科维奇旋回理论是从全球尺度上研究太阳辐射量与地球气候之间关系的天文理论,地球轨道的周期性变化所引起的气候变化在沉积记录上都有很好的响应,形成沉积地层的韵律性特征。通过提取反映气候变化的天文信号的替代指标数据,科学家根据已知的地层锚点时代(可通过生物地层学和放射性同位素定年等方法确定),对沉积记录中的旋回性变化进行轨道调谐,可获得地层的精确数字年龄,这种定年方法便是**天文旋回地层学方法**。它是天文学和古气候学相结合的精确的数字定年方法,其理论基础就是米兰科维奇旋回理论。

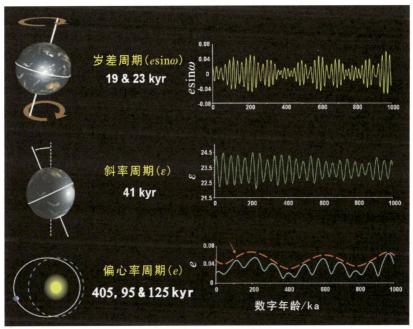

注:本图左上箭头方向指示地球自转轴的进动方向,非地球自转方向。

图6-5 米兰科维奇旋回和旋回地层学理论基础示意图
(据龚一鸣等,2008;黄春菊等,2016改编)

轨道调谐定年能够将地层年代的误差控制在很小的范围之内(不超过一个天文轨道旋回),并能够提供一系列控制点年龄,极大地提高了年代地层学研究的精度。但由于这种定年方法是将地层深度序列与轨道时间序列进行对比,因此,在应用时要求地层跨越的时间长度至少超过一个轨道周期,地层在轨道时间尺度上具有连续性气候变化的周期并在沉积物中能够被明确识别出来,同时需要有一个以上的参考数字年龄作为对比的控制点,且所研究的地层时代不能超过天文学对地球轨道变化历史的计算范围。

二、沉积记录:气候变化的史书

气候变化的"史书"是由各种沉积作用来书写的,科学家通过解读沉积记录中的气候信息来重建气候变化的历史、查明气候变化的规律和控制因素。具有气候指示意义的沉积记录可分为4类：物理记录、化学记录、生物记录和综合记录。通过对这些气候沉积记录的解读，科学家能识别出从地球起源至今、从构造尺度到亚轨道尺度的气候变化特征、规律和致因。

（一）物理记录

物理记录包括具有指示气候特征的特殊矿物、沉积物、沉积岩、沉积结构、沉积构造和地貌类型等。气候变化的物理记录通常比较直观，对原始气候信息的保真度较高，解读的气候变化以定性和半定量信息为主，下面举例加以说明。

1. 六水碳钙石及其假晶

六水碳钙石及其假晶为寒冷气候的物理记录。六水碳钙石被认为是仅能在低温(<5 ℃)环境下形成的一种准稳定矿物，一旦温度升高则脱水转变为方解石，但保留其外形，称之为六水碳钙石假晶。六水碳钙石最初(1963年)发现于格陵兰Ika海湾(故名为ikaite)，这种矿物及其假晶是指示冷水、低温环境的重要标志(图6-6)。

图6-6 寒冷气候的沉积记录

(a)六水碳钙石假晶，澳大利亚悉尼盆地二叠纪Wandrawandian Siltstone组(龚一鸣摄于2006年)；
(b)落石构造，湖北秭归成冰纪南沱组(龚一鸣摄于2008年)

2. 冰川、冰河、冰湖和冰海沉积物及其特征的结构和构造

冰川、冰河、冰湖和冰海沉积物及其特征的结构和构造为寒冷气候的物理记录。在寒冷的极地和山岳冰川活动区，冰川、冰河、冰湖、冰海沉积物及其相关的沉积结构和沉积构造常见，如冰碛物/岩、**落石构造**(图6-6)、韵律纹层泥、冰川擦痕等。冰川沉积包括融坠、推进、停积3种作用方式，所携带的砂砾直接堆积下来，形

成不成层的冰碛物。**冰碛物**由冰川后退所遗留的砂和砾石组成,其大小不一,呈棱角状,表面常被抛光或带有擦痕,整体无明显成层性,构成冰碛丘陵、侧碛堤、终碛堤和鼓丘等多种冰川地形。冰川携带的沉积物或冰川融水搬运的碎屑物还可以沉积在河流和湖泊环境,冰水对冰川堆积物进行冲刷、淘洗和分选,形成层状沉积物,包括冰水扇、冰砾埠、纹层泥等。在冰川末端的冰融水携带大量砂砾堆积在冰川前缘的山谷或平原中统称为**冰水沉积**。在大陆冰川末端的冰水沉积物可构成绵延数千米的冰水扇沉积,多个冰水扇相连形成冰水冲积平原,沉积物粒度向下游变小。冰川融水汇集而成冰水湖,其中的沉积物呈现明显的韵律纹层。夏季冰融水较多,可携带大量较粗颗粒沉积,颜色较淡,而冬季冰融水减少,使得长期悬浮的细颗粒沉积物大量沉积,颜色较深,如此在冰湖中形成具有季节变化的**纹层泥**。此外,漂浮于海岸边缘的冰舌、冰山、陆架冰中所挟带的碎屑随冰川融化而卸载到海洋中,形成海相地层中的**冰川落石**等粗碎屑沉积物。在我国鄂西、湘西、黔东等地的新元古代地层中可见有几套块状、略显层状的含砾泥岩和杂砾岩,砾石成分复杂,多呈棱角、次棱角状,且表面可见有擦痕,代表了成冰纪冰川沉积记录,如宜昌地区的南沱组和古城组冰碛砾岩(图6-6)。

3. 煤、红土和铝土岩

煤、红土和铝土岩是潮湿或湿热气候的物理记录。红土和铝土沉积代表了陆表岩石强烈化学风化的残留物。红土由近等含量的高岭石和铁-铝氢氧化物组成,而铝土则主要由铝的氢氧化物构成。现代的红土和铝土多形成于湿热的气候环境,红土化的区域一般年均温度高于25 ℃,且几乎全年都有高的湿度,降雨量大于蒸发量;铝土化的区域一般年均温度高于22 ℃,年均降雨量大于1200 mm,且一年中有9~11个月的降雨量大于蒸发量。煤通常认为是由泥炭在还原条件下堆积而成的,几乎所有的泥炭均沉积于潮湿(不一定湿热)的盆地环境,具有高的潜水面和年降雨量大于1000 mm,一年中有10~11个月的降雨量大于蒸发量。沉积地层中,煤、(红)铝土质岩石常相伴而生,是湿热气候的重要指标。石炭纪—二叠纪是我国聚煤和成铝的重要时期(图6-7),华北和华南地区均位于低纬度地区,植被丰富、气候适宜,铝土矿的形成指示了炎热潮湿的气候,而煤炭的沉积则指示了潮湿温暖的气候。

4. 钙化土、风成砂岩和蒸发岩

钙化土、风成砂岩和蒸发岩是干旱气候的物理记录。土壤中的钙质结核通常形成于半湿润到半干旱的气候条件下,在全年的多数时间(>6个月/年)蒸发量大于降雨量,在现代副热带高压带的干旱地区尤其发育。在现代的河南和河北西部,钙质土壤广泛发育(图6-8),指示了半干旱的大陆温带气候条件。在干旱少雨的

图 6-7 河南禹州地区石炭纪末—二叠纪初期的铝土沉积、灰岩、泥岩和煤线
(杨江海拍摄于 2018 年,黄色箭头指示薄煤层/煤线)

沙漠地区,风成沙丘广泛发育。地质历史时期的许多沙漠环境可以通过风成砂、风棱石等荒漠沉积来指示。在我国南方的湖北、江西和四川境内的白垩纪地层中见有厚达几米至数十米厚的砂岩,发育大型**风成交错层理**(图 6-8)。四川的乐山大佛就是雕琢在这种白垩纪砂岩中,据此可推断当时为干旱的气候环境,应属于副热带高压控制下的荒漠区。在强烈蒸发的滨海、湖泊、萨勃哈或陆相成壤环境下会形成特殊的沉积物,如石膏、石盐、硼酸盐、钾盐、钠盐等。现代的海相石膏沉积一般形成于年降雨量<40 mm 的气候条件下,而土壤来源的蒸发盐沉积矿物则多形成于年降雨量<30 mm 的地区。地质时期形成的石膏、石盐等蒸发盐矿物在后期往往被溶蚀或被方解石交代,形成石膏和石盐假晶,在我国南方地区的下三叠统嘉陵江组碳酸盐岩中可见有大量针状的石膏假晶,指示了早三叠世炎热、干旱的气候环境。

(二)化学记录

化学记录指的是沉积记录中能指示气候变化特征的元素或同位素的含量或比值。如钙质和磷质生物壳体及碳酸盐全岩的氧同位素($\delta^{18}O$)、**化学蚀变指数**(chemical index of alternation,简称 CIA;指原岩矿物质因化学风化作用而改变的

图 6-8 干旱气候条件下形成的钙结核土壤和风成交错层理
(a)钙结核土壤,河南中西部,现代,箭头指示古土壤钙结核(杨江海摄于 2017 年);
(b)大型风成交错层理,湖北宜昌,白垩纪(肖国桥摄于 2017 年)

程度,CIA=[Al_2O_3/(Al_2O_3+CaO*+Na_2O+K_2O)]×100%,CaO*表示硅酸盐中的 Ca 含量}和团簇同位素等。气候变化的化学记录通常能连续和定量地解读气候变化的特征,下面举例加以说明。

1. 钙质和磷质生物壳体氧同位素($\delta^{18}O$)

钙质和磷质生物壳体氧同位素($\delta^{18}O$)是全球温度和冰量变化的指标。自然界中,氧有 3 种稳定同位素,分别为 ^{16}O、^{17}O 和 ^{18}O,可与氢结合分别形成 $H_2^{16}O$、$H_2^{17}O$ 和 $H_2^{18}O$。较轻的 $H_2^{16}O$ 在蒸发过程中优先由海水变成水汽,由这种水汽再形成冰盖而保存在陆地上,从而使得重水($H_2^{18}O$)在海水中的比例逐渐增高,这即为海水与大气降水之间的氧同位素分馏行为(图 6-9)。在海水中随离子浓度增大可沉淀析出钙质和磷质沉积物,其与周围海水可在特定的温度和 pH 值等特定条件下达到氧同位素分馏平衡。其中,这些沉积物形成的海水温度是海水-矿物氧同位素平衡的重要影响因素,在海水氧同位素已知的前提下,可通过分析海相钙质和磷质沉积物的氧同位素来定量计算海水温度。人们对新生代底栖和浮游有孔虫壳的氧同位素进行了大量研究,利用前者来衡量全球冰量的变化,利用后者来示踪海水温度的变化(图 6-10)。

2. 团簇同位素(clumped isotope)

团簇同位素(clumped isotope)是古温度的定量指标。**团簇同位素**是指包含 2 个及 2 个以上重同位素的同位素体,目前的研究主题为这些重同位素相互结合、形成化学键的同位素体的有序状态(Eiler and Schauble,2004;Ghosh et al.,2006)。它们具备有别于常规稳定同位素的特殊物理和化学属性,以碳酸盐矿物中的

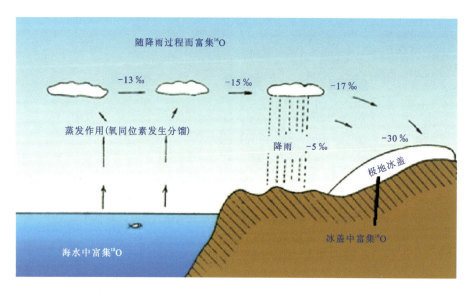

图 6-9 海水氧同位素分馏原理(http://www.dashangu.com/postimg_15800942_4.html)

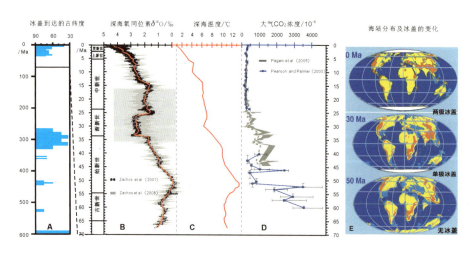

图 6-10 显生宙主要冰期及其冰盖范围的纬度分布和新生代基于
有孔虫壳体氧同位素重建的温度、CO_2 浓度和冰盖的变化特征(肖国桥提供)

A. 6 亿年以来全球主要冰期及其冰盖范围的纬度分布(据 Crowley and Berner,2001);B. 新生代深海氧同位素($\delta^{18}O$)变化曲线(据 Zachos et al.,2001,2008);C. 新生代深海温度变化曲线(据 Lear et al.,2000);D. 新生代大气 CO_2 浓度变化曲线(据 Pearson and Palmer,2000;Pagani et al.,2005);E. 新生代不同时期(50 Ma,30 Ma,0 Ma)的海陆分布与冰盖发育情况(据 Zachos et al.,2001)

$^{13}C-^{18}O$ 团簇同位素为例(图 6-11),它们的丰度与生长温度具有较强的相关性,通过对碳酸盐团簇同位素(Δ_{47})的测定,可以确定矿物生长的古温度。**团簇同位素温**

度计是一种新的测温方法,可不依赖于碳酸盐矿物生长的流体环境而获得矿物的生长温度,同时也可进一步获得矿物生长流体(水)的氧同位素组成。目前,利用碳酸盐的团簇同位素来恢复碳酸盐矿物的形成温度和古流体的氧同位素组成,已经成为重建古气候、定量古高程和示踪碳酸盐岩成岩作用等研究的重要手段。

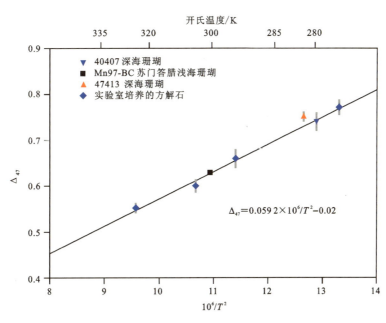

图 6-11　碳酸盐岩矿物 Δ_{47} 与生长温度之间的相关关系(Ghosh et al.,2006)

Δ_{47} 为 $^{13}C-^{18}O$ 团簇同位素的代号;T 为以热力学温度(K)衡量的温度,0 K = 0 ℃

(摄氏度)+273.15;$10^6/T^2$ 表示 10^6 与热力学温度平方的比值

3. 细碎屑岩风化指数

细碎屑岩风化指数是区域陆地表面古温度的定量指标。陆源碎屑沉积记录是陆地风化剥蚀的产物,经历了从源到汇的复杂过程,蕴含有丰富的气候信息(杨江海和马严,2017)。地表岩石遭受化学风化,随着原生矿物的溶解和蚀变,活动性强的元素优先丢失使得活动性弱的元素相对富集。据此,科学家提出了多个化学风化指数来衡量地表岩石和碎屑沉积物/岩所经历的化学风化强度。化学风化受控于温度和湿度等气候因子,泥级沉积物/岩所记录的源区地表化学风化强度可用来反映地球长时间尺度的气候变化趋势,现代大型河口细粒沉积物的化学风化强度与水系纬度和地表温度具有明显的相关性。基岩表层土壤的化学风化强度也与气候条件密切相关,同时也受控于物理侵蚀速率。在排除物理侵蚀、降雨量的影响之后,现代基岩表层土壤数据表明,其化学风化强度与地表温度具有很好的相关性

(图 6-12),可用一个线性转换方程来表示。利用这一转换方程,我们可以通过分析细粒碎屑沉积岩的源区风化强度来定量约束区域的地表古温度。

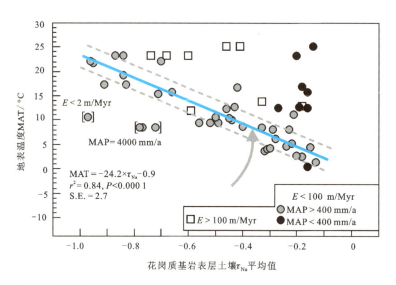

图 6-12 化学风化指数 τ_{Na} 与地表温度 MAT 的相关性(据 Yang et al.,2016) E. 物理侵蚀速率(m/Myr);MAP. 年均降雨量(mm/a);τ_{Na}. 土壤或沉积物的 Na 亏损指数,衡量风化产物的化学风化强度;MAT 与 τ_{Na} 的拟合公式中,P 值反映拟合随机变异的可能性大小,$P<0.0001$ 表示拟合具有显著的统计意义,S.E. 表示标准偏差(standard deviation),r^2 表示拟合线性关系的相关系数的平方

(三) 生物记录

生物记录是指能反映气候特征的生物类型、组合、丰度和分异度。生物对气候变化是非常敏感的,不同的生物类型和生物组合生活在不同的纬度带与气候区,如企鹅、北极熊、披毛犀、猛犸象等,通常反映中高纬度的寒冷气候;大熊猫、剑齿象、鳄鱼、红树林等,通常反映湿热气候;胡杨和肋木等,通常反映蒸发量大于降雨量的干旱气候。

1. 植被与植物群

植被和植物群既是气候的适应者,也是气候的调节者,是生物与环境相互作用的忠实记录者。如果说纬度带是气候分带的骨架,植被和植物群类型则是气候分带与气候类型的血肉。现代植被和植物群类型对气候带与气候类型的反映具体、细致、直观(图 6-13),地质历史时期的植被与植物群类型通常只能粗线条地勾画出气候带和气候类型(图 6-14)。

□ 冰原带	□ 温带混交林和落叶阔叶林带	□ 亚热带常绿阔叶林带	□ 热带雨林带
□ 苔原带	□ 温带草原带	□ 亚热带常绿硬叶林带	□ 高山植物区
□ 亚寒带针叶林带	□ 荒漠带	□ 萨瓦纳(热带稀树草原)带	

图 6-13 现代地球的气候分带和气候植被类型(图片源自网络)

图 6-14 石炭纪和二叠纪世界植物地理分区与气候类型(据陈建强等,2019)

①安加拉植物区分布于北半球中高纬度的北温带,包括我国新疆准噶尔盆地地区和东北北部,以草本真蕨和种子蕨为主,木本植物具明显的年轮,其代表化石有安加拉叶(*Angaropteridium* sp.)和匙叶(*Noeggerathiopsis* sp.)。②热带植物区(包括华夏植物区和欧美植物区)分布于赤道附近中低纬度的热带和亚热带,包括我国大部、中亚、南亚和东亚、欧洲和北美东部,其特征是高大的石松类、节蕨类和科达类大量繁盛,树高林密,枝繁叶茂,形成热带雨林景观;鳞木类可高达 40 m,直径可达 2 m,树干不显年轮。③冈瓦纳植物区分布于南半球的中高纬度较寒冷气候带,包括非洲大部、南美大部、印度、澳大利亚、新西兰和中国藏南地区,其特征是植物属种单调,如古羊齿(*Glossopteris* sp.)植物群

2. 生物礁

生物礁是中低纬度温暖—炎热气候的标志。自早寒武世以来就有了后生动物礁的记录,尽管不同地史时期造礁生物的类型不尽相同,但它们不论是现代,还是地史时期都主要分布于南北纬 30°之间的热带和亚热带海域,志留纪与现代珊瑚礁的纬度-气候带分布没有本质差别(图 6-15)。

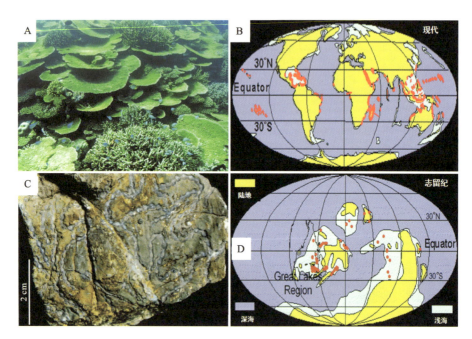

图 6-15　现代和志留纪珊瑚礁及其纬度与气候带分布(图片 A、B、D 源自网络)
A. 现代海洋中的珊瑚礁生态系统;B. 现代珊瑚礁的全球分布;C. 志留纪温洛克世的链珊瑚(Halysites sp.)标本(西准噶尔)(据纵瑞文等,2015);D. 志留纪珊瑚礁全球分布;B 和 C 中红色点为珊瑚礁分布点,主要分布于南北纬30°之间的热带—亚热带

(四)综合记录

综合记录是指物理、化学和生物记录中 2 种或 3 种及以上气候记录的综合。气候记录的本质一定是综合的,只不过科学家在重建古气候时,往往会侧重从物理、化学和生物记录中的一个或几个方面进行研究。**古土壤**可以说是气候综合记录的典型代表,下面具体加以阐述。

古土壤是地表温度、降雨量和大气 CO_2 浓度的定量指标。土壤是地表地质过程的重要产物,是大气圈、水圈、生物圈和岩石圈相互作用的客观记录。现代地表的土壤因气候条件和基岩组成等的差异可区分出多个类型,其成壤作用也存在差异。同样,在地质历史时期形成的古土壤也保存在沉积地层中,是指示古气候变化的重要信息载体,其形貌结构、矿物、元素和同位素组成等可用来定量约束地质时期的降雨量和地表温度(Tabor and Myers,2015)。古土壤的研究都是基于对现代土壤的研究,两者都经历了气候控制下的成壤作用,具有垂直分层(图 6-16)和水平分带特征。前人提出了许多基于古土壤进行古气候定量重建的经验方程,如利用土壤钙结核的深度来定量估算降雨量,利用土壤有机层的氧同位素来定量估算古温度,利用土壤次表层的风化强度来定量估算温度和降雨量,利用土壤矿物形成的热力学反应来计算古温度,等等。地层记录中古土壤已经成为近年来深时气候和环境变化研究的重要方向,形成了古土壤学。

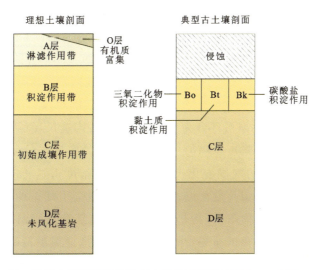

图 6-16　现代土壤剖面和典型古土壤分层特征(据 Tabor and Myers,2015)

CO_2 是地球上最重要的温室气体,研究发现,大气 CO_2 浓度与全球气候之间存在非常明显的相关关系,被认为是近百年来全球变暖的主要因素。科学家根据对冰芯气泡中 CO_2 浓度的直接测量,重建了第四纪地球大气 CO_2 浓度的变化,但对地质时期的大气 CO_2 浓度则只能依靠替代指标来重建。反映大气 CO_2 浓度的替代指标包括海水硼(B)同位素组成、植物叶片气孔参数(见下文)、古土壤矿物碳同位素等。古土壤气压计是深时古气候学研究的重要替代指标,可用于重建泥盆纪以来的大气 CO_2 浓度。在潮湿气候区的成壤作用形成针铁矿,在半潮湿-干旱气候区的成壤作用形成碳酸盐矿物。两者的碳同位素均可用于估算大气 CO_2 浓度。大气 CO_2 浓度(C_A)的常用估算公式(Cerling,1999)为

$$C_A = S(z) \times (\delta^{13}C_S - 1.004\,4 \times \delta^{13}C_O - 4.4)/(\delta^{13}C_A - \delta^{13}C_S)$$

式中：C_A 的单位为 10^{-6}；$\delta^{13}C_S$、$\delta^{13}C_O$ 和 $\delta^{13}C_A$ 分别为土壤 CO_2、土壤有机质和大气 CO_2 的 $\delta^{13}C$ 值；$S(z)$ 为土壤呼吸的 CO_2 浓度（$\times 10^{-6}$）。尽管已有大量的研究数据，但这些参数本身的获得还存在许多不确定性(Tabor and Myers, 2015)。

第二节　气候事件及其致因

气候是怎样变化的主要涉及 4 个问题：气候变化的方式（冷暖、干湿、光照、辐射量、蒸发量等）、方向、频率和幅度。古气候变化的方式可概括为 4 个字：冷、暖、干、湿。冷暖交替、干湿交替及其组合是古气候变化的主要方式，并贯穿地质历史的全过程，其中以冷暖交替为特色的冰期与间冰期最引人瞩目。地球气候全时长（从冥古宙到显生宙）变化的方向是气温逐渐降低，经历了 4 个大的气候变化阶段：火球地球气候阶段（4600～1000 Ma）→雪球地球气候阶段（1000～635 Ma）→温室-冰室地球气候阶段（635～252 Ma）→温室地球气候阶段（252～0 Ma）（参见图 2-5）。气候变化的频率可区分为 3 个时间尺度：构造尺度（$\geqslant 10^6$ a）、轨道尺度（$10^6 \sim 10^4$ a）和亚轨道尺度（$\leqslant 10^4$ a）。气候变化的幅度与气候变化的时间尺度密切相关。构造尺度的气候变化，其温度变化的幅度可达 ± 50 ℃，如新元古代的雪球地球事件；亚轨道尺度气温 $\leqslant 1$ ℃ 的变化也会引爆全球变化，如厄尔尼诺（西班牙语 El Niño，又称圣婴，指热带太平洋海温异常增暖的现象）和拉尼娜（西班牙语 La Niña，小女孩的意思，指太平洋中东部海面温度持续异常偏冷的现象）事件的发生，海面水温持续 3～6 个月升高/降低 0.5 ℃ 即可造成这类气候事件。下面将以构造尺度气候的冷暖变化为主，以轨道和亚轨道尺度的气候事件以及工业革命以来的全球气候事件为辅，阐述地质历史时期和现近代的主要气候事件及其致因。

一、前寒武纪的气候事件

总体而言，前寒武纪气候变化的幅度和强度较显生宙高。前寒武纪燧石的硅同位素研究表明，太古宙和元古宙海洋表面平均温度在 60～75 ℃ 和 30～60 ℃ 之间(Robert1 and Chaussidon, 2006)，与现代海洋表面平均温度约 15 ℃ 明显不同，这主要与前寒武纪大气中高含量的 CO_2 和 CH_4 等温室气体有关（参见图 4-42）。大量的研究表明，前寒武纪有多次冰期事件（图 6-17），其中以新元古代的马林诺冰期（Marinoan glaciation，650～630 Ma）和斯图千冰期（Sturtian glaciation，720～700 Ma）导致的雪球地球事件最引人瞩目（图 6-17、图 6-18）。

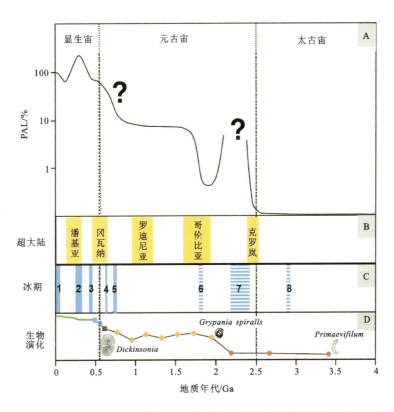

图 6-17 太古宙以来主要的冰期事件及其与其他事件的关系
(据 Och and Shields-Zhou,2012 改编)

A. 大气圈氧气含量变化曲线,单位为与现代大气氧含量对比(Present atmosphere level,简称 PAL);B. 超大陆旋回;C. 主要冰期事件:1 为第四纪冰期,2 为晚古生代冰期,3 为晚奥陶世冰期,4 为新元古代马林诺(Marinoan)冰期(650~630 Ma),5 为新元古代斯图千(Sturtian)冰期(720~700 Ma),6~8 为存疑冰期,其中 7 为古元古代休伦(Huronian)冰期(2400~2200 Ma);D. 重大生物演化事件:红色圆点、橘黄色菱形、深褐色方形、蓝色方形和绿色曲线分别代表原核生物、原生生物、埃迪卡拉生物(包含宏体多细胞动物,如 *Dickinsonia*)、后生动物和维管束植物的起源和演化的时间线

  雪球地球事件是指在新元古代,地球从赤道到南北极都被厚约 1000 m 的冰层包裹,峰值期为马林诺冰期和斯图千冰期,可能仅在赤道区域存在有限的液态水域。在雪球地球事件期,全球平均气温降到 -50 ℃,赤道地区温度也可能降至 -20 ℃ 左右,由于缺少液态水的温度缓冲作用,地球表面昼夜和季节性温差急剧上升。新元古代雪球地球事件得到 4 个方面证据的支持:其一,新元古代的马林诺冰期和斯图千冰期几乎在所有古大陆上均保存有大陆冰盖冰碛岩或冰海沉积的记录(图 6-18)。古地磁数据表明,当时的冰盖系统已经推进到赤道带(图 6-18D)。

其二，斯图千冰期结束后，在全球范围内发现直接覆盖在冰川沉积物之上的盖帽碳酸盐岩(cap carbonates)沉积(图 6-18)。盖帽碳酸盐岩(由白云岩或灰岩构成)是一套特殊的化学或生物化学沉积物，通常显示出向上水体变深的沉积序列(图 6-18A、C)，记录了新元古代全球性冰期结束后地球由冰室环境向温室环境的转换，以及冰融期海平面上升的特征。其三，在全球范围内，新元古代冰期前无机碳同位素记录普遍偏正($\delta^{13}C_{carb} > 5‰$)，冰期之后的无机碳同位素记录则偏负($\delta^{13}C_{carb} < 0‰$)。通常认为在冰融期，这种全球范围内无机碳同位素的负偏是冰期停滞的或减缓的全球碳循环过程的结果。冰期启动前气温降低会导致有机碳埋藏量上升，从而引发无机碳同位素的正偏现象。而在冰期及冰融期，冰盖下海水中的海底风化作用、微生物硫酸盐还原过程(microbial sulphate reduction，简称 MSR)、天然气水合物释放及大气 CO_2 参与的硅酸盐风化过程将导致海水中溶解无机碳(dissolved inorganic carbon，简称 DIC)的碳同位素明显下降。其四，条带状铁建造(BIF)自 18 亿年前古元古代晚期消失之后，在新元古代冰期事件中又重现。这与新元古代冰期事件时特殊的海水化学条件有关，即在冰期缺氧的海水使得还原态的二价铁得以在海洋中富集，海水中较低浓度的 H_2S 使得二价铁不会全部以黄铁矿的形式埋藏，当局部的氧化事件发生时，二价铁离子将被氧化成三价铁离子沉淀，形成条带状铁建造。

新元古代雪球地球的触发机制有 4 种假说：①超大陆裂解说。斯图千冰期的启动被认为与罗迪尼亚超大陆(Rodinia)的裂解有关，罗迪尼亚超大陆裂解过程中会产生大量新生的玄武岩，玄武岩的风化将消耗大气中大量的 CO_2，从而引发全球气温下降。②火山喷发说。新元古代富兰克林(Franklin)大火成岩省(～717 Ma)的喷发过程会向大气中喷射大量 SO_2 和 H_2S 气体，形成平流层硫酸盐气溶胶，增加了大气层反射率从而引发全球气温降低。③真核生物说。新元古代 700 Ma 是蓝细菌向真核藻类演化的重要阶段，更高效率的光合作用会更大量地消耗大气中 CO_2，从而引发全球性降温。④行星状态说。新元古代的雪球地球期，地球的行星状态与现今不同，当时的地球在中-低纬度带存在类似现今土星样的光环，光环由彗星等天体的撞击而成，光环的主要物质为冰块、气体和尘埃等，光环的存在，遮挡了太阳的光和热，使地球降温，导致雪球地球的形成。我们认为，4 种触发机制的一种或多种的叠加都可能触发雪球地球事件。雪球地球事件的结束主要与大气中 CO_2 和 CH_4 等温室气体的积累密切相关，火山的喷气作用功不可没。

雪球地球事件是地球历史上已知的最严酷和最漫长(持续约 1 亿年)的极端气候事件，其发生、发展与终结给地球海洋、大气和生物带来了深远的影响，在近 1 亿年的雪球地球时间(720～635 Ma)中，雪球地球事件经历了多次(至少两次)启动、

图 6-18 新元古代雪球地球事件期盖帽碳酸盐岩及其相关地层的特征和分布
（A 和 B 由龚一鸣摄于 2008 年）

A. 人头顶之上为陡山沱组底部的盖帽碳酸盐岩,头顶之下为南沱组冰碛岩,中国三峡；B. 盖帽碳酸盐岩中含板岩落石(黑色箭头比例尺右侧,比例尺直径等于 1 cm),中国三峡；C. 照片中上部浅色者为盖帽碳酸盐岩,下部深色者为冰碛岩,加拿大西北部育空剖面(据 Macdonald et al.,2010)；D. 新元古代晚期全球冰川沉积分布(据 Hoffman and Schrag,2002 修改),左上实心红点为加拿大西北部的育空剖面,右中上红色五角星为中国三峡剖面,右下红圈为澳大利亚古地磁剖面

发展和终结,极大地加速了生命演化的进程。从最早(中太古代/～3500 Ma)原核生物的出现到新元古代的成冰纪(～720 Ma/雪球地球事件开始的时间),生命的演化极其缓慢,3500～720 Ma 可称为"**生命的马拉松式演化阶段**",在这近 28 亿年中,生命一直以原核生物为主,在后雪球地球事件约 1 亿年的时间内(640～520 Ma),真核生物经历了从零星、微体→较多、宏体→丰富、具壳、具复杂结构的多次里程碑性的演化,代表性的生物群有宋洛生物群(640 Ma)→瓮安生物群(610 Ma)→蓝田生物群(602 Ma)→埃迪卡拉生物群(560 Ma)→庙河生物群(550 Ma)→小壳动物群(543 Ma)→澄江生物群(520 Ma)(参见图 2-5)。因此,后雪球地球事件约 1 亿年的时间(640～520 Ma)可称之为"**生命的百米冲刺演化阶段**",正是这种生命的"百米冲刺演化",才奠定了显生宙生物圈繁盛的基础。

二、古生代与中生代的气候事件

与前寒武纪相比,古生代与中生代气候变化的记录更为系统和完整,保真度也更高,下面仅以典型的气候事件为例加以介绍,这些气候事件包括晚奥陶世冰期、晚古生代冰期和白垩纪温室气候事件(图6-17C、图6-19)。

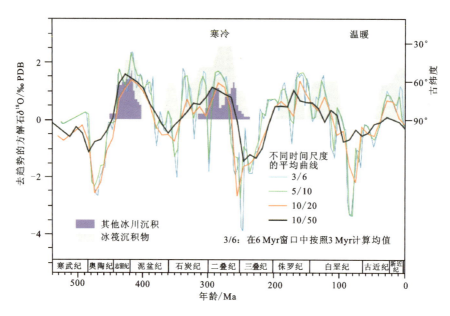

图6-19 显生宙海水的氧同位素曲线与主要冰川事件(据Veizer et al.,2001改编)

1. 晚奥陶世的冰期事件

晚奥陶世冰期(460~440 Ma)首先报道于北非地区(Berry and Boucot,1973),陆地冰川沉积及冰海沉积被广泛发现于冈瓦纳大陆(如现代的北非、西非、阿拉伯半岛、南非及阿根廷等地)及其周缘(如现代欧洲地区),其冰盖中心区域集中在现代北非—西非一带(Hambrey,1985)(图6-20)。晚奥陶世冰期除冰川沉积证据之外,也得到$\delta^{18}O$和$\delta^{13}C$同位素记录的支持。全球海相碳酸盐岩$\delta^{18}O$记录在晚奥陶世赫南特阶(Hirnatian)均发生大规模正偏现象(+4‰),这种大幅度的氧同位素记录正偏,指示冰期事件时期冰川体积增长导致全球海平面下降幅度可能达到约150 m,而热带海洋地区海水温度下降达到5~10 ℃。晚奥陶世冰期也导致全球碳同位素记录发生正偏,其原因是较低的海水温度导致有机碳埋藏量增加→大气中CO_2含量下降→表面海水中^{12}C含量减少→全球无机碳同位素正偏。在志留纪早期,全球$\delta^{18}O$和$\delta^{13}C$同位素记录发生大幅度负偏,指示晚奥陶世冰期的结束。

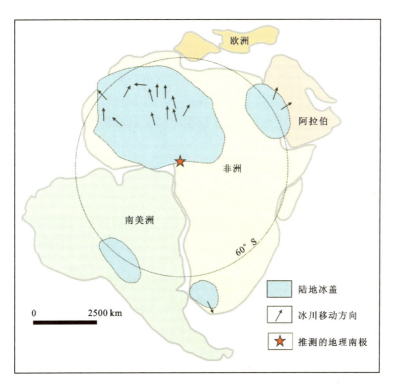

图 6-20　晚奥陶世南半球冰期事件的影响范围和冰川流动方向(据杜远生等,2022)

根据 CO_2 含量恢复结果,晚奥陶世大气 CO_2 浓度要远高于现代水平(可能达到现代大气圈二氧化碳浓度的 10~16 倍)。因此,晚奥陶世冰期事件是在高 CO_2 水平下发生的,这与常理似乎相悖,原因是:①大地构造因素。当时一些活跃的造山带,如欧美的加里东造山带和阿巴拉契亚造山带,我国的华南加里东造山带和祁连加里东造山带等造成陆表地形高差增大,硅酸盐风化作用加强,大量消耗大气中 CO_2,使其浓度降低导致全球气温下降,引发冰期事件。②全球古地理与大洋环流因素。晚奥陶世以来,冈瓦纳大陆不断向南移动,导致南半球高纬度地球陆地面积增大,有利于冰盖的形成;向南极地区输送热量的暖流在此时可能减弱,对极地地区温度下降起到控制作用。③天文因素。晚奥陶世地球的公转轨道与现今不同,当时地球自转轴的位置偏移,致使南半球即使在夏季与太阳的距离仍然较远,导致南半球年平均气温显著下降,有利于冰川事件的发生。④天体撞击。中奥陶世的陨石事件导致大量陨石碎屑物质进入大气层,平流层内粉尘含量提高 3~4 个数量级,对太阳光反射率的增加诱发冰期事件(Berner,2004)。需要指出的是,晚奥陶世的冰期事件主要发生于南半球的冈瓦纳地区,奥陶纪-志留纪之交的生物大绝灭事件与此次冰期事件密切相关。

2. 晚古生代的冰期事件

晚古生代的冰期事件(Late Paleozoic Ice Age,简称 LPIA)是指发育于晚泥盆世法门期至早二叠世萨克马尔期(360~290 Ma)的气候变冷事件。晚古生代冰期具有 4 个典型特征:①显生宙持续时间最长(约 70 Myr)的冰室气候;②冰碛物主要分布于南半球的中高纬度地区;③冰期在时间上具有幕式性,可划分为 3 幕,分别为晚泥盆世晚法门期—石炭纪早期(Pz_2-Ⅰ幕)、石炭纪中期(Pz_2-Ⅱ幕)、晚石炭世(宾夕法尼亚亚纪)格舍尔期—早二叠世萨克马尔期(Pz_2-Ⅲ幕);④不同幕次的冰川分布范围在空间上具有明显的迁移性(图 6-21)。

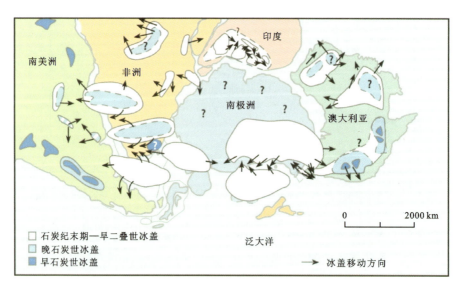

图 6-21 晚古生代冰期冰盖移动方向和展布范围
(据 Montanez and Poulsen,2013 修改)

Pz_2-Ⅰ幕(晚泥盆世晚法门期—石炭纪早期),精确启动时间为晚泥盆世晚法门期的 *verlifer* 带(国际标准牙形石带,下同)或最晚 *marginifera* 带,与之相关的冰碛物主要发育于南美洲西侧、非洲南部和澳大利亚东部(图 6-21),以山岳冰川为特征。基于对华南广西拉利晚泥盆世地层剖面牙形石氧同位素和碳酸盐无机碳同位素的研究与全球对比表明(张欣松,2019),晚泥盆世的气候变化可分为 4 个阶段:变暖期(弗拉期 *falsiovalis* 带—下 *rhenana* 带)、高幅变冷期(弗拉期下 *rhenana* 带—法门期 *platys* 带/中 *triangularis* 带)、平稳期(法门期 *minuta* 带/上 *triangularis* 带—*utahensis* 带/上 *marginifera* 带)和变冷期(法门期 *verlifer* 带/最晚 *marginifera* 带—*ultimus* 带/中 *praesulcata* 带)。这次变冷的起点也是晚古生代冰期的起点,峰值在法门期 *ultimus* 带下部,在这次变冷期,牙形石氧同位素正偏幅度达~2.0‰,对应的降温幅度达~9 ℃。

Pz$_2$-Ⅱ幕(石炭纪中期谢尔普霍夫期—巴什基尔期),冰碛岩报道于东澳大利亚、西澳大利亚、南美洲、非洲南部和中国藏南地区(Fielding et al.,2008),以山岳冰川为主(Isbell et al.,2012)。这一时期冰川沉积分布范围虽不及早二叠世初期(所谓的晚古生代最大冰盛期),但牙形石氧同位素值却达到了晚古生代冰期发育的极大值(Chen et al.,2016),且伴随中、低纬度的北美和华南等地区出现大范围的海退事件[以发育侵蚀谷、喀斯特面、重大不整合面为特征(Eros et al. 2012;Wang et al.,2013)]和生物演化事件(Davydov,2014)。全球海相碳酸盐碳同位素和锶同位素值也发生了明显的同步正偏。这些证据表明,石炭纪中期可能是晚古生代一次大规模的冰川活动期。

Pz$_2$-Ⅲ幕[晚石炭世晚期(格舍尔期/Gzhelian 期)—早二叠世早期(萨克马尔期/Sakmarian 期)或晚二叠世早期(吴家坪期/Wuchiapingian 期)],冰碛物广布于南美中东部、非洲南部、阿拉伯、南极洲、印度和非洲等冈瓦纳陆块以及亲冈瓦纳地块群,如云南的保山地块、腾冲地块和西藏的拉萨地块等。Pz$_2$-Ⅲ幕冰川活动分布广泛,发育冰海/冰湖相沉积,具有大陆冰盖的性质,冰盖沉积记录可达到 35°~40°S 的中纬度地区,甚至在潘基亚超大陆西侧近赤道的大陆高山地区也发育山岳型冰川活动和相关的黄土堆积,表明晚古生代冰川活动在这一时期达到最盛,分布范围最广。

早二叠世冰盛期之后,冈瓦纳大陆沉积记录发生明显变化,主要特征有 3 点:①冰碛杂砾岩和含落石构造的纹层状泥质岩被含煤砂泥岩、正常海相泥/页岩和浅海碳酸盐岩沉积所取代;②碎屑沉积物的成熟度提高,泥质岩中的高岭石增多,表明大陆表层化学风化增强;③黑色泥/页岩的有机碳同位素和碳酸盐岩-生物壳的 C-O 同位素也发生大幅度波动。早二叠世冰盛期之后,大陆冰盖消融、解体和气候变暖,大气 CO_2 浓度显著升高,从冰盛期的 ~300×10^{-6} 增大到 >1000×10^{-6},且大气 p_{CO_2} 波动性增大,这些特征与晚古生代冰室气候向温室气候转变的渐进式特征一致。伴随早二叠世全球变暖,全球范围内出现大规模海进沉积序列。潘基亚超大陆西侧热带区古土壤温度从 ~22 ℃ 增大到 ~35 ℃,同时发生由暖湿性到干热性植物群落的更替。基于古土壤形貌和化学组成及植物群落的研究,二叠纪冰川消融和全球变暖导致欧美大陆低纬度地区气候出现长时间尺度的干旱化趋势,降雨的季节性增强。对应于二叠纪的冰川消融和全球变暖,低纬度海相碳酸盐沉积序列的 C-O 同位素组成也发生负偏,指示大气 CO_2 浓度和表层水体温度升高。

众所周知,泥盆纪至二叠纪是显生宙植物最繁盛的时期,植物的快速登陆、扩展、繁盛、大量埋藏和成煤,不仅导致大气 CO_2 浓度持续下降,植物根系的发育也加速和增强了陆地生物风化的速度与强度(图6-22)。不仅如此,发育的植被和植物根系也改变了河流的特征和流域的地貌景观(图6-23)。土壤中的大量有机质和营养盐在地表径流的作用下汇聚于海洋,使海洋由泥盆纪以前的寡营养海洋转变为泥盆纪及以后的富营养海洋,富营养海洋催生了菌藻生物的繁盛和埋藏。另一方面,晚石炭世至二叠纪的海西造山运动不仅形成了规模宏大的中亚造山带,也深刻影响了世界其他地区,如俄罗斯的乌拉尔造山带和北美的阿巴拉契亚造山带的形成,增加了地球表层地貌的反差强度,加速了地表的风化。这些作用的综合大大增加了对温室气体 CO_2 的消耗量,最终导致晚古生代冰期的形成。同时,大规模火山作用也通过释放 CO_2、SO_2、H_2S 等气体改变大气组成,形成气溶胶,增大地表岩石化学风化速率,导致气候快速变暖或变冷(Yang et al.,2020;Soreghan et al.,2019)。晚古生代冰期的多期性和多幕性表明,上述作用和过程并非线性的。由此可见,晚古生代冰期形成的主控因素为构造作用、火山活动和生物作用及其相互叠加作用。

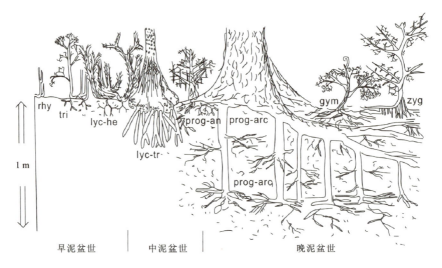

图6-22 泥盆纪植物的大小和根系演化(据 Algeo and Scheckler,1998 修改)

rhy、tri、lyc-he 等代表不同的植物类群

3. 白垩纪的温室气候事件

白垩纪(145~66 Ma)是地球历史长河中颇具特色的一个纪,它不仅见证了恐龙王朝的兴盛,也目睹了恐龙家族的灭亡。对白垩纪而言,与恐龙齐名的特色还有温室气候。白垩纪的气候在4个方面与众不同:①显生宙最温暖的纪(图6-19,氧同位素的低值),从极地到赤道无明显的气候分带,全球范围内纬度和季节的温度

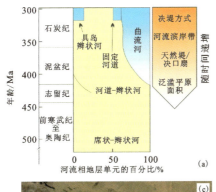
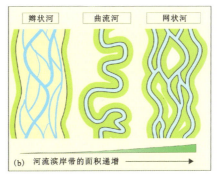
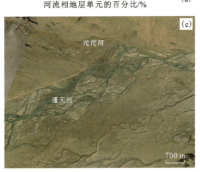

图 6-23 地史时期河流类型和特征及其景观的演变(据薛进庄等,2022)

(a)前寒武纪至石炭纪的河流类型和形态演化;(b)辫状河、曲流河与网状河形态和特征对比;(c)现代典型的辫状河卫星图(沱沱河与通天河交汇处);(d)现代典型的曲流河卫星图(辽河,铁岭市北)

梯度极小,海洋的纬向温度梯度仅 0.15~0.3 ℃/1°,地球表层的平均温度比现今高约 10 ℃,是显生宙两极无冰和温室气候的典型代表(胡修棉,2004;于革,2007)。②白垩纪的全球海平面比现在高 200 m,南北半球蒸发岩、陆相红层、大洋红层和黑色页岩广布,是煤炭和油气资源形成的重要时期,孕育了中东油田、北海油田、西西伯利亚油田、墨西哥油田和我国的大庆油田等大型油气田。③热带-亚热带植物群和生物礁的分布纬度向高纬度带推进约 15°,在北极圈内发现有恐龙化石,喜暖的大型爬行动物化石在北纬 78°的高纬度地区的白垩纪地层中被发现,白垩纪植物表皮细胞的气孔密度较现今明显低(植物表皮细胞的气孔密度与大气中 CO_2 浓度成反比,即植物表皮细胞的气孔密度越高,大气中 CO_2 浓度越低)(图 6-24)。④白垩纪中期(土伦期/Turonian)是白垩纪温室气候的鼎盛期,大气中 CO_2 浓度是现今的 4~10 倍。白垩纪的温室气候可分为 3 个阶段:早期温暖阶段(早白垩世贝里阿斯期—阿普特期/145~120 Ma),中期炎热阶段(早白垩世阿普特期—晚白垩世坎潘期/120~80 Ma)(刘志飞和胡修棉,2003),晚期温暖阶段(晚白垩世坎潘期—马斯特里赫特期/80~66 Ma)。需要指出的是,白垩纪的温室气候并非长期稳定不变,期间也存在多次短暂的气候变冷事件,甚至小冰期(陈曦等,2011)。

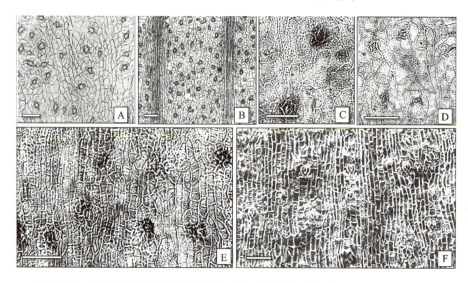

图 6-24　现生和化石银杏植物表皮细胞与气孔密度分布对比(据王永栋等,2015)
A 和 B 为现生银杏植物 *Ginkgo biloba*;C 和 D 为中生代银杏植物化石 *Ginkgoites obrutschewii*;E 和 F 为中生代银杏植物化石 *Sphenobaiera huangii*。线条比例尺均为 100 μm。图中现生银杏植物表皮细胞气孔密度明显高于中生代的银杏植物化石,表明中生代大气中 CO_2 浓度比现今高

大量的科学研究表明,白垩纪是显生宙板块构造最为活跃的时期之一,晚白垩世赛诺曼期—土伦期(100～90 Ma)洋中脊的生产率达 $57×10^6$ km^3/Myr,洋壳生产面积是正常值的 1.8 倍,大火成岩省(LIPs)和地幔柱活动强烈,海底扩张和地幔柱导致的火山喷发将大量 CO_2 等温室气体喷入大气中,其数量是现代火山喷发 CO_2 等温室气体量的 10 倍(胡修棉,2004;于革,2007)。由此可见,白垩纪大气中高含量的 CO_2 主要源自构造运动和火山活动,是深部过程对地球表层环境和气候产生重要影响的典型代表。白垩纪地球大气中高 CO_2 浓度还将减弱古海洋的温盐环流性质和海洋热的输送方式,白垩纪低的反射率和强热扩散大陆的特性是导致白垩纪弱气候分带和弱季节温差的重要下垫面(大气下层直接接触的地球表面)因素,无冰的地表和温暖的大陆与海洋等特征,对维系白垩纪温室气候具有重要的反馈效应(于革,2007)。

三、新生代的气候事件

与前新生代相比,新生代构造尺度($\geqslant 10^6$ a)、轨道尺度(10^6～10^4 a)和亚轨道尺度($\leqslant 10^4$ a)的气候变化记录更为系统和完整,保真度和研究程度也更高。新生代气候变化频繁,下面仅以新生代最具代表性的极热气候事件和冷气候事件为例加以介绍。

1. 古新世-始新世之交的极热事件（Paleocene-Eocene thermal maximum，简称 PETM）

该气候事件发生在古新世末—始新世初，启动时间约为 55 Ma，是新生代最快的一次突然变暖事件，持续了约 21 万年。在 PETM 期，全球深海、高纬度地区和陆地温度在 1 万年以内升高了 4~8 ℃，深海碳同位素出现了 3‰~5‰ 的快速负偏，并伴随着全球海洋碳酸盐补偿深度（CCD）明显变浅，CCD 变浅的幅度在南大西洋超过 2000 m，在加勒比海则小于 2000 m。在 PETM 期，黏土矿物组合发生明显变化，土壤中蒙脱石含量从 60%~90% 增至 90%~95%，伊利石含量极微，而高岭石含量从 5% 增至 20%~30%。蒙脱石形成于热带-亚热带排水差、潮湿而后持续干旱的气候环境；高岭石常见于高降水量、排水好的热带土壤中，其形成温度不低于 15 ℃；伊利石一般形成于寒冷地区和沙漠地区等极低风化速率的气候条件。这表明当时全球气候温暖、降水量大，大陆发生强烈的风化作用。多数科学家认为，导致 PETM 事件的主要原因是巨量（约 $1.1×10^{12}$ t）天然气水合物（也称可燃冰，主要成分为 CH_4）的释放，深海无机碳同位素的高幅（3‰~5‰）快速负偏支持了这一推断（陆钧和陈木宏，2006）。PETM 事件是已知地质记录中唯一接近现今燃烧化石燃料快速和大量释放 CO_2 的类似事件，因而对其研究将为未来气候变化预测提供以古启今的重要参考和借鉴。

2. 始新世-渐新世之交的冷事件（Eocene – Oligocene glacial maximum，简称 EOGM）

该气候事件发生在始新世-渐新世之交，启动时间约为 34 Ma，是地球由白垩纪—古近纪温室期转变为冰室期的转折点，地球水圈由两极无冰转变为南极发育大陆冰盖的单极冰盖时代。对 EOGM 期底栖有孔虫氧同位素的研究表明，底层海水水温下降 3~4 ℃，在北半球高纬度地区降温可达 8 ℃ 以上。EOGM 事件导致了一系列海洋生物事件：钙质超微生物、硅藻、底栖有孔虫大规模灭绝，软体动物种群减少了 10%，腹足类和双壳类的灭绝率分别高达 97% 和 89%，海胆类的种群分异度下降了 50%，绝大多数浮游有孔虫在进入渐新世后个体变小、分异度下降，更适合低温环境生长。此外，还有碳酸盐补偿深度（CCD）快速变深和海平面大幅下降。同时，陆地生态环境也发生了巨大的改变。北美大陆的植被由亚热带雨林演化为阔叶落叶林，洪泛平原沉积逐渐转变为风成沉积（陆钧和陈木宏，2006）。科学家认为，EOGM 事件的主因有两个：①地壳运动使环南极洋流形成，阻止了赤道地区的热量向南极输送，导致南极大陆"热隔绝"；②大气 CO_2 浓度下降，下降幅度近 $400×10^{-6}$。

3. 新近纪末冷事件（end‑Neogene glacial event，简称 eNGE）

该气候事件发生在新近纪末，起止时间为 3.6～2.6 Ma，2.8 Ma 是其鼎盛期，最显著的宏观标志是**北半球冰盖形成**使地球从此进入显生宙独一无二的两极冰盖时代。新近纪末冷事件在斯堪的纳维亚半岛、格陵兰、挪威海的冰碛物和冰筏碎屑沉积物及我国的黄土高原剖面中都有明确的记录。这次冷事件的成因主要与青藏高原的隆升和巴拿马海道的关闭有关。

4. 末次冰期事件（last glacial period，简称 LGP）

末次冰期事件是第四纪发生、距离现代最近、强度最大（极寒）、记录最清楚、研究程度最高的一次气候变冷事件，该事件发生于更新世末，起止时间为 70～11.7 ka，26.5～19.0 ka 是其鼎盛期（图 6-25），末次冰期的结束标志着全新世的开始。在末次冰期的鼎盛期，南极温度较现代低了 10～12 ℃，格陵兰可能低了 20 ℃，全球

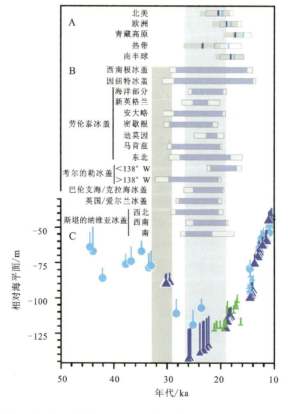

图 6-25 末次冰期全球冰川、冰盖和海平面变化的年代学特征（据王绍武和闻新宇，2011 修改）
A. 山岳冰川冰消期开始记录；B. 冰盖最大范围记录；C. 海平面相对现代高程记录。蓝色圆点代表新几内亚；蓝三角代表巴巴多斯（位于东加勒比海）；绿钉子代表波拿巴特湾（澳大利亚西北海岸帝汶海东南海湾）；蓝钉子代表其他陆架

陆地约有24%被冰覆盖(现代仅11%),26.5 ka北半球的冰盖达到最大值,全球海平面较现代下降了约130 m(王绍武和闻新宇,2011)。在末次冰期,东亚整个陆架裸露成陆,海水退至现代大陆架斜坡处,现代的渤海、黄海和东海均为陆地,我国天津地区的年平均温度仅1 ℃左右,比现在年平均温度低约10 ℃。科学家认为,末次冰期的成因主要与3个因素有关:北半球高纬度地区太阳辐射量下降、大气CO_2浓度下降和热带太平洋海水表面温度降低。

第三节　气候对地球系统的影响

目前,已经有深入的研究证实,近代的气候变化乃至天气和气象都对当今地球的方方面面产生了重要影响,包括各类作物、水资源、海洋资源与生态、陆地生态系统与环境、冰冻圈、重大人类工程等,也因此工业革命以来的全球气候变暖已经引起了全球科学家、政府部门和社会大众的最广泛关注。《第三次气候变化国家评估报告》已经全面、系统地评述了当前气候变化对地球和人类的深刻影响,包括对我国的深刻影响。

特别是,现代气候变化会通过影响粮食、水资源、能源等战略资源的供应与再分配,进而引发社会动荡和边界冲突,对国家安全构成严重威胁。美国曾于2007年和2008年发布了《国家安全与气候变化威胁》和《2030年前全球气候变化对国家安全的影响》的报告。英国国防部则指出,需要对军事行动和装备做一定的调整,以应对气候变化的影响。

与此相对应,各类地质记录则客观地记录了古代气候变化对地球系统产生的极其重要的影响。温度等古气候事件不仅影响大气圈内部一些重要的物理、化学和生物过程,而且强烈地影响了水圈、生物圈,乃至岩石圈及其圈层耦合。

不管是古代还是现代,气候对地球系统的影响都是深刻而深远的,涉及地球系统的方方面面。限于篇幅,这里难以一一概述,仅以水圈和生物圈为例,介绍从古气候到现代气候的影响,通过古今之间的链接来阐述气候对地球系统演化的重要性,以达到"窥一斑而知全豹、处一隅而观全局"的效果。

一、气候对水圈的影响

气候能够引起水圈发生一系列的变化,包括水量(水资源等)、水质(如水化学成分)和水生生物。这里主要选取那些既有地质记录又有现代例子的加以介绍。

1. 气候对海平面变化的影响

在地质历史时期,全球海平面变化有不同的级别,受控于不同的地质因素。

Ⅰ级海平面变化在显生宙表现为两大旋回,主要与泛大陆的离散和聚合有关;Ⅱ级、Ⅲ级海平面变化(10~18 Myr、1~10 Myr)则与构造作用和气候变化有关;更次级别的海平面变化影响因素更多,气候也起了重要作用。

当海平面受到气候影响时,一般情况是随着温度的升高而升高。这样在温室气候时期,地球缺乏冰盖,海平面就会比较高,出现海侵。反之,就会出现海退。例如,新生代冰室期的海退与大陆碰撞、极地冰盖的形成和发展有关系。奥陶纪-志留纪之交的海退、石炭纪-二叠纪之交的海退均与冰川作用有关。从末次冰期到全新世,全球海平面上升可以达到100多米。

当前全球变暖导致的海平面上升已经引起了人们的广泛关注,对一些岛国产生了更为严重的影响,特别是43个从太平洋到印度洋的低地环礁岛国。由于海平面逐渐上升,一些岛国已经开始谋划要如何应对土地遭淹没的危机。南太平洋岛国基里巴斯已在邻国斐济购买土地,巴布亚新几内亚也开始鉴别哪些国民最可能遭受海水威胁。太平洋岛国图瓦卢面积 26 km², 最高点海拔 4.5 m, 全国 1.1 万国民从 2002 年起开始移民到新西兰。为了警醒世人和联合国,马尔代夫总统穆罕默德·纳希德于 2009 年 10 月 17 日召集了 12 名政府内阁成员,在该国海域一处 4 m 深的海底召开了世界上首次水下内阁会议(图 6-26),以呼吁各国减少温室气体排放。

图 6-26 世界首次水下内阁会议于 2009 年 10 月 17 日在海平面之下 4 m 处的马尔代夫海域举行(a)和印度洋岛国马尔代夫鸟瞰图(b)(图片源自网络)

气候变暖导致海平面上升除了对岛国有影响以外,还对海洋沿岸国家和城市产生极其恶劣的影响。当前气候变暖引起的海平面上升通过直接淹没、加剧侵蚀和减缓淤涨等多种途径造成潮滩湿地的面积损失,河口三角洲受到强烈侵蚀而引起大幅度衰退,加剧咸潮上溯,增大咸潮入侵的距离。海平面上升导致的潮水浸淹频率升高和波浪作用加强将使红树林退化,强大的风暴潮可影响红树林的群落结构,降低红树林的多样性指数,影响红树林的生长和分布格局。科学家曾经做过计算,海平面上升1 m,海岸线将后退100 m,受影响的土地将有500万km²、人口约10亿人,伦敦、纽约、东京等国际大都市将会消失。如果全球的冰全部融化成水,平铺到地球表面,可使全球水面上升61 m。那样的话,不要说上海、纽约等沿海城市会消失,就是现在海拔高度为31 m的武汉城区和海拔高度为44.4 m的天安门广场也会被海水淹没。

2. 气候与海洋缺氧和酸化

气候变化不仅影响海平面变化,还会影响海洋的水化学条件,特别是海洋的Eh和pH。全球温度升高,使得从高纬度到低纬度的温度梯度降低,从而减弱了大洋环流,导致海洋分层加剧,缺氧程度增加。同时,由于温度升高,氧气在水体里的溶解度降低,更加剧了海洋水体的缺氧程度。在地球历史上,数次全球性的大洋缺氧都与温度升高有一定的联系。例如,二叠纪-三叠纪之交、早三叠世和白垩纪的数次大洋缺氧事件等。

海洋缺氧的加剧会进一步导致海洋出现硫化事件(水体中富含H_2S),称为硫化海洋。在地球历史上,最著名的硫化海洋出现在第一次大氧化事件之后的中元古代和新元古代,位于氧化的表层海水和缺氧铁化的深部水体之间,呈现一个楔状的硫化带。这个硫化带处于动态变化之中,一直持续到前寒武纪末期。寒武纪大爆发就是在海洋硫化水体消退之后才发生的。

温度升高除了影响海洋的Eh以外,还会影响水体的pH。大气CO_2含量的增加势必会使海水pH降低,出现酸化现象。基本原理如下:当CO_2溶入海水时,与水结合形成H_2CO_3,H_2CO_3离解成$[H^+]$和$[HCO_3^-]$,并进一步离解成$[CO_3^{2-}]$和$[H^+]$,使海水出现酸化。化学过程为:$CO_2 + H_2O \leftrightarrows H_2CO_3 \leftrightarrows H^+ + HCO_3^- \leftrightarrows CO_3^{2-} + 2H^+$。

在地球早期,大气p_{CO_2}高,海水偏酸性。在新元古代,动物先出现硅质和磷质矿化,然后才是钙质矿化,这既与海水化学成分有关,也可能与pH变化有关。在二叠纪-三叠纪之交动物大灭绝时期,海水酸化极大地影响了动物的钙化,而且还使一些钙质生物出现灭绝,导致生态系统结构变化。

在当代全球变暖的背景下,一些海洋水体缺氧程度加剧。特别是在许多海洋水体的一定深度(200~300 m)出现了最小含氧带(OMZ)或者低氧区,而且不断扩张。在我国的长江口,底层海水缺氧与全球变化背景下陆地输入营养盐增加有关,导致上层出现高的初级生产力,特别是硅藻,局部出现酸化现象。而黄海、渤海的缺氧与表层以下冷水团的持续积累有关,使得微生物群落呼吸产生CO_2,造成夏、秋季很大面积的底层海水严重酸化,并对钙化生物构成严重威胁,致使一些贝类生物不仅个体减小,数量也明显减少。黄海冷水团区域可能是中国近海最先遭受海洋酸化潜在负面影响危害的海区之一。

当前全球变暖引发的海洋酸化可能会引起海洋系统内一系列化学变化,从而影响大部分海洋生物的生理、生长、繁殖、代谢与生存,最终可能导致生态系统不可逆转的变化。特别是海洋酸化导致小的鱼类个体不易生存、种群个体大小的下降,从而影响海洋鱼类的多样性和群落结构。CO_2浓度升高导致的酸化将影响珊瑚的钙化,温度升高造成珊瑚礁物种的丧失和地理分布范围的缩小。

3. 气候对陆地洪灾旱灾的影响

气候变暖和海平面升高,使得海洋输送给大陆的水汽增加,陆地上的洪涝灾害会频发且强度增强,从而表现出海洋与陆地之间的相互作用增强。例如,晚三叠世的卡尼期是三叠纪气候变化的一个重要转折点,在早、晚卡尼期之交气候发生了由干到湿的剧烈转变,出现了著名的卡尼期雨期,引起了一系列的环境和生物巨变。牙形石氧同位素记录显示,这次由干到湿转变时期的海水温度升高了 4 ℃,表明温度升高导致大气-水圈环流增强,从而出现了雨期(Sun et al., 2016)。

实际上,在同样的温度变化背景下,不同地区发生的水文气候事件是不同的。在一些区域出现旱灾的同时,另一些区域则可能出现洪灾。这就要求我们在应对当前全球变暖时,要具有区域差别的策略,不能千篇一律。这一点在我国东部经济发达地区异常明显。例如,现代气候已经证实,我国东部地区的降水会出现三极模态变化的场景,即长江中下游与华北和华南都表现出不一样乃至相反的变化。当长江中下游出现极端暴雨的同时,华北和华南的降水量却偏少。地质记录和模型的研究都发现,即使在 1 万多年前,长江中下游的降水量也与华北和华南正好相反(图 6-27),从而实现了从古到今的完美链接。具体规律是,当气候变冷时,长江中下游地区偏湿,而华北和华南偏干。当气候转暖的时候,则出现相反的空间变化(Zhang et al., 2018)。

当前引起陆地出现洪灾和旱灾的最重要短期气候事件是厄尔尼诺现象。厄尔尼诺主要是指太平洋东部和中部热带海洋的海水温度异常地持续变暖,并进一步导致整个世界气候模式发生变化的气候事件。厄尔尼诺对我国乃至全球的气候与生态产生了深远的影响,特别是会造成我国长江中下游地区出现洪灾,而西北和华北地区则出现旱灾。对地质微生物记录的研究发现,黄土高原除了由冬季风引发的一般干旱事件以外,还存在一些由海洋引起的极端干旱事件。这些极端干旱气候事件出现在每个冰期结束的时候。换句话说,当温度从寒冷的冰期向温暖的间冰期转折的时候,就会在黄土高原出现极端干旱事件,而这些极端干旱事件就是由热带海洋的类似厄尔尼诺现象引起的(Tang et al., 2017)。

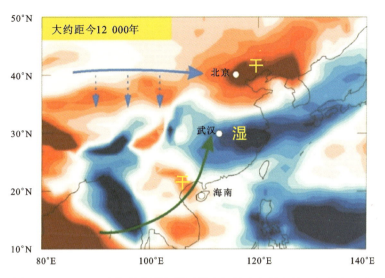

图 6-27 12 000 多年前中国东部干湿古气候在空间上的三极模态变化

(据 Zhang et al., 2018)

当前的全球变暖对我国水资源、大江大河、冰川及其径流以及水利工程会产生影响。在过去 100 多年时间里,中国主要河流径流多处于减少趋势。东部六大江河的实测径流量以下降趋势为主。海河、黄河实测径流量下降更明显,辽河、松花江下降幅度次之,淮河、珠江和长江等呈现不同程度的小幅变化。气候变暖会通过影响水资源时空分配格局及旱涝格局而影响三峡工程、南水北调工程等的正常运行。

二、气候对生物圈的影响

气候会对生态系统和生物圈产生重要影响。我国从南到北、从东到西具有显著的植被分带现象,这是气候影响植被系统最明显的例子之一。全球气候变化能够导致物种组成与结构改变、植物死亡率与幼苗生长变化,引起景观破碎、高山和极地生物的敏感性变化,改变一个地区不同物种的适应性,并改变生态系统内部不同种群的竞争力。CO_2 浓度升高和气候变暖对初级生产力、凋落物分解、水分有效性和碳汇功能产生重要的影响,导致动植物体型普遍"缩水",造成一些常见植物的开花期显著缩短,引起海洋食物链的毁灭性破坏,等等。

这里分别选取海洋动物生态系统、陆地植被系统、古人类以及病毒进行代表性的解剖,既涉及陆地系统,也涉及海洋系统;既涉及低等生物,也涉及高等生物;既涉及地质记录,也涉及现近代人类文明,从而实现从古到今的贯通解读。

1. 温度突变导致海洋动物大灭绝

在地球历史上,二叠纪-三叠纪之交、晚泥盆世弗拉期-法门期之交和晚奥陶世末的生物大灭绝都发生在气候突变的关键期(参见第五章图 5-6、图 5-7)。

2.52 亿年前的二叠系-三叠系界线是地质历史上一条极其重要的分界线,既是古生代与中生代之间的时间分界线,也是地球气候从冰室期向温室期转变的分界线。受到地球科学家高度关注的是,在该界线附近发生了显生宙最大规模的生物灭绝事件,并经历了漫长和复杂的生物复苏过程。在生物大灭绝的同时,牙形石动物磷灰石的氧同位素显示,当时赤道地区的温度突然升高了 8~10 ℃,说明了古温度变化与生物大灭绝之间可能存在因果关系。二叠纪-三叠纪之交的地质微生物和地球化学资料显示,与快速升温相伴的是,当时海洋环境出现了严重的缺氧事件,局部水域还出现了硫化水体。这说明,大气温度升高导致海洋温度升高,洋流活动减弱,海洋分层加剧,导致水体缺氧和硫化,进而影响了海洋动物生态系统。

与此次最大生物灭绝不同的是,晚奥陶世的生物大灭绝出现在冰期的前后。晚奥陶世第一幕生物灭绝发生在温度降低形成冰期的过程中,第二幕生物灭绝出现在冰期消退转暖的过程中(图 6-28)。

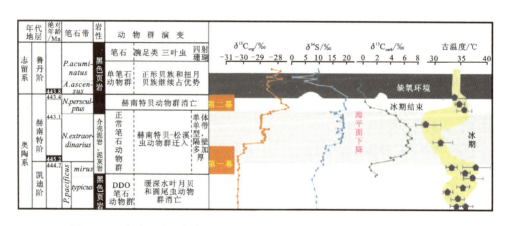

图 6-28　奥陶纪末生物大灭绝模式与环境变化(据沈树忠和张华,2017 修改)

从以上显生宙三大严重的生物大灭绝来看,并不是温暖或者寒冷的气候对生态系统造成影响,而是温度变化的幅度和速率对生态系统产生严重影响。

在当代,由于人类活动释放了大量的 CO_2,使得地球温度快速升高,出现了全球变暖的现象,这也是一个温度的剧变期。同时,生物多样性也出现明显降低,乃至有可能出现地球历史上的第六次生物大灭绝,这已经引起全人类的普遍关切。不仅如此,全球气候变暖还会对海洋鱼类的洄游路线、距离和地点产生重要影响。

2. 气候对陆地植被系统及其演替的影响

气候变暖将对物候、湿地、森林和草原等陆地生态系统产生影响，我国的春季物候期提前，秋季物候期推迟，鸟类停留时间增长，木本植物休眠时间缩短。当前，气候变化对作物的影响是人们关注的一个重大话题，这直接涉及粮食安全。温度升高，总体上导致作物生育期提前、生育期日数缩短。无论是粮食作物还是蔬菜与果树等园艺作物，变暖形成了病虫害发生面积扩大、危害程度加重等态势。气温升高，中国多熟种植北界向高纬度和高海拔地区扩展。大多数模拟结果表明，未来气候变暖对我国小麦、玉米和水稻三大作物单产影响以下降趋势为主（虽然存在区域性差异）。温度升高和 CO_2 浓度升高对作物品质的影响以负面为主，但因作物种类和品种而异（《第三次气候变化国家评估报告》编写委员会，2015）。

古气候对古植被也有重要的影响，这里以新生代 C_3 和 C_4 植被的演替为例加以阐述。陆生植物有 C_3、C_4 和 CAM（景天酸代谢）三种固碳途径。C_3 光合作用在维管植物中占主导地位，而 C_4 光合作用在 25 万种植物中只占 8000 种左右，CAM 植物包括多肉植物，如仙人掌和一些丝兰，主要生长在沙漠中。C_3 植物主要分布在温带草地和高海拔地区，这是由于它们偏爱较低的温度和较潮湿的环境。C_4 植物可以在温暖、干燥和高光照条件下生存，更青睐热带和亚热带稀树草原、草原和半沙漠环境。C_4 禾本科植物约占热带和亚热带地区所有草原物种的 2/3，占热带草原生态系统物种的 90% 以上。利用 C_4 光合途径的植被是全球现代生态系统的重要组成部分，约占全球初级生产力总量的 23%。这是植被在现代陆地系统的大致分布。

在地质时期，全球不同大陆的草原及 C_4 草本演化的地质记录显示，C_4 禾本科植物最早出现在古近纪晚期（32~25 Ma）（Edwards et al.，2010）。然而，C_4 禾本科植物的第一次大规模扩张被认为直到中新世晚期（8~6 Ma）才出现（Cerling et al.，1997）。对于这一晚中新世 C_4 植被扩张事件，首次报道的是基于巴基斯坦古土壤碳酸盐 $\delta^{13}C$ 记录在 ~7.7 Ma 突然正偏。随后在东非、南美和北美的古土壤中均发现了这次扩张。通过综合东非、美洲、巴基斯坦和欧洲哺乳动物牙釉质的碳同位素组成分析表明，中新世晚期 C_4 植物生物量的增加是一个全球性事件（Cerling et al.，1997）。

那么，C_4 植被为什么偏偏在这个时期才出现扩张呢？这需要从 C_4 和 C_3 植物的代谢差异去分析。C_4 植物的光合作用中既有 C_4 途径，又有 C_3 途径，前者发生在叶肉细胞的叶绿体内，后者发生在维管束鞘细胞的叶绿体内，两者共同完成 CO_2 的固定。C_3 植物由光合作用获得的淀粉贮存在叶肉细胞，但维管束鞘细胞不含叶绿体，而 C_4 植物的淀粉贮存于维管束鞘细胞内。与 C_3 途径有关酶和 CO_2 的亲和力相比，

C_4途径中PEP(磷酸烯醇式丙酮酸)羧化酶与CO_2的亲和力约高60倍。C_4植物与C_3植物的一个重要区别是C_4植物的CO_2补偿点很低,所以C_4植物在CO_2含量低的情况下存活率更高,CO_2固定效率比C_3高很多。因此,C_4植物是在大气CO_2浓度降低到一定程度下才出现的(Cerling et al., 1997),而在晚中新世,大气CO_2含量正好出现急剧下降。C_4植物的这种代谢能力正是在植物与大气CO_2的相互作用下才形成的,导致了它们之间的协同演化。虽然大气CO_2浓度下降、季节性干旱增强伴随着湿润的生长期、温暖季降水和高温等因素都被认为有利于C_4草本繁盛,但这次C_4全球扩张事件被认为是由大气中CO_2分压的下降(Cerling et al., 1997)造成的。这与C_4植物在低CO_2/O_2值和水分胁迫条件下的生理优势有关(Tipple and Pagani., 2007)。

3. 气候对古文化演替和人类文明的影响

气候可以通过多种途径影响古代文化和人类文明的发展。玛雅文化的消失就被认为与气候因素有关。在我国,唐朝和宋朝等繁盛时期都出现在温暖时期,而明朝和清朝等衰落时期均是气候相对偏冷时期。这些都显示了古温度变化对人类历史的深刻影响。

除了人们熟知的古温度以外,干湿古气候也会对流域文明产生重要影响。全球的四大文明古国都出现在大河流域,查明气候对流域文明的影响至关重要。四大文明古国分别是古巴比伦(位于西亚,今地域属伊拉克)、古埃及(位于西亚与北非交界处,今地域属埃及)、古印度(位于南亚,地域范围包括今印度、巴基斯坦等国)和中国(位于东亚)。四大文明古国实际上对应着世界四大文明发源地,分别是两河流域、尼罗河流域、恒河流域、黄河流域这4个大型人类文明最早诞生的地区。四大古文明的意义并不在于时间的先后,而在于它们是后来诸多文明的发源地,对其所在地区产生了深远的影响。

我们来看看气候对流域古文化的影响。在长江中下游地区,通过神农架地区泥炭地的好氧细菌脂类化合物重建了过去1万多年的干湿古气候变化,发现城背溪、大溪、屈家岭、石家河等新石器文化之间的转换都出现在相对比较湿润的时期(图6-29),这些时期容易发生洪涝灾害,这说明洪灾等极端古水文事件对古文化的变迁产生了重要影响(Xie et al., 2013),而这些极端古水文事件主要是由极端的干湿古气候造成的。

同时,古人类在流域的一些定居点的空间变迁也受到了极端古水文事件的影响。一般情况是在相对比较干的时期,江汉盆地等低洼地区的定居点明显增多。这主要是因为在干旱时期,低洼处的水相对比较充沛,有利于开展农业活动,也有利于古人类的日常生活取水等。相反,在比较湿润等洪涝灾害容易发生的时候,低

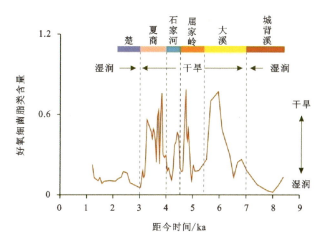

图 6-29 长江中游地区距今 8000 多年以来的干湿气候与古文化变迁之间的关系
(据 Xie et al.,2013)

洼地区的定居点明显减少,而高地的定居点增多。这是因为在湿润时期,低洼处容易发生洪涝灾害,不利于古人类定居。

4. 气候对病毒及其疫情的影响

人类社会始终面临着自然界的各种威胁,包括病毒在内的致病微生物就是其中最重要的一种威胁。病毒等的爆发能带来严重的全球性瘟疫灾害。例如,2003 年爆发的非典 Sars 以及 2019—2020 年之交全球爆发的新型冠状病毒感染疫情等。虽然气候环境变化并不是主导疫灾频发程度的决定因素,但也是很重要的影响因素。气候影响疫情爆发的主要原因是病毒的宿主或者携带者往往是野生动物或者人类,而气候会对宿主产生重要的影响。例如,2002—2004 年在北美爆发的西尼罗河病毒,其携带者是蚊子,而蚊子与干湿古气候明显有关系。研究证实,在美国的缺水地区,蚊子的爆发与降水量存在很大的关联(Morin and Comrie,2013)。

根据统计,在过去 2000 多年里,我国疫灾指数虽然总体具有逐步增加的趋势,但明显具有阶段性变化(龚胜生等,2020)。在年代际和百年等不同时间尺度上,疫灾指数都与温度呈显著性负相关,即寒冷时期疫灾相对频发,温暖时期疫灾相对稀少。例如,秦汉暖期、隋唐暖期疫灾相对稀少。魏晋南北朝寒冷期、明清小冰期疫灾频发。

在空间上,2000 多年来累积的疫灾年数呈现出从东南到西北逐步减少的空间格局,这也与我国自然地理地带的空间格局高度一致(龚胜生等,2020)。南方疫灾较北方频繁,这是由我国南方多雨和生物活动强烈的自然地理格局决定的。

主要参考文献

《第三次气候变化国家评估报告》编写委员会,2015. 第三次气候变化国家评估报告[M]. 北京:科学出版社:467.

陈建强,何心一,李全国,2019. 古生物学教程[M]. 6版. 北京:地质出版社:1-291.

陈曦,王成善,黄永建,2011. 白垩纪快速气候变化研究新进展:温室世界中的冰川证据[J]. 现代地质,25(3):409-418.

杜远生,童金南,何卫红,等,2022. 古生物地史学概论[M]. 3版. 武汉:中国地质大学出版社:1-395.

龚胜生,谢海超,陈发虎,2020. 2200年来我国瘟疫灾害的时空变化及其与生存环境的关系[J]. 中国科学:地球科学,50(5):719-722.

龚一鸣,杜远生,童金南,等,2008. 旋回地层学:地层学解读时间的第三里程碑[J]. 中国科学:地球科学,33(4):443-457.

胡修棉,2004. 白垩纪"温室"气候与海洋[J]. 中国地质,31(4):442-448.

黄春菊,龚一鸣,2016. 旋回地层学[M]//龚一鸣,张克信. 地层学基础与前沿. 2版. 武汉:中国地质大学出版社:266-292.

刘志飞,胡修棉,2003. 白垩纪至早第三纪的极端气候事件[J]. 地球科学进展,18(5):681-690.

陆钧,陈木宏,2006. 新生代主要全球气候事件研究进展[J]. 热带海洋学报,25(6):72-79.

沈树忠,张华,2017. 什么引起五次生物大灭绝?[J]. 科学通报,62(11):1119-1135.

王绍武,闻新宇,2011. 末次冰期冰盛期[J]. 气候变化研究进展,7(5):381-382.

王永栋,孙柏年,黄成敏,等,2015. 地史时期古大气二氧化碳变化趋势与温室气候:以中生代白垩纪为例[J]. 自然杂志,37(2):108-114.

薛进庄,王嘉树,李炳鑫,等,2022. 陆地植物的起源、早期演化及地球环境效应[J]. 地球科学,47(10):3648-3664.

杨江海,马严,2017. 源-汇沉积过程的深时古气候意义[J]. 地球科学,42(11):1910-1921.

杨江海,殷鸿福,2014. 高精度锆石U-Pb年代学10年发展:浅谈中国科学家的机遇和挑战[J]. 地学前缘,21(2):93-101.

于革,2007. 白垩纪温室气候机制的模拟研究评述[J]. 气候变化研究进展,3(1):20-25.

张世红,吴怀春,李海燕,2016.磁性地层学[M]//龚一鸣,张克信.地层学基础与前沿.2版.武汉:中国地质大学出版社:157-189.

张欣松,2019.华南与西准噶尔晚泥盆世牙形石生物地层、事件地层和化学地层[D].武汉:中国地质大学:1-438.

纵瑞文,龚一鸣,韩非,2015.新疆额敏东部志留纪化石的发现及其地质意义[J].地球科学(中国地质大学学报),40(3):563-572.

纵瑞文,王志宏,范若颖,等,2020.新疆西准噶尔洪古勒楞组与泥盆系-石炭系界线新知[J].地质学报,94(8):2460-2475.

ALGEO T J, SCHECKLER S E, 1998. Terrestrial-marine teleconnections in the Devonian: link between the evolution of land plants, weathering processes, and marine anoxic events[J]. Philosophical transactions of the Royal Society of London, Series B(353):113-128.

BERNER R A, 2004. A model for calcium, magnesium and sulfate in seawater over Phanerozoic time[J]. American Journal of Science(304):438-453.

BERRY W B N, BOUCOT A J, 1973. Glacio-eustatic control of Late Ordovician-Early Silurian platform sedimentation and faunal changes[J]. Geological Society of America Bulletin, 84(1):275-284.

CARLSON D H, PLUMMER C C, Hammersley L, 2011. Physical geology: Earth revealed[M]. 9th ed. New York: McGraw-Hill Companies, Inc:1-645.

CERLING T E, 1999. Stable carbon isotopes in palaeosol carbonate[M]//Palaeoweathering, palaeosurfaces and related continental deposits. Oxford: Blackwells:43-60.

CERLING T E, HARRIS J M, MACFADDEN B J, et al., 1997. Global vegetation change through the Miocene/Pliocene boundary[J]. Nature(389):153-158.

CHEN B, JOACHIMSKI M M, WANG X, et al., 2016. Ice volume and palaeoclimate history of the late Paleozoic ice age from conodont apatite oxygen isotopes from Naqing (Guizhou, China)[J]. Palaeogeography, Palaeoclimatology, Palaeocology(448):151-161.

CROWLEY T J, BERNER R A, 2001. CO_2 and climate change[J]. Science(292):870-872.

DAVYDOV V, 2014. Warm water benthic foraminifera document the Pennsylvanian-Permian warming and cooling events: the record from the Western Pangea tropical shelves[J]. Palaeogeography, Palaeoclimatology, Palaeoecology

(414):284-295.

EDWARDS E J,OSBORNE C P,STRÖMBERG C A,et al.,2010. The origins of C$_4$ grasslands:integrating evolutionary and ecosystem science[J]. Science(328):587-591.

EILER J M,SCHAUBLE E,2004. $^{18}O^{13}C^{16}O$ in Earth's atmosphere[J]. Geochimica et Cosmoshimica Acta(68):4767-4777.

EROS J M,MONTAÑEZ I P,OSLEGER D A,et al.,2012. Sequence stratigraphy and onlap history of the Donets Basin,Ukraine:insight into Carboniferous icehouse dynamics[J]. Palaeogeography, Palaeoclimatology, Palaeocology(313-314):1-25.

FIELDING C R,FRANK T D,ISBELL J L,2008. The late Paleozoic ice age:a review of current understanding and synthesis of global climate papers[J]. GSA Special Paper(441):343-354.

GHOSH P,ADKINS J,AFFEK H,et al.,2006. $^{13}C-^{18}O$ bonds in carbonate minerals:a new kind and paleothermometer[J]. Geochimica et Cosmoshimica Acta(70):1439-1456.

HAMBREY M J,1985. The late Ordovician—early Silurian glacial period[J]. Palaeogeography,Palaeoclimatology,Palaeoecology(51):273-289.

HOFFMAN P F,KAUFMAN A J,HALVERSON G P,et al.,1998. A Neoproterozoic Snowball Earth[J]. Science(281):1342-1346.

HOFFMAN P F,SCHRAG D P,2002. The Snowball Earth hypothesis:testing the limits of global change[J]. Terra Nova(14):129-155.

ISBELL J L,HENRY L C,GULBRANSON E L,et al.,2012. Glacial paradoxes during the late Paleozoic ice age:evaluating the equilibrium line altitude as a control on glaciation[J]. Gondwana Research,22(1):1-19.

LEAR C H,ELDERFIELD H,WILSON P A,2000. Cenozoic deep-sea temperatures and global ice volumes from Mg/Ca in benthic foraminiferal calcite[J]. Science(287):269-272.

MACDONALD F A,SCHMITZ M D,CROWLEY J L,et al.,2010. Calibrating the Cryogenian[J]. Science(327):1241-1243.

MONTAÑEZ I P,POULSEN C J,2013. The late Paleozoic ice age:an evolving paradigm[J]. Annual Review of Earth and Planetary Sciences(41):629-656.

MORIN C W,COMRIE A C,2013. Regional and seasonal response of a West Nile virus vector to climate change[J]. PNAS(110):15620-15625.

OCH L M, SHIELDS-ZHOU G A, 2012. The Neoproterozoic oxygenation event: environmental perturbations and biogeochemical cycling[J]. Earth-Science Reviews(110):26-57.

PAGANI M, ZACHOS J C, FREEMAN K H, et al., 2005. Marked decline in atmospheric carbon dioxide concentrations during the Paleogene[J]. Science(309):600-603.

PEARSON P N, PALMER M R, 2000. Atmospheric carbon dioxide concentrations over the past 60 million years[J]. Nature(406):695-699.

ROBERT F, CHAUSSIDON M, 2006. A palaeotemperature curve for the Precambrian oceans based on silicon isotopes in cherts[J]. Nature(443):969-972.

SOREGHAN G S, SOREGHAN M J, HEAVENS N G, 2019. Explosive volcanism as a key driver of the late Paleozoic ice age[J]. Geology(47):600-604.

SUN Y D, WIGNALL P B, JOACHIMSKI M M, et al., 2016. Climate warming, euxinia and carbon isotope perturbations during the Carnian (Triassic) Crisis in South China[J]. Earth Planetary Science Letters(444):88-100.

TABOR N J, MYERS T S, 2015. Paleosols as indicators of paleoenvironment and paleoclimate[J]. Annual Review of Earth and Planetary Sciences(43):333-361.

TANG C, YANG H, PANCOST R D, et al., 2017. Tropical and high latitude forcing of enhanced megadroughts in Northern China during the last four terminations[J]. Earth and Planetary Science Letters(479):98-107.

TIPPLE B J, PAGANI M, 2007. The early origins of terrestrial C_4 photosynthesis[J]. Annual Review of Earth and Planetary Sciences(35):435-461.

VEIZER J, GODDERIS Y, FRANÇOIS L M, 2001. Evidence for decoupling of atmospheric CO_2 and global climate during the Phanerozoic eon[J]. Nature(408):698-701.

WANG X, QIE W, SHENG Q, et al., 2013. Carboniferous and Lower Permian sedimentological cycles and biotic events of South China[J]. Geological Society, London, Special Publications(376):33-46.

XIE S, EVERSHED R P, HUAN G X, et al., 2013. Concordant monsoon-driven postglacial hydrological changes in peat and stalagmite records and their impacts on prehistoric cultures in central China[J]. Geology, 41(8):827-830.

YANG J, CAWOOD P A, DU Y, et al., 2016. Reconstructing Early Permian tropical climates from chemical weathering indices[J]. GSA Bulletin(128):739-751.

YANG J,CAWOOD P A,MONTAÑEZ I P,et al.,2020. Enhanced continental weathering and large igneous province induced climate warming at the Permo-Carboniferous transition[J]. Earth and Planetary Science Letters(534):116074.

ZACHOS J C,DICKENS G R,ZEEBE R E,2008. An early Cenozoic perspective on greenhouse warming and carbon-cycle dynamics[J]. Nature(451):279-283.

ZACHOS J,PAGANI M,SLOAN L,et al.,2001. Trends, rhythms, and aberrations in global climate 65 Ma to present[J]. Science(292):686-693.

ZHANG H,GRIFFITHS M L,CHIANG J C H,et al.,2018. East Asian hydroclimate modulated by the position of the westerlies during Termination I[J]. Science(362):580-583.

主要知识点

(1)气候变化 climate change

(2)气候记录 climate record

(3)气候替代指标 climate proxy

(4)生物地层学 biostratigraphy

(5)同位素地质年代学 isotope geochronology

(6)磁性地层学 magnenostratigraphy

(7)旋回地层学 cyclostratigraphy

(8)冰碛岩 tillite

(9)落石构造 dropstone structure

(10)化学蚀变指数 chemical index of alternation(CIA)

(11)氧同位素($\delta^{18}O$)与古温度 oxygen isotope and paleotemperature

(12)团簇同位素与古温度 clumped isotope and paleotemperature

(13)生物礁 organic reef

(14)古土壤 paleosol

(15)雪球地球事件 Snowball Earth event

(16)晚奥陶世冰期事件 late Ordovician ice age event

(17)晚古生代冰期事件 late Paleozoic ice age event

(18)白垩纪温室气候事件 Cretaceous greenhouse climate event

(19)古新世-始新世之交的极热事件 Paleocene-Eocene thermal maximum(PETM)

(20)始新世-渐新世之交的冷事件 Eocene-Oligocene glacial maximum(EOGM)
(21)新近纪末冷事件 end-Neogene glacial event(eNGE)
(22)末次冰期事件 last glacial period(LGP)
(23)气候变化对水圈的影响 influence of climate change on hydrosphere
(24)气候变化对生物圈的影响 influence of climate change on biosphere

思考题

(1)阐述气候变化的时间尺度及其异同。
(2)阐述气候变化的定年方法及其优劣。
(3)温室与冰室气候标志是什么？为什么？
(4)什么是雪球地球事件？
(5)阐述显生宙主要气候事件及其致因。
(6)在构造、轨道和亚轨道时间尺度上，地球气候变化的特征和规律有何异同？
(7)地球南、北极冰盖的形成与什么气候事件有关？
(8)举例说明气候变化对水圈和生物圈的影响。
(9)举例说明气候变化对人类社会可持续发展的影响。
(10)气候变暖、变冷和不变你喜欢哪一种？为什么？

第七章

海平面变化

海平面变化是示踪水圈与地球系统相互作用的"脉搏计"。全球海平面变化主要与全球温度变化导致的固态水与液态水的消长和超大陆聚散导致的海洋盆地容积的增减有关，相对海平面变化主要与板块开合和构造运动导致的地壳升降有关。海平面变化的周期和幅度从千年级到千万年级和从毫米级到百米级不等。

第一节　水圈与海平面变化

一、水圈与海平面的概念

水是什么？"上善若水，水善利万物而不争，处众人之所恶(wù)，故几于道"(语出老子《道德经》第八章)。先哲眼中的水和人文寓意中的水是至高的善、至高的美、至高的真，几近于道。自然科学中的水是 H_2O，拥有许多奇妙的物理性质，很少有什么物质会像水那样变幻多端——她是地球上在自然条件下唯一可以呈三态广泛存在的物质。

水圈(hydrosphere)是指由地表和近地表的液态、气态和固态的水组成的一个几乎连续但不规则的圈层(图 7-1)。水圈中的大部分水以液态形式储存于海洋、地下储水层、湖泊、水库、土壤、沼泽和河流中；部分水以固态形式存在于冰盖(大陆冰川)、山岳冰川、海冰、湖冰、河冰、积雪、永久冻土以及大气的冰晶中；水汽主要存在于大气中。三者常常通过热量交换(如蒸发、冷凝、融化、凝固)而部分发生相互转化，也可以通过水汽输送、降水、地表径流、地表渗滤、地下潜流等方式在不同水储库、不同地域之间发生流动和交换，共同构成了地球的**水循环**(water cycle)。

水圈作为地球系统的重要组成部分，与其他圈层如大气圈(atmosphere)、生物圈(biosphere)、岩石圈(lithosphere)乃至整个地圈(geosphere)都有着密不可分的联系。大气圈和水圈均是地球内部气体逸出，即火山排气作用(outgassing)的产物。早期地球刚结束星子聚积的宇宙演化阶段，表面炽热无比，到处是沸腾的岩浆海。通过火山排气作用，地球内部向大气释放了大量的挥发分，包括水汽、二氧化碳、二氧化硫、硫化氢、氮气等，构成了原始的大气圈。随着地球表面温度逐渐降低，大气中的大量水汽凝结成液态水，充填于地表低洼盆地处，形成了最原始的海洋和水圈，起源时代应在冥古宙中后期距今 43 亿年前后(详见图 2-5)。板块构造启动之后，部分海洋水又会随着俯冲作用重新被带入地球深部，从而在地球深部和地球表层之间不断循环。地球之所以宜居，就是因为水圈的存在和适宜的温度，它们共同促成了早期生命的诞生和生物圈的形成。生命在与环境的协同演化过程中不断改造地球环境(如光合作用使大气氧含量显著增高、二氧化碳含量降低)，生命(特别是微生物)还参与了重要的生物地球化学循环(如碳循环、氮循环和硫循环等)。

水圈可以说是与人类休戚与共的一个圈层，人类的生活、生产乃至人类文明的可持续发展都离不开水资源和健康的水圈。海洋作为最大的液态水储库，具有输送全

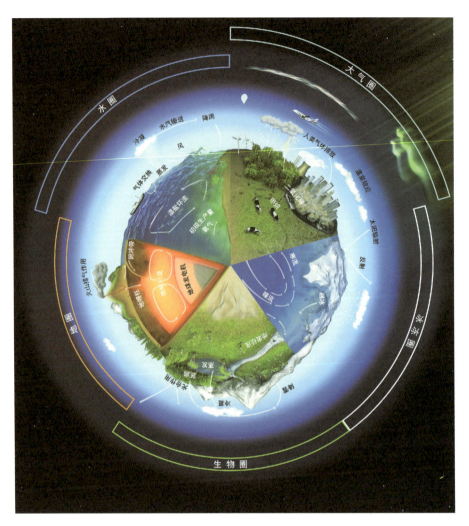

图 7-1 地球系统的组成及其相互作用：地圈、水圈（包括冰冻圈）、大气圈、生物圈

(据 http://www.esa.int/ESA_Multimedia/Images/2006/09/The_Changing_Earth，改编)

球热量、物质交换和调节全球气候的重要功能(图 7-1)。海洋的温盐环流连结了表层洋流和底层洋流，不断在地球的热带和两极之间、表层水与底层水之间输送热量进行物质和能量的交换。海水作为重要的溶剂，吸收了大量 CO_2 气体，并通过光合生物（主要是微体浮游植物，如蓝细菌、硅藻、沟鞭藻等）的光合作用释放氧气，占现今全球氧气年生产量的 50%～80%。

水圈的固态部分称为**冰冻圈**(cryosphere)。冰冻圈的消长是影响全球海平面变化的重要因素。冰冻圈也是全球气候系统的重要组成部分，对气候变化的响应极为敏感，全球气候变化模型预测的最大变化一般都出现在高纬度地区（极地放大效应，

polar amplification)。同时,冰冻圈的消长可提供气候正反馈机制:冰和雪是高反射体,冰冻圈的消长会影响地球表面吸收的太阳辐射量。冰川消融除了导致全球海平面上升,大量淡水注入海洋还会阻滞由密度驱动的温盐环流,从而引发一系列气候波动(丁永建和张世强,2015)。多年冻土中禁锢了大量温室气体,若全球持续变暖,多年冻土退化将导致温室气体逐渐释放,加剧全球变暖。通过研究冰芯气泡还可精确获得数千年乃至数十万年至今的大气成分变化。总之,水圈对于维持地球表层系统稳定和示踪全球变化具有举足轻重的作用。本章我们具体探讨海平面变化这一水圈与地球系统相互作用的"脉搏"。

由于海面时时刻刻都在发生变化,通常用平均海平面来代表海面的平均水平。**平均海平面**(mean sea level,简称 MSL)是指水位高度等于观测结果平均值的平静的理想海面,简称海平面(sea level)。海平面是计算诸如海拔高度的基准面。在大地测量学中,扣除潮汐和波浪等作用的影响,假想仅仅在重力(地球引力和自转离心力的合力)作用下的自由静止海面,并将其扩展延伸至陆地,这样构成的闭合曲面称为**大地水准面**(geoid)。现实当中,平均海平面的高度一般是通过验潮仪长期观测数据计算得出的,通过多年观测所得的平均海平面可以逼近大地水准面的海洋部分。

由于地球上物质分布不均,各地的重力分布有所差异,因此,大地水准面并非一个规则的几何曲面。人们用数学定义一个与大地水准面相近的椭球面来代表地球的表面形态,称为**参考椭球面**(reference ellipsoid),这是用于全球定位的参考坐标系。自 1992 年以来,随着测高卫星的发射和运行,科学家可以精确观测**海面地形**(sea/ocean surface topography)并计算全球各地实际海面相对参考椭球面的高度,即**海面高度**(sea surface height,简称 SSH)。经校正的海面高度的全球平均值可用于研究全球海平面变化。图 7-2 展示了实际海面、大地水准面(平均海平面)和参考椭球面之间的关系。

二、海平面变化的类型

海平面如同人的脉搏,无时无刻不在变化和运动之中,不同的变化频率、幅度和范围,既是水圈自身运动特征的体现,也是水圈与地圈相互作用的结果,因此,科学家通过对海平面变化的研究,可以了解和揭示许多区域和全球变化的特征与成因。根据侧重点的不同,海平面变化可分为全球海平面变化和相对海平面变化两类。简单而言,全球海平面变化主要反映了长尺度的构造运动、冰川消长及其气候影响因素,而相对海平面变化则在全球海平面变化的基础上叠加了局部的构造运动和区域性事件,对海岸带的自然环境、社会生活和经济发展影响较大。

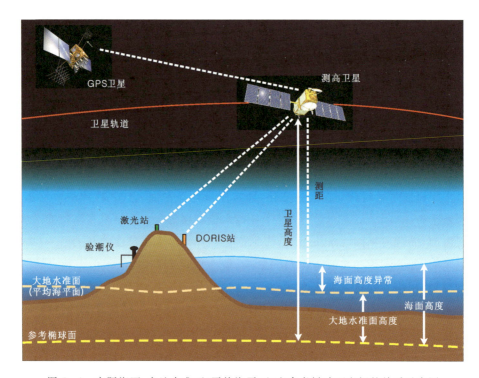

图 7-2 实际海面、大地水准面(平均海平面)和参考椭球面之间的关系示意图

(据 https://www.nesdis.noaa.gov/jason-3/mission.html，改编)

DORIS 为地基多普勒无线电定轨定位系统(Doppler Orbitography and Radiopositioning Integrated by Satellite)的英文缩写；卫星测高原理详见本章第二节

1. 全球海平面变化

全球海平面变化(eustatic sea level change，简称 ESLC)是指由全球海水体积/质量变化或海盆容积变化所导致的海平面升降，具有时间上的同步性、空间上的广泛性和幅度上的均一性。它的含义就相当于把全球的海盆看作一个连通的大浴缸，那么诸如气候变暖、冰川消融和海盆容积减小这些事件就会导致全球海平面的一致升高。全球海平面变化并不能在地球上直接观察，需要借助卫星和地面观测数据进行综合计算。研究地史时期的冰盖消长是重建古代全球海平面变化的重要途径。

根据定义，全球海平面变化可分为海水体积/质量变化成因和海盆容积变化成因两大类。其中，全球海水体积/质量变化主要分为冰川型、水文型、热比容型、盐比容型 4 种(图 7-3)。这四者主要受控于气候和温度，可形成较短时间尺度内(1～10 a)数米至百米幅度的海平面升降变化(图 7-4)。

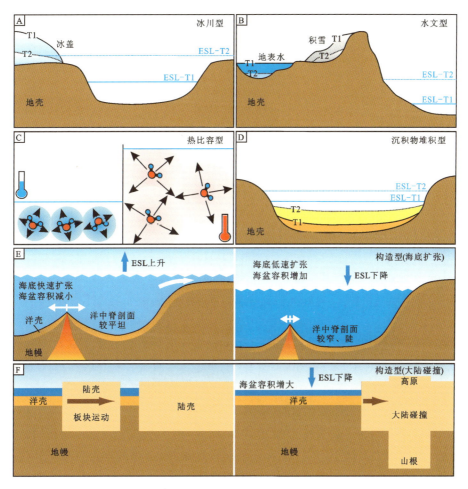

图 7-3 全球海平面变化(ESLC)的类型(据 Ruddiman,2013;Rovere et al.,2016 改编)
A. 由冰盖消长导致的冰川型 ESLC;B. 由陆地水储库与海水交换导致的水文型 ESLC;C. 由海水热胀冷缩导致的热比容型 ESLC;D. 由沉积盆地内沉积物不断堆积导致海盆容积变化所引起的沉积物堆积型ESLC;E. 由海底扩张速率与洋中脊地形所导致的构造型 ESLC;F. 由大陆碰撞所导致的构造型 ESLC。A、B、D 中的 T1 和 T2 示意不同的时期,ESL-T1 指 T1 时期对应的全球海平面

冰盖是地球上最大的淡水储库。因此,冰盖的消长可以显著影响液态水的多少,从而导致全球海平面变化,即**冰川型 ESLC**(glacio-eustatic sea level change)(图 7-3A)。除去冰盖,海水与地球上其他水储库(如地下水、地表水、陆地积雪)之间的水体交换也会引起海水质量变化,所引起的海平面变化称**水文型 ESLC**(hydro-eustatic sea level change)(图 7-3B)。海水因温度升高或降低引起体积变化所导致的海平面变化称为**热比容型 ESLC**(thermosteric eustatic sea level change)

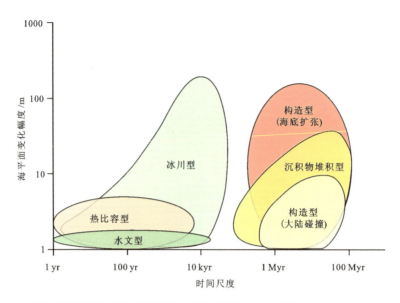

图 7-4　不同成因类型全球海平面变化的时间尺度与变化幅度(据 Miller et al.,2011 修改)

(图 7-3C),海水因盐度增加或减小引起体积变化所导致的海平面变化则称为**盐比容型 ESLC**(halosteric eustatic sea level change),两者合称比容型海平面变化(steric changes)。

举例来说,当冰期冰盖生长时,海水中的水会进入陆地冰盖、脱离海洋,从而导致全球海平面降低,这就是冰川型 ESLC。同时,由于冰期全球温度降低,海水温度下降,其体积也会缩小,从而导致全球海平面降低,这即是热比容型 ESLC。冰期大量淡水脱离海洋,还会引起海水盐度升高、密度增大,其体积也会进一步缩小,造成全球海平面下降,这就是盐比容型 ESLC。随着间冰期的到来,冰盖消融、海水温度升高、海水密度降低等则会导致海平面显著升高。

全球海盆容积变化主要分为构造型和沉积物堆积型两种,主要受控于较为缓慢的地质过程。**构造型 ESLC**(tectono-eustatic sea level change)主要受长时间尺度的板块构造运动影响。海底扩张速率较高时期,洋中脊处地幔物质不断涌出、岩浆大量喷发形成地形较为平坦、体积巨大的海岭,海盆容积减小,从而导致全球海平面升高(图 7-3E)。海底扩张速率较低时期,岩浆喷发形成较窄而陡的海岭,海盆容积逐渐增大,从而导致海平面下降。需要说明的是,全球尺度下洋壳新生和洋壳俯冲一般是相对平衡的,海底扩张本身并不能显著改变海盆的面积,海底扩张导致海盆容积变化的主要原因是洋中脊及海岭的隆起地形所引起的海盆深度变化。除了海底扩张,大陆碰撞也可以在长时间尺度改变海盆容积(图 7-3F)。

两个陆壳板块在碰撞过程中发生拼贴和挤压,形成高耸的山脉/高原和深插地幔的山根,即陆壳增厚。因此,两个陆壳板块碰撞后陆壳总面积减小,相应地,海盆面积增大,从而使海盆容积扩大,导致海平面下降。在长时间尺度下,沉积物堆积也会达到可观的体积,引起海盆容积变化,从而导致全球海平面变化,即**沉积物堆积型** ESLC(sedimento-eustatic sea level change)(图 7 - 3D)。板块构造运动和沉积物堆积可在长时间尺度(1~100 Myr)引起数米至百余米的全球海平面变化(图 7 - 4)。

需要指出的是,尽管全球海平面变化可以区分为不同的成因类型(图 7 - 3、图 7 - 4),但在地层记录中能识别出的主要是冰川型和构造型全球海平面变化。

2. 相对海平面变化

在现实中,不同地区海平面的实际变化幅度是不一致的。**相对海平面变化**(relative sea level change,简称 RSLC)是指实际观测所得的相对于固定陆地基准面的海平面高度变化,通常受到冰川、水体等载荷变化和区域构造运动等的影响。相对海平面变化主要影响海岸带,受全球气候变化和区域抬升/沉降运动影响强烈,是决策者、科学家和普罗大众尤为关注的问题。

相对海平面变化的影响因素主要是重力均衡作用(isostacy)、构造抬升与沉降以及地幔动力作用,此外还包括沉积物压实、沉积物搬运和地下自然资源开采等(图 7 - 5)。其中重力均衡作用包括冰川均衡调整、火山均衡作用、喀斯特均衡作用和沉积物均衡作用。

冰川均衡调整(glacial isostatic adjustment,简称 GIA)是指当冰盖生长或消融时,冰盖和海洋水体的重力会发生变化,从而导致岩石圈与地幔软流圈的重力均衡状态发生改变。岩石圈可看作弹性体,对上覆压力变化会即时响应,而岩石圈之下的软流圈则是塑性体,具有塑性流动特征。冰盖地区岩石圈在冰盖的巨大重力作用下向下弯折,地面发生沉降。同时,由于岩石圈向下沉降,塑性地幔向周围挤出,并在冰盖边缘处向上运移,形成冰盖周缘的地形隆起带(图 7 - 5A)。而当间冰期冰盖消融时,冰盖重力显著减小,岩石圈发生回弹、地面抬升,地幔物质逐步恢复原位,冰盖周缘的隆起带逐渐消失(图 7 - 5B)。在远离冰盖的地区则具有类似的远场效应:由于冰盖形成,海水量减少,其重力减小,从而导致洋盆岩石圈抬升,大陆边缘则发生沉降;间冰期冰盖消融,则洋盆岩石圈沉降,大陆边缘及陆地发生抬升。因此,冰川均衡调整会导致冰盖地区以及远离冰盖地区岩石圈的抬升或沉降运动,从而引起大幅的相对海平面变化。

此外,冰盖的消长还会导致固态水(冰盖)和液态水(海水)之间相互引力的变化,引起海水分布变化,从而导致相对海平面变化。当冰盖生长时,质量不断增

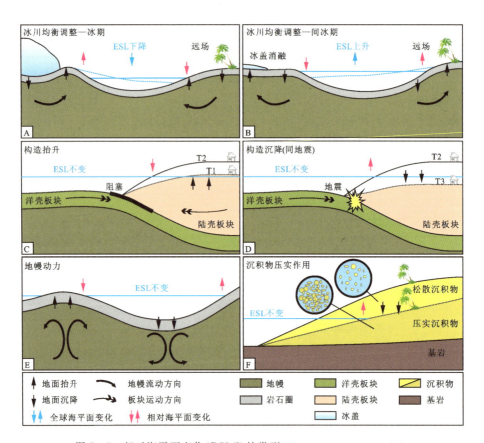

图 7-5　相对海平面变化(RSLC)的类型(据 Rovere et al.,2016 改编)
A.冰期的冰川均衡调整作用,冰盖附近 RSL 升高,远离冰盖(远场)RSL 降低;B.间冰期的冰川均衡调整作用,冰盖附近 RSL 降低,远离冰盖(远场)RSL 升高;C.板块汇聚边缘,板块相对运动受到阻碍,引起构造抬升,导致 RSL 降低;D.板块汇聚边缘,相对运动的板块受阻所积累的势能通过地震释放,引起构造沉降,导致 RSL 升高;E.地幔动力引起地面抬升或沉降所造成的 RSLC;F.滨海沉积物压实作用引起地面沉降,导致 RSL 升高。C、D 中,T1、T2、T3 分别代表不同的时期

加,它对周围水体的引力增加,吸引更多的海水涌向冰盖地区,导致冰盖周缘的相对海平面升高。而当冰盖消融时,冰盖对海水的引力减弱,导致冰盖周缘相对海平面降低,而在远离冰盖的地区相对海平面升高。研究表明,当冰盖消融时,距冰盖2000 km之内的相对海平面均是下降的(Mitrovica et al.,2009)。这种由冰盖消融引起的与距冰盖远近相关的相对海平面变化形式被形象地称为海平面指纹(sea-level fingerprint),可用于恢复冰盖厚度及其地理分布随时间的精细变化,并判断地质历史时期冰盖融水的具体来源(Clark et al.,2002)。

以上就是冰川均衡作用及其伴生的海水分布变化所导致的相对海平面变化,

通过分析全球各地因冰川均衡作用所导致的相对海平面变化,能够获得冰川型全球海平面变化。因火山喷发、喀斯特(岩溶)作用和沉积物搬运所导致的重力均衡作用与冰川均衡作用类似:火山喷发形成的火山锥会增加岩石圈的重力,喀斯特作用会降低岩石圈的重力,海岸带大量沉积物向海洋搬运会降低海岸带岩石圈的重力,从而引发相应的岩石圈沉降或抬升。

在活动大陆边缘,不同板块之间的相互作用和相对运动也会导致地面的抬升或沉降,从而引发相对海平面变化,这就是构造抬升与沉降所导致的相对海平面变化(图 7-5C,D)。一般来说,板块汇聚边缘相互靠近的两个板块之间以断裂相隔,随着板块相对运动、势能积累,在地震未发生时,俯冲带之上的板块会发生抬升;而当势能积累超过一定极限则会以地震的形式释放,俯冲带之上的板块会发生相应沉降。板块运动所导致的构造抬升与沉降是第四纪以来最为重要的影响相对海平面变化的因素之一。

被动大陆边缘一般认为是构造稳定区,但研究表明在这些地区长时间尺度(百万年)的地幔塑性流动也可引发岩石圈的垂直运动(mantle dynamic topography),从而引发相对海平面变化,即地幔动力引起的相对海平面变化(图 7-5E)。例如,对美国东海岸 3 Ma 至今的地形变化模拟研究表明,地幔动力对塑造美国东部滨海平原和陆架地形的贡献最大,其次是冰川均衡调整(Rowley et al.,2013)。因此,地幔动力引起的相对海平面变化增加了被动大陆边缘沉积体系的复杂性,基于被动陆缘的沉积记录恢复长时间尺度的全球海平面变化必须要考虑地幔动力变化的影响。

海岸带松散沉积物因压实作用体积减小引起地面沉降,也会导致相对海平面上升(图 7-5F)。海岸带沉积物体积减小的主要原因包括沉积物的固结成岩作用和生物化学溶蚀作用。沉积物压实作用引起的地面沉降当遇到基底岩石即趋停止。因此,基底岩石的埋藏深度以及已有沉积物的厚度、压实速率共同决定了地面沉降的幅度。例如,在大型河流形成的三角洲上(如尼罗河三角洲、密西西比河三角洲),基底埋藏较深、沉积物厚度巨大且富含有机质,沉积物压实速率较高(可达 5~10 mm/a),因此,这些地区的沉积物压实作用可在千年尺度引发数米的相对海平面上升(Törnqvist et al.,2008)。

除了以上自然因素所导致的相对海平面变化外,人类活动也日益成为相对海平面变化的重要推手。人类行为导致的地面沉降主要源于城市建设大量清除土壤层以及对地下自然资源的过度开采(地下水、石油、天然气等),常常可在 10 年尺度形成数米的地面沉降,对沿海城市的影响较大。

第二节 海平面变化的解读密码

我们所说的海平面观测,包括全球海平面变化观测和相对海平面变化观测两类。海平面变化的观测并非易事,首先是时间尺度差别较大。在几十年的尺度内,人们可以通过卫星高程测量、卫星重力测量以及验潮仪来进行海平面观测。而在更长尺度如百年、千年乃至百万年,人们就需要通过一系列示踪海平面变化的替代指标来观测海平面变化。

一、现代海平面变化的观测方法

现代(或数十年尺度)海平面变化最常见的观测手段是基于**验潮仪**(tide gauge)。验潮仪主要用于测量某地相对于大地测量基准点的海平面变化,因此,记录的是相对海平面变化。最早的验潮仪可追溯至 18 世纪(1711 年,法国布雷斯特)(Wöppelmann et al.,2008)。目前的验潮仪通常与地面 GPS 基站相连,可以同时得知地面的抬升或沉降情况。通过去除构造或人类活动引起的地面抬升/沉降以及潮汐、风暴潮、海啸和海流对验潮仪记录的影响,可将全球验潮站数据(相对海平面变化信号)整合为单一的全球海平面变化信号(Church and White,2011;Hay et al.,2015)。

除了地面设置的验潮仪,近 30 年基于卫星的高程测量与重力测量已成为观测海平面变化的重要手段。1992 年,美国和法国合作研制的海面地形测量卫星"托佩克斯/波塞冬"(TOPEX/Poseidon)发射成功,用于全球高精度海面高度测量,进而观测和了解海洋环流,其后续卫星 Jason-1(2001 年)、Jason-2(2008 年)、Jason-3(2015 年)陆续发射成功。因此,从 1992 年起,海洋卫星遥感测高成为观测海平面变化的重要工具。卫星测高原理主要是基于雷达脉冲,得出卫星与海面之间的高差(即测距,range),同时卫星本身基于地球参考椭球坐标系有一个高程,两者之差就代表了海面的高程,即海面高度(图 7-2)。从 SSH 中除去全球平均海平面(一般即指大地水准面)的高度参考值,就可得到**海面高度异常**(sea surface height anomaly,简称 SSHA),投影到地图上就可得到全球不同地区的实时海面地形分布。经季节性因素和冰川均衡调整校正后的 SSHA 全球平均值可用于推断全球海平面变化。

重力卫星可用于精确测量地球的重力场,据此可测算出大地水准面的精确高度。到目前为止,已发射的重力卫星包括美国国家航空航天局(NASA)与德国航空中心(DLR)合作发射的重力测量和气候实验卫星(gravity recovery and climate experiment,简称 GRACE,2002—2017 年)、欧洲航天局(ESA)研制发射的地球重力场和海洋环流探测卫星(gravity field and steady-state ocean circulation explorer,简称 GOCE,2009—2013 年)以及正在运行的 NASA 与德国地学研究中心(GFZ)合作发射的第二代重力测量和气候实验卫星(GRACE Follow-On,2018 年至今)。基于以上卫星的高精度重力测量,人们可以更加精细地了解地球重力场的分布和大地水准面的形态,提供更为精准的大地水准面高程数据,结合卫星测高数据便可精确追踪海面高度异常,进而进行海平面的高精度观测。

二、古代海平面变化的识别标志

验潮仪和卫星数据只能提供近几十年的连续海平面变化记录,当时间尺度扩展到几百年甚至几百万年和数亿年时间尺度时,我们就必须运用海平面变化替代指标来示踪海平面变化。常见的指标包括**氧同位素**、**古海平面标志**(考古遗迹、地质现象)、相标志(详见第二章)和不整合面等。

连续的古海平面变化可通过生物钙质壳体的氧同位素记录获得(δ^{18}O)(图 7-6A),该指标受海水氧同位素值和海水温度的双重影响(图 7-6B),其中海水的氧同位素值主要取决于冰盖的质量。由于冰盖主要由海水蒸发降雪形成,冰盖水的 ^{18}O/^{16}O 值较低,因此,当冰盖扩张时,更多的 ^{16}O 就富集在冰盖中,导致海水 δ^{18}O 升高,同时全球海平面下降;反之,当冰盖消融时,^{16}O 就从冰盖中释放出来,海水 δ^{18}O 降低,同时全球海平面升高。海水温度则会影响钙质壳体吸收 ^{18}O 的速率,温度越低吸收 ^{18}O 的速率越快,壳体的 δ^{18}O 值越高。海洋温跃层(thermocline)之下的深水环境水体平静、温度较低,且海水温度基本不随深度发生变化(图 7-6C)。因此,深海氧同位素值中因海水温度变化所造成的氧同位素值变化较易剔除,能够较好地反映冰盖质量的变化。通常人们利用深海底栖有孔虫钙质壳体(图 7-6C)的氧同位素值来示踪地质历史时期海水氧同位素值和冰盖质量的变化,进而得出全球海平面变化(0.1‰的海水 δ^{18}O 变化等同于 10 m 的全球海平面变化)。

除了利用氧同位素来指示古海平面变化,目前提取地层记录中连续海平面变化常用的一种定量手段称为**回剥反演法**(backstripping)。这种方法通过对大陆边缘沉积体系的盆地沉降和沉积空间进行定量反演分析来精细恢复连续海平面变化,以北美东海岸新泽西(New Jersey)地区的研究最为成熟(Sickel et al.,2004;Miller et al.,2005)。回剥反演法与氧同位素测定所得的海平面变化数据还可以进行相互校正,从而得出更为可信的海平面变化曲线(Pekar et al.,2002)。

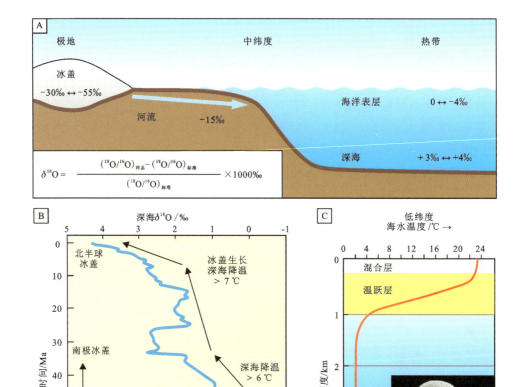

图 7-6 利用深海底栖有孔虫壳体的氧同位素($\delta^{18}O$)判断古海平面变化

(据 Ruddiman,2013;Trujillo and Trurman,2016 改编)

A. 现代地球上不同水体 $\delta^{18}O$ 的变化范围以及 $\delta^{18}O$ 计算公式;B. 70 Ma 至今的深海有孔虫钙质壳体 $\delta^{18}O$ 曲线(Zachos et al.,2001),$\delta^{18}O$ 值受到海水温度和冰盖质量共同影响;C. 低纬度地区海洋温跃层之下海水温度随深度变化小,深海温度较稳定,照片展示一类常用于氧同位素分析的深海底栖有孔虫化石(*Globigerina*)(图片来源:http://foraminifera.eu/)

古海平面标志(paleo sea level indicators,又称相对海平面标志)是指能指示古海平面位置和特征的无机与有机标志,如层理、波痕、海岸线遗迹和实体化石、遗迹化石等。古海平面标志分为考古标志和地质标志两大类。考古标志包括古代港口以及附着于海滨建筑物上的固着型海洋生物。地中海沿岸是古代罗马、希腊和腓尼基文明的繁育之地,保存了大量与海平面变化相关的考古遗迹,据此可推算出近

2500 年的相对海平面变化(Vacchi et al.,2016)。地质类型的古海平面标志主要包括在平均海平面附近形成的特定沉积记录(如海滩岩、潮间带的沉积构造和生物扰动构造)、特定的海岸带地形(如古波切台/海蚀阶地等)以及海洋生物类型(如珊瑚礁、潮间带固着型生物)。珊瑚礁生活在温暖、清澈、盐度正常和动荡的热带海域,通常分布在岛屿周围,水深一般在平均海平面之下数米之内。构造抬升地区的古珊瑚礁分布于现代海平面之上,通过对其进行测年和综合分析,可以得出相对海平面的变化特征。

当时间尺度扩展到几百万年乃至更长的地质时间尺度时,不整合面(同时也是层序地层学中的层序界面)代表了地质记录可识别的大规模海平面下降或构造抬升运动。由不整合面及其相关沉积界面所划分出的沉积单元称为**层序**(sequence)。**沉积体系域**(depositional systems tract)则指海水进退一定时期所形成的同期沉积体系组合,每个体系域都与特定的海平面升降曲线段有关。当全球多个板块上同一时期均发育不整合面时,则可判定为地质历史时期的全球海平面下降事件。利用全球地层序列中的不整合面记录可以恢复整个显生宙百万年尺度的全球海平面变化(Haq and Schutter,2008;Haq,2014,2018a,b)。运用沉积记录和层序地层学手段判断海平面变化的详细方法可参见《地层学基础与前沿》(龚一鸣和张克信,2016),本书不再赘述。

最后,需要明确的是,通过不同手段恢复的古代海平面变化在演化阶段、频率和幅度上会有较大差别,特别是对于古老地层而言更是如此。例如,回剥反演法和层序地层学方法所得的海平面变化结果就有明显差异,这反映了地质记录的复杂性和人类认识的不完备性,但在大的演化趋势上是相似的(详见本章第三节)。

第三节　海平面变化的古与今

依据海平面变化的周期和驱动机制,全球海平面变化可区分为 3 类:构造尺度的海平面变化、轨道尺度的海平面变化和亚轨道尺度的海平面变化。构造尺度的海平面变化,变化周期达 $10^7 \sim 10^8$ a,幅度可达数百米,驱动机制通常是以构造因素为主或构造因素与气候因素的叠加,所引起的海平面变化速率较缓慢。轨道尺度的海平面变化主要与冰盖的规律性消长有关,变化周期为 $10^4 \sim 10^6$ a,主要受到轨道尺度气候变化的调节(由地球轨道参数如偏心率、地轴斜率和岁差变化致使地球上接受太阳辐射量大小发生变化所驱动的气候变化),可形成大幅度的相对快速的海平面变化,变化幅度小于构造尺度的海平面变化,为数十米至百余米。亚轨道尺度（≤10^4 a）的全球海平面变化为高频海平面变化，变化幅度通常为米级至十米级，主要与千年及以下尺度的气候变化有关，影响因素较不稳定。

一、构造尺度的海平面变化

目前，前寒武纪和古生代识别出的海平面变化主要是构造尺度的海平面变化。新元古代雪球地球（Snowball Earth）事件（720～630 Ma）中地球表层的温度变化幅度达±50 ℃，即地球在近1亿年的时间内，多次由水球（全球两极无冰盖）变为雪球（赤道海洋也被冰封），再由雪球变为水球（参见图4-52、图6-18）。若现今全球冰川全部融化（格陵兰冰盖、南极冰盖以及其他山岳冰川），全球海平面将上升约70 m。在不考虑构造叠加的前提下，新元古代雪球地球事件所引起的冰川型全球海平面变化幅度的绝对值则可达750～1000 m（Liu and Peltier，2013）。

显生宙构造尺度的海平面变化（这里也包括埃迪卡拉纪的一部分）可明显地分辨出两个高海平面期（晚奥陶世晚期和晚白垩世早期）和两个低海平面期（埃迪卡拉纪晚期和晚三叠世晚期）（图7-7）。已有研究表明，全球海平面自埃迪卡拉纪晚期以后逐步上升，在晚奥陶世早凯迪期达到顶峰，估计高出现代海平面约225 m（Haq，2008）。晚奥陶世早凯迪期的高海平面不仅与晚奥陶世的高大气二氧化碳浓度和高氧同位素值（图6-19）密切相关，也与早古生代的加里东运动（在中国华南地区称广西运动）和潘诺西亚大陆（Pannotia）的裂解过程在时间上大体吻合（图7-7）。全球海平面在晚三叠世中瑞替期达到低海平面期，低于现代海平面约50 m（Haq，2018b），与潘基亚超大陆的聚合状态相对应。晚三叠世以后海平面逐步上升，并在晚白垩世早期达到最高，估计高出现代海平面240～250 m（Haq，2014），这也是显生宙全球海平面的峰值。白垩纪地球表层的平均温度比现今高约10 ℃，是显生宙两极无大型冰盖和温室气候的典型代表。晚白垩世早期的高海平面不仅与白垩纪温室气候、低氧同位素值（图6-19）密切相关，也与中生代的老阿尔卑斯运动（在中国称燕山运动）和潘基亚超大陆的快速裂解在时间上大体吻合。不仅如此，晚白垩世早期的这次高海平面也与沟鞭藻和钙质超微浮游生物的繁盛在时间上吻合（图7-7）。由此可见，构造尺度的海平面变化驱动机制与构造运动以及构造尺度的气候因素均有密切关系。

二、轨道尺度的海平面变化

轨道尺度（10^4～10^6 a）的海平面变化是由轨道尺度的气候变化引起冰盖规律性消长所导致的，可能受到短周期的岁差周期（19 kyr和23 kyr）、地轴斜率周期（41 kyr）、偏心率周期（～100 kyr）以及长周期的地轴斜率周期（1.2 Myr、2.4 Myr）、

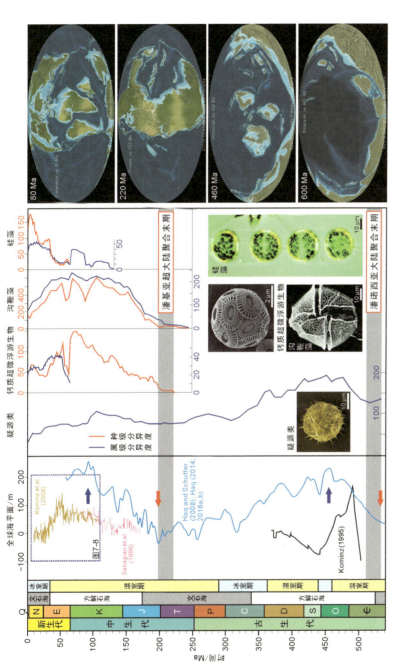

图7-7 显生宙千万年至亿年尺度的海平面变化及其生物-环境背景

海平面变化数据：回剥反演数据（Kominz, 1995; Sahagian et al., 1996; Kominz et al., 2008），层序地层学数据（Haq and Schutter, 2008; Haq, 2014, 2018a, b），蓝色和红色水平箭头分别指示显生宙的两次构造尺度高海平面和低海平面期；海水化学性质演变数据（Hardie, 1996）；真核浮游植物属种分异度曲线（Katz et al., 2004）；浮游植物图片来源：钙质超微浮游生物（http://www.mikrotax.org/），沟鞭藻、硅藻、疑源类（Falkowski et al., 2004；http://www.evolbiol.ru/eucaryots.htm）；古地理重建图（https://deeptimemaps.com/）

第七章 海平面变化

345

偏心率周期(~2.4 Myr)等天文旋回的调节。轨道尺度海平面的变化周期受控于地球系统复杂气候反馈机制下的冰盖规模变化及其消长规律,其变化周期在某些地质历史时期与单纯的天文旋回周期仍有差异,或者说即便海平面变化周期与天文旋回周期一致但并不一定能由天文旋回理论(太阳辐射量)来解释。从理论上讲,轨道尺度的海平面变化应贯穿于整个地质历史时期,包括温室期(可能发育小型冰盖)和冰室期(发育大型冰盖),而真正能客观、精准识别出的主要来自显生宙离我们最近的从温室期转变为冰室期的时期,即晚白垩世至今(100 Ma以来)(图7-8)。

晚古生代冰室期(晚泥盆世—早二叠世)之后,地球进入了长期的温室期(晚二叠世至始新世,260~34 Ma)。自**早始新世气候适宜期**(Early Eocene climatic optimum,简称EECO,53~51 Ma)至今,$\delta^{18}O$值整体逐步升高,全球平均温度呈下降态势,气候逐渐变冷(见图7-8的氧同位素曲线)。基于美国东部新泽西地区(100~10 Ma)(图7-8土黄色曲线)和俄罗斯地台大陆边缘的沉积记录(180~90 Ma,图7-7攻红色曲线),科学家恢复了早侏罗世至今百万年尺度的全球海平面变化。在早侏罗世至始新世(180~33.5 Ma)这一温室期,存在相对快速(<1 Myr)、幅度可观(15~25 m)的海平面变化,说明在无大型极地冰盖的温室期,也可能存在持续时间较为短暂的冰盖分布。在温室期中的短暂寒冷时期(cold snaps),西伯利亚(侏罗纪—早白垩世)和南极(晚白垩世—始新世)可能被小型冰盖所覆盖,这些冰盖可能未达海岸,因此,难以留下冰筏沉积等冰川记录。这些持续时间短暂(~10 kyr)的小型冰盖的消长引起了早侏罗世至始新世(180~33.5 Ma)较小幅度(15~25 m)、周期小于1 Myr的全球海平面变化。渐新世初期(33.5 Ma)开始形成大型南极冰盖,其消长可引起较大幅度(50~60 m)、周期为1 Myr的海平面变化,并延续至中中新世(图7-8),可能受到1.2 Myr的斜率周期调节(Miller et al.,2011),期间南极冰盖的规模在变暖时期大幅减小。中中新世$\delta^{18}O$出现大幅度增加,南极冰盖大幅增长,并在10 Ma左右形成永久性的**东南极冰盖**(East Antarctic ice sheets,简称EAIS)。**北半球冰盖**(Northern Hemisphere ice sheets,简称NHIS)最早在中中新世就已出现,但直到2.55 Ma才出现**大型北半球冰盖**(large NHIS),因此,中中新世后期至上新世早期以1 Myr为周期的海平面变化不明显。

从上新世至中更新世(5.2~0.78 Ma,布容期之前),根据$\delta^{18}O$记录,全球海平面具有以41 kyr为周期的规律波动(图7-9)。41 kyr的变化周期与41 kyr的斜率周期一致,但由于未发现伴生的岁差周期,其具体调节机制仍未得到明确解释(Raymo and Huybers,2008)。在2.55 Ma以前,$\delta^{18}O$值较低(~3.5‰),且北大西

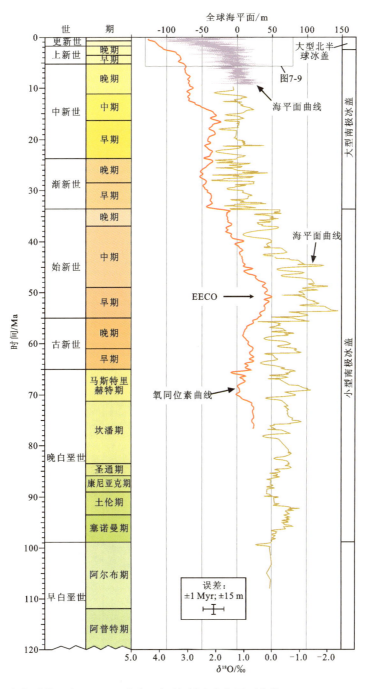

图 7-8　晚白垩世至今（100 Ma 以来）百万年尺度的海平面变化（据 Miller et al., 2011 改编）
氧同位素曲线（据 Cramer et al., 2009）；海平面曲线：土黄色（据 Kominz et al., 2008），紫色（据 Miller et al., 2005）；EECO 为早始新世气候适宜期（Early Eocene climatic optimum）的英文缩写

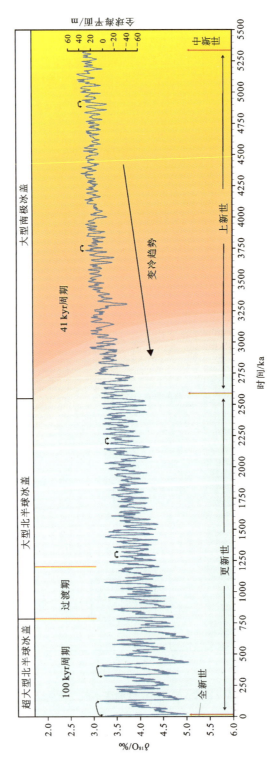

图7-9 上新世至今(5.5 Ma以来)万年至十万年尺度的海平面变化(据Lisiecki and Raymo, 2005改编)

洋缺乏冰筏沉积,说明北半球还未形成大型冰盖。自 2.55 Ma 起,北大西洋开始出现冰筏沉积,$\delta^{18}O$ 记录仍然呈现以 41 kyr 为周期的规律性波动,但波动幅度增大,说明此时北半球开始周期性地形成持续时间较为短暂的大型冰盖(large NHIS,也昭示着地球进入第四纪,第四纪便是以大型北半球冰盖的形成为底界),其消长引起的海平面变化幅度为 50~100 m。从布容期开始(0.78 Ma 至今),$\delta^{18}O$ 记录的波动幅度进一步增大,平均变化周期由 41 kyr 转变为 100 kyr;每个周期中的冰期北半球冰盖持续时间加长(持续~90 kyr),形成更大规模的冰盖(超大型北半球冰盖,very large NHIS),其后的间冰期则伴随相对快速的冰盖消融($\delta^{18}O$ 快速下降,持续~10 kyr)。超大型北半球冰盖的消长可引起大于 100 m 的海平面变化(图 7-9)。布容期以来的 100 kyr 海平面变化周期与 100 kyr 的偏心率周期一致,但并不能仅仅用天文旋回理论解释,因为偏心率周期对太阳辐射量的直接影响不足以引起这么大的波动,而可能与气候系统复杂的非线性反馈机制有关(Imbrie et al.,1993)。

三、亚轨道尺度的海平面变化

亚轨道尺度的全球海平面变化主要受控于亚轨道尺度($\leqslant 10^4$ a)的冰川消融型式变化,与轨道尺度的海平面变化相比,其影响因素更加复杂和不稳定。根据上述内容我们知道,布容期以来(0.78 Ma 至今)全球海平面以平均 100 kyr 的周期发生规律性变化,对应于~100 kyr 的冰期—间冰期旋回(~90 kyr 的冰期和~10 kyr 的间冰期),每次冰消期(deglaciation/glacial termination,从冰期过渡到间冰期的过程)和间冰期都伴随着大于 100 m 的海平面上升。冰消期的海平面上升过程并非匀速,而是伴随着亚轨道尺度的冰盖快速消融事件(即**融冰事件**,meltwater pulses,简称 MWP)而发生快慢交替变化。在亚轨道尺度,融冰事件通过影响海洋温盐环流和大气环流而成为气候变化的重要驱动力(freshwater forcing)(Clark et al.,2001)。其中距我们最近的一次冰期称为末次冰期(last glacial period,115~11.7 ka,末次冰期的结束昭示着全新世的到来),其鼎盛时期称为**末次冰盛期**(last glacial maximum,简称 LGM,26.5~19 ka),末次冰盛期的海平面相较于末次间冰期结束时下降了约 130 m(Clark et al.,2009)。亚轨道尺度的海平面变化以末次冰盛期结束(~19 ka)至今的海平面变化研究最为透彻。深海氧同位素记录在千年的尺度已达到其识别海平面变化分辨率的极限,亚轨道尺度海平面变化研究主要是基于古海平面标志(如珊瑚礁)并辅以高精度化石定年手段(^{14}C、U-Th 定年),得出相对海平面变化,进一步通过多地综合数据和一定计算手段得出全球海平面变化。

末次冰盛期后地球进入从冰期到间冰期的快速转折期,即**末次冰消期**(last deglaciation,last glacial termination 或 termination I),时间范围从~19 ka持续到~11 ka。末次冰消期全球气候整体呈变暖趋势,但气候不稳定,经历了一系列千年尺度的快速气候突变事件,包括北半球的最老仙女木冷期(Oldest Dryas)、布林暖期(Bolling-Allerod)和新仙女木冷期(Younger Dryas)等(图7-10)。北半球的冷期和暖期又称**冰阶和间冰阶**(stadial/interstadial)。这些典型的亚轨道(或非轨道)气候事件与冰消期冰盖(主要是北半球冰盖)、海洋、大气的复杂相互作用密切相关。在北半球的冷期,北半球冰盖消融使北大西洋表层海水淡化和海水分层,减少了北大西洋深层水的产生,从而影响海洋的温盐环流(大西洋经向翻转流受阻滞,Atlantic meridional overturning circulation,简称AMOC),进而通过改变海洋热量输送和海面温度而对大气环流产生影响。研究表明,冰消期冰盖、海洋、大气相互作用的一般规律是:北半球夏季太阳辐射量增强使得超大型北半球冰盖发生初始消融(融冰事件)(即轨道驱动导致冰消期启动),向北大西洋注入融水和冰盖崩解形成的冰山→AMOC减弱,北半球冬季海冰扩张,北半球形成较长的冷期→亚洲季风减弱,南、北半球热带辐合带和西风带均南移→AMOC减弱和南半球西风带南移均有利于向南半球输送热量,南半球变暖→南半球西风带南移使得南半球高纬度上升流增强,CO_2释放量增加,全球变暖,当大气CO_2浓度超过一定阈值之后,地球便由冰消期转入温暖的间冰期(Denton et al.,2010)。南半球升温也会促使南极冰盖快速消融(融冰事件),类似的淡水输入也会减少南极深层水的产生,从而有利于AMOC的增强和启动,继而使热量转为向北半球传输,导致北半球升温,南半球转冷,这即是北半球布林暖期的情形,同时南半球为冷期(南极冷倒转,Antarctic cold reversal,简称ACR)。这种在亚轨道尺度,由冰盖、海洋、大气相互作用所导致的南、北半球冷暖期相反的现象被称为**两极"跷跷板"现象**(bipolar seesaw)(图7-10)。在末次冰消期中,北半球经历了两次冷期(最老仙女木冷期、新仙女木冷期),在新仙女木冷期结束后步入全新世间冰期。

末次冰消期(~19~11 ka),全球海平面整体逐步升高,上升了约80 m(Lambeck et al.,2014),并伴随有两次明显的融冰事件,对应于冰盖崩塌和快速消融事件所引发的海平面快速升高时期,通常持续数百年,期间海平面上升的平均速率可达40 mm/yr,明显高于冰消期平均海平面上升速率(约10 mm/a),也远远大于现代海平面的升高速率(2~3 mm/a)。第一次融冰事件发生于~19.5~18.5 ka(19 ka MWP),对应于超大型北半球冰盖的初始消融,与较高的北半球夏季太阳辐射量相符(图7-10C),造成全球海平面快速上升了约10 m,平均海平面升高速率

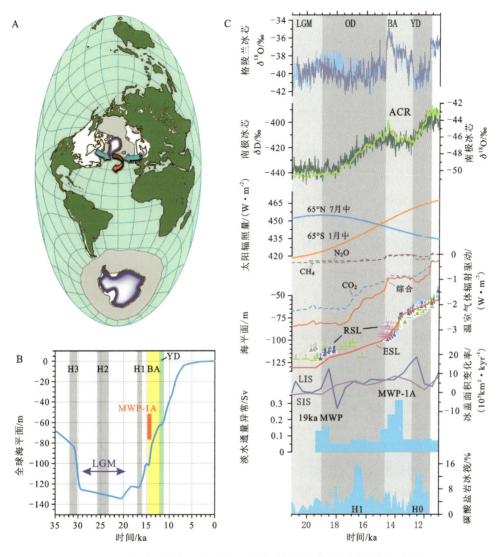

图 7-10 末次冰消期以来千年尺度全球海平面变化及其古气候背景

A. 末次冰盛期全球大陆冰盖范围(白色)和海冰最大分布范围(浅灰色),北半球冰盖主要分布于北美(如劳伦泰冰盖 LIS)和欧洲(斯堪的纳维亚冰盖 SIS),两者在末次冰消期的消融均向北大西洋注入大量淡水,进而影响海洋温盐环流,现今仅存格陵兰冰盖和南极冰盖(深蓝色圈闭部分)(据 Denton et al.,2010)。B. 根据相对海平面数据综合计算所得的 35 ka 以来全球海平面变化(据 Lambeck et al.,2014)。H1~H3:海因里希事件(冰筏沉积事件);BA. 布林暖期;YD. 新仙女木冷期;MWP. 融冰事件。C. 末次冰消期(~19~11 ka)全球海平面变化及其亚轨道气候背景(据 Clark et al.,2012 修改)。LGM. 末次冰盛期;OD. 最老仙女木冷期;ACR. 南极冷倒转;RSL. 相对海平面;ESL. 全球海平面

约为 10 mm/yr。此次融冰事件使得 AMOC 减弱,促成了北半球的最老仙女木冷期。第二次融冰事件(MWP-1A)最为剧烈,研究程度也较高,发生于~14.65~14.31 ka,全球海平面在 340 a 的时间内快速上升了约 14 m,平均海平面升高速率超过 40 mm/a(Deschamps et al.,2012)。最新研究表明,这次融冰事件与北半球布林暖期在时间上重合,除了北半球冰盖融水,还有相当一部分来自西南极冰盖(Deschamps et al.,2012),期间 AMOC 并未减弱反而增强,促使北半球快速变暖,进入布林暖期。

约 11 ka 至今,地球进入温暖、气候较稳定的间冰期(也即是我们身处的间冰期),全球海平面上升速率较为稳定,主要源于北半球劳伦泰冰盖和斯堪的纳维亚冰盖的进一步消融。根据最新资料(Lambeck et al.,2014)(图 7-10B),~11.4~8.2 ka,全球海平面近乎匀速上升(~15 m/kyr)。8.2~6.7 ka,全球海平面上升速率减小(~7 m/kyr),对应于劳伦泰冰盖消融的最后阶段。自 6.7 ka 以来,全球海平面上升了约 4 m,海平面上升速率渐趋平缓,其中 6.7~4.2 ka 上升了约 3 m(~1.2 m/kyr)。4.2~0.15 ka,全球海平面仅上升不到 1 m,这一时期全球海平面记录中未发现 15~20 cm/~200 a 的变化幅度(已接近于这一时期 ^{14}C 定年的精度)。最近的~100~150 a,由于人类活动的影响,全球海平面上升的速率略有增加(2~3 mm/a)。

第四节 海平面变化的致因

海平面变化的致因主要有两个:一是气候变化,主要包括构造驱动(源于地球内部)和轨道驱动(源于地球外部)引起的全球冷暖状态变化;二是源于地球内能驱动导致的板块开合与超大陆旋回。气候的冷暖变化影响冰盖质量(固态水与液态水的消长),板块开合与超大陆旋回则影响海盆的容积。

气候变化可分为构造尺度($\geqslant 10^6$ a)、轨道尺度($10^4 \sim 10^6$ a)和亚轨道尺度($\leqslant 10^4$ a)三类(详见第六章)。地质历史时期的气候由无大型冰盖的温室期(greenhouse period)和有大型冰盖的冰室期(icehouse period)构成,冰室期又由若干寒冷的冰期(glacial period)和温暖的间冰期(interglacial period)相互交替组成。显生宙典型的冰室期包括晚奥陶世、晚泥盆世至早二叠世和渐新世以来(33.5 Ma 至今)(图 7-7)。温室期、冰室期的交替出现主要是构造尺度的气候变化,温室期和冰室期的全球海平面可形成百余米的落差(图 7-7)。轨道尺度的气候变化是叠加在构造尺度气候变化之上的高频波动,与地球轨道参数的周期性变化和冰盖的规律性消长有关,可形成 50～100 m 或大于 100 m 的全球海平面变化(图 7-8、图 7-9)。亚轨道尺度气候变化与全球海平面相关的主要集中在 10^3 a 的尺度,又称千年尺度快速气候波动(millennial oscillations)。根据末次冰消期的研究,在亚轨道尺度,冰盖、海洋和大气具有复杂的相互作用,冰盖消融成为千年尺度气候变化的重要驱动力,主要源于冰盖的消融波动和南北半球海洋、大气环流的复杂相互作用(见本章第三节,图 7-10)。因此,在亚轨道尺度,气候变化与全球海平面变化相互交织,并不是简单的因果关系。

一、构造尺度的气候变化

构造尺度的气候变化是影响百万年及以上尺度全球海平面变化的主要原因。构造尺度的气候变化主要与地球本身临界条件的改变有关,如大气 CO_2 含量、大陆的分布与地形变化、洋盆的开合及水深变化等,这些因素主要受控于板块构造,其中最为直接的影响因素是大气 CO_2 含量(其他温室气体如 CH_4、N_2O 也具有一定作用,或在某些地质历史时期扮演重要角色)。全球平均温度变化与大气 CO_2 含量密切相关,大气 CO_2 含量越高,全球平均温度就越高。大气 CO_2 含量变化主要受控于火山排气作用、化学风化速率和有机碳埋藏。大气 CO_2 含量可因火山排气作用加强而显著增加。陆地硅酸盐类岩石的化学风化作用以及沉积盆地中的有机碳埋藏则会消耗大气中的 CO_2。其中,火山排气作用与化学风化作用均与构造运动密切相关,而有机碳的快速埋藏则可能在短期内(<1 Myr)快速降低大气 CO_2 含量,造成全球变冷。

为何会形成温室期和冰室期?目前认为,温室期与冰室期相互交替出现一般与板块构造和超大陆旋回有关。温室期一般对应于地球内动力过程释放大量 CO_2 的时期。一般来说,超大陆逐步裂解过程中板块构造活跃,通常对应于海底扩张速率较快的时期,洋中脊和俯冲带之上的岩浆活动强烈,会通过火山排气作用向海洋和大气释放更多的 CO_2,从而导致全球逐渐变暖,进入温室期。超大陆裂解还伴随一些远离板块边界的火山活动,即地幔柱和热点火山作用(hot spot volcanism),也能释放大量 CO_2。晚白垩世至始新世的温室气候就与晚白垩世海底扩张加剧以及陆地大量玄武质岩浆喷发有关(如印度德干大火成岩省,与地幔柱相关)。二叠纪-三叠纪之交的温室气候则可能与西伯利亚大火成岩省有关。冰室期的出现则涉及气候的负反馈机制:化学风化和有机碳埋藏。大规模板块碰撞造山时期会形成大量裸露的基岩,可供进行化学风化的硅酸盐类岩石增多,同时温度越高,硅酸盐类岩石的化学风化作用越强,因此,可在长时间尺度内使温室期的大气 CO_2 含量逐步降低,从而导致全球温度降低,最终进入冰室期。海洋中溶解的 CO_2 通过光合作用转变为有机碳进入生物体,有机碳在深海沉积物中埋藏下来,也能降低海洋和大气的CO_2含量,从而使全球温度降低,并可能导致地球进入冰室期。极端温室期通常伴随一种典型的事件称为大洋缺氧事件(oceanic anoxic events,简称OAE)。在大洋缺氧事件中,过量的CO_2通过光合作用转变为有机碳而在深海沉积物中快速埋藏下来,能够显著降低海洋和大气的CO_2含量,从而使全球温度降低,这其实是地球系统在大量温室气体快速释放情形下的一种平衡机制(Jenkyns,2010)。然而,对于温室期与冰室期的具体转化过程、驱动方式以及其中复杂的反馈机制,气候科学家还所知甚少(Bijl et al.,2009)。

二、轨道和亚轨道尺度的气候变化

地球轨道尺度的气候变化是影响万年至十万年(也包括部分百万年)尺度全球海平面变化的主要原因。地球轨道参数包括地轴斜率、地球轨道偏心率和岁差(图7-11)。地球自转和围绕太阳公转时,由其他行星(主要是木星、金星、火星)的引力作用导致的地球轨道参数(准)周期性变化驱动了地球大气层顶部接受**太阳辐射量**(insolation)在纬度上和季节上的变化,从而导致地球气候在局部和全球尺度上,发生万年到百万年时间尺度上的(准)周期性变化(黄春菊,2014),引发冰川消长,进而导致全球海平面的周期性变化。阐释地球轨道参数的周期性变化及其引发的周期性气候变化的相关理论称为米兰科维奇旋回理论或天文旋回理论。该理论认为,北半球高纬度(65°N)夏季太阳辐射量的变化是驱动第四纪冰期—间冰期旋回的主因。夏季太阳辐射量降低可减少冰雪的消融量,有利于大型冰盖的形成。

地轴斜率(obliquity或axial tilt)是指地球公转的轨道面(黄道面)与地球赤道面的夹角,其值在22.1°~24.5°之间变化,变化的主周期为41 kyr(图7-11A)。斜率变化会影响高纬度夏季的太阳辐射量以及导致气候的季节性差异。当斜率增大时,高纬度夏季的太阳辐射量增大,冬季则减少,气温年温差增大,季节性增强。当斜率减小时,高纬度夏季太阳辐射量减小,冬季则增大,冬暖夏凉,气温年温差变小,季节性减弱。地轴斜率对南、北半球的太阳辐射量影响具有同步性。

地球公转轨道在近圆形和椭圆形之间变化。**偏心率**(eccentricity)是描述地球公转轨道椭圆形态的参数,其值在0.005~0.060 7之间变化,偏心率越大则公转轨道越偏离圆形(图7-11B、C)。偏心率的变化周期分为95 kyr、131 kyr(平均100 kyr)的短偏心率周期和405 kyr的长偏心率周期。偏心率本身的变化对太阳辐射量的影响很小,可忽略不计。

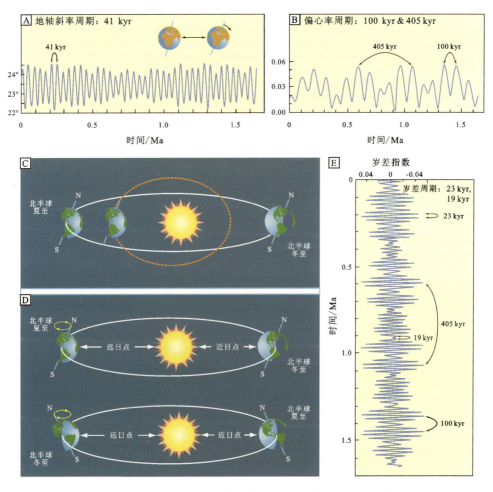

图 7-11 地球轨道参数及其周期性变化(据 Ruddiman,2013 改编)

A. 地轴斜率的周期性变化;B. 偏心率的周期性变化;C. 地球公转轨道偏心率示意图;D. 岁差示意图;
E. 岁差的周期性变化,受到偏心率周期的调制

地球自转轴会绕着地球公转轨道面的垂直方向顺时针旋转,以 2.6 万年为周期构成一个圆锥面,使得回归年小于恒星年,这种现象称为**岁差**(procession)。岁差的存在会影响不同季节在公转轨道上的分布(相对近日点、远日点而言)(图 7-11D)。经偏心率调制的岁差主变化周期是 23 kyr 和 19 kyr(图 7-11E)。偏心率通过调制岁差的幅度来影响年际太阳辐射量及其季节分布。岁差对南、北半球的影响是不同步的。假如地球运行至远日点时为北半球的夏季,运行至近日点时为北半球的冬季,那么北半球夏季较为凉爽且持续时间长,而冬季则较温暖且短暂,一年内季

节差异不太明显，南半球的情形则相反，季节性增强。反之，如果地球运行至远日点时为北半球的冬季，运行至近日点时为北半球的夏季，那么北半球夏季就会炎热而短暂，冬季则漫长而寒冷，一年内季节差异就会变大，南半球的情形则相反，季节性减弱(图7-11D)。

亚轨道尺度的气候变化，主要涉及千年至年际气候变化的特征和规律，其中许多的驱动和成因机制还不够清楚(汪品先等，2018)。如前所述，冰消期千年尺度的气候变化(高纬过程)涉及冰盖、海洋和大气的复杂相互作用(见本章第三节)。千年尺度的气候变化也可能受到地球轨道(半岁差和1/4岁差)、月球轨道和潮汐作用以及太阳活动周期(11 a、22 a、88 a、205 a、2300 a 不等)的影响。百年、十年尺度的气候变化可能与太阳的活动周期有关，年际的气候变化则主要与**厄尔尼诺-南方涛动**(El Niño-Southern Oscillation，简称 ENSO)有关，这些尺度的亚轨道气候变化主要涉及低纬，对全球海平面的影响微乎其微。

三、板块开合与超大陆旋回

板块开合和超大陆聚散是影响海盆容积大小的决定性因素，对海平面变化的影响具有时间周期长、过程缓慢、累计幅度高的特征，具体规律是长时间周期、高幅海平面上升通常在时间上对应于超大陆裂解期。地质历史上存在多次超大陆聚合和裂解旋回，对地球的地质环境和生物演化均具有重大影响。**超大陆旋回**(supercontinent cycle)是地球动力系统的基本体现，现已成为地球科学领域继板块构造学说提出以来最为重要的发现之一(Nance et al.，2014)。超大陆裂解、海底扩张加速导致全球巨型洋中脊系统形成，使得海盆容积减小，导致全球海平面上升。显生宙以来，长时间尺度的海平面变化主要与潘诺西亚大陆(Pannotia)和潘基亚超大陆(Pangea)的裂解有关(图7-7，图7-12)。

潘诺西亚大陆成型于新元古代(约6亿年前)，主体位于南半球的极区，5.4亿年前裂解出劳伦板块、波罗的板块、西伯利亚板块和冈瓦纳板块(南美-非洲板块)(图7-12)，潘诺西亚大陆的裂解导致了寒武纪的海侵和晚奥陶世的高海平面(图7-7)。虽然潘诺西亚大陆可能并未达到潘基亚超大陆的规模，但是其形成、演化体现了与超大陆旋回相似的地质过程及其环境和生物效应。因此，潘诺西亚大陆也可看作广义的"超大陆"(Nance and Murphy，2019)。潘基亚超大陆是距今最近的一次超大陆聚集，形成于二叠纪—三叠纪，其裂解导致了侏罗纪—白垩纪的海侵和晚白垩世早期的最高海平面(图7-7)。

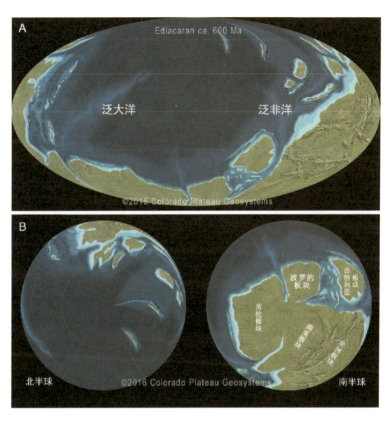

图 7-12　新元古代末期（6亿年前）潘诺西亚大陆（Pannotia）的重建图
（据 Ronald C. Blakey 古板块重建图改编：https://deeptimemaps.com/）
A. 潘诺西亚大陆与泛非洋、泛大洋，泛非洋俯冲消失，泛大洋逐渐扩张；
B. 潘诺西亚大陆的主要陆块构成

第五节　海平面变化的福与祸

当今海平面快速上升所引起的恐慌是不言而喻的。然而，海平面变化所造成的影响也是福祸相依的，我们必须跳出人类自身的利益，跳出人类寿命的局限，站在地球系统科学的高度去评判海平面变化的福与祸。

一、构造尺度海平面变化与生物多样性

一方面，构造尺度的海平面上升，通常对应于超大陆（或广义超大陆，见本章第四节）的裂解过程，这将有利于增加海洋生物多样性。构造尺度的海平面上升使海

洋生命最为宜居的浅海面积扩大、栖息地多样性扩展、生态位增多,同时海岸线加长、来自陆地的营养元素增加,这些都有利于浮游植物的生长与繁衍。浮游植物是重要的初级生产力,是更高营养级动物的直接食物,同时也是海洋水柱与底栖环境重要的有机质来源。因此,浮游植物的繁盛为整体生物多样性的提高奠定了坚实的物质基础。

寒武纪—奥陶纪以及侏罗纪—白垩纪都是构造尺度海平面上升时期,两者都对应了生物多样性的显著提高。寒武纪—奥陶纪时期,具有机质壁浮游藻类(疑源类)的多样性显著提高(图7-7),与之对应的是寒武纪—奥陶纪无脊椎动物的大辐射。二叠纪-三叠纪之交生物灭绝事件中海洋化学环境持续恶化(如缺氧),此后新类型的真核浮游植物(钙质超微浮游生物、沟鞭藻、硅藻等)因其遗传和生态上的优势逐渐成为海洋中浮游植物的重要类型(Falkowski et al.,2004)。侏罗纪—白垩纪时期海平面升高,为这些浮游植物类型的繁衍和辐射提供了广阔的生态空间(图7-7),促成了这三大类真核浮游植物的繁盛,并成为现代海洋中占绝对优势的真核浮游植物类型。

另一方面,构造尺度的海平面降低会导致生物多样性降低(图7-7),若叠加上其他全球性环境变化则会使生态系统发生显著转变。构造尺度的低海平面时期通常对应于超大陆聚合时期,显生宙的实例便是二叠纪-三叠纪之交潘基亚超大陆聚合时期。显生宙最大的一次生物灭绝事件就发生在二叠纪末(~252 Ma)(戎嘉余和黄冰,2014)。目前认为,二叠纪末生物大灭绝事件主要与全球性环境突变有关,主因是大规模地幔柱活动、火山喷发(如西伯利亚大火成岩省和峨眉山大火成岩省)所导致的快速全球变暖、海洋酸化、缺氧环境等(戎嘉余,2018;沈树忠和张华,2017)。海洋化学环境的剧变是真核浮游植物类型转变的契机(Falkowski et al.,2004)。在全球变暖和超大陆聚合的背景下,内陆环境更为干旱炎热,使得陆生植物从以蕨类植物为主的古植代向以裸子植物为主的中植代演替(Paleophytic-Mesophytic transition);同时陆地野火频发,大片森林消亡,发育大型河流,水土流失严重,大量陆源物质进入海洋。

研究表明,超大陆聚合过程中大量洋壳板块俯冲会导致下地幔的不均一性,从而引发大规模的地幔柱活动,为超大陆的裂解揭开了序幕(Nance et al.,2014)。因此,超大陆聚合所引起的低海平面、超大陆初始裂解所蕴含的大规模地幔柱活动,以及此后整个地球表层系统所展现出来的环境剧变、生物灭绝事件与生态系统转变是相互交织和相互伴生的,是地球系统复杂相互作用的体现。

二、当今海平面变化及其自然和社会经济效应

根据验潮站数据,1950—1993年全球海平面上升速率为1.7 ± 0.3 mm/a。自1993

年以来,海平面变化可由卫星测高精确测定,全球海平面正以3.1±0.4 mm/a的速率快速上升(http://sealevel.colorado.edu/,图7-13)。联合国气候变化政府间专家委员会(IPCC)预测,到2100年,全球海平面将升高约60 cm(Church et al.,2013)。由于极地冰盖融化加剧,实际升高量可能会超过1 m。目前全球所面临的海平面上升问题主要是由全球变暖所导致的(冰川型、热比容型ESLC,见本章第一节)。冰川融化主要来自小型山岳冰川、格陵兰冰盖和海拔较低的西南极冰盖(West Antarctic Ice Sheet,简称WAIS),自20世纪90年代以来融化加剧。基于1993—2010年的观测数据,冰川型ESLC约占海平面上升幅度的46%,热比容型ESLC则约占34%。

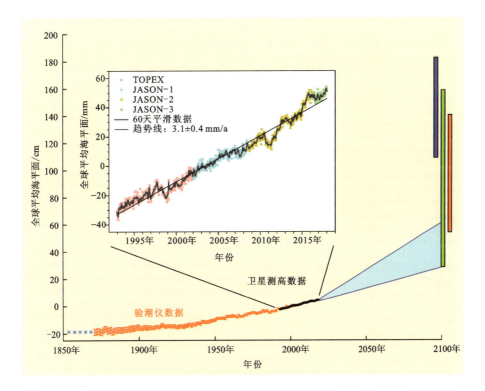

图7-13 近现代全球海平面变化及其21世纪趋势(据Nicholls and Cazenave,2010改编)
观测数据:验潮仪数据据Church and White,2011;卫星测高数据据http://sealevel.colorado.edu/。
2100年海平面预测:浅蓝色据Church et al.,2013;红色据Rahmstorf,2007;蓝色据Vermeer and Rahmstorf,2009;绿色据Grinsted et al.,2010

除了气候变化导致的全球海平面变化,区域性的构造抬升与沉降会引起相对海平面变化。相对海平面变化是全球海平面变化与区域地面抬升/沉降相叠加的产物。例如,波罗的海北部以及哈德逊湾在末次冰盛期覆盖有数千米厚的冰盖,由于冰盖消融,地壳发生显著回弹,目前的相对海平面是下降的。而在另一些地区,气候变化与区域地面沉降相叠加,海平面上升的实际影响则更为剧烈。沿海地区地下水及地下油气资源的开发更是加剧了地面沉降速率。影响最为显著的地区通常是三角洲地区,如恒河三角洲、湄公河三角洲和长江三角洲等,这些地区自然沉降大(沉积物压实作用,见本章第一节),同时人口密集,地下资源大量开采造成的人为沉降也较大。上海、东京、大阪、曼谷等都是典型的建立在三角洲之上的巨型城市,在整个 20 世纪地面沉降了 2~5 m 不等。湄公河三角洲之上的曼谷,相对海平面上升速率高达 20.7 mm/a,远远超过全球平均海平面升高速率。此外,在构造活动带因构造应力释放(地震)所导致的急剧地面沉降也是不容忽视的(见本章第一节),2011 年东日本大地震就曾引发沿海地区的快速沉降达 1 m。

海平面上升会引发沿海一带自然生存环境的破坏,进而对人类的社会经济产生巨大影响。海平面上升会造成岛屿/海岸带的淹没与洪涝,海岸带侵蚀作用加强(滨海沙丘、质地较松软的海蚀崖、珊瑚礁侵蚀殆尽),滨海湿地生态系统如盐沼、红树林等退化以及地表淡水和地下水的咸化(Nicholls,2011)。这些变化将削弱和摧毁海岸带的天然防护,使得海岸带在海平面上升过程中变得日益脆弱。海平面上升对人类的影响首当其冲的就是沿海人口密集带。据统计,海拔 10 m 之下聚集了全球约 10% 的人口。南亚、东南亚和东亚国家的三角洲之上多建有人口密集的大城市,自然沉降加上人为沉降,这些大城市受海平面上升的威胁十分严峻,而太平洋、印度洋中海拔低的小岛国(如马尔代夫、图瓦卢)在 21 世纪难逃完全淹没和集体移民的厄运。随着海平面的升高和全球变暖,热带风暴、温带风暴等极端天气强度升级,风暴潮时期的极端海水位(extreme sea level)升高更会加剧其破坏力。风暴潮引起的洪涝灾害会破坏海岸带基础设施、港口,造成工业、农业的瘫痪。例如,2005 年卡特里娜飓风所引起的风暴潮就冲破了美国新奥尔良市的防洪堤,造成了极大的人员伤亡和经济损失。

第六节 海平面变化的行动纲领

一、应对气候和海平面变化的知识储备:以史为鉴

显生宙温室期的全球最高海平面高出现代海平面逾 200 m(图 7-7),而在冰室期受轨道驱动的全球海平面变化也可达 50~100 m 甚至 100 m 以上(如 2.55 Ma 至今的海平面变化,见本章第三节)(图 7-9)。我们真正需要警惕的是人类活动所导

致的全球快速变暖和海平面变化。当今,人类已成为气候变化的重要驱动力(anthropologic forcing)。现今的全球变暖主要受到工业革命以来大量温室气体(主要是CO_2)排放的影响。若仍按照现今的碳排放速率和碳封存(carbon sequestration)效率,预计到2400年,人类燃烧化石燃料将累计向大气排放5万亿t碳,届时大气CO_2分压(p_{CO_2})将达到$1800×10^{-6}$(Zachos et al.,2008;当今的p_{CO_2}为$\sim400×10^{-6}$)。快速碳排放事件会导致全球变暖,进而影响大气与海洋环流、降水型式与降水强度、海冰的覆盖面积和厚度以及冰盖的稳定性,涉及整个地球表层系统在短时间内注入大量CO_2后的复杂动力学过程。假如全球变暖超过某个未知的阈值而使格陵兰冰盖和西南极冰盖发生不可逆的大规模消融,全球海平面可能在数百年内上升13～15 m(Nicholls,2011)。目前的海平面快速上升及其对海岸带的灾害性影响,实际上反映了人类对自然的索取已经超过了自然能够承受之重。例如,在自然条件下,健康的珊瑚礁能够积极响应海平面变化,与之保持同步,然而由于全球变暖和海水酸化(吸收大气中的CO_2),大量珊瑚礁发生白化而停止生长,不再能"水涨船高"和积极应对风浪了。

人类目前还未完全了解气候系统复杂的驱动、响应和反馈机制,特别是对相对快速、剧烈的气候事件的认识明显不足。气候变化学者也意识到,仅仅依靠人类目前对现代气候系统的认识和已有数值模型(可能忽略了某些重要的未知参数),是难以全面预测人类温室气体排放对气候系统的影响的,这就需要我们以史为鉴、以古启今,关注地质历史中已经发生、发展、完结并完整记录在册的古气候变化和气候事件(王成善等,2017;Foster et al.,2018)。

地质历史时期也存在与现今类似的大量温室气体排放时期和快速变暖事件(极热事件,hyperthermals)。其中最为剧烈、研究程度最高、与现今最为相似的当属古新世-始新世之交的**极热事件**,在全球整体温室气候的背景下叠加了快速升温时期,全球气温在1万年内升高了5～8 ℃(Zachos et al.,2008)。据估计,在升温初期(~5000年),大约有3万亿t碳以CO_2形式被排放至大气和海洋中(Zeebe et al.,2009),碳排放速率约为6亿t/a(目前人类的碳排放速率约为75亿t/a)。PETM伴随有3‰～6‰的碳同位素负偏,指示大量轻碳(碳同位素小于$-50‰$)的输入,但针对其具体来源仍众说纷纭,一些学者提出可能与海底天然气水合物释放甲烷有关(甲烷在海水和大气中会迅速氧化成CO_2)(Dickens et al.,2003)。冰盖的消融规律(冰盖动力学)和冰川型海平面变化规律则可通过研究历次冰消期来获得。例如,末次冰消期中的融冰事件代表了冰盖崩解所导致的快速海平面上升时期,其海平面上升幅度可达40 mm/a,远远超过了现代的海平面上升速率(见本章第三节),对冰消期融冰事件的发生机制研究可为今后我们积极应对快速海平面上升提供有益的启示。

当然,地质历史时期的气候事件具有时代和背景的特殊性。例如,PETM 发生于温室期,冰消期处于冰室期中的冰期—间冰期过渡时期,而现今人类温室气体排放的气候背景则是冰室期中的间冰期,整个地球系统在不同地质历史时期和不同气候背景下,其驱动、响应和反馈机制肯定存在一定差异。同时,通过地质记录识别气候事件也通常会受到年代分辨率的限制(Turner,2018),这就需要将替代指标(proxy)与模拟(model)相结合,综合探讨其背后的关键影响机制。

二、应对气候和海平面变化的政策策略:气候政策与海岸带综合管理

根据现今海平面上升的主要原因和重点影响区域,科学应对海平面变化的政策策略大致可分为两部分内容。一是应对与全球变暖密切相关的全球海平面变化,人类需要制定相应的气候政策,减少温室气体排放,实现全球能源结构转型,从根本上减缓全球变暖速率和海平面上升速率;二是针对海岸带这一受海平面变化强烈影响的人口密集区域(相对海平面上升速率通常大于全球海平面上升速率),各个国家需要制定相应的海岸带管理政策,适应和应对海平面上升所带来的频繁地质灾害和社会经济影响。

最初将应对全球变暖纳入国际合作议程的是 1992 年发布的《**联合国气候变化框架公约**》(United Nations Framework Convention on Climate Change,简称 UNFCC)。此后,1997 年 12 月 11 日联合国 84 个成员国签署通过了《京都议定书》(为《联合国气候变化框架公约》的补充条例),但直到 2005 年 2 月 16 日才正式生效,设置了两轮减排目标期(2008—2012 年、2013—2020 年),共有 192 个缔约方。目前,《京都议定书》已被《**巴黎协定**》取代。2016 年 4 月 22 日联合国 175 个成员国签署通过了《巴黎协定》,并于同年 11 月 4 日生效,首轮减排目标期从 2020 年开始。总目标是将全球平均温度相比工业化前水平的升幅控制在 2 ℃甚至 1.5 ℃以内,提升人类适应和应对气候变化及其不利影响的能力,并促成降低温室气体排放的可持续经济发展模式。尽管如此,世界范围内的气候政策受到社会、政治、经济等人为因素的影响,是否能有力执行、各国对其承诺的减排量能完成多少仍然有待观察。例如,加拿大就于 2012 年退出了《京都议定书》,美国也从 2020 年起正式退出《巴黎协定》(后又于 2021 年加入)。发达国家的退出对国际社会在气候政策上的合作态度和执行力度都有不利影响,因发达国家在能源结构、能源效率方面本身就优于发展中国家,其碳排放已在一个相对稳定并逐年降低的水平,而发展中国家在控制碳排放和实现低碳经济发展方面相应地要付出更大的代价与成本。此外,有学者质疑,根据目前《巴黎协定》框架下各个国家提出的温室气体排放量的自主贡献目标,

到 2100 年全球平均温度升幅可达 2.6~3.1 ℃(Rogelj et al.,2016)。也有研究表明,1.5 ℃ 这一控制幅度并不能有效遏制全球变暖对天气、农业、生态系统,以及公众安全、社会经济的灾难性影响(Wang et al.,2017;Su et al.,2018)。由于《巴黎协定》采取逐步加强减排的指导方针,因此,若要实现升幅 1.5 ℃ 以内这一目标,还需在今后具体实施过程中逐步修正和加强。同时,在国际气候政策的统领运作机制下,还需要各国内部制定相应的气候政策,有效加强国家对气候政策的执行力度。人类对气候系统及其未来变化的认识仍然相当局限,同时全球各国经济社会发展又极不平衡,国际气候合作与全球减排之路注定是崎岖多艰的。

科学应对气候和海平面变化的另一重要政策策略是加强海岸带管理。海岸带既是生物和生态系统多样性的中心,也是人类重要的栖息地和社会经济发展中心。可以说,海岸带是人类与自然接触最为直接、关系最为密切的地带。除了依靠气候政策减缓全球变暖,人类还需要充分适应和应对气候变化与海平面上升所带来的自然、社会及经济影响。气候变化会暴露和加剧海岸带已有的问题,如过度开发、资源退化与耗竭、水污染等,对发展中国家更是如此。目前的普遍认识是需要进行**海岸带综合管理**(integrated coastal management),将海岸带的社会经济发展、生物多样性水平和生态系统功能视为同等重要的 3 个方面,促进海岸带的长期可持续规划和发展。气候变化和海平面上升对这 3 个方面都有重要影响,因而已成为目前海岸带综合管理的重中之重。多国环保部门和研究机构自 20 世纪末便陆续开始密切关注、研究和评估气候变化对海岸带自然、社会和经济的影响,从而为政府和决策者提供有益的信息。已有的应对海平面上升的海岸带综合管理策略主要包括以下 3 点:一是有计划地向陆地撤退;二是增强海岸带抗洪能力;三是加强海岸带的物理防护。这其实是人类与自然相处的进退之道,具体采取何种措施应与不同国家和地区的社会经济发展水平相适应。对于发展中国家或者欠发达地区来说,有计划地向陆地撤离是更为经济的做法。而对于发达国家和地区,对海岸带基础设施和物理防护的持续性投入才是更为经济的做法。从长远来看,人类需要在保护、扩张和撤退之间寻找平衡。

人类面临的气候变化和海平面上升问题使得世界范围内的公平公正显得尤为重要。发达国家无论是在控制温室气体排放,还是在海岸带基础设施、预警系统和环境监测方面都明显优于发展中国家。因此,温室气体的"排放大户"(发达国家)并不是受气候变化影响最大的,而南亚、东南亚、非洲沿岸乃至西太平洋的一些"排放小户",却要承受全球气候变化所带来的巨大创伤。气候变化问题召唤着人类重新审视自身和我们赖以生存的星球,国际合作、消除隔阂、互帮互助才是人类光明的未来。

三、应对气候和海平面变化的行动纲领

我们应该从哪些方面入手来应对气候和海平面变化呢？具体来说，方法主要可分为减缓(mitigation)和适应(adaptation)两部分。

减缓气候变化主要是指在国际合作气候政策的框架和需求下，降低能源消耗，优化能源结构，实现全球能源结构转型，从根本上降低温室气体排放量。全球能源结构转型主要可分为两个阶段：首先是解决区域环境污染，加强化石能源的清洁高效利用，从高碳到低碳，这一步基本上所有发达国家都已完成，再从低碳到无碳，大力发展新能源和可再生能源。除了通过能源结构转变来减缓温室气体排放，目前有望短期内降低大气的 CO_2 含量的方法便是开发高效的 **碳封存**（carbon sequestration）技术，将大气中的 CO_2 转移到海洋、土壤、生物或岩层等其他储存空间中去(Lal,2008)，通过人为降低大气 CO_2 含量而进行人工的"气候调节"。碳封存主要包括非生物和生物两种方式：①非生物方式最典型的是利用工程技术手段将工业废气 CO_2 液化，注入到深海、地层、煤层/油井空间或地下咸水储水层（通常位于淡水储水层之下，两者以不透水层相隔），其碳封存量相当可观。例如，深海的最大碳封存量可达 5 万亿～10 万亿 t，已超过了全球化石燃料的预计碳储量，相当于人类数百年的碳排放量（按照目前人类年均碳排放量，约为 75 亿 t）。但是就目前来说，这些非生物碳封存手段的成本还相当昂贵，在具体设计和实施过程中，还必须充分评估碳封存的效率及其对生态系统的影响。例如，全球海洋环流是否会使深海封存的碳泄露？深海碳封存对深海生态系统有什么不利影响？注入地层的 CO_2 是否会与岩层发生化学反应，如何监控？等等。还有一类非生物碳封存方式是将 CO_2 转化为更加稳定的碳酸盐矿物。由于自然界和地质过程本身就存在这些化学反应，工业上实现较为便捷，但这些反应速率较为缓慢，而人为增加反应速率又会额外消耗能量。②生物方式的碳封存是利用高等植物和微生物来进行固碳，具体方式包括植树造林、保护湿地（如泥炭地）、改良土壤（增加土壤的有机碳含量）等。相比之下，生物方式更加清洁环保，不需要复杂的工程技术手段，成本较低，可随时开展，但封存量有限，可成为非生物方式的重要补充。碳封存可能是今后人类补救全球变暖的重要筹码。

适应气候变化主要是针对易受海平面上升影响的海岸带，在海岸带综合管理的框架下，个人、机构和政府需通力配合，实现海岸带自然、生态和社会经济的可持续最优化发展。具体来说，首先要解决海岸带已有的生态环境和社会经济问题，包括地下水资源过度开采（可通过地下水人工补给）、水土流失、不合理的土地规划和资源利用方式等，然后才是开展应对气候变化和海平面上升的工程技术防护举措，

这些都需要政府长期的规划和资金投入支持。在增强海岸带抗洪能力方面,需要升级防洪预警系统、密切监测地下水水位、加强地质灾害填图,同时采用防洪建筑设计、升级城市排水系统、抬高路面等。在加强海岸带物理防护方面,主要可采取升级防波堤、建造人工礁石等"硬防护",以及海滩养护、培植红树林等"软防护"。例如,荷兰应对海平面上升的主要措施就是升级防护措施,在北海海岸带逐步向海填砂,进行**海滩养护**(beach nourishment),从而加强海岸带的安全性,使灾害概率降至十万分之一。2005年卡特里娜飓风导致新奥尔良市溃堤之后,美国则投入了150亿美元用于升级新奥尔良市的海岸带防护系统。

总之,气候变化和海平面变化涉及地球系统的方方面面,全球变暖和海平面上升是当今人类社会面临的最大生存威胁和挑战,事关我们每一个地球人,国际合作、政府担当、机构献智、人民支持都必不可少。假如我们能够成功应对这次挑战,人类必将拥有一个更加健康、和谐、繁荣的未来!

主要参考文献

丁永建,张世强,2015.冰冻圈水循环在全球尺度的水文效应[J].科学通报,60(7):593-602.

龚一鸣,张克信,2016.地层学基础与前沿[M].2版.武汉:中国地质大学出版社:1-465.

黄春菊,2014.旋回地层学和天文年代学及其在中生代的研究现状[J].地学前缘,21(2):48-66.

戎嘉余,2018.生物演化与环境[M].合肥:中国科学技术大学出版社:1-421.

戎嘉余,黄冰,2014.生物大灭绝研究三十年[J].中国科学·地球科学,44(3):377-404.

沈树忠,张华,2017.什么引起五次生物大灭绝?[J].科学通报,62(11):1119-1135.

汪品先,田军,黄恩清,等,2018.地球系统与演变[M].北京:科学出版社:1-565.

王成善,王天天,陈曦,等,2017.深时古气候对未来气候变化的启示[J].地学前缘,24(1):1-17.

BIJL P K,SCHOUTEN S,SLUIJS A,et al.,2009. Early Palaeogene temperature evolution of the southwest Pacific Ocean[J]. Nature(461):776-779.

CHURCH J A,CLARK P U,CAZENAVE A,et al.,2013. Sea level change[C]// Climate change 2013: the physical science basis. Cambridge: Cambridge University Press:1137-1216.

CHURCH J A,WHITE N J,2011. Sea-level rise from the late 19th to the early 21st century[J]. Surveys in Geophysics(32):585 – 602.

CLARK P U,DYKE A S,SHAKUN J D,et al.,2009. The last glacial maximum[J]. Science(325):710 – 714.

CLARK P U,MARSHALL S J,CLARKE G K,et al.,2001. Freshwater forcing of abrupt climate change during the last glaciation[J]. Science(293):283 – 287.

CLARK P U,MITROVICA J X,MILNE G A,et al.,2002. Sea-level fingerprinting as a direct test for the source of global meltwater pulse IA[J]. Science(295):2438 – 2441.

CLARK P U,SHAKUN J D,BAKER P A,et al.,2012. Global climate evolution during the last deglaciation[J]. Proceedings of the National Academy of Sciences(109):E1134 – E1142.

CRAMER B S,TOGGWEILER J R,WRIGHT J D,et al.,2009. Ocean overturning since the Late Cretaceous:inferences from a new benthic foraminiferal isotope compilation[J]. Paleoceanography(24):4216.

DENTON G H,ANDERSON R F,TOGGWEILER J R,et al.,2010. The last glacial termination[J]. Science(328):1652 – 1656.

DESCHAMPS P,DURAND N,BARD E,et al.,2012. Ice-sheet collapse and sea-level rise at the Bølling warming 14,600 years ago[J]. Nature(483):559 – 564.

DICKENS G R,2003. Rethinking the global carbon cycle with a large, dynamic and microbially mediated gas hydrate capacitor[J]. Earth and Planetary Science Letters(213):169 – 183.

FALKOWSKI P G,KATZ M E,KNOLL A H,et al.,2004. The evolution of modern eukaryotic phytoplankton[J]. Science(305):354 – 360.

FOSTER G L,HULL P,LUNT D J,et al.,2018. Placing our current 'hyperthermal' in the context of rapid climate change in our geological past[J]. Philosophical Transactions of the Royal Society A(376):20170086.

GRINSTED A,MOORE J C,JEVREJEVA S,2010. Reconstructing sea level from paleo and projected temperatures 200 to 2100 AD[J]. Climate Dynamics(34):461 – 472.

HAQ B U,2014. Cretaceous eustasy revisited[J]. Global and Planetary Change(113):44 – 58.

HAQ B U,2018a. Jurassic sea-level variations:a reappraisal[J]. GSA Today,28

(1):4-10.

HAQ B U, 2018b. Triassic eustatic variations re-examined[J]. GSA Today, 28(12):4-9.

HAQ B U, SCHUTTER S R, 2008. A chronology of Paleozoic sea-level changes[J]. Science(322):64-68.

HARDIE L A, 1996. Secular variation in seawater chemistry: an explanation for the coupled secular variation in the mineralogies of marine limestones and potash evaporites over the past 600 m. y. [J]. Geology(24):279-283.

HAY C C, MORROW E, KOPP R E, et al., 2015. Probabilistic reanalysis of twentieth-century sea-level rise[J]. Nature(517):481-484.

IMBRIE J, BERGER A, BOYLE E A, et al., 1993. On the structure and origin of major glaciation cycles 2: the 100 000-year cycle[J]. Paleoceanography(8): 699-735.

JENKYNS H C, 2010. Geochemistry of oceanic anoxic events[J]. Geochemistry, Geophysics, Geosystems(11):Q03004.

KATZ M E, FINKEL Z V, GRZEBYK D, et al., 2004. Evolutionary trajectories and biogeochemical impacts of marine eukaryotic phytoplankton[J]. Annual Review of Ecology, Evolution and Systematics(35):523-556.

KOMINZ M A, 1995. Thermally subsiding basins and the insulating effect of sediment with application to the Cambro-Ordovician Great Basin sequence, western USA[J]. Basin Research(7):221-233.

KOMINZ M A, BROWNING J V, MILLER K G, et al., 2008. Late Cretaceous to Miocene sea-level estimates from the New Jersey and Delaware coastal plain core holes: an error analysis[J]. Basin Research(20):211-226.

LAL R, 2008. Carbon sequestration[J]. Philosophical Transactions of the Royal Society B(363):815-830.

LAMBECK K, ROUBY H, PURCELL A, et al., 2014. Sea level and global ice volumes from the Last Glacial Maximum to the Holocene[J]. Proceedings of the National Academy of Sciences(111):15 296-15 303.

LISIECKI L E, RAYMO M E, 2005. A Pliocene-Pleistocene stack of 57 globally distributed benthic $\delta^{18}O$ records[J]. Paleoceanography, 20(PA1003):1-17.

LIU Y, PELTIER W R, 2013. Sea level variations during snowball Earth formation: a preliminary analysis[J]. Journal of Geophysical Research: Solid Earth

(118):4410-4424.

MILLER K G,KOMINZ M A,BROWNING J V,et al.,2005. The Phanerozoic record of global sea-level change[J]. Science(310):1293-1298.

MILLER K G,MOUNTAIN G S,WRIGHT J D,et al.,2011. A 180-million-year record of sea level and ice volume variations from continental margin and deep-sea isotopic records[J]. Oceanography(24):40-53.

MITROVICA J X,GOMEZ N,CLARK P U,2009. The sea-level fingerprint of West Antarctic collapse[J]. Science(323):753-753.

NANCE R D,MURPHY J B,2019. Supercontinents and the case for Pannotia[J]. Geological Society(470):65-86.

NANCE R D,MURPHY J B,SANTOSH M,2014. The supercontinent cycle: a retrospective essay[J]. Gondwana Research(25):4-29.

NICHOLLS R J,2011. Planning for the impacts of sea level rise[J]. Oceanography (24):144-157.

NICHOLLS R J,CAZENAVE A,2010. Sea-level rise and its impact on coastal zones[J]. Science(328):1517-1520.

PEKAR S F,CHRISTIE B N,KOMINZ M A,et al.,2002. Calibration between eustatic estimates from backstripping and oxygen isotopic records for the Oligocene[J]. Geology(30):903-906.

RAHMSTORF S,2007. A semi-empirical approach to projecting future sea-level rise[J]. Science(315):368-370.

RAYMO M E,HUYBERS P,2008. Unlocking the mysteries of the ice ages[J]. Nature(451):284-285.

ROGELJ J,DEN E M,HÖHNE N,et al.,2016. Paris Agreement climate proposals need a boost to keep warming well below 2℃[J]. Nature(534):631-639.

ROVERE A,STOCCHI P,VACCHI M,2016. Eustatic and relative sea level changes[J]. Current Climate Change Reports(2):221-231.

ROWLEY D B,FORTE A M,MOUCHA R,et al.,2013. Dynamic topography change of the eastern United States since 3 million years ago[J]. Science (340):1560-1563.

RUDDIMAN W F,2013. Earth's climate:past and future[M]. 3rd ed. New York: W. H. Freeman and Company:1-445.

SAHAGIAN D,PINOUS O,OLFERIEV A,et al.,1996. Eustatic curve for the

Middle Jurassic-Cretaceous based on Russian platform and Siberian stratigraphy:zonal resolution[J]. AAPG Bulletin(80):1433-1458.

SICKEL W A V,KOMINZ M A,MILLER K G,et al.,2004. Late Cretaceous and Cenozoic sea-level estimates:backstripping analysis of borehole data,onshore New Jersey[J]. Basin Research(16):451-465.

SU B,HUANG J,FISCHER T,et al.,2018. Drought losses in China might double between the 1.5 ℃ and 2.0 ℃ warming[J]. Proceedings of the National Academy of Sciences(115):10 600-10 605.

TRUJILLO A P,TRURMAN H V,2016. Essentials of oceanography[M]. 12th ed. Boston:Pearson:1-597.

TURNER S K,2018. Constraints on the onset duration of the Paleocene-Eocene Thermal Maximum[J]. Philosophical Transactions of the Royal Society A (376):20170082.

TÖRNQVIST T E,WALLACE D J,STORMS J E A,et al.,2008. Mississippi Delta subsidence primarily caused by compaction of Holocene strata[J]. Nature Geoscience(1):173-176.

VACCHI M,MARRINER N,MORHANGE C,et al.,2016. Multiproxy assessment of Holocene relative sea-level changes in the western Mediterranean: sea-level variability and improvements in the definition of the isostatic signal[J]. Earth-Science Reviews(155):172-197.

VERMEER M,RAHMSTORF S,2009. Global sea level linked to global temperature[J]. PNAS(106):21 527-21 532.

WANG G,CAI W,GAN B,et al.,2017. Continued increase of extreme El Niño frequency long after 1.5 ℃ warming stabilization[J]. Nature Climate Change (7):568-572.

WÖPPELMANN G,POUVREAU N,COULOMB A,et al.,2008. Tide gauge datum continuity at Brest since 1711:France's longest sea-level record[J]. Geophysical Research Letters(35):L22605.

ZACHOS J C,DICKENS G R,ZEEBE R E,2008. An early Cenozoic perspective on greenhouse warming and carbon-cycle dynamics[J]. Nature(451):279-283.

ZACHOS J C,PAGANI M,SLOAN L,et al.,2001. Trends,rhythms,and aberrations in global climate 65 Ma to present[J]. Science(92):686-693.

ZEEBE R E,ZACHOS J C,DICKENS G R,2009. Carbon dioxide forcing alone insufficient to explain Palaeocene-Eocene Thermal Maximum warming[J]. Nature Geoscience(2):576-580.

主要知识点

(1)水圈 hydrosphere

(2)冰冻圈 cryosphere

(3)平均海平面 mean sea level

(4)全球海平面变化 eustatic sea level change

(5)相对海平面变化 relative sea level change

(6)冰川型全球海平面变化 glacio-eustatic sea level change

(7)构造型全球海平面变化 tectono-eustatic sea level change

(8)热比容型全球海平面变化 thermosteric sea level change

思考题

(1)全球海平面变化有哪些类型?

(2)哪些因素会引起相对海平面变化?

(3)如何研究古海平面变化?

(4)不同时间尺度的全球海平面变化的驱动因素有何不同?

(5)显生宙的全球海平面变化有什么规律?

(6)人类应该如何科学应对海平面变化?

第八章

板块构造与岩石圈演化

由板块构造的开与合和超大陆的散与聚展现出的岩石圈演化规律，似乎印证了《三国演义》的卷首语："话说天下大势，分久必合，合久必分。"由此看来，自然界与人类社会的发展和演变规律也有相通之处。

第一节 什么是板块构造？

板块构造(plate tectonics)是伴随20世纪60—70年代一场地学革命而席卷全球的地学专业术语。取名板块(plate)的原意是指地球表层刚性岩石圈上具有时空演化亲缘关系的特定部位，与相邻的不同板块之间具有截然的边界（图8-1）。目前，类似的概念已经引申应用于自然科学(农业板块)、社会科学(股票板块)等诸多领域。

图8-1　当代全球板块构造及其边界类型（据 Tarbuck and Lutgens，2017）

这场地学革命的到来既有人类对地球演化研究成果的历史积淀，例如德国青年气象学者魏格纳(A. L. Wegener)1915年提出的**大陆漂移学说**(continental drift hypothesis)，英国学者霍姆斯(A. Holms)1928年提出的**地幔对流说**(mantle convection hypothesis)等；也得益于第二次世界大战后人类在和平发展时期获得的多方面地学研究进展，例如海洋地质考察中**海底扩张**(seafloor spreading)、**地壳消减**(crustal consumption)现象的发现，使得法国的勒皮雄(X. Le Pichon)、美国的摩根(J. Morgen)和英国的麦肯齐(D. P. Mekenzie)等学者于20世纪60年代晚期共同提出板块构造学说。它的核心内容是地球岩石圈被洋中脊、海沟俯冲带和转换断层三大构造活动带分割成大小不等、厚薄不一、形态各异、不连续的岩石圈板状体，其长和宽远远大于其厚度，故名板块，这些板块可以相对赤道或南北极发生大规模、长距离的横向水平位移。

目前，在太阳系八大行星、矮行星和卫星中，仅在地球上发现存在板块构造。由于板块构造及其特殊的运动方式发生在固体地球的上部圈层之中，我们首先需要了解固体地球的圈层结构及其相互之间的物质、能量交换关系，更具体的相关知识，可以参阅本书第二章的相关内容。

一、固体地球圈层结构和岩石圈的含义

地球物理学家根据地震波在地球内部不同深度的传播速度，结合实验岩石学的测试资料，发现固体地球内部存在不同的波速区段与密度界面。国际地震与地球内部物理学协会(1981)公开推荐的初步地球参考模型(preliminary reference Earth model，简称PREM)(表8-1)，成为迄今仍广为采用的地球模型。

表8-1中首先划分出3个一级圈层：地壳、地幔和地核，这也是固体地球内部不同物理性质和化学组分的最主要分界单元。它可以类比为一个煮熟鸡蛋的3层结构：蛋壳、蛋清和蛋黄。

表8-1 地球内部主要物理性质和圈层划分表[据初步地球参考模型(PREM)，1981修改]

圈层名称		代号	深度/km	V_P/(km·s^{-1})	V_S/(km·s^{-1})	密度/(g·cm^{-3})	特征	其他	
地壳	上地壳	A′	陆壳 洋壳 15;0~2	5.8	3.2	2.65	固态，陆壳区横向变化大，许多地区夹有中间低速层	岩石圈	构造圈
	下地壳	A″		6.8	3.9	2.90	固态		
							莫霍面		
地幔	上地幔 盖层	B′	33;12	8.1	4.5	3.37	固态		
	低速层	B″	60~200	8.0	4.4	3.36	塑性为主	软流圈	
	均匀层	B‴	220	8.7	4.7	3.48	固态，波速较均匀		中间圈
	过渡层	C	400 670	9.1 10.3	4.9 5.6	3.72 3.99	固态，波速梯度大		
	下地幔	D′	2891	11.7	6.5	4.73	固态，下部波速梯度大		
		D″		13.7	7.3	5.55			
							古登堡面		
地核	外核	E	4771	8.0 10.0	0 0	9.90 11.87	液态	内圈	
	过渡层	F	5150	10.2	0	12.06	液态，波速梯度小		
	内核	G	6371	11.0 11.3	3.5 3.7	12.77 13.09	固态		

1. 地壳

地壳(Earth's crust)是固体地球最外部的圈层,虽然只占地球体积的0.5%,但对于人类生存发展最为重要。地壳无论是厚度还是成分都很不均匀,最明显的差别是在大陆地壳和大洋地壳之间。因此,一般区分为大陆地壳(简称陆壳)和大洋地壳(简称洋壳)两大类型(图8-2),其间还有一些过渡类型。大洋地壳以结构比较简单、物质成分单一(镁铁质玄武岩类)、密度大($3.01\ g/cm^3$)、厚度小($5 \sim 10\ km$,最薄处$<2\ km$)和年龄较新($<180\ Ma$)(图8-3)为特征。大陆地壳则结构和成分复杂,传统上曾划分为上部花岗质岩层或称硅铝层(SIAL)和下部玄武质岩层或称硅镁层(SIMA),密度小($2.7\ g/cm^3$)、厚度大(平均35 km,青藏高原厚达$60 \sim 80\ km$)和年龄古老(最老$>4.0\ Ga$),指示它经历了悠久而复杂的构造演化历史。虽然许多文献上仍然沿用上地壳、下地壳乃至中地壳术语,但如马宗晋等(2003)指出,陆壳的结构很难用简单的双层模型加以概括,理想的大陆地壳岩石垂直分层在大部分地区实际上是存在的,需要根据不同地区实际情况具体分析。这说明人类对大陆地壳的横向不均一性有了更深刻的认识。

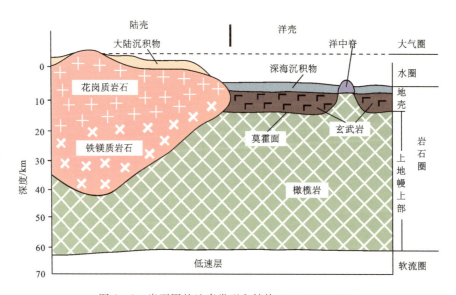

图 8-2 岩石圈的地壳类型和结构(据网络图片修改)

地表以下平均深度约 33 km 处首次出现的地震波速、物质密度分界面称作**莫霍面**(Moho discontinuity),传统上解释为地壳和地幔之间的界面。表8-1中地壳密度$\leqslant 2.90\ g/cm^3$的岩石类型包括玄武岩(basalt)、花岗岩(granite)和各类沉积岩;地幔密度$\geqslant 3.60\ g/cm^3$的岩石类型为超镁铁质的橄榄岩(peridotite)(图8-4)。

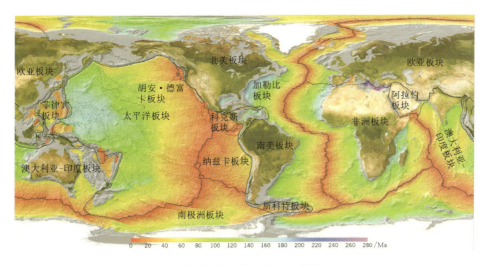

图 8-3 洋壳年龄分布图（呈现自洋中脊向外对称变老趋势）（据 Tarbuck and Lutgens, 2017）

图 8-4 新疆西准噶尔造山带中的枕状玄武岩(a)、花岗岩(b)和蛇纹石化超镁铁质橄榄岩(c)

（纵瑞文摄于 2014 年）

2015 年 12 月，新一轮国际大洋发现计划（IODP）的"决心"号大洋钻探船，在西南印度洋中脊"亚特兰蒂斯浅滩"（科学家对水下高地起的别名）处首次实施打穿莫霍面（此处深 5500 m）的钻探工程。水下机器人的采样发现，洋壳辉长岩（gabbro，化学成分与玄武岩相当的侵入岩）分布于水下 1500～2895 m，再往下为蛇纹石化橄榄岩。因此，该地探测到的莫霍面可能代表变质橄榄岩和新鲜橄榄岩之间的分界面。在其他地区也已发现莫霍面在空间上并不是一个全球连续、横向均一的界面，在时间上也可能存在动态演变，反映了人类对固体地球内部圈层划分的认识日益精细化。

2. 地幔

地幔（mantle）占地球体积的 80% 以上，内部结构复杂。不仅上、下地幔有别，上地幔内部还存在地震波速度略为下降的局部熔融状态,称为**软流圈**(asthenosphere)。软流圈的深度各地不同,变化在 60～200 km 之间。软流圈之上覆盖有大约 100 km 的"地壳＋上地幔上部"刚性共同体,称为**岩石圈**(lithosphere)。刚性岩石圈"浮"在以塑性为主的软流圈之上的物理特性,就是岩石圈板块能够移动、分裂和碰撞的必要条件。这种板块运动对地球表层系统大时间尺度的演变往往起到决定性作用。

地幔和地核的界面称为**古登堡面**(Gutenberg discontinuity),深度约 2900 km。该面上下地球物质的物理性质、化学组成差异十分明显,下地幔底部的 D'' 层是地球内部发生物质能量交换十分活跃的部位,被认为是巨大上升地幔柱的发源地。

3. 地核

地核(core)是指从古登堡面到地球中心的部分,约占地球体积的 16%,主要由 Fe、Ni 元素以及少量的 O、Si、S 元素组成,可以分为**外核**(outer core)和**内核**(inner core)。外核呈熔融态或液态,地球磁场的形成可能与外核中金属铁的缓慢流动有关;内核呈固态。外核和内核之间还存在着由液态向固态转变的过渡层。值得一提的是,地球并不存在理论上的球心,必然存在内核偏移现象。内核的偏移可能是地史上超大陆开裂和汇聚的重要地球动力学驱动机制。

二、板块构造及其识别标志

现代的全球板块构造划分最初出现在 20 世纪 60 年代晚期(Le Pichon,1968),当时只划分为美洲、太平洋、欧亚、非洲、澳大利亚-印度和南极洲六大板块。随着研究的深入,20 世纪 90 年代的第四代 NUVEL-1 模型(DeMets,1990)增加了南美、阿拉伯、菲律宾、纳兹卡、科克斯和加勒比等大小不同的板块(图 8-1)。

当代板块构造划分的研究仍在不断深化之中,除自然科学研究需要外,还有更广阔的市场需求和发展空间。例如,由于全球变暖、海冰融化,北极海周边国家领土、领海争端加剧。北极海底的罗蒙诺索夫海岭是代表亚洲大陆架的直接延伸,还是北极海洋壳盆地内的海山(图 8-5),在运用国际海洋法剖析领土归属所有权时,还是一个尚待解决的问题。

根据板块之间相对运动方向,板块的边界可划分为 3 种类型:离散板块边界(如洋中脊),表现为相邻板块相背运动;汇聚板块边界(如海沟俯冲带和碰撞缝合带),表现为相邻板块相向运动;转换板块边界(如转换断层),表现为相邻板块沿边界作切向运动(图 8-6)。它们都具有持续相对运动的特征,与板块内部的相对平稳形成鲜明对比。

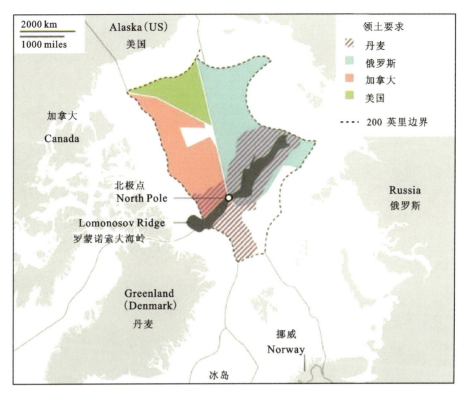

图 8-5　罗蒙诺索夫海岭成为俄罗斯、丹麦和加拿大海底主权归属重叠区
（据网络图片修改）

1. 洋中脊

洋中脊(mid-oceanic ridge)是大洋盆地内巨型高峻的海底山脉,其中山坡地势较缓者称为海隆(rise),都是大洋岩石圈内全球连贯分布的巨型扩张带,属于**离散型**(divergent)板块边界。现今不同大洋的洋中脊以及同一洋中脊的不同部位,扩张速率并不相同(图 8-7),总体上存在向赤道方向增大的趋势,可能与岩石圈板块绕地球球面的旋转运动有关(图 8-8)。由于洋脊是从中心向两侧对称扩张,半扩张速率指的是向一侧的扩张速率。有趣的是,人类手指甲的生长速率与它同属一个量级(cm/a)。读者不妨测试一下自己手指甲的生长速率和地球上哪部分洋中脊的扩张速率最为接近,体验一下亲密接触"渐进式洋壳扩张速率"的感受,是否正如我国东晋田园诗人陶渊明(～365—427)的治学名言所述:"不见其增,日有所长!"由图 8-7可见,不同的洋中脊、同一洋中脊的不同部位扩张速率并不相同,西太平洋的半扩张速率最高,可达 17～18 cm/a;大西洋的半扩张速率较低,最低者仅 1.3 cm/a。中大西洋中脊的半扩张速率最接近成年人手指甲的生长速率,约 3.5 cm/a。

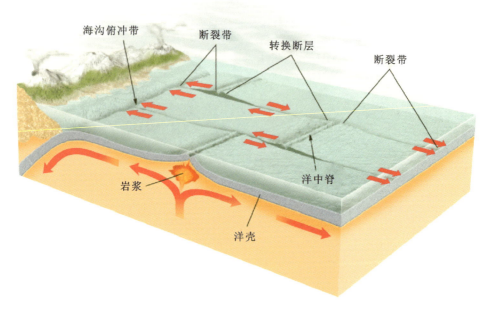

图 8-6 离散板块边界(如洋中脊)、汇聚板块边界(如海沟俯冲带)和转换板块边界(如转换断层)(据 Wicander and Monroe, 2016)

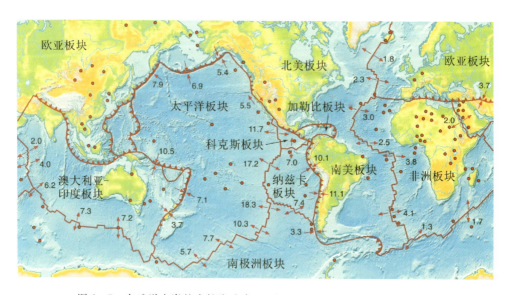

图 8-7 全球洋中脊的半扩张速率(cm/a)(据 Wicander and Monroe, 2016)

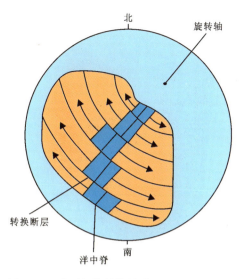

图 8-8 球面上的板块运动(据网络图片修改)

2. 俯冲带

俯冲带(subduction zone)是大洋岩石圈向下俯冲的部位,地理位置与大陆边缘的**海沟**(trench)重合,属于**汇聚型**(convergent)板块边界。在地球体积没有明显膨胀的情况下,扩张的洋中脊和消减的俯冲带起到了相互协调补偿的作用。现代大洋岩石圈剖面自上而下呈"四层结构",厚 7~10 km(图 8-9);第 1 层为洋盆内的陆源-远洋沉积;第 2 层为海底喷发的枕状玄武岩;第 3 层为侵入型辉绿岩墙和堆晶辉长岩;第 4 层为莫霍面以下的超镁铁质橄榄岩。地质历史时期已经消亡的大洋岩石圈组成可以在造山带中找到,这些残留的大洋岩石圈记录组合被称为**蛇绿岩套**(ophiolite suite),由德国地质学家斯坦曼(G. Steinmann)1905 年在研究欧洲阿尔卑斯山脉中生代地质时首先发现,对于地质历史中古洋盆的再造具有重要意义。

沿俯冲带发生的洋壳俯冲过程触发了一系列地质作用并形成相应的地质记录(图 8-10)。当大洋岩石圈在俯冲下潜过程中遭遇强大压力后,与不同来源物质(含相邻陆壳物质,通过构造混杂和沉积混杂方式卷入)混杂形成一系列构造岩片,称为**俯冲杂岩**(subduction complex)或**混杂岩**(mélange)。俯冲带的地热梯度和热流值不高,但汇聚挤压应力大,从而表现出低温高压环境,形成特征的高压低温型变质矿物,如赋含蓝闪石的片岩,其形成温度大都在 250~500℃ 之间。当大洋岩石圈持续俯冲到地幔一定深度(100~150 km),俯冲板块会发生脱水,这些流体进入其上的地幔楔,会导致上部地幔发生部分熔融,形成低密度的富含挥发成分的岩浆上升侵入到地壳浅部或喷出到地表,从而在相邻板块边缘形成岩浆(火山)岛弧

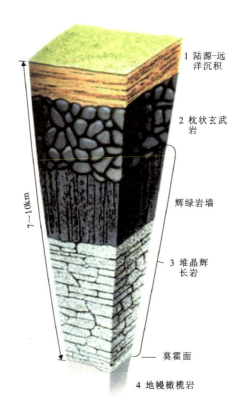

图 8-9　蛇绿岩套的"四层结构"（据 Thompson et al.，1995 修改）

带（volcanic island arc）。地幔部分熔融首先产生玄武质岩浆，玄武质岩浆上升过程中发生分异，加之沿途陆壳围岩的混入（同化作用），喷出到地表的岛弧火山岩成分以钙碱系列的安山岩（andesite）为主，岛弧带岩浆表现为高温，与强烈挤压的俯冲带有一定距离而呈现为较低压力，因此，岛弧带总体表现为高温低压环境，形成红柱石、硅线石（600～800 ℃）等标志矿物。

3. 转换断层

转换断层（trasform fault）是与扩张洋中脊伴生、垂直活动洋中脊走向分布、夹持于活动洋中脊之间的特殊破裂面。转换断层属于**剪切型**（shearing）板块边界，边界两侧并没有出现岩石圈物质的增加或消减。转换断层并非是其主动平移错动洋中脊，而是为调节洋中脊轴部向两侧扩张位移产生的一种特殊断层。图 8-11 表示了转换断层与一般平移断层的区别，右图中的"X"符号代表地震频繁的转换断层活动地段，这部分才是两个板块的边界。该区洋脊扩张一旦停止，转换断层的性质随即消失，意味着大洋板块的范围与边界位置发生变动和调整。

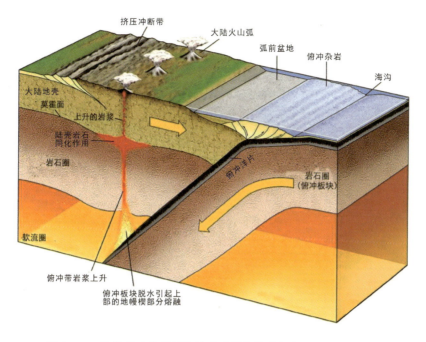

图 8-10　海沟俯冲带的板块俯冲过程和俯冲杂岩(据网络图片修改)

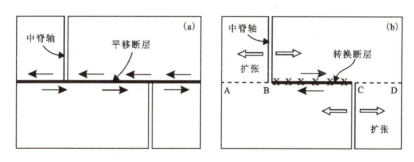

图 8-11　平移断层(a)与转换断层(b)(据金性春，1984)

第二节　板块构造演化和驱动机制

一、两类大陆边缘

　　大陆岩石圈和大洋岩石圈之间的接触关系具有不同类型，亚洲、美洲大陆和太平洋之间存在海沟俯冲带板块边界，是当代地震、火山喷发-岩浆侵入活动频发带，称为**主动(活动)大陆边缘**(active continental margin)。大西洋两岸与两侧大陆之间无海沟俯冲带、洋陆之间为同一板块内的过渡关系,缺少地震和岩浆活动,在陆坡下部的陆麓部位,发育巨厚的陆源深海浊流沉积,称为**被动大陆边缘**(passive continental margin)(图 8-12)。

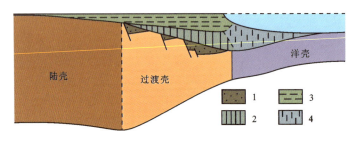

图 8-12　大西洋型被动大陆边缘沉积类型分布(据金性春,1984 修改)
1.大陆裂谷阶段的粗碎屑沉积;2.闭塞海湾沉积;3.陆棚浅海沉积;4.深海浊流沉积

二、威尔逊旋回

加拿大地球物理和地质学家威尔逊(J. T. Wilson)1973 年联系现代海洋实例,系统总结了大洋开合的多阶段发展模式(图 8-13)。A-稳定克拉通:发育稳定型浅海-陆相沉积。B-早期裂谷:有陆壳上的大陆裂谷(如东非裂谷)和出现初始小洋盆的海洋裂谷(如红海)两种类型。C-成熟的大洋:大洋中脊持续向两侧扩张,洋陆边界尚未出现俯冲、消减现象,洋盆面积不断扩大,如大西洋。D-俯冲带:大洋中脊继续扩张增生,但海洋一侧或两侧出现强烈的俯冲,导致海洋面积渐趋缩小,如太平洋。E-闭合残余的洋盆:随着两侧大陆板块逐渐逼近,其间大洋面积显著缩小成残留海盆,如地中海。F-碰撞造山:两侧大陆板块碰撞拼合,海域完全消失,转化为高峻山系。G-准平原:古老造山带经长期风化剥蚀夷为平地。上述模式提出后得到了广泛传播和应用,1974 年由杜威和伯克(J. F. Dewer and K. C. A. Burke)正式命名为**威尔逊旋回**(Wilson cycle)。

应当指出,大型威尔逊旋回涉及全球大洋板块的大幅度开合和原有大陆板块空间格局的重组,时间上往往经历 6 亿~8 亿年,需要与地球岩石圈中局部因素导致的小型洋盆短暂开合现象相区别。中国学者历来重视岩石圈构造演化过程中的开合现象(马杏垣等,1961;黄汲清,1983;杨巍然等,1984;张文佑,1984)。2002 年成立的中国开合构造研究组和近年总结的地学开合律强调,开合运动具有规模上的级次性和层次性、时间上的旋回性、空间上的互补性和演化上的方向性(杨巍然等,2016)。

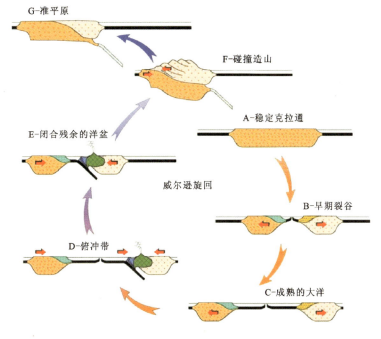

图 8-13 威尔逊旋回示意图(转引自路甬祥,2013)

现今地球上见到的大洋和大陆板块分布格局,实际上就是180 Ma以来地史中著名的**潘基亚超大陆**(Pangea)裂解和新洋盆(大西洋、印度洋、南大洋和北冰洋)扩张的过程,仅相当于一个威尔逊旋回的前小半部分。我们对于地球历史中更古老板块构造历史的再造和今后演化趋势的预测,离不开对现今地球板块构造运动及其地质记录的对比,也需要考虑到地球在不同地史阶段各个圈层的自身演化特征和相互影响。

三、板块构造的驱动机制

地球岩石圈中的大洋开合和大陆漂移现象虽然获得许多共识,但关于板块运动的驱动机制仍存在不同的认识和观点。例如,到底是以洋脊扩张推力为主,促使洋壳俯冲到地幔深部,还是冷而密度大的大洋板块向深部俯冲时产生的拉力(负浮力)带动了洋脊的持续扩张,曾经在20世纪80—90年代引起过热烈讨论。虽然一度有不少地球物理学家根据板块边缘俯冲带负浮力的计算(认为达到1000 MPa),强调俯冲作用是板块运动的主要驱动力。但后来多方面计算证明这种负浮力实际只有40～290 MPa,并不能动摇地幔对流起主导作用的主流学术见解。近些年有科学家认为,不同时期、不同大小的天体以不同角度对地球的撞击可能是板块运动最初始的触发机制(万天丰,2018)。

在地幔对流机制的解释方面,早期根据深源地震的最大深度不超过 670 km,推测这就是板块俯冲下插的深度极限,上地幔内部的对流也局限于此深度范围内,因此,传统的板块构造学说强调岩石圈与软流圈之间的相互作用,动力机制的视野限于岩石圈动力学。20 世纪 90 年代晚期以来,新的全球地幔地震层析资料,可类比为医学上采用 CT 技术检查人体内部结构,揭示了部分波速较高的冷板块可以下插到 2770 km 深度的核幔边界附近,有的则下插终止于 600~700 km 深度,从而提出地幔对流存在全地幔大尺度和上地幔内小尺度两种不同类型(Mattauer,1999)(图 8-14)。这种研究视野扩展到地球内部整个地幔的动力学,被形容为"板块下的构造"(许志琴等,2003)。

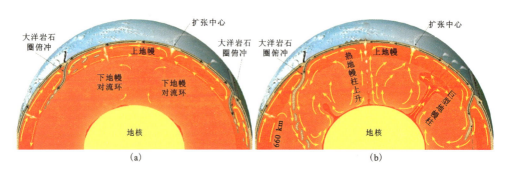

图 8-14 地幔的两种对流模式(据 Tarbuck and Lutgens,2017)
(a)双层对流模式,同时存在上地幔小对流环和下地幔大对流环;(b)全地幔单层对流模式

地球历史中不同地幔对流模式各有自身的触发机制和运动规律,并在不同地质历史时期各自成为主导模式。固体地球内部不同圈层之间的物质-能量交换对于地球表层大气圈、水圈、生物圈的演变有重要影响。因此,地幔对流的类型、规模、相互关系及其驱动机制研究已成为当代固体地球科学研究最优先的课题之一。

四、地体的概念

20 世纪 70 年代以来,随着板块构造学说在古板块、古洋盆和古地理再造研究中的广泛应用,人们发现了更多的复杂情况。例如,北美西部科迪勒拉山系是中、新生代洋陆之间的汇聚型板块边界,通过详细的地质填图发现,一系列地质特征和演化历史完全不同的外来地质体彼此之间都呈断层接触,这种情况难以用传统的大型板块构造模式解释。因此,地体概念就应运而生了。

地体(terrane)也称为**构造地层地体**(tectonostratigraphic terrane),是指以断层为边界、具有区域规模的地质实体或地层集合体(package strata),每一个地体均以具有不同于相邻地体的地质历史为其自身特征(Howell,1991)。

纵贯南北美洲大陆西部的科迪勒拉山系是地体学说的发源地。在众多的地体之中，有的是相邻北美大陆板块的分裂碎块，更多的是外来洋壳盆地、海山(含碳酸盐岩台地)或火山岛弧。它们被驮在岩石圈板块之上而移动，根据古生物群、古地磁等研究，可以再造不同地体的古纬度位置。从侏罗纪中期起，这些地体先后增生到北美大陆边缘，导致北美大陆面积向西增长25%左右。

陆壳地体与母体板块分离、洋壳扩张出现新洋盆或洋壳开始俯冲而形成岛弧之时，称为地体独立的开始(independent)。单个地体形成后，在移动过程中可以与其他地体合并形成联合地体，总体仍为洋盆内部的孤立状态，称为**拼贴**(amalgamation)。地体最后聚合到大陆板块边缘，称为**增生**(accretion)。增生后的地体如继续受到构造作用而变位、分离，称为**离散**(dispersion)(图8-15)。

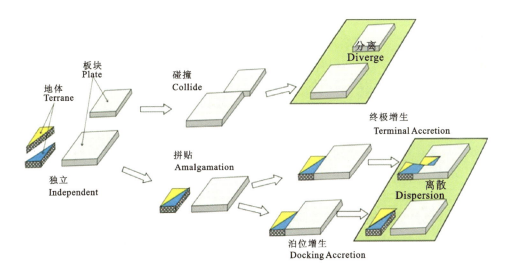

图8-15　地体演化示意图(据王成善等,2010)

地体学说提出初期，限于研究程度，对于一些还不能说明它的性质(是谁？)、来源(从哪里来？)和演化过程(怎么来的？)的，一般称为**可疑地体**(suspect terrane)。因此，国内外都有对地体学说持质疑、否定态度的学者。地体分析方法需要多学科研究的雄厚基础，能精确恢复板块开裂—演化—碰撞过程的复杂性，体现"细节决定一切"的优势，从而对宏观板块构造研究起到很好的补充作用。地体分析方法不仅在全球环太平洋构造带得到应用推广(Wiley et al.,1990;Howell,1991)，在亚洲大陆内部的特提斯造山带、中亚造山带和后期活化的克拉通地区也有广阔的应用前景(施央申和豪威尔,1990;车自成等,2002;王成善等,2010)。

第三节 古板块构造的研究方法

前文的阐述表明,古板块重建和地体分析需要从多学科视角着眼并运用当代测试分析技术,方法大体可以归纳为地质学(地层、沉积地质、构造地质、生物古地理)、地球化学(岩石大地构造)和地球物理学(古地磁)方法。

一、地质学方法

在地球表层直接寻找到地质历史时期不同板块间的拼合碰撞标志——**地缝合带(线)** 是最有效的直接证据。地缝合带本身是一个巨大而复杂的构造结合带,其两侧地质体的地质发展史存在重大差异,因此,地缝合带两侧存在明显不同的地层系统和沉积地质特征。沿地缝合带则断续分布有代表古大洋岩石圈痕迹的蛇绿岩套、俯冲杂岩等特殊的地质记录。

生物古地理(paleobiogeography)包含**生物相**(biofacies)和**生物区系**(realm)两种概念。前者主要指因环境不同而形成生物群生态组合方面的差异,例如生态环境优越的固着底栖(生物礁)组合、常氧环境的游泳-底栖生物组合和缺氧环境的浮游生物组合。后者主要指因温度控制和/或地理隔离两大因素长期作用形成的生物分类与演化体系上的重要区别。海、陆生物的温度控制主要与所处的纬度位置有关,其次也受海水深度、洋流影响或海拔高度而偏离纬度方向。地理隔离对陆生生物来说,主要是海洋阻隔,高峻山脉或浩瀚沙漠也起一定作用;对海生生物来说既有大陆、地峡的陆地隔离因素,也有广阔洋盆的深海隔离因素,后者对于底栖生物的分布有明显的影响(图 8-16)。

地史中的海陆分布及其古纬度位置由于板块运动而不断变化,必然在生物区系空间格局上有所反映。以现代陆生动物为例,亚洲和澳洲之间存在著名的**华莱士线**(Wallace's line,即望加锡深水海峡)。该线西侧的巽他(Sunda)动物群有狐、猴、貘、鹿等,属南亚的东洋界大区(Oriental);东侧出现有袋类、极乐鸟等特殊动物群,属澳洲界大区(Australian)。两个生物大区之间,只有很窄的望加锡深水海峡,该海峡也是欧亚板块和澳大利亚-印度板块的交汇部位(图 8-17)。

地史研究证明,新生代早期(60 Ma)两个板块相距较远,其间存在的特提斯洋阻隔了欧亚大陆先进的哺乳动物入侵澳洲的原始有袋类分布区,从而保持了彼此独立的生物区系特征。苏拉威西岛上发现了两个生物区系的混生现象,证明该岛是中新世(15 Ma)由不同板块分裂地体的拼贴产物,同样证明生物区系研究有助于揭示板块-地体的精细演化过程。

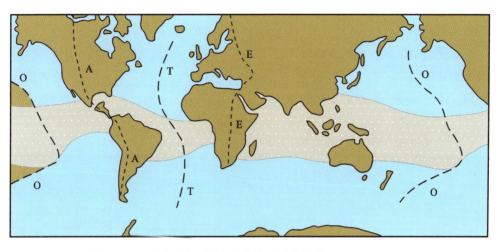

图 8-16 温度和地理隔离对生物区系的控制(据网络图片修改)
陆地隔离:A.美洲、E.欧洲、非洲。深海隔离:O.东太平洋;T.大西洋。
图中热带、亚热带生物区用灰色阴影表示

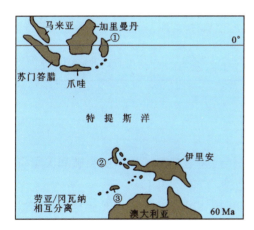

图 8-17 华莱士线与板块-地体构造关系示意图(据刘本培等,1996 修改)
①苏拉威西岛西部;②苏拉威西岛东部;③帝汶岛

二、地球化学(岩石大地构造)方法

威尔逊旋回揭示出地史中古大洋与古大陆之间的板块构造运动存在着复杂的地球动力学背景和演化历史,在此过程中形成的各类熔融岩浆能留下特有的地球化学踪迹。例如,现代洋中脊和古洋盆缝合带内的洋脊玄武岩(MORB)以低 K_2O (<0.2%)、低 TiO_2 (<2.0%)为特点。汇聚板块边缘的岛弧火山岩中,以中性的安山岩最为常见(最多约占 70%),玄武岩(~25%)以高 Al_2O_3 (>16%)为特征。

洋岛和海山火山岩(IOB)具有拉斑玄武岩(夏威夷型)和碱性玄武岩(大西洋型)两个系列；与 MORB 相比，前者 K_2O、TiO_2 和 P_2O_5 含量较高，而 Al_2O_3 含量较低。大陆裂谷火山岩以碱性岩组合或双峰式火山岩(玄武岩-流纹岩为主，缺少中性成分)组合为特征(表8-2)。这种根据岩浆岩岩石地球化学特征判别地质体板块构造属性的方法已经得到普遍的使用和重视。

表8-2 不同板块构造部位火山岩的地球化学特征(据 Condie,1982 修改)

板块部位	板缘/板块边缘			板内/板块内部		
	汇聚边缘		离散边缘（洋脊）	大洋		大陆
	缝合带	岛弧带		边缘海盆地	大洋盆地（洋岛和海山）	裂谷系
岩浆系列	拉斑玄武岩系列、钙碱性系列	钙碱性系列、碱性系列	拉斑玄武岩系列（低钾）	拉斑玄武岩系列（低钾）、钙碱性系列	拉斑玄武岩系列、碱性系列	双峰系列、碱性系列
应力体制	挤压	挤压	拉张	拉张	较小的挤压	拉张

三、地球物理学(古地磁)方法

古地磁研究发源于 20 世纪 30 年代，50 年代起随着测试技术的突破和大量资料的积累，在推动大陆漂移学说复活过程中发挥了重要作用。

基性玄武岩喷发时的温度高达 1100 ℃以上，其中的磁性原子受到热力作用激化而失去磁性，呈随机分布状态(图8-18A)。当温度下降到 769 ℃(称为铁磁性矿物的居里温度)时，又会重新获得磁性而使各个颗粒(磁畴)的原子分别定向排列(图8-18B)。当温度冷却到**居里温度**以下时，在当时地球磁场影响下形成了统一排列的永久磁化方向(图8-18C)，称为**热剩磁**。沉积岩中的磁性矿物颗粒也有类似的现象，称为**碎屑剩磁**。

因此，这些磁性矿物可以保留指示当时地磁场特征的**磁偏角**(D)和**磁倾角**(I)(图8-19)。只要对采集的定向研究样品采取退磁措施，消除成岩后地壳运动对原有剩余磁性的叠加影响，恢复岩石形成时的磁化方向，就可以运用下列公式计算出古纬度(λ)：

$$\tan I = 2\tan\lambda \text{（例如 } I=49°\text{，则 }\lambda=30°\text{）}$$

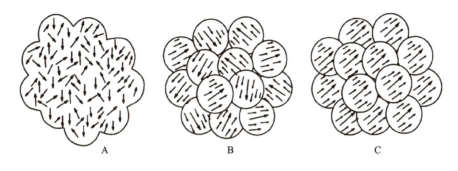

图 8-18 磁性矿物中热剩磁的成因(据网络图片)

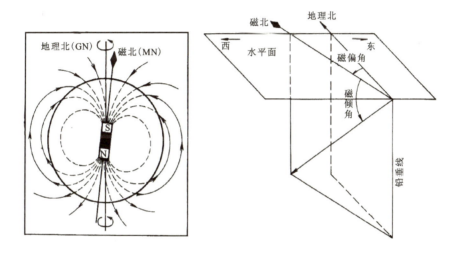

图 8-19 地球磁场和磁偏角、磁倾角示意图(据网络图片)

有了采样点的古纬度,可以确定古板块当时的纬度范围,也可以计算出古磁极的位置。由于一般假定古磁极与地球旋转轴(地理极)的平均位置大体接近,根据磁偏角和古磁极位置可以恢复古板块的方位。在同一板块的不同时代地层中连续采样,可以获得连续性良好的磁极移动轨迹(图 8-20)。

由此可见,古地磁研究是半定量-定量确定古板块古纬度、古方位的重要方法,具有重要的理论和实践意义。当然,上述方法无法确定古板块的经度位置,经度位置的判断仍然需要根据多学科资料的综合分析予以合理判断。关于古地磁数据的可靠性取决于合理选点(地层或岩体定时正确)、科学采样(褶皱检验)和有效退磁(仪器质量)等多方面因素。目前已经出现国际通用评判古地磁数据的 V90 判别标准,我们查阅全球古地磁数据库(GPMDB 4.6)时应当同时关心其质量标准。目前我国在华北、扬子和塔里木板块(陆块)的古地磁极移曲线研究领域已经取得重

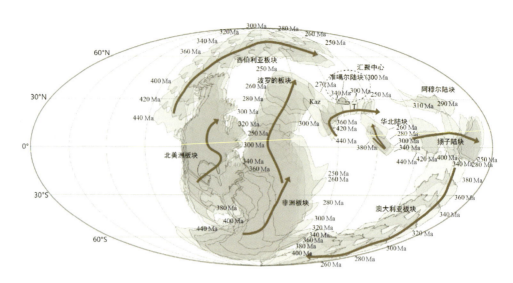

图 8-20 全球晚古生代潘基亚超大陆聚合过程中不同板块的磁极移动轨迹
(据李江海和姜洪福,2013)

Kaz.哈萨克斯坦板块;T.塔里木陆块。图中箭头指示板块运动趋势,标有不同年龄数据的块体形态指示其当时的位置,虚线圆圈指示板块汇聚中心

要进展(杨振宇等,1998;Zhang et al.,2012),为地史时期古大陆漂移史再造奠定了科学基础。

以显生宙时期的华北板块古地磁数据为例,可以推测其大陆漂移旋转历史(图 8-21)。寒武-奥陶纪时华北板块可能位于南半球亚热带,方位呈近北西向延伸(现在为近东西向延伸),早、中寒武世广泛发育滨海相红色碎屑沉积和随后出现大量浅海碳酸盐岩符合当时处于低纬度的气候带环境。从早寒武世到中、晚奥陶世,板块略有北移,并伴随有 21°±的逆时针旋转。奥陶纪后至晚二叠世近 200 Myr 时间内,华北板块漂过赤道,北移纬度量达到 30°(约 3300 km,16.5 mm/a),同时伴随约 17°的顺时针旋转。中、晚二叠世出现富含华夏植物群(热带雨林)至红层(干旱气候)的交替,指示达到北半球干旱带位置。三叠纪时发生较快速北移约 10°(约 1000 km,速率约 25 mm/a),但无明显的旋转。晚三叠世至中侏罗世,华北板块发生了 43°±的逆时针旋转,而无明显的纬向变化。中侏罗世至早白垩世,华北板块缓慢北移约 7°,并伴随有小幅度的顺时针旋转。新生代华北板块的方位和纬度均与现今状态一致。

有趣的是,近年发现北京地区现代陆地树木与晚侏罗世陆地树木的向阳性方向存在 25°±差异,验证了华北板块于晚侏罗世后发生过小幅度的顺时针旋转

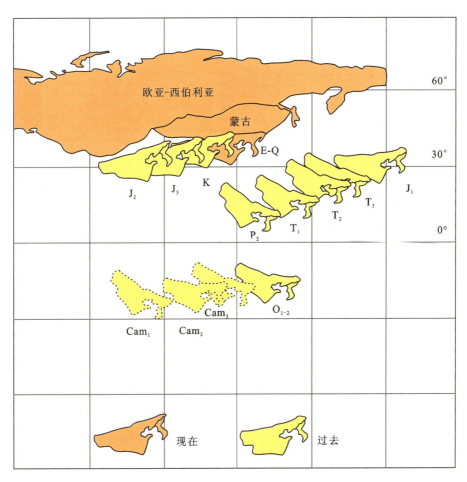

图 8-21　显生宙华北板块纬向运动及旋转特征(经度不确定)(据杨振宇等,1998)
Cam.寒武纪时采用虚线轮廓表示古纬度和方位仍有争议

(图 8-22)。寒武纪时华北板块的古纬度是否在北半球？方位是否翻转？学术界仍有争议(Zhang et al.,2006;李江海和姜洪福,2013),图 8-21 中也用虚线轮廓表示存疑,有待进一步深入研究。

除了前文介绍的 3 类常用方法之外,古板块构造研究中还会利用到地球物理深部探测(董树文等,2010;贾凌霄等,2020)、大洋钻探(宋晓晓和李春峰,2016;郭慧等,2018)、高精度 GPS 监测(Groten and Becker,1995;瞿伟等,2021)和大地构造相(Hsu,1991;Robertson,1994;潘桂棠等,2008)等方法和技术手段,对此感兴趣的读者可以根据上述文献深入学习。

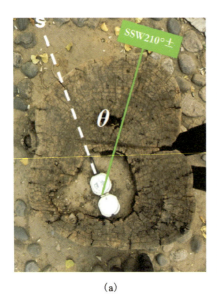

图 8-22 北京地区现生树桩和晚侏罗世硅化木向阳性比较(据刘本培等,2013)
(a)摄于北京航空航天大学校园内荷花池西北孤立树桩;(b)摄于延庆世界地质公园

第四节　中国板块构造格局及其在全球背景中的特殊性

一、中国板块构造格局和常用术语

中国及邻区的板块构造格局特征明显,夹持于北侧西伯利亚板块、西南侧东冈瓦纳(印度)板块和东侧太平洋板块之间,形成了 4 个大型构造域:Ⅰ.北亚构造域(以西伯利亚板块为核心及其边缘地体群、分支洋盆);Ⅱ.华夏构造域(包括中朝板块、扬子板块、塔里木板块及其边缘地体群、不同规模洋盆);Ⅲ.东冈瓦纳构造域(以印度板块、澳大利亚板块为核心及其边缘地体群、分支洋盆);Ⅳ.太平洋构造域(太平洋及其西侧东亚大陆边缘以及受影响区带,仅出现在三叠纪以后的中、新生代阶段)(图 8-23)。

不同构造域之间的板块缝合带称为**地壳对接消减带**(convergent consumption zone),是地史中两个远离大陆板块间多岛洋盆的主支部位,具有洋盆发育延续时间长、空间规模大的特征。因此,地壳对接消减带的闭合代表一次大型威尔逊旋回的终结,也与地表超大陆旋回的开合大体同步。同一构造域内部的板块缝合带称

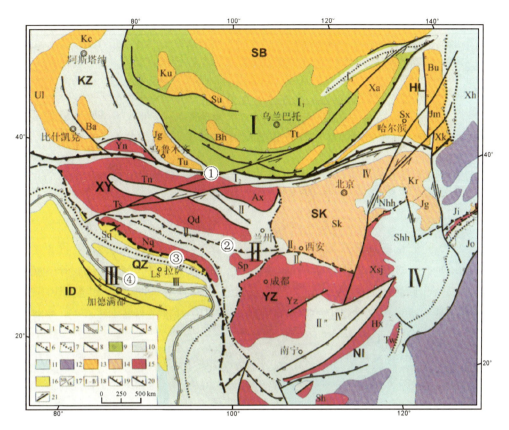

图 8-23　中国及邻区大地构造略图（据王鸿祯等，1990；葛肖虹和马文璞，2014 修改）

1~3.地壳对接消减带（1.晚古生代闭合；2.三叠纪闭合；3.新生代闭合）；4~7.地壳叠接消减带（4.早古生代闭合；5.晚古生代闭合；6.三叠纪闭合；7.新生代闭合）；8.现代俯冲带；9.北亚陆缘增生带（中元古代—晚古生代早期造山带）；10.东亚陆缘增生带（古、中、新生代造山带）；11.东亚现代陆缘带；12.现代洋盆；13~16.陆壳类型（13.北亚型，14.华北型，15.扬子型，16.冈瓦纳型）；17.大地构造单元（古板块、地块）：SB.西伯利亚板块，Ku.库兹涅茨克地块，Su.萨彦-乌布苏地块，Bh.巴彦洪格尔地块，Tt.托托山地块，Xa.兴安岭地块，KZ.哈萨克斯坦板块，Kc.科克契塔夫地块，Ul.乌鲁套地块，Ba.巴尔喀什地块，Jg.准噶尔地块，Tu.吐鲁番地块，HL.黑龙江板块，Sx.松嫩-锡林浩特地块，Bu.布列亚地块，Jm.佳木斯地块，Xk.兴凯地块，SK.中朝板块，Sk.中朝地台，Kr.朝鲜地块，Jg.京畿地块，Nhh.北黄海地块，YZ.扬子板块，Yz.扬子地台，Sp.松潘地块，Xsj.下扬子-苏北-胶南地块，Shh.南黄海地块，NI.南海-印支地台，Hx.华夏地块，Tw.台湾地块，Sh.南海地块，XY.西域板块，Yn.伊宁地块，Tn.北塔里木地块，Ts.南塔里木地块，Ax.阿拉善地块，Qd.柴达木地块，Nq.北羌塘地块，QZ.青藏地块、地体群，Sq.南羌塘地块（地体），Ls.拉萨地块（地体），ID.印度板块；18.构造域：Ⅰ.北亚构造域，Ⅱ.华夏构造域，Ⅲ.东冈瓦纳构造域，Ⅳ.太平洋构造域（中新生代出现）；19~21.后期断裂。①南天山-西拉木伦对接带；②昆仑-秦岭-大别对接带；③冈玛错-北澜沧江-昌宁-孟连对接带；④印度河-雅鲁藏布对接带

为**地壳叠接消减带**(accretional consumption zone)，代表主体板块和周边相邻地体（同源或异源）的拼贴以及其间边缘海、小洋盆的关闭。

在传统的地槽-地台学说专业术语中，**地台**(platform)相当于大陆板块，**地槽**(geosyncline)则囊括了大型大陆板块以外的全部大陆边缘、地体和洋盆。由于后者在板块俯冲、洋盆闭合过程中遭受强烈变形和变质作用，最后隆起成为山脉，称为**褶皱带**(fold belt)或**造山带**(orogen)。以往的槽台学说将地台和地槽褶皱带作为一级大地构造单位的界线，现代古板块研究中将不同构造域之间的对接带作为一级大地构造单位界线。

二、从全球视野看中国板块构造的特殊性

华夏构造域是我国境内的主体大陆板块分布区，以中朝（华北）、扬子和塔里木板块为代表，它们的面积明显较小。以其中最大的中朝（华北）板块为例，仅相当于北美板块的1/12.5和俄罗斯板块的1/5。它们的来源、组构、演化历史不同，相互间也有开合、旋转的复杂关系，与其他构造域中心只有单一的大型大陆板块不同。因此，华夏构造域内部的昆仑-秦岭-大别缝合带具有对接带特征，图8-23中将中朝（华北）板块和扬子板块采用不同色调处理。

图8-23中的古板块构造域划分，根据"照顾多数地史时期"的原则突出了自元古宙至三叠纪阶段的大地构造格局。以华夏构造域与东冈瓦纳构造域关系为例，标明两者间的对接消减带（冈玛错-双湖-北澜沧江-昌宁-孟连对接带）从南、北羌塘地体之间通过。如果要突出中、新生代阶段特点，这条对接带无疑应在雅鲁藏布江缝合带。

中国境内小型大陆板块（地台）和广大造山带（地槽褶皱带）并存的大地构造格局，指示地史中经历过规模巨大、结构复杂的多次洋盆开合演化阶段（王鸿桢等，1985，1990）。在180 Ma后，多数造山带的东部地区受到太平洋板块俯冲影响显著，60 Ma后的印度板块与亚洲大陆碰撞不仅导致青藏高原隆升，对三叠纪以前的古构造格局也产生强烈的改造和影响。

目前国内习用的构造阶段（造山旋回）划分见图8-24（王鸿桢等，1990），早古生代时期相当于加里东构造旋回，晚古生代—三叠纪相当于海西-印支构造旋回，侏罗纪—白垩纪相当于燕山构造旋回，新生代相当于喜马拉雅构造旋回。图8-23中北亚陆缘增生带的主旋回闭合于海西旋回早期，对接带①闭合于海西旋回晚期，对接带②③闭合于印支旋回，对接带④闭合于喜马拉雅旋回，从总体看存在由北向南迁移的趋势。

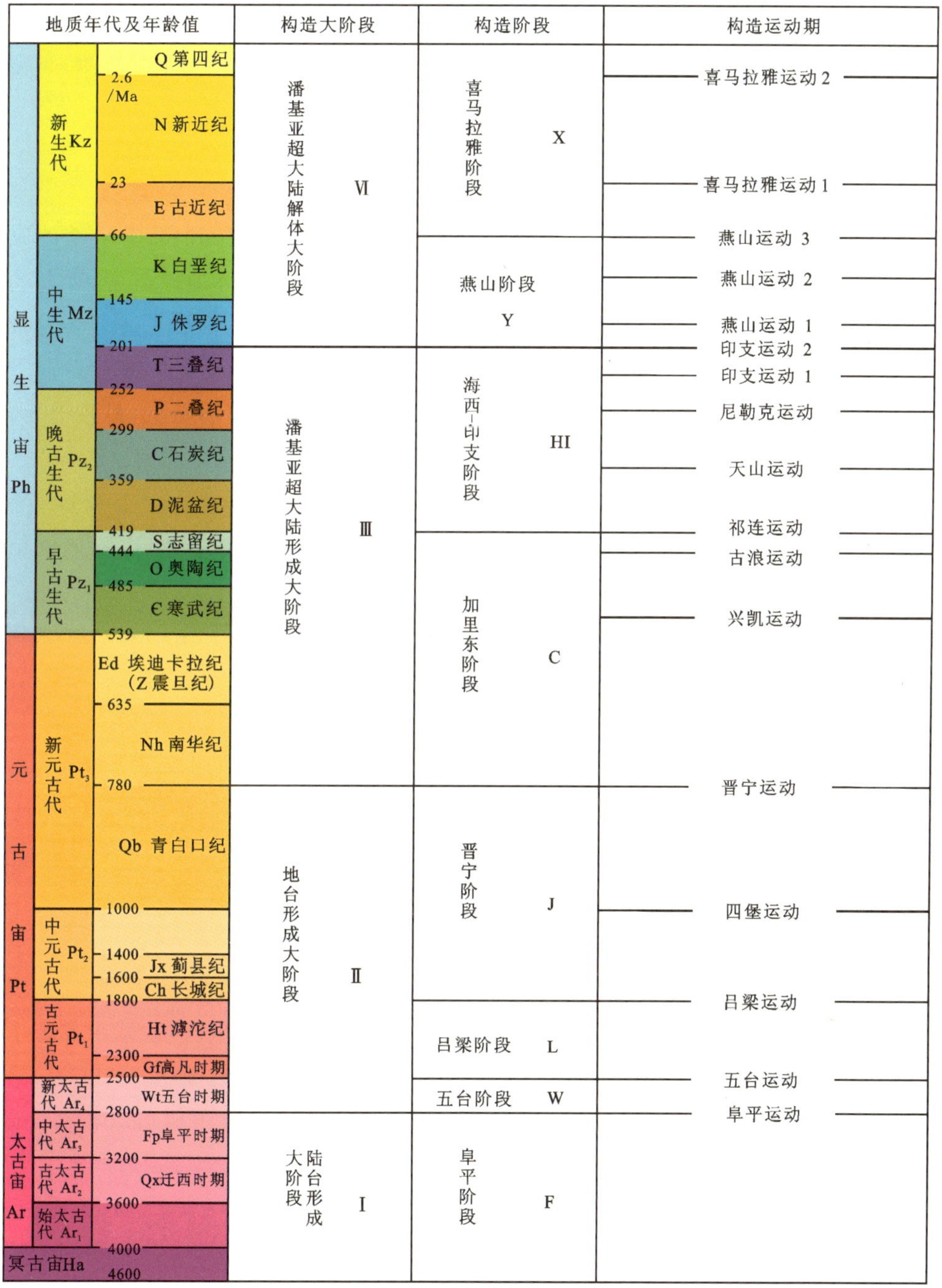

地质年代及年龄值			构造大阶段	构造阶段	构造运动期
显生宙 Ph	新生代 Kz	Q 第四纪 2.6/Ma	潘基亚超大陆解体大阶段 Ⅵ	喜马拉雅阶段 X	喜马拉雅运动 2
		N 新近纪 23			
					喜马拉雅运动 1
		E 古近纪 66			
	中生代 Mz	K 白垩纪 145		燕山阶段 Y	燕山运动 3
					燕山运动 2
		J 侏罗纪 201			燕山运动 1
		T 三叠纪 252	潘基亚超大陆形成大阶段 Ⅲ	海西-印支阶段 HI	印支运动 2
					印支运动 1
	晚古生代 Pz₂	P 二叠纪 299			尼勒克运动
		C 石炭纪 359			天山运动
		D 泥盆纪 419			祁连运动
	早古生代 Pz₁	S 志留纪 444		加里东阶段 C	古浪运动
		O 奥陶纪 485			兴凯运动
		Є 寒武纪 539			
元古宙 Pt	新元古代 Pt₃	Ed 埃迪卡拉纪 (Z 震旦纪) 635	地台形成大阶段 Ⅱ	晋宁阶段 J	晋宁运动
		Nh 南华纪 780			
		Qb 青白口纪 1000			四堡运动
	中元古代 Pt₂	Jx 蓟县纪 1400 1600			吕梁运动
		Ch 长城纪 1800			
	古元古代 Pt₁	Ht 滹沱纪 2300		吕梁阶段 L	
		Gf 高凡时期 2500			五台运动
太古宙 Ar	新太古代 Ar₄	Wt 五台时期 2800	大陆阶段台形成 Ⅰ	五台阶段 W	阜平运动
	中太古代 Ar₃	Fp 阜平时期 3200		阜平阶段 F	
	古太古代 Ar₂	Qx 迁西时期 3600			
	始太古代 Ar₁	4000			
	冥古宙 Ha	4600			

图 8-24 中国及邻区地壳发展阶段及构造运动期简图（据王鸿祯等，1990 修改）

第五节　板块构造的起始和华北克拉通形成

一、初始地球特征和板块构造何时开始？

目前学术界普遍接受初始地球形成后很快进入一个"火球时代"。早期的康德-拉普拉斯星云说认为,地球自身放射性元素的热量导致固体地球熔融,近期的宇宙大爆炸说更强调地外因素。在地球形成(4600 Ma±)到发现最古老岩石记录(4000 Ma±)之间的冥古宙(Hadean)黑暗时期,由于连续不断的星体或陨石撞击导致岩石地幔融化,地表形成高温泥状岩浆,原始大气圈内的岩石蒸汽(硅酸盐云)温度可能高达 2500 K(=2 226.85 ℃)(Zahnle et al.,2006)。随着原始地球体积逐渐接近现在规模,地外陨击次数减少。当地表冷却到 1700~1400 K(=1 426.85~1 126.85 ℃)时,融化的硅酸盐转化成固体,地球表层出现薄层固结地壳,而未固结的部分形成低洼的岩浆海(参见图 3-18)。

当地表温度下降到 500 K(=226.85 ℃)时,原始大气圈的 CO_2 分压达到 10 MPa,大量水分从大气圈中以酸雨形式下降,地球上出现巨大的原始海洋,并具有酸性和缺氧属性。

澳大利亚西部伊尔冈(Yilgarn)地块太古宙沉积砾岩中的碎屑锆石矿物年龄达到 4404 Ma(Stern,2007;Kranendonk et al.,2019)(图 8-25),由于原生锆石形成时的岩浆熔体需要有液态水参与,所以推测地球水圈(海洋为其主要代表)可能出现于 4400 Ma。

地球上最早出现的变质火山-沉积岩统称为**表壳岩**(supracrustal rock),取名的依据就是其原岩是在地表条件下形成的,有别于从地壳深部入侵的岩浆岩。现知最早的比较可靠的表壳岩是格陵兰西南部的伊苏瓦(Isua)绿岩带,其中发现了 3800~3700 Ma 的枕状基性熔岩(图 8-25)和席状岩墙(Furnes et al.,2007)。当前学术界对于这套表壳岩系是否属于"最古老的蛇绿岩"尚有争议(Nutman and Friend,2007),但枕状熔岩代表典型的水下喷发和古海洋存在的证据获得了广泛支持(史晓颖,2011)。

地球上的生命起源一直是自然科学研究领域的重大科学问题,存在不同的假设和激烈的争论。我们现在还没有弄清楚生命开始的确切时间和起源方式(宇宙起源或源自地球自身)。目前,地球上发现最古老的细胞形态的生物化石距今约 3500 Ma,典型的代表是澳大利亚西北部皮尔巴拉(Pilbara)地块 Apex 硅质岩(燧

图 8-25　地球上最古老的矿物和岩石及其形貌结构(B、C 源自网络)

A. 锆石,其中心具有岩浆成因的环带结构,为阴极发光照片,年龄 44 亿年,产自西澳大利亚杰克峰沉积砾岩中(据 Kranendonk et al.,2019);B. 片麻岩,发育片麻状构造,年龄 40 亿年,产自加拿大西北阿卡斯塔河;C. 片麻岩,发育片麻状构造,年龄 38 亿年,产自辽宁鞍山白家坟;D. 枕状基性熔岩,具有暗色冷凝边,IPH 为枕间玄武质碎屑岩,年龄 38 亿年,产自格陵兰(据 Furnes et al.,2007)

石)中的原核细菌(prokaryote)(图 8-26)和碳酸盐岩质的叠层石(stromatolites)(图 8-27C、D)。近年来,有学者报道了格陵兰西南部伊苏瓦(Isua)地区更古老的叠层石(约 3700 Ma)(图 8-27A、B)(Nutman et al.,2016),但也有学者认为这些所谓的"叠层石"是岩石构造变形造成的,并不是真正的叠层石(Allwood et al.,2018;Zawaski et al.,2020)。

Apex 硅质岩中的微体化石发现于 1982 年,研究成果(Schopf,1993)发表后仍然有人怀疑地球上发现的最古老化石不过是"奇形怪状的石头或矿物"。新的研究成果采用了二次开发的离子质谱仪,将不同形态的化石和它们各自的碳同位素($\delta^{12}C$ 和 $\delta^{13}C$)组合特征研究相结合。光合作用过程产生有机物富集 ^{12}C,据此进一步区分出 5 个物种:2 个具光合作用功能、2 个能消耗甲烷、1 个能生产甲烷(Schopf and Valley,2017)。这项研究成果兼顾了物种形态和碳同位素特征两个方面,提高了 35 亿年前存在古生物化石的可信度。

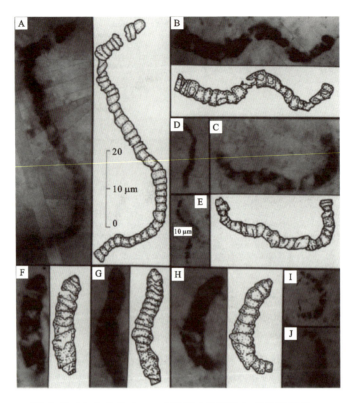

图 8-26　西澳大利亚古太古代 Apex 硅质岩中的原核细菌显微照片(据 Schopf,1993)
据化石形态和末端细胞特征区分不同物种(A～E. *Primaevifilum amoenum*；F～J. *P. conicoterminatum*)
未标注比例尺者与 A 的比例尺相同

一般认为,地球形成之后的最初 7 亿年经历大规模星子撞击和岩浆海阶段,不可能有生命存在。最后一次大规模的撞击发生在大约 39 亿年以前(Cockell,2006),格陵兰伊苏瓦绿岩带中最古老的沉积岩已经有 38.5 亿年年龄(Furnes et al,2007)。据此推测,生命的出现可能发生在距今 39 亿～36 亿年之间(李一良,2010;史晓颖等,2016)。对于在老于 38 亿年岩石中发现的轻碳同位素值特征的石墨会不会是生物成因的(Schidlowski and Aharon,1992),由于缺乏生物形态证据,现在还难以定论。

根据彗星和一些球粒陨石中不仅含有固态的水,还含有氨基酸、萜类、乙醇、嘌呤和嘧啶等有机化合物,生命的"种子"有可能在彗星或火星上产生被带到地球上,或者在彗星和火星陨石撞击地球时,这些有机分子经过一系列的反应而产生(袁训来,2010;李一良,2010)。

根据现有的证据,一般将生命起源的过程描述为:地球形成之初大气中充满着 CH_4、CO、CO_2、NH_3、N_2、H_2 等气体,这些气体在热、离子辐射和紫外线辐射等不

图 8-27 地球上最古老的细胞生命保存形态——叠层石

A、B. 存在争议的"叠层石",年龄 37 亿年,产自格陵兰西南部伊苏瓦(Isua)地区(据 Nutman et al.,2016);C、D. 叠层石,年龄 35 亿年,产自澳大利亚西北部皮尔巴拉(Pilbara)地块(据 Allwood et al.,2006)。比例尺长度均为 5 cm

同能源作用下,于重金属或黏土(作为化学催化剂)的表面合成简单有机化合物(氨基酸、嘌呤、嘧啶等)再聚合成生物大分子(多肽、多聚核苷酸等)。它们可能聚集在早期地球火山喷发形成的热水池中,经过自我选择—自我组织—自我复制和变异等一系列过程,形成核酸(遗传物质)和活性蛋白质,分隔结构(如类脂膜)也同步产生,最后在基因(多核苷酸)控制下的代谢反应为基因的复制和蛋白质的合成等提供能量。这样,一个由生物膜包裹着的、能自我复制的原始细胞就产生了。它可能是异养的或化能自养的,类似于现代生活在热泉附近的嗜热古细菌(袁训来,2010)。

现在对于这种假说中的很多关键步骤所知尚少,也无法在实验室重复这些过程。我们距离揭开生命起源这一科学命题还有很长的路要走,需要生物学、化学、地质学、天文学等多学科交叉渗透共同探索。在新一轮的太阳系深空探测行动中,不同国家分别提出人类再次登月、登火星和考察其他小行星、彗星的设想,企望获得重要的新进展。

由于叠层石是一种主要由蓝细菌光合作用和无机沉积作用联合形成的生物沉积构造,在现生锥状叠层石和太古宙化石中都已见到排放氧气气泡的证据(图 8-28、图 8-29),证明生物界的进化为地球大气圈成分的演变提供了动力来源。原始地球大气圈成分只有 H_2、CO_2、CH_4 等还原性气体,3500 Ma 前后开始出现少量游离的 O_2,虽然只有现代大气圈含氧水平(PAL)的 0.001%~0.1%,但标志着大气圈成分漫长演化过程的开始(图 8-30)。

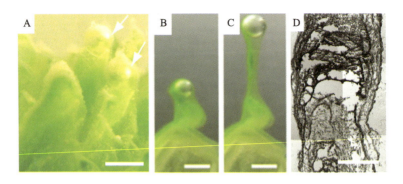

图 8-28　美国黄石公园热泉中现生硅质叠层石的氧气排放和内部结构

(据梅冥相和高金汉,2015)

A.锥状体顶部气泡形成,比例尺长度为 5 mm;B、C.气泡 2[小]时后的变化,比例尺长度为 3 mm;D.石化后锥状体轴部的网格结构,比例尺长度为 1 mm

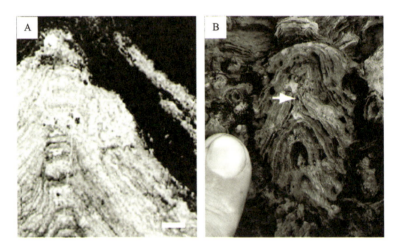

图 8-29　太古宙叠层石的光合作用排气孔痕迹(据 Bosak et al.,2009)

A.南非 Griqualand 地区 Lime Acres 组（2.55～2.52 Ga）锥状叠层石,轴部发育扭曲纹层的管状物,比例尺长度为 2 mm;B.西澳大利亚皮尔巴拉地区 Tumbiana 组(2.7 Ga)锥状叠层石,箭头指示轴部保存的可能气孔痕迹

通过研究发现,澳大利亚西北部皮尔巴拉克拉通太古宙灰岩中太空尘埃微粒（微小陨石）含有经过氧化作用的磁性铁矿石,证明存在高度氧化的大气圈外层(地表 75 km 以上),是对"太古宙大气圈无氧"传统认识的"颠覆性"革新(Tomkins et al.,2016),但并不否定太古宙低层大气圈缺氧的基本事实。

太古宙的原始地壳由**花岗岩-绿岩带**(granite-greenstone belt)组成。这种花岗岩类具有贫钾、富钠特征,主要由奥长花岗岩(trondhjemite)、英云闪长岩

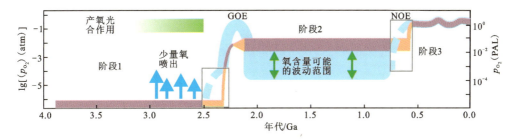

图 8-30 大气圈氧含量在地史中的演化(据史晓颖等,2016)

GOE. 首次大氧化事件(2.4 Ga±),含氧量达到现代大气水平[PAL=0.21 atm(atm 指的是标准大气压,1 atm=101 325 Pa)]的 1%～10%,海洋出现表层氧化、底层无氧的分层状态;NOE. 第二次成氧事件(0.8～0.6 Ga),PAL 达到或接近显生宙含氧水平,海洋环境完全氧化

(tonalite)、花岗闪长岩(granodiorite)组成,简称为 **TTG 岩石**。绿岩带以绿色低级变质超镁铁质和镁铁质火山岩为特征,在卫星影像图中能够清晰分辨(图 8-31)。

注:高亮度区为花岗质TTG岩石,暗色区为绿岩带。

图 8-31 西澳大利亚皮尔巴拉克拉通花岗岩-绿岩带卫星影像图(据 Google Earth)

在成因解释方面,TTG 岩石一般被认为是贫钾的玄武质原岩在高温下部分熔融形成的,在太古宙地壳中占有 50%～74% 的面积;绿岩带则存在洋壳(弧后盆地)和硅铝壳上裂陷带的认识分歧。前者据此认为,板块构造从太古宙开始已经出现,从而在国际上出现过几波研究高潮和激烈争论。

Stern(2007)、张旗和翟明国(2012)提出慎重对待"将今论古"研究原则的见解,指出地球的演化从不存在板块运动的原始"火球",到出现板块运动的"热球",再到将来板块运动停止的"冷球",其间可能存在复杂的过程,需要进一步深入研究。科学家从不同的角度、依据不同的证据,提出了板块构造的不同启动时间(图8-32),可以肯定的是,前寒武纪与显生宙的板块构造模式一定存在差别。Allen(2006)也指出,新元古代古气候巨变(雪球地球)、古地磁极漂移等重大事件的出现,可能与现代板块构造运动有关。

图8-32 板块构造启动时间的各种建议年龄示意图(据郑永飞,2023修改)

不同的黑色数字年龄为科学家建议的板块构造启动时间,不同的红色数字年龄为不同超大陆或大陆的聚合时间

二、中朝(华北)克拉通的形成过程

在当前国际流行的大地构造术语中,元古宙末期形成的稳定大陆板块称为**克拉通**(craton),也就是传统的稳定型大地构造单位术语**地台**(platform)。图8-33中的土黄色(元古宙形成的克拉通)和深灰色(太古宙形成的克拉通)部分表示了克拉通在全球的分布状况。太古宙末期形成的硅铝质大陆块体,也称为**陆核**(continental nucleus),多数情况下陆核构成克拉通内的隆起部分,其上无盖层沉积,称为**地盾**(shield)。

中朝板块(或称华北板块)是东亚地区最大的克拉通,分布范围包括华北、东北南部、朝鲜半岛大部并延续到日本本州的能登半岛一带。

图 8-33　全球克拉通和陆核的分布(据 Furnes et al.,2015 修改)

我国的太古宙岩石在华北克拉通分布最广,已知最古老的锆石年龄(3.85～3.35 Ga)先后在冀东曹庄片岩-石英岩(碎屑锆石)和辽宁鞍山 TTG 岩石(原生锆石)中发现(刘敦一等,1994)。由于两者岩石结构不同,代表各自独立的地球历史中最早形成的陆壳块体——陆核。华北南部豫西信阳地区的中生代(206～178 Ma)火山岩中,含有从深部下地壳带上来的古老麻粒岩捕虏体,其中获得的锆石年龄大于 3.6 Ga,初始物质来自 4.0 Ga 的地幔,是目前全球已发现的最古老深部地壳岩石包体(Zheng et al.,2004)。华北其他地区发现的类似地质记录研究程度高低不一,可能代表有众多的陆核存在(图 8-34)。至于这些陆核之间的绿岩带到底代表洋壳盆地还是硅铝壳间的裂谷,目前仍然存在争议,图 8-34 中的空白部分为平原覆盖区,基底的年龄和构造性质有待进一步研究。

元古宙早期的华北克拉通呈现东、西陆块被中部造山带分割的格局,显示太古宙末期(2.5 Ga)经历了强烈的地壳生长过程,原来的微小陆核已经增大(图 8-35)。根据中部造山带内已经发现新太古代晚期洋内俯冲和弧陆增生的地质记录,科学家提出类似显生宙的板块构造体制已经启动(王伟等,2015)。从全球视野来看,在印度南部、南极洲、澳大利亚南部和塔里木也有相似构造事件的报道,科学家提出太古宙末期地球上可能汇聚形成最早的**克罗岚超大陆**(Kenorland)(Condie and O'Neil,2010),由于研究程度低,其复原图不尽一致,存在较多争议。

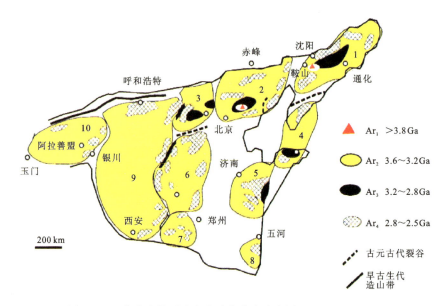

图 8-34 华北克拉通太古宙陆核分布示意图(据邓晋福等,1999)
1.吉辽;2.燕辽;3.怀宜;4.胶辽;5.鲁西;6.沁水;7.太华;8.五淮(?);9.鄂尔多斯;10.阿拉善

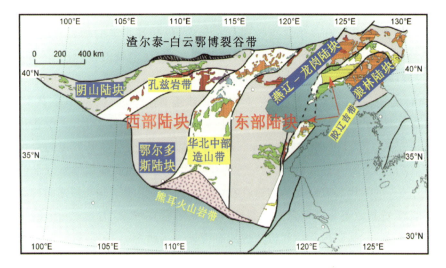

图 8-35 华北克拉通古元古代构造单位划分(据李三忠等,2016)
兹岩带中的孔兹岩系(khondalite series)原岩为含碳、富铝的泥质和粉砂质沉积,代表后期受到强烈变质-岩浆作用的大陆边缘沉积组合

古元古代末期(1700 Ma)的构造运动(吕梁运动),导致东、西陆块拼合形成统一的华北克拉通,中、新元古代在华北地区普遍分布未变质的**沉积盖层**(sedimentary cover),从此进入了一个新的构造演化阶段。全球范围内当时可能形成了**哥伦比**

亚超大陆(Columbia)(2.1～1.8 Ga)(图8-36),并在1.7 Ga开始破裂形成行星规模的裂谷事件(陆松年,2010)。

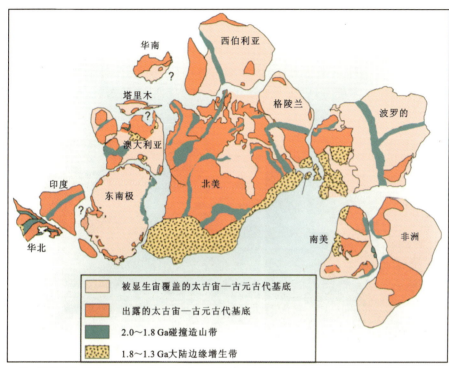

注:陆松年和郝国述(2014)将华北右旋40°后移至北美和波罗的之间;赤道位于该图的中部。

图8-36　哥伦比亚超大陆(2.1～1.8 Ga)复原图(据李三忠等,2016)

以往普遍认为扬子板块太古宙地层出露稀少,板块形成时间较晚(元古宙晚期)。通过近年对湖北京山、湖南湘乡、贵州镇远元古宙地层中钾镁煌斑岩(一种镁铁质或超镁铁质的脉岩类岩石)的深入研究,发现其中含有太古宙捕房体,锆石U-Pb年龄为3.5～2.6 Ga,证明广泛存在太古宙基底,但已受到古元古代(2.0 Ga)熔蚀作用和新元古代(1.0～0.8 Ga)地幔物质加入改造等复杂过程的影响(Zheng et al.,2006)。

三、新元古代雪球地球事件及其地学意义

全球变暖趋势及其对人类社会可持续发展的影响已经引起各国政府和普罗大众日益广泛的关注,人类对地质历史上重大气候变化事件的研究也更具兴趣。新元古代全球规模的雪球地球事件就是一个突出的代表。与现代冰川分布于高纬度或高海拔地区的特点不同,新元古代全球规模的冰川地质记录不仅发育于高纬度

地区,也广泛发育于低纬度地区和低海拔环境,成为地球演化历史上的重要奇观(Fairchild and Kennedy,2007;郑永飞和储雪蕾,2010)。

冰川作用形成的沉积记录称为冰碛岩(tillite)。冰碛岩由于是固体介质搬运的产物,未经水流分选,所以呈现大小混杂和棱角分明的特征,其中巨大的块体称为冰川漂砾(图8-37A、B)。陆地冰川的外围由于冰川融化,可以形成冰川纹泥等冰水沉积。当冰川抵达海洋时,破裂的冰山(冰筏)携带冰碛物进入海洋,随着冰筏融化而坠落海底,形成压弯下伏正常海洋沉积层理的落石(dropstone)构造(图8-37C、D)(孙姣鹏等,2014)。

图8-37 现代与地史时期的冰川沉积物(图B~D据孙姣鹏等,2014)
A.加拿大西北部Baffin岛现代山地冰川的冰碛物和巨大的冰川漂砾(图片源于网络);
B.青海全吉地区大煤沟新元古代枯柏木组中的冰川漂砾;C.青海全吉山新元古代枯柏木组中的冰川落石;D.青海欧龙布鲁克山枯柏木组中的大型冲洗交错层理及冰川落石

加拿大西北部育空地区发育了记录雪球地球事件的良好地层剖面(图6-18C)。下部为褐红色由固体介质搬运形成的大小碎屑混杂的冰川沉积物,凝灰岩夹层中锆石U-Pb年龄为7.16亿年(Macdonald et al.,2010);上面直接覆盖了代表温暖气候的灰白色"盖帽"碳酸盐岩(cap carbonates),反映古气候发生过突变。同时代的冰川沉积在全球各地陆续发现(图6-18D),美国加州理工学院古地磁学者 Kirschvinck 在1987年指导研究生时,已经获得澳大利亚6亿~8亿年前冰川沉积位于赤道带的信息,进一步工作后率先提出雪球地球(Snowball Earth)假说(Kirschvinck et al.,1992)。澳大利亚的古地磁研究也证明这套冰川沉积形成于赤道附近 10°±(Pisarevsky,2003)。

哈佛大学的 Hoffman 等进一步发展了雪球地球假说(Hoffman et al.,1998; Hoffman and Schrag,2002),认为新元古代末期地球至少两次完全被冰覆盖。当地表温度小于 $-12\ ℃$ 时,赤道带冰层厚达百米以上,完全阻挡了海洋生物光合作用。仅在大地热流高或火山岛屿周围可以存在古细菌类(类似深部生物圈的黑暗生物群)和简单的真核生物。这种早期雪球地球模型可称为**硬壳雪球**(hard Snowball Earth)。

这种极端假说与大量地质记录(海底仍然有正常生物存在、有冰川坠石等)不符,地球系统不同圈层之间的相互作用并没有完全隔绝。改进后的模型称为**半溶雪球**(slushball),地球并未完全被冰覆盖,25°纬度带冰层厚度仅 1~10 m,赤道带存在无冰水体(open water,$0\ ℃±$),有利于营光合作用的真核生物生存繁衍(Hyde et al.,2000)。

新元古代存在雪球地球事件已经获得科学界的公认,但其细微特征和成因机制仍然成为学术界持续研究的重要课题。目前认为,雪球地球事件可能与地球系统演化的特定阶段有关,当时的板块构造体制已经与显生宙相同,拉伸纪早期(900 Ma)形成**罗迪尼亚超大陆**(Rodinia)(图 8-38),稍后(820 Ma)超级地幔柱活动引发巨大火山事件和超大陆裂解,成冰纪(720~635 Ma)出现雪球地球,寒武纪开始时[(538.8±0.2) Ma]出现生物大爆发(Cambrian explosion)。此程序启示了一个研究地球系统不同圈层物质运动之间相互制约关系,尤其是地球表面气候变化与地球内部物质运动之间的纽带关系,引起了全球地学学术界和普罗大众的广泛关注(郑永飞和储雪蕾,2010)。

起因:分裂的罗迪尼亚超大陆陆块分布在赤道附近,海岸线增长和滨浅海区域扩大导致海洋微生物繁盛,光合作用使 CO_2 转化为有机体埋藏在沉积物中,陆地强烈风化作用也降低大气 CO_2 浓度,冰室效应引发冰川广布。发展:一旦冰川发育至<30°纬度线地区,冰的反射率(ice-albedo)反馈启动,冰川向赤道地区推进,最终形成雪球地球。结束:罗迪尼亚超大陆继续裂解,火山排放 CO_2,由于雪球地球抑制了海洋生物的光合作用和陆地风化作用,大气层聚积 CO_2 浓度达到当今 350 倍(临界 12%)时,出现极端温室气候(>50 ℃),导致雪球地球迅速融化。效应:海洋升温、充氧,生物光合作用和陆地风化作用重新活跃,带入海洋的碱类导致海洋过饱

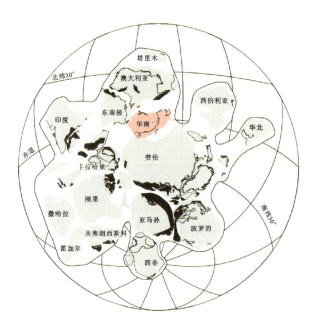

图 8-38　新元古代罗迪尼亚超大陆复原图(转引自路甬祥,2008)

和的 $CaCO_3$ 和 Fe^{3+} 快速沉淀,形成 ^{13}C 极度亏损的"盖帽"碳酸盐岩和条带状铁建造(BIF);极端环境抑制因素的解除,促发了真核生物的快速演化并最终导致后生生物的大爆发。

从新元古代起,全球范围的古大陆再造达到比较成熟阶段(图 8-39)。当然,由于古地磁数据无法确定经度位置,不同板块之间的经度位置和距离只能采用类

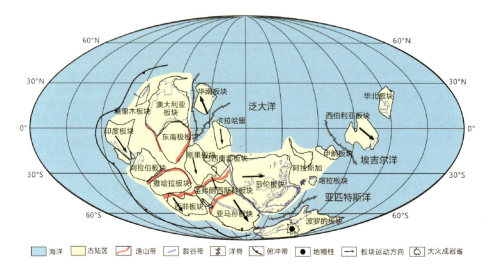

图 8-39　全球埃迪卡拉纪(震旦纪)板块分布图(据李江海和姜洪福,2013)

比多项地质和生物特征的相似程度来推断,称为**地质 DNA 分析法**(王荃,2011)。由于目前对华北板块在寒武纪时的古纬度位置和方位还有不同认识,埃迪卡拉纪(震旦纪)又缺失大部分的地质记录,根据中—新元古代地层系统和与劳伦、西伯利亚板块都有的相似之处,推测华北板块当时的位置可能与劳伦、西伯利亚板块接近(图 8-38、图 8-39)。

第六节　华北克拉通破坏及其地球动力学背景

克拉通(craton)是古老大陆板块的另一种称谓,由上部为前寒武纪地壳,下部为巨厚、冷的、耐熔的上地幔组成厚约 200 km 的岩石圈构成。它占有全球陆地面积的 50%±,也是地球上最稳定的地区,相当于槽台学说中的**地台**(platform)概念。通常认为大陆板块内部自克拉通化之后不会再有强烈的岩浆、构造活动和显著的大陆地壳生长。

华北地区在古元古代末(1800 Ma),东、西部陆块碰撞拼合之后形成稳定的克拉通。然而,自中生代以来却发育着大面积的花岗岩、火山岩和强烈的构造变形。这一地质现象与其他稳定的克拉通明显不同,苏联学者别洛乌索夫(1956)称之为地台活化(activation of platform),我国学者陈国达(1956,1959)提出大地构造单元创新术语地洼(diwa)。近年,国际流行的**克拉通破坏**(destruction of craton)或**去克拉通化**(decratonnization)使用较多(朱日祥等,2011)。这种现象的解释和研究对探索我国东部地区侏罗纪以来的板块构造演化特殊性有重要的地学意义,现以华北地区为实例予以剖析。

一、华北克拉通的古生代稳定演化阶段

华北地区的寒武纪和奥陶纪地层以滨浅海碳酸盐岩沉积为主,岩相、厚度总体上分异不大,显示为稳定克拉通(大陆板块)上的陆表海构造环境。秦皇岛北戴河实习基地地区缺少中、新元古代大部分地层记录,当时是上升遭受剥蚀的山海关古陆(图 8-40)。奥陶纪中—晚期华北克拉通整体隆起后,秦皇岛地区遭受剥蚀的程度最大,保留下来的奥陶纪地层较少,称为秦皇岛运动(段吉业等,2002)。这种克拉通内部正向隆起构造单位的继承性特征,也是构造稳定演化阶段的重要标志。

在山东蒙阴和辽宁复县地区发现的奥陶纪(480 Ma)含金刚石金伯利岩(kimberlite)是一种自然界起源最深的岩浆,来自地幔深部角砾化的钾质超镁铁质岩浆

时代		地层系统	构造演化特征				构造阶段	
代	纪		隆升—沉降区	运移方向	构造转换标志	构造运动	二级	一级
古生代	二叠纪	二叠系	全域性同步沉降转隆升(强差异升降)盖层沉积	向北运移	本溪组铝铁质沉积		强差异升降阶段	差异性升降阶段
	石炭纪	上石炭统						
	奥陶纪	中、下奥陶统	全域性同步沉降转隆升(弱差异升降)盖层沉积	向南运移	Ⅲ转换期 碱厂组(昌平组)含沥青质灰岩	↑秦皇岛运动	弱差异升降阶段	
	寒武纪	寒武系		向西南运移 向西北运移		怀远上升		
新元古代	震旦纪	金县群	西北部隆升区(原中元古代裂陷区)	东南部沉降区(吉、辽、徐淮区)似盖层沉积	向西北运移	Ⅱ转换期	↑蓟县运动	弱裂陷阶段	边缘裂陷阶段
	南华纪	辽南群						
	青白口纪	青白口群	全域性差异升降	向西北缓慢运移	南芬组(景儿峪组)紫—蓝灰色泥灰岩			
中元古代	蓟县纪	蓟县群	东南部隆升区(吉、辽、徐淮区)	西北部沉降区(裂陷槽)似盖层沉积	向东南运移	Ⅰ转换期	↑芹峪运动	强裂陷阶段
	长城纪	长城群						
古元古代—太古宙		古元古界和太古宇	变质结晶基底			↑吕梁运动		

图 8-40 山海关古陆中、新元古代至古生代的构造继承性(据段吉业等,2002 修改)

岩,主要侵入稳定地区的深断裂带中。据此,估算当时华北克拉通的岩石圈厚度约200 km,与全球稳定克拉通的平均值相同(路风香和桑隆康,2002)。

华北地区迄今尚无早古生代火山岩的可靠记录。在太行山东麓邯郸-邢台铁矿区的武安县燕瓦山地区奥陶纪马家沟组底砾岩中发现过粗面岩、安山岩砾石,曾被作为存在海底火山喷发的证据(葛肖虹和马文璞,2014)。实地复查见到的是后期中生代岩浆-热液作用导致的一种隐爆角砾岩,因此,邯邢式铁矿的成因"与奥陶纪海底火山喷发有关"的假设可以否定。华北克拉通周边早古生代也未发现板块碰撞和形成造山带的地质记录,证明与其他板块间处于分离的状态(段吉业等,2002)。

华北克拉通自晚奥陶世至早石炭世(密西西比亚纪)(458~323 Ma 期间)整体均衡抬升,露出海面呈准平原状态遭受剥蚀,从晚石炭世开始(320 Ma)才再次下降接受海侵,其间的整体均衡隆升持续时间长达 135 Myr,也证明华北克拉通在中古生代(志留纪—泥盆纪)阶段保持稳定的地质记录。

华北克拉通在晚古生代阶段总体仍然处于稳定状态,全区的古地理环境呈现由海陆交互含煤沉积—河湖平原相与红色干旱沉积河湖相的更替。秦皇岛北戴河实习基地地区的石炭纪-二叠纪地层剖面中,自下往上出现规律性的岩性和岩相变化。晚石炭世早期的本溪组为铁铝质岩、泥质岩含灰岩夹层,晚石炭世晚期至早二叠世早期的太原组开始出现粗粒砂岩,早二叠世晚期的石盒子组底部开始出现成分复杂的砾岩,反映了周围山区的地形抬升和剥蚀深度加大(图8-41)。

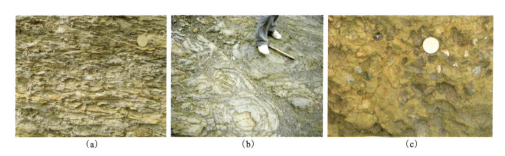

图8-41　秦皇岛柳江国家地质公园内的石炭-二叠纪岩性和地层特征
(a)本溪组下部页岩;(b)太原组底部中—粗粒砂岩,发育球形风化;(c)石盒子组底部复成分砾岩

近年在华北北缘内蒙古隆起的早前寒武纪变质岩中发现一批石炭-二叠纪片麻状闪长岩-花岗闪长岩侵入体(锆石年龄324～285 Ma)(张栓宏等,2004),代表与北侧洋盆向南俯冲的陆缘弧岩浆活动记录,但并未对华北克拉通本体造成明显影响。

二、华北克拉通破坏的地质记录

北京地处北北东向太行山脉与东西向燕山山脉交会部位,北京西山(Western Hill)是我国开展地质研究和地质教育的"摇篮"。华北克拉通从中生代起遭受强烈构造-岩浆活动的改造,形成了瞩目的地质记录,早在20世纪20年代就引起我国学者和来华外国学者的注意,我国学者首先将侏罗纪、白垩纪的造山运动命名为燕山运动(Yanshanian movement)(翁文灏,1926,1927),稍后又区分为甲、乙两幕(翁文灏,1929)。前者目前以中侏罗世髫髻山组前的不整合为代表,年龄约160 Ma。后者的认识尚有分歧,较多学者以早白垩世东岭台组(北京)、张家口组(冀北)或义县组(辽西)前的不整合为代表,年龄约(140±5) Ma。

法国来华学者德日进(Teihard de Chardin,1881—1955)除提出"智慧圈"(noosphere)前瞻性地球系统科学思想外,在古生物学、地质学领域也作出了重要贡献。他对北京西山中生代沉积、岩浆、构造演化史的总结,客观地反映了华北克拉通的重新活化现象(图8-42)。

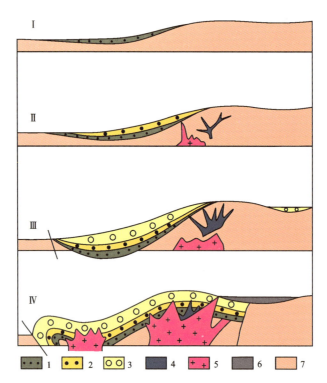

图 8-42　北京西山中生代地壳拗曲、沉积发育与火山活动关系图(据王鸿祯,1956 修改)

Ⅰ.古生代末;Ⅱ.三叠纪末;Ⅲ.侏罗纪末;Ⅳ.早白垩世初。1.三角洲相砂岩及细砂岩;2.粗砂岩及砾岩;3.髫髻山组安山岩及巨砾岩;4.安山岩;5.花岗岩;6.与花岗岩有关的高原式张家口组流纹岩;7.时代更老的下伏岩系

三、华北克拉通破坏的地球动力学背景

邵济安等(2004)提出,燕山地区地表见到的构造体制转折是岩石圈尺度的行为,发源于深部地幔-软流圈运动,浅部地壳中的表现稍微滞后。内蒙古自治区赤峰南 225 Ma 闪长岩中含 229 Ma 麻粒岩和 225 Ma 堆晶岩包体,证明晚三叠世存在地幔底侵,导致壳幔之间发生强烈相互作用。

万天丰(1993,2011)通过地表不同时期造山运动形成的构造线(褶皱轴)方向统计得出,三叠纪晚期印支运动形成的构造线(褶皱轴)呈东西方向,侏罗纪中期的早燕山运动呈北东方向,侏罗纪末期的晚燕山运动呈北北东方向,证明不同时期华北克拉通受到的挤压应力方向发生有规律的变化,应当与周边板块相互间的地球动力学背景有关。

Xu(2001)总结了中朝克拉通自古生代以来岩石圈地幔的热-构造演化模式,早古生代(奥陶纪)中朝克拉通岩石圈厚达 200 km,底部高压环境下形成的金刚石随金伯利岩侵入地壳。但在中、新生代阶段发生过多次岩石圈减薄和克拉通破坏事件：160 Ma（中侏罗世）为减薄开始突变时期，120 Ma（早白垩世晚期）为减薄高峰开始时期，60 Ma（古近纪初期）达到减薄顶峰。每次岩石圈减薄都伴随有大量岩浆侵入和火山喷发活动。

Zhang 等（2001）在南非地幔橄榄岩捕虏体中发现了由交代作用形成的斜方辉石（属斜方晶系，富 SiO_2），以消耗橄榄石和单斜辉石（属单斜晶系）而生成斜方辉石为特征，并发现交代作用形成的斜方辉石和原橄榄岩中的斜方辉石在化学组成上存在很大的不同，包括氧同位素组成有巨大变化。这种橄榄岩-熔体的相互反应是岩石圈地幔组成转变的重要方式，但由于南非没有发生克拉通破坏事件而未引起普遍重视（张宏福，2006）。

张宏福团队 2004—2005 年间在山东方城和胶州发现了白垩纪（124 Ma 和 74 Ma）玄武岩中的地幔橄榄岩捕虏体，并在地幔橄榄岩中首次发现了 Li-Fe-Mg 同位素存在明显的不平衡现象，可以据此追踪参与橄榄岩反应的熔体组成和来源。对地幔捕虏体的 Sr-Nd 和 Re-Os 同位素测试发现，大陆岩石圈中的地幔橄榄岩会与某种熔体反应，其中主要矿物（橄榄石、辉石都是含铁、镁的硅酸盐矿物）物理和化学性质都会发生改变。由于橄榄石占地幔质量的 60% 以上，当反应程度达到一定临界值时，原来的大陆型岩石圈地幔[贫斜方辉石、高 $Mg^\#$ 橄榄石（$Mg^\#$ 表示矿物中 Mg 在 Mg 和 Fe 总和中的百分占比，也叫镁值）]会转变为大洋型岩石圈地幔（富斜方辉石、低 $Mg^\#$ 橄榄石）。

在系统对比了全球 2160 件橄榄岩元素和同位素数据后证实，橄榄岩-熔体相互作用在全球大陆岩石圈地幔中普遍存在，据此提出橄榄岩-熔体相互作用是大陆岩石圈地幔组成转变的主要机制。华北克拉通体积小、周边板块的俯冲碰撞作用强烈，最终导致古老克拉通破坏（张宏福，2006）。

朱日祥等（2012）提出的地球动力学解释也认为华北克拉通的破坏与印支期扬子板块和华北板块碰撞、燕山期东侧古太平洋板块俯冲、拆沉所引起的岩石圈减薄、地壳伸展作用有关（图 8-43）。

张旗等（2008）质疑亚洲大陆东缘的日本列岛中生代时曾大幅度向北东方向迁移。这是否与古太平洋向西俯冲的假设矛盾？通过精细的地质年代研究已经查明，日本地体群沿着北东向转换断层 2500 km 的显著迁移发生在白垩纪中期（115~110 Ma），而燕山运动时古太平洋板块俯冲对华北克拉通的影响（挤压盆地、岩浆活动）主要发生在侏罗纪中、晚期。早白垩世晚期（120 Ma）起，中国东部出现明显的地壳伸展，正好与古太平洋板块的俯冲间隙期对应。古太平洋板块演化中存在的幕式变革事件，与华北克拉通的破坏过程存在密切关系。

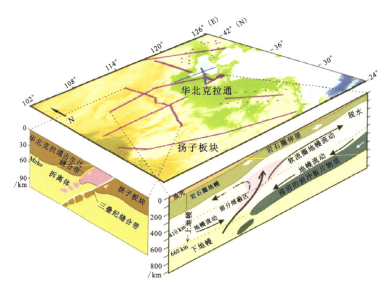

图 8-43　研究华北克拉通地壳-上地幔结构揭示的深部过程示意图(据朱日祥等,2012)
紫红色三角为流动地震台阵观测台站;蓝色圆点为海陆联合观测台站;东西向纵剖面表示古太平洋俯冲板块与岩石圈相互作用对华北克拉通的改造;南北向纵剖面表示华北克拉通-扬子板块拼合的残留构造痕迹

华北克拉通破坏是具有中国特色的全球性地学热点问题,我国学者的研究成果处于国际领先地位(Zhang,2005;吴福元等,2008;朱日祥等,2012),但仍然存在一系列问题需要进一步探讨。例如,对于时间上和空间上存在的复杂情况还需要深入研究(郑建平,2009);单纯的板块俯冲、地幔上涌垂向作用,还不能解释华北克拉通的复杂旋转历史(杨振宇等,1998;万天丰,2004;刘本培等,2013)。鉴于已知的地质、古生物、古地磁资料,新疆北部准噶尔地块侏罗纪后未发生旋转,不能把中亚、东亚当作简单的统一地块处理。因此,进一步从地球系统科学视角开展多学科综合研究,深入剖析华北克拉通中生代经历了构造的多期次"动-静"耦合,探讨固体地球不同圈层之间的多样化相互作用关系,还有很大的潜力和空间。

第七节　古特提斯多岛洋的构造演化

显生宙由于稳定克拉通面积的增加和大量古生物的出现,各个时代的标准剖面先后在有利地段建立,为精细的地层划分和古地理、古气候演变研究提供了良好条件。但在克拉通之间的广阔造山带由于存在多条板块缝合带,发生过复杂的洋盆俯冲和陆缘增生作用,原来的地层经历了强烈的沉积和构造混杂作用的改造,已经找不到连续、完整的地层剖面,大量深水沉积中缺失通常作为标准化石的底栖-游泳型生物化石,构造稳定地区传统的地层学研究三原则("上新下老"的斯坦诺地层叠覆律、"基于化石一致性的地层划分和远程对比"的史密斯化石层序律、"沉积相的时空一致性"的瓦尔特相律)遇到严峻的挑战。造山带的地层、古生物工作一度成为区域地质调查的瓶颈,也阻碍了板块构造研究的前进步伐。

一、造山带中的洋板块地层学研究方法

为了解决上述瓶颈问题,需要改革传统的地层学、古生物学研究方法,突破传统地层学研究的局限,改变用一个标准剖面囊括全区的习惯性思维方式,建立一套符合造山带地质构造特点的地层学研究理论体系和操作方法。20纪70年代初期,我国最早引进板块构造学说的学者尹赞勋就发出"向活动论地层学迈进"的号召。华裔学者许靖华在20世纪60年代末就认识到"板块构造作用形成的混杂岩不是一种岩石地层单位",于80年代提出非史密斯地层(non-Smith strata)概念;日本学者Isozaki(1990)提出大洋地层学概念。我国学者通过西部造山带大量科研和1:25万区域地质调查实践进行了系统的探索和总结,开始称为**非史密斯地层学**(冯庆来,1993;王乃文等,1994;龚一鸣等,1996;殷鸿福等,1998;龚一鸣和张克信,2007;张克信等,2014),近年改称为更国际化的**洋板块地层学**(Ocean Plate Stratigraphy)(张克信等,2016)(图8-44、图8-45)。

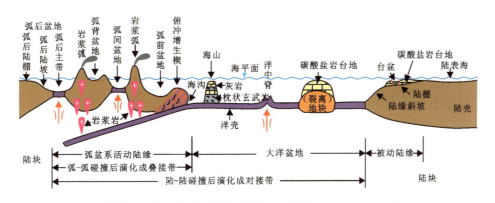

图8-44 洋板块不同类型盆地模型和地层系统重建示意图(据张克信等,2014修改)

随着一个洋壳盆地从洋脊扩张到俯冲闭合,一般会形成下部火山岩、上部沉积岩序列(图8-45)。典型的洋盆扩张阶段以**洋脊玄武岩(MORB)-放射虫硅质岩**为代表,当存在洋岛时则出现**洋岛玄武岩(OIB)-海山碳酸盐岩**组合。进入洋盆收缩阶段时,洋盆边缘(大陆或岛弧)碎屑物源供应增强,并出现突发浊流事件形成的**复理石**(flysch)沉积(图8-46A)或滑塌事件形成的**滑移体**(slide),导致出现不同时

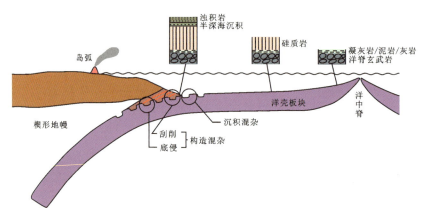

图 8-45 洋板块地层学层序模型(据 Isozaki et al.,1990)

代的地层或化石混杂的沉积混杂现象。当大洋板块俯冲插入上覆板块之下时,强大的挤压产生刮削和底侵作用,导致不同来源岩石变形、变质和混杂共生,称为构造混杂现象。洋盆消失后随着山脉的隆升,出现山前-山间盆地中特有的**磨拉石**(molasse)沉积(图 8-46B)。

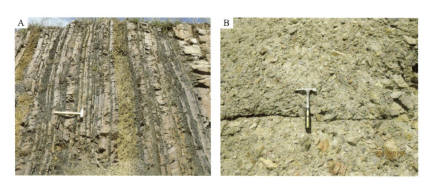

图 8-46 西准噶尔造山带中的复理石和磨拉石

A.塔尔巴哈台山南坡晚泥盆世—早石炭世塔尔巴哈台组复理石序列(龚一鸣摄于 2011 年,左侧为地层变新方向);B.柳树沟地区晚二叠世库吉尔台组磨拉石沉积(纵瑞文摄于 2010 年)

二、滇西昌宁-孟连带——陆内裂谷还是古特提斯主支?

滇西金沙江-澜沧江-怒江三江并流带是冈瓦纳构造域与华夏构造域交会部位,存在多条出露蛇绿岩的大断裂带。到底哪一条是古特提斯洋盆的主支缝合线,在 20 世纪 80 年代后期成为学术界关注的焦点问题。当时滇西、川西造山带开展的第一轮 1∶20 万区域地质调查刚完成,此次调查提供了大量区域地质新资料,也突出了一些争论问题。比较流行的见解是重视蛇绿岩的分布,即"哪里的蛇绿岩规模大、出露好,哪里就是主洋盆"。

滇西的昌宁-孟连带根据1:20万区域地质调查资料建立了一套地层系统,提出了属于华夏构造域晚古生代陆间裂谷的认识,古特提斯洋盆位于东侧澜沧江带,板块俯冲极性向西(图8-47)。

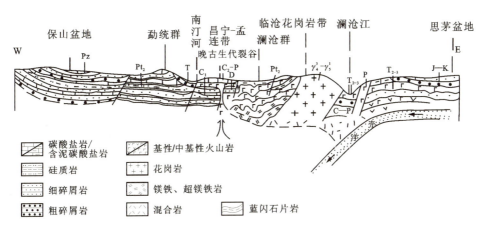

图 8-47 滇西澜沧江带和昌宁-孟连带板块解释模型示意图(据范承钧等,1994修改)

这种认识的依据来自地层、古生物资料和火山岩地球化学特征。该区未见早古生代地层出露,据邻区资料推测下伏地层为浅变质岩,与上覆泥盆系不整合接触(加里东运动)。泥盆纪为含笔石、植物化石的细碎屑泥质硅质岩,代表滨浅海环境。早石炭世出现碱性玄武岩,属于板内裂谷型,代表裂谷出现。晚石炭世—二叠纪为滨、浅海碳酸盐岩,含扬子型𧊈、珊瑚等化石,证明裂谷已闭合。综上得出结论为扬子板块西缘陆壳基础上的短暂裂谷。其实,板内裂谷碱性玄武岩有多解性,本区既可以是陆内裂谷,也可以是洋壳上的洋岛-海山。碳酸盐岩台地既可以形成于陆壳上的陆棚-陆表海,也可以是洋盆内海山上的覆盖层,关键是要看有无洋盆存在的沉积地质和生物记录。

Wu 和 Zhang(1987)在本区硅质岩中发现石炭纪和二叠纪放射虫化石,开启了昌宁-孟连带内存在古特提斯洋遗迹研究的先河。经过中国科学院和中国地质大学(武汉)联合攻关研究,昌宁-孟连带洋板块地层学研究领域获得以下成果。

在板块增生杂岩(构造断片)中,建立起自泥盆纪至中三叠世的放射虫生物地层年代格架(冯庆来和叶玫,2000);对不同时代硅质岩的铈异常做了系统研究,根据铈异常(Ce/Ce^*)高低代表的古洋盆位置意义(洋脊:高负异常 0.25;洋盆:低负异常 0.5;陆缘:无负异常 0.9~1.5),推断洋盆规模的演变历史;根据不同剖面地层对比,查明了海山碳酸盐岩特有的底界穿时现象;通过碎屑的阴极发光照相,证明洋岛火山碎屑中的石英颗粒为岩浆成因,没有陆源碎屑输入。据此提出滇西古特提斯是由大洋盆地、洋岛-海山碳酸盐岩台地、被动陆坡、岛弧、弧后盆地等多种构造古地理单元组成的**多岛洋模式**(刘本培等,1991;刘本培和全秋琦,1996;钟大赉等,1998;冯庆来和张克信,2007)。昌宁-孟连带洋盆持续时间较长、内部结构复杂、空间规模较广,应代表古特提斯多岛洋的主支洋盆,板块俯冲极性向东(图8-48)。

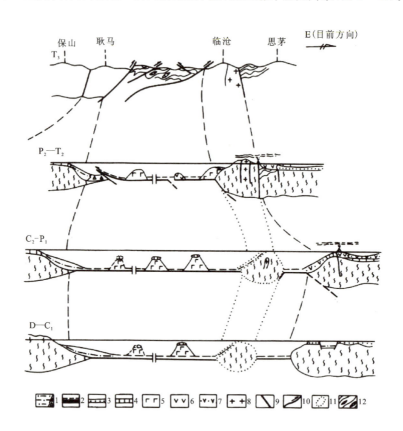

图8-48 滇西昌宁-孟连、南澜沧江带多岛洋演化格局(据刘本培和全秋琦,1996)
1.大陆边缘沉积;2.洋盆沉积;3.浅海碎屑岩;4.浅海碳酸盐岩;5.海山火山岩;6.岛弧火山岩;
7.弧前、弧后浊积岩;8.花岗岩;9.韧性剪切带;10.逆冲断层;11.推测外来地体;12.构造混杂岩

三、青藏地区古特提斯活动古地理再造

昌宁-孟连缝合带的构造古地理研究获得进展后,它的延伸去向自然引起关注。尤其是青藏高原北部的羌塘地区,在古特提斯阶段(泥盆纪—三叠纪)到底是统一的陆壳地块,还是分离的独立地体,经历了长期的激烈争论。

青藏高原北部的羌塘地区历来人迹罕至,地质研究程度较低。20世纪70年代在双湖以北的热觉茶卡地区,中国科学院科考队发现了晚二叠世暖水型古纺锤蜓(*Paleofusulina*)动物群、热带-亚热带型华夏植物群和煤层(文世宣,1979),从古生物、古气候视角完全可以和华南地区对比。80年代初期,武汉地质学院[中国地质大学(武汉)前身]与西藏第二地质大队联合组建的西藏工作队在南羌塘日土县多玛地区发现了晚石炭世—早二叠世冰海杂砾岩和冈瓦纳冷水型宽铰蛤(*Eurydesma*)动物群(刘本培和崔新省,1983)(图8-49A)。21世纪早期,南京地质古生物研究所在北羌塘地区碳酸盐岩中又发现了早二叠世暖水型球希瓦格蜓(*Sphaeroschwagerina*)动物群(Zhang et al.,2015)(图8-49B)。同一时期内南、北羌塘地区分别出现不同的古生物区系和古气候条件,指示两者间应当存在重要的古海洋隔离和古纬度差异(图8-50)。早二叠世晚期由于冰期的结束,气候转暖,生物群也有相应变化,但南羌塘仍然和冈瓦纳北缘的保山、腾冲、中帕米尔、南阿富汗等地很相似,这和华南及北羌塘的暖水生物群仍然有显著的差别。中二叠世起,南羌塘地层中确实出现了很多暖水的蜓类和腕足动物群,这可能与南羌塘地块向北漂移有关(张以春,2018)。

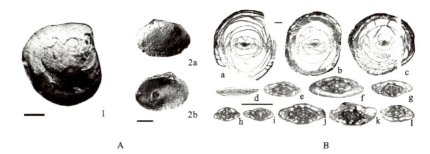

图8-49 青藏南、北羌塘早二叠世生物区系分异(据刘本培和崔新省,1983;Zhang et al.,2015)
A.南羌塘宽铰蛤冷水动物群(1.宽铰蛤;2.莺厚壳蛤),比例尺长度均为1 cm;B.北羌塘球希瓦格蜓暖水动物群(a~c.球希瓦格蜓;d.布尔顿蜓;e~l.大旋脊蜓,比例尺长度均为1 mm)

李才(1987)报道羌塘中部龙木错-双湖缝合带发现了板块缝合带的遗迹——蛇绿岩,指出龙木错-双湖缝合带代表古特提斯阶段南、北大陆的界线,当时由于岩石组合不完整、地球化学不典型而受到不同研究者的质疑。但后续的大量多学科综合研究不断增补了蛇绿岩、蓝片岩、放射虫、冰川落石、混杂堆积等证据(胡克等,1995;王根厚等,2009),已经获得学术界公认,也证实了羌塘龙木错-双湖带通过北澜沧江带与滇西昌宁-孟连缝合带之间的连接关系(刘本培等,2002)。

羌塘地区的龙木错-双湖缝合带在古特提斯研究获得进展的同时,近年在果干加年山蛇绿岩——堆晶辉长岩中获得了早志留世(438±11 Ma)锆石年龄(图8-51、图8-52),证明存在原特提斯阶段(寒武纪—志留纪)的洋盆演化历史。

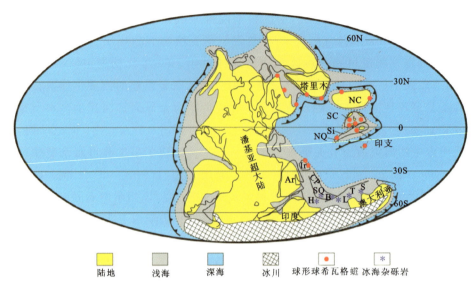

图 8-50 早二叠世早期古特提斯生物区系和地体分布(据 Zhang et al.,2015)
Ar. 阿拉伯板块;B. 保山地块;CP. 中帕米尔地块;H. 喜马拉雅地块;Ir. 伊朗地块(包括外高加索);
L. 拉萨地块;NQ. 北羌塘地块(昌都地块);S. 滇缅马苏地块;SC. 华南板块;NC. 华北板块;Si. 思茅
地块;SQ. 南羌塘地块;T. 腾冲地块

目前单学科领域获得的可喜突破,需要多学科配套研究跟进。龙木错-双湖缝合带是否存在自原特提斯至古特提斯的连续洋盆演化?早、晚古生代之间是地球上两个重要构造阶段的分野,这种全球性的地球系统演化节律对本区有何影响?这些问题将是新一轮研究关注的热点。

西藏—滇西地区晚古生代存在冈瓦纳和华夏两大构造域,在龙木错-双湖—北澜沧江—昌宁-孟连缝合带以南的冈瓦纳构造域内,又可以区分为**亲印度**和**亲澳大利亚**两种类型(图 8-53)。前者以印度北部、克什米尔、南羌塘、保山等地为代表,在晚石炭世—早二叠世时期普遍出现裂谷型基性火山岩喷发,反映受到同一个地幔柱活动的影响,从被动大陆边缘分裂出独立的地体群。后者以澳大利亚和中国拉萨、腾冲等地为代表,晚石炭世—早二叠世未出现板内裂谷火山活动,在拉萨以东的松多出现岛弧火山岩,证明两者具有不同的构造发展史,分别隶属于不同板块。

图 8-54 综合表示了二叠纪古特提斯地体演化过程。A:早二叠世早期(298~290 Ma),东冈瓦纳北缘位于南半球中纬度带。由于正处于大冰期,冰海相杂砾岩和冷水动物群广泛发育。印度板块北缘发生地幔柱活动,形成大规模裂谷火山喷发并出现分裂的地体群;澳大利亚板块北缘出现大洋板块俯冲和岛弧火山岩,也出现地体群。B、C:早二叠世晚期至中二叠世(290~260 Ma),印度板块和澳大利亚板块之间出现北北西向转换断层,西侧地体(CP-Qi-B)北移速度快于东侧地体

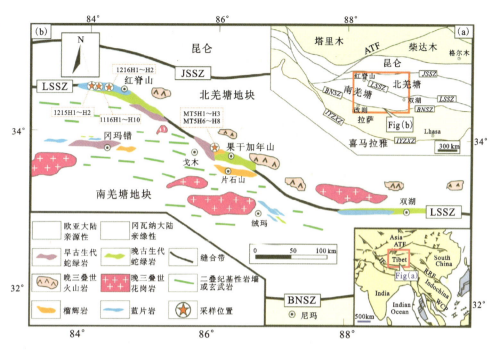

图 8-51 羌塘地区早、晚古生代蛇绿岩的共生分布(据张修政等,2014)
JSSZ.金沙江缝合带;LSSZ.龙木错-双湖-澜沧江缝合带;BNSZ.班公湖-怒江缝合带

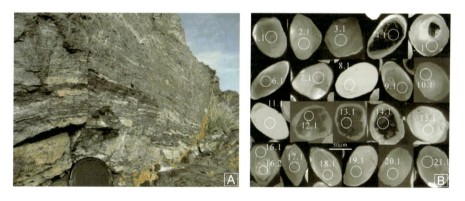

图 8-52 果干加年山堆晶辉长岩露头(镜头盖直径 52 mm)(A)和锆石 CL 图像(B)
(据李才等,2008)

(L-T-S),新特提斯(Neotethys)初始开裂。随着转换断层两侧地体不均匀北移和暖热气候带向南扩张,产生了暖水生物群进入不同地体的时间差。D:晚二叠世(260~252Ma),新特提斯进一步扩展,南、北羌塘地体渐趋接近,古特提斯(Paleotethys)洋盆的闭合发生在三叠纪晚期。

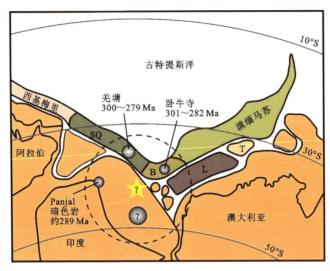

图8-53 东冈瓦纳构造域北缘晚石炭世—早二叠世古地理再造图(据廖世勇等,2015)

SQ.南羌塘地块;B.保山地块;L.拉萨地块;T.腾冲地块。灰色球为裂谷火山岩年龄;
虚线圈为大火成岩省范围;带问号的灰色球和五角星为地幔柱推测位置

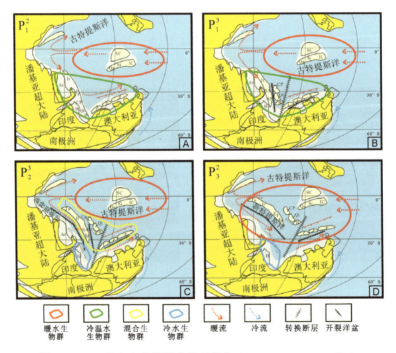

图8-54 二叠纪古特提斯古地理演化(据Zhang et al.,2013修改)

A.萨克马尔期;B.亚丁斯克期;C.卡匹敦期;D.长兴期。SC.华南板块;Qa.昌都地块;Si.思茅地块;
IC.印支地块;Tu.土耳其地块;Ir.伊朗地块;Ar.阿拉伯地块;SA.南阿富汗地块;SP.南帕米尔地块;
CP.中帕米尔地块;Qi.羌塘地块;B.保山地块;H.西藏南部喜马拉雅特提斯带;L.拉萨地块;T.腾冲地块;S.滇缅马苏地块

第八节　青藏高原隆升及其对东亚环境的影响

青藏高原面积约 250 万 km², 平均海拔都在 4000 m 以上, 总体地势西北高、东南低。高原周边切割强烈造成巨大的地形反差, 喜马拉雅山与南侧恒河平原高差可达 6000 m, 昆仑山与塔里木盆地间高差大于 4000 m。

一、青藏高原的前世今生和新特提斯遗迹

古老线索: 西藏普兰县雅鲁藏布江缝合带南北亚带间的仲巴微地体(李祥辉等, 2014), 在最老地层单位齐吾贡巴群(埃迪卡拉纪—寒武纪)底部石英片岩内获得了我国最老的碎屑锆石年龄(3.9~4.1 Ga)(多吉等, 2007)。由于年龄大于 4.0 Ga 的锆石在全球仅见于澳大利亚, 据此可以溯源到本区存在从冈瓦纳大陆分离出来的诸多小型地体。

演化过程: 比较完整的地质演化历史可追踪到新元古代 (>539 Ma)至今的东特提斯体系, 先后经历原特提斯洋盆、古特提斯洋盆和新特提斯洋盆不断向北俯冲、亲冈瓦纳地体先后汇聚和增生到欧亚大陆南缘。

最终结果: 印度板块与亚洲大陆碰撞形成喜马拉雅山脉和青藏高原(许志琴等, 2012)。

新特提斯的遗迹——雅鲁藏布江缝合带夹持于南侧印度板块(喜马拉雅地体)和北侧拉萨地体之间, 目前地表出露的宽度只有几十千米(图 8-55), 保存的地质记录有蛇绿岩、放射虫硅质岩、混杂岩和弧前盆地复理石沉积等。

图 8-55　雅鲁藏布江缝合带地貌景观(据王成善等, 1999; 李亚林提供彩照)

夹于喜马拉雅和拉萨地体之间, 混杂岩、蛇绿岩和弧前盆地清晰可见

(拍摄地点: 日喀则以南路曲村东侧山顶; 镜向: 西)

经过多学科综合研究后再造的中生代新特提斯洋盆规模宽达数千千米。目前存在的争论是洋盆开始的时间,许多文献根据已知蛇绿岩、放射虫硅质岩研究成果,确认属于侏罗-白垩纪成熟洋盆。也有学者提出雅鲁藏布江缝合带的罗布莎蛇绿岩除(162.9±2.8)Ma高精度锆石年龄外,也有石炭纪350 Ma±年龄数据(王根厚等,2000)。李文忠和沈树忠(2005)提出雅鲁藏布江缝合带存在中二叠世海山碳酸盐岩外来岩体和混合型古生物群,代表存在古特提斯洋盆演化记录,值得进一步追踪研究。

二、新特提斯洋闭合和印度板块碰撞过程

规模巨大、结构复杂的特提斯洋何时闭合也涉及印度板块与亚洲大陆之间的碰撞方式和过程。不同学者根据不同学科的研究成果,提出了多种地质记录标志及其相应年龄。其中,雅鲁藏布江缝合带及其北侧冈底斯岛弧带的构造-岩浆事件受到普遍重视(莫宣学和潘桂堂,2006)(图8-56)。

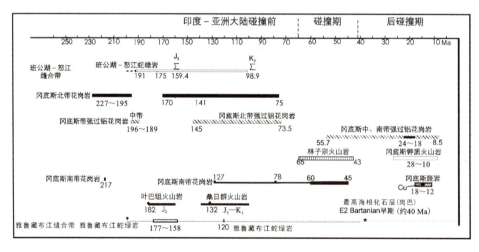

图8-56 藏南地区中—新生代构造-岩浆事件(据莫宣学和潘桂堂,2006)

例如,雅鲁藏布江缝合带中的蛇绿岩、放射虫硅质岩以及冈底斯岩浆弧火山岩和花岗岩的年龄,一般都在侏罗纪—白垩纪范围,代表新特提斯洋盆当时处于印度-亚洲大陆碰撞前的洋壳盆地演化阶段。雅鲁藏布江缝合带最高的海相化石层位是冈巴地区的始新统中上部巴顿阶(约40 Ma),结合沉积相(浅海相灰岩、页岩)和古生态(底栖有孔虫等)分析,当时印度板块已经与亚洲大陆碰撞,洋盆已经消失,只代表残留海盆的最后阶段。

拉萨地体南缘发育的古近纪林子宗火山岩系底界年龄近年调整为60.1 Ma

(刘安琳等,2015),顶界约 44 Ma(Zhu et al.,2015),由下而上分为 3 个组,即古新世的典中组和始新世的年波组、帕那组。产状平缓的典中组火山岩与下伏遭受显著褶皱的白垩纪沉积岩呈明显的区域性角度不整合接触(图 8-57A)。

图 8-57 青藏高原新生代地层与高山栎化石
A.拉萨地体南缘古近纪林子宗火山岩与上白垩统之间的不整合(据网络图片);
B.希夏邦马峰北坡的上新世高山栎化石(据徐仁等,1973;萧春雷,2009 修改)

通过火山岩岩石-地球化学分析,典中组以钙碱性安山岩为主,证明冈底斯陆缘弧仍然存在,代表新特提斯洋盆最后俯冲到初始碰撞(典中组顶部遭受剥蚀)的地质纪录。年波组下部出现灰岩、泥灰岩沉积,上部出现标志陆内活动的钾玄岩,已进入陆壳俯冲状态。帕那组是岩浆活动的高峰期产物,大量流纹岩显示了加厚陆壳背景火山岩的特点,被认为与俯冲板片受阻产生断裂、拆沉从而引起热软流圈物质大量上涌有关。整个林子宗火山岩系记录了由新特提斯洋盆俯冲消减末期过渡到印度-亚洲大陆碰撞的信息(李再会等,2008;Zhu et al.,2015)(图 8-58)。随后藏南地区出现一个岩浆间歇期(40～26 Ma),在三江带发生大规模平移走滑断裂,代表晚碰撞期出现的构造体制转换特征。25 Ma 以后冈底斯地区出现钾质火山岩和强过铝花岗岩,代表后碰撞期出现东西向地壳伸展构造背景(图 8-56)。

整个碰撞过程伴随岩浆-热液活动对于巨型内生金属矿产的形成是个有利条件,青藏高原不同部位各有自己的成矿时代和矿种类型。据侯增谦(2016)的总结,冈底斯带的大型斑岩铜矿形成于后碰撞的地壳拉伸阶段(16～14 Ma),三江带的大型多金属、稀土矿床形成于晚碰撞的构造转换期。

应当指出,印度板块与亚洲大陆全面碰撞之后,岩石圈深部的运动并未停歇,青藏高原整体抬升形成的地球第三极对东亚和全球地球系统不同圈层之间相互作用产生了重要影响。

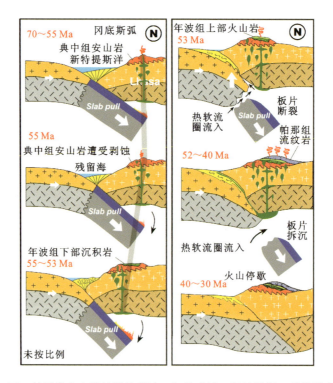

图 8-58　林子宗火山岩的板块俯冲—初始碰撞—板片拆沉—碰撞结束过程
(据 Zhu et al.,2015 修改)

三、青藏高原隆升过程及其地学意义

由于研究方法、获得数据和解释视角的不同,对于有关青藏高原隆升过程不同学科学者各自得出了不同的认识(图 8-59)。研究构造-岩石的学者根据青藏高原内部 23～14 Ma 出现南北向张性断陷盆地,认为高原挤压隆升的顶峰期已过,目前进入了塌陷沉降阶段(丁林,2003)。古生物、地貌、地理等学者根据吉隆盆地发现三趾马群以及希夏邦马峰北坡海拔 5700 m 处发现上新世高山栎化石(图 8-57B),而当地的现生高山栎分布在 3000 m 以下高度,认为新生代青藏高原的快速隆升发生在上新世以后(3 Ma±)的第四纪时期(徐仁等,1973)。

印度板块与欧亚板块的碰撞,一方面有效减缓了前者向北漂移的速度,从 135～66 Ma 的 12 cm/a 降低到 5 cm/a(潘裕生,1999);另一方面也使高原岩石圈挤压变形,南北方向上压扁缩短,垂直方向上增厚隆升,同时高原岩石圈物质向南东方向滑移流展,沿东西方向伸展而形成大规模的走滑断层。

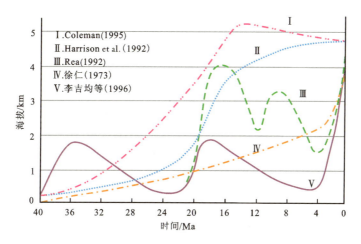

图 8-59　青藏高原隆起过程的不同观点(据李吉均和方小敏,1998 修改)

新生代青藏地区自古新世(60 Ma)板块碰撞后,进入了以造山、断裂和岩浆活动为主的喜马拉雅构造阶段,存在多期次的复杂过程,可以综合为 3 期(黄汲清和陈炳蔚,1987)。Ⅰ-冈底斯运动(始新世晚期,40~35 Ma),以冈底斯地区出现大量磨拉石(砾岩)为标志;Ⅱ-喜马拉雅运动(中新世早期,22~17 Ma),以印度西瓦里克出现早期磨拉石沉积为标志;Ⅲ-青藏运动(上新世与早更新世之间,3.6~1.7 Ma),以印度西瓦里克出现以磨拉石沉积为主为标志。这 3 期构造运动伴随 3 次地壳隆升,即约 35 Ma、23~15 Ma 和约 3.6 Ma 以来,其中前两期的隆升高度最大不超过 2000 m,且隆升后经历了夷平过程(图 8-60)。

地理学家重视地文期(Physiographic Stage)的轮回演变。每次构造运动青藏地区都因遭受强烈挤压而导致海拔升高,随后伴随挤压应力松弛、外力剥蚀作用增强,经历夷平作用海拔高程降低。目前高原上保留的山顶面(形成于 37~22 Ma 期间)和主夷平面(形成于 19~7 Ma 期间)就是地文期演变的地质记录。根据主夷平面上保留有岩溶古地貌和残留的红色古风化壳,经过与现代岩溶区地貌、沉积物分析对比认为,青藏高原南部的沉积物厚度一般小于 500 m,最高不超过 1000 m(崔之久等,1996)(图 8-61)。

青藏高原从 3.6 Ma 以后开始阶段性加速抬升,3 个快速抬升时期分别命名为青藏运动(3.6~1.7 Ma)、昆(仑)-黄(河)运动(1.1~0.6 Ma)和共和运动(0.15 Ma)(李吉均和方小敏,1998)。在整体抬升的同时,高原内部也存在差异分化,出现断块山脉、断陷盆地和谷地不同地貌。昆(仑)-黄(河)运动使青藏高原平均抬升到大于 3000 m,山地大于 4000 m,高原大范围进入冰冻圈,第四纪冰期达到

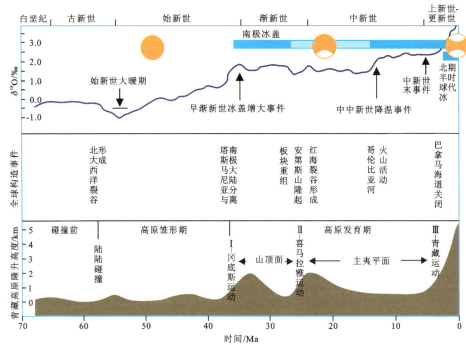

图 8-60 青藏高原新生代的隆升过程及其与全球构造和气候的耦合关系
（据郑度和姚檀栋，2004）

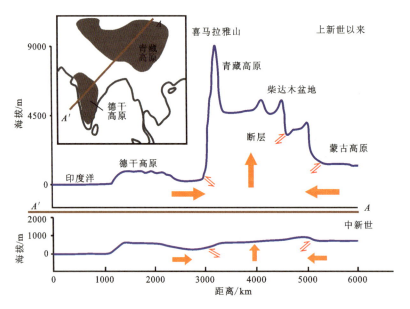

图 8-61 青藏高原和德干高原中新世夷平面海拔再造示意图（据崔之久等，1996）

最大规模。共和运动使青藏高原整体抬升到4000～4500 m的现代高度,喜马拉雅山脉普遍超过6000 m,西南季风难以逾越而导致中国西北进一步变干,黄土堆积扩张到长江中下游地区。

郑度和姚擅栋(2004)总结了青藏高原新生代隆升过程及其与全球构造、气候的耦合关系,对于我们探讨地球系统不同圈层之间的相互作用和耦合关系富有启迪意义(图8-60)。汤懋苍和董文杰(1997)注意到高原整体隆升—现代季风体系—大规模黄土堆积均自更新世早期(2.58 Ma)开始(图8-62),与古地磁高斯正极性期—松山负极性期的转换时间(2.58 Ma)相同(杨天水等,2011)。由于地球磁场极性的倒转是地球外核流体运动与下地幔结构变化相互作用的结果(具体机制尚存争论)(朱日祥等,2013),据此提出青藏高原抬升到一定高度是制约气候系统大转型的决定因素,地核环流加强与地表地形分异正相关可能有成因联系。

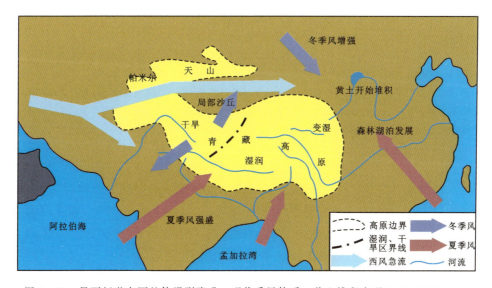

图8-62 早更新世高原整体强烈隆升—现代季风体系—黄土堆积出现(据施雅风等,1999)

王成善等(2009)分析、评估了研究青藏高原隆升历史的各种替代指标(古生物、地球化学、地球物理),结合在高原腹地开展的工作,提出了新的模式,即拉萨地体和羌塘地体在始新世(40 Ma)就已经达到现在的海拔高度,称为原西藏高原。那时青藏高原北部还是低地,南部和西部可能还处在海洋环境。在中新世(20 Ma)时,高原向北、向东和向南生长并在第四纪时形成现在的高原特征(图8-63)。

上述分区探讨青藏高原隆升历史的视角在学术界已经成为共识,但对于青藏高原隆升的过程和历史,特别是在不同地质时期的古高度重建上,仍然存在很大的

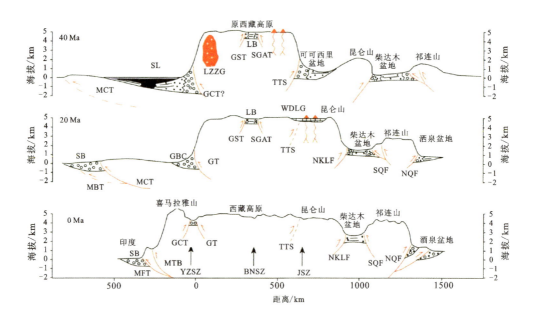

图 8-63　自中部向南、北两侧扩展的青藏高原隆升模式图(据王成善等,2009)

MBT. 主边界断层;GCT. 大反逆冲断层;LZZG. 林子宗火山岩;TTS. 唐古拉断裂;NKLF. 北昆仑断裂;NQF. 北祁连山断层;GBC. 冈仁波齐砾岩;WDLG. 五道梁群湖相灰岩;YZSZ. 雅鲁藏布江缝合带;BNSZ. 班公湖-怒江缝合带;JSZ. 金沙江缝合带;MCT. 主中央断层;SL. 海平面;GT. 冈底斯逆冲断裂;GST. 改则-色龙错断裂;LB. 伦坡拉盆地;SGAT. 狮泉河-改则-安多逆冲断裂;SQF. 南祁连山断层;SB. 西瓦里克前陆盆地;MFT. 主边界断层

争论。两种观点尖锐对立：一种观点主要基于地球化学稳定同位素和地球物理替代指标，认为青藏高原主体在印度-亚洲板块碰撞的早期阶段(40 Ma)形成，在晚渐新世或中中新世达到现在的高度。另一种观点重视古生物、古地理研究成果，认为青藏高原直到晚中新世(10 Ma)才上升到如今的海拔高度。

青藏高原是地球上最年轻和最高的高原，其高度占据对流层的1/3。青藏高原隆升对大气环流施加了强大的动力和热力效应，在晚新生代时期不仅是改变全球气候的关键因素，同时也对亚洲季风的发展有着重要影响。对青藏高原古高度的重建能够增进我们对地质构造和长尺度气候变化之间联系的认识。然而，因为与古高度直接相关的地质记录极其稀少，所以中国科学院古脊椎动物与古人类研究所研究员邓涛和青藏高原研究所研究员丁林联合对研究现状进行了总结，发现依据不同的替代指标对青藏高原隆升历史的判断存在着巨大的差异。例如，在西藏南部的吉隆(Gyirong)盆地，基于食草动物牙釉质稳定碳同位素做出的推算要比基于湖相碳酸盐氧同位素的晚中新世古高度低约2500 m。在西藏中部的南木林

(Namling)盆地,基于植物和花粉化石最近亲缘种分布范围做出的估计要比基于叶相气候多元分析得到的中中新世古高度低 1600 m,比基于成土和早期成岩作用碳酸盐岩稳定氧同位素组成得到的古高度低 2200 m。在西藏北部色林错东侧的伦坡拉(Lunpola)盆地,基于哺乳动物和花粉化石重建的早中新世古高度比基于古土壤碳酸盐和湖相灰岩氧同位素以及角质层叶蜡正构烷烃氢同位素得到的结果低 1000 多米(图 8-64)。

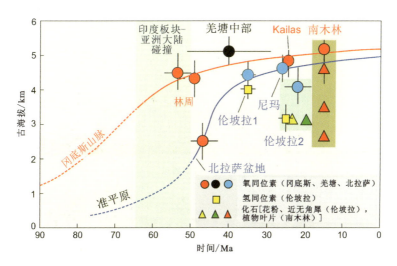

图 8-64　不同替代指标在再造青藏高原隆升过程中的差异(据 Deng and Ding,2015)
Kailas 位于西藏西南冈仁波齐峰南侧

无论是地球化学还是古生物学方法,将今论古的现实主义研究方法是解决地史时期问题的有效参照,但却存在相当大的难度,因为对于同位素分馏和物种分布来说,现代过程并不容易精准地确定。此外,地史时期的气候环境背景与现代的状态有着显著的差异,因此,相关的校正也会受到人为因素的影响。在每一个青藏高原的研究地区,不同的古高度结果可能会通过不同的甚至相同的方法得到,而相同的结果也可能由不同的方法取得。

如果将青藏高原作为一个整体来看,古生物的证据能够重建新生代以来的连续隆升过程。在渐新世时期,巨犀(*Paracerathenum*)生活在青藏高原北侧的中国西北地区,与此同时在青藏高原南侧的印巴次大陆也有分布,由此指明青藏高原在那时的地势还不是太高,还不足以阻碍大型动物的交流。至中新世中期,在青藏高原北侧的许多地点发现了铲齿象(*Platybelodon*)化石,但在青藏高原南侧的西瓦立克地区却没有这类动物的任何踪迹,显示青藏高原已经隆升到相当高的程度,成为当时哺乳动物交流的屏障(图 8-65)。

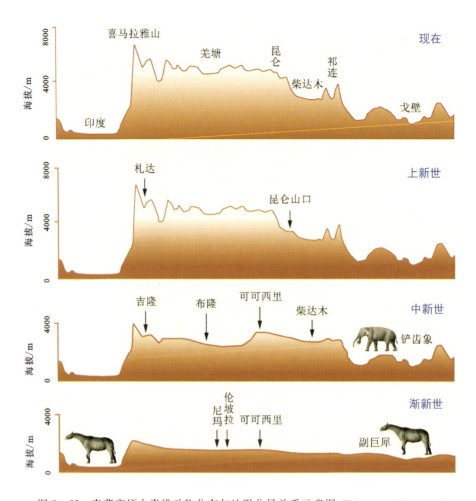

图 8-65 青藏高原古脊椎动物分布与地形分异关系示意图(据 Deng and Ding,2015)

以三趾马的研究为例,以往一般认为它们生活于亚热带森林草原,海拔不超过 1500 m。Deng 等(2012)在藏南扎达盆地发现的上新世中期(4.6 Ma)扎达三趾马 (*Hipparion zandaense*)(图 8-66),发育良好的中间趾骨和膝盖部位的锁扣结构,证明其可以在林线以上 4000 m 高程的草原奔驰,与现代的藏野驴(*Equus kiang*)生态相似。西藏布隆盆地的中新世晚期(10 Ma)西藏三趾马(*H. xizangense*),生活于高程为 2500 m±的地域;聂拉木达涕盆地中新世末期(7 Ma)的福氏三趾马 (*H. forstenae*),生活于高程为 2900~3400 m 的地域。因此,三趾马可以适应亚热带森林草原、灌丛草原到山地草原不同环境和海拔,藏南地区达到现在高度的时间是在上新世中期。

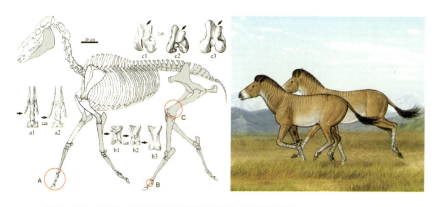

图 8-66　札达三趾马骨骼结构及其生态环境再造(据 Deng et al.,2012)

大多数依据碳酸盐氧同位素进行的古高度重建认为,在古近纪末期到新近纪初期青藏高原已达到现在的高度。然而,同位素古高度方法需要假设一系列不确定参数和条件,如地质年龄、成岩作用、样品类型、蒸发效应、大气温度、气候变化等,由此可能导致古高度的错误解释。例如,从氧同位素的角度看,现代的青藏高原可以分为两个地区,南部地区的氧同位素垂直梯度变化率大,而北部地区的变化率只达到南部的一半水平。然而,针对各个新生代盆地的古近纪时期或新近纪时期,应该采用什么水平的氧同位素垂直梯度变化率,不同的研究者却持有不同的观点。

重建的青藏高原古高度变化过程对解释动力地质学演化和认识亚洲气候变迁极为关键,但对研究者而言,要取得精确的结果尚有很长的路要走,因为一些矛盾的问题尚未解决。今后,多学科的综合方法和交叉检验将是得到更加可信的青藏高原古高度数据的重要途径(Deng and Ding,2015)。

如果将高原主体剥蚀区和周缘海洋、内陆盆地视作盆山耦合、协同演化的命运共同体,青藏高原巨大、复杂的盆-山-原构造系统明显不同于传统造山带的单一盆-山转化概念(王成善等,2009)(图 8-67)。研究的视野不仅应关注高原自身,周缘海洋或陆盆中的沉积物、古生物群也可能保留有高原隆升过程的精细纪录(葛肖虹等,2006)。根据印度境内板块俯冲带倾角沿走向发生变化,研究需要加强陆-陆碰撞与深部过程关系的探讨(高锐,2004)。从地球系统科学观点深入研究固体地球(岩石圈、地幔和地核)、大气圈、水圈、生物圈和太阳系相互关系,对于深化高原隆升及其与人类可持续发展有关的矿产资源、环境保护和自然灾害防治都具有重要意义。

青藏高原经历>500 Myr 悠久的沧海桑田的演化历史,铸成地球上最引人瞩目的"造山的高原"。东特提斯演化、青藏高原的隆升以及大陆动力学机制的一系

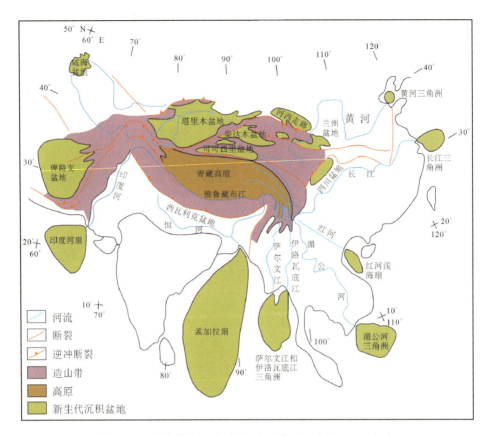

图 8-67 青藏高原盆-山-原构造系统(据王成善等,2009 修改)

列重大关键科学问题及其相关的环境、资源、能源、灾害等问题,有待于深化、验证、探讨及应用(吴福元,2013;侯增谦,2016;Ding et al.,2017)。占领青藏高原的地球科学研究国际舞台是中国地学家们的责任和目标!

第九节 岩石圈的演化

一、地球节律与超大陆旋回

地球历史中不同圈层的生物、化学和物理地质演化记录,小到沉积层中的潮汐韵律,大到全球古大陆的聚散,总体上都显示有一定的周期性特征,这种现象称为地球历史的节律或地球的节律(Earth's rhythms)。这种节律具有突发性(episodicity)、旋回性(cyclicity)和不可逆的点断前进性(irreversible punctuated progressoin)特征,总体构成不同的发展阶段(stage),可能与地球在地月系和太阳系,乃至银河系环境中运行的周期存在对应关系(刘本培和张世红,1997;王鸿桢,1997)。

目前已知地球在银河系中绕行一周(银河年)为2.5亿~3亿年,穿越4个旋臂每次约0.75亿年,沿银道面上下波动每次约0.32亿年;地球绕太阳公转时,也存在轨道**偏心率**(eccentricity)405 kyr、100 kyr,自转轴**黄赤交角/斜率**(obliquity of ecliptic)约40 kyr和**岁差**(precession)约20 kyr的周期性变化(图8-68)。

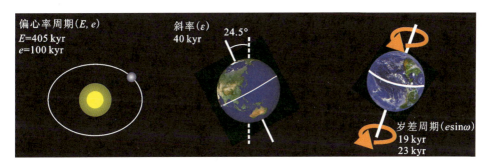

图8-68 地球轨道旋回3种类型(据网络图片修改)

地史中大量记录的生物演化、海平面升降、气候长周期变化、岩石圈构造运动、古地磁极性翻转和地外陨击等事件,其周期性往往能与某种天文背景对应(史晓颖,1996)(图8-69)。

侏罗纪以来的全球洋盆扩张可以分为6个阶段,其中以124~80 Ma时期的洋岛火山岩增加体积最为显著,这是地球历史中的最近一次脉动,称为白垩纪中期**超级地幔柱**(mid-Cretaceous superplume)事件(Larson,1991),而124 Ma同时既是古太平洋的伊佐奈岐(Izanagi)板块俯冲方向由北西西转变为北北西的突变期(Moore,1989),也是华北克拉通破坏演化阶段中的一个重要转折点。大自然的多种重大地质事件在时间上有时呈现相对精准的耦合,人们在探索它们之间的成因联系时,天文因素也会纳入选项,强调大型星体陨击地球触发超级地幔柱的可能性(Rampino and Self,1984;万天丰,2018)。也有人指出侏罗纪-白垩纪之交太阳系可能位处远银心点,地球的引力常数G值经历了142 Ma极大值后开始变小,结合当时正是鸟类大量出现,实现生物征服天空的关键时刻,提出也可能是激发超级地幔柱上升的有利条件之一(刘本培和张世红,1997)。

地史中超大陆的聚散演变,与中国著名历史小说《三国演义》开卷所言"话说天下大势,分久必合,合久必分"相似,表明这种历史节律也存在于人文科学领域。

回顾地球历史中的岩石圈演化,不难发现中国和全球的大陆板块有过多次分离和聚合,大洋板块也相应发生增生和消减。目前已初步识别并推论出地球历史

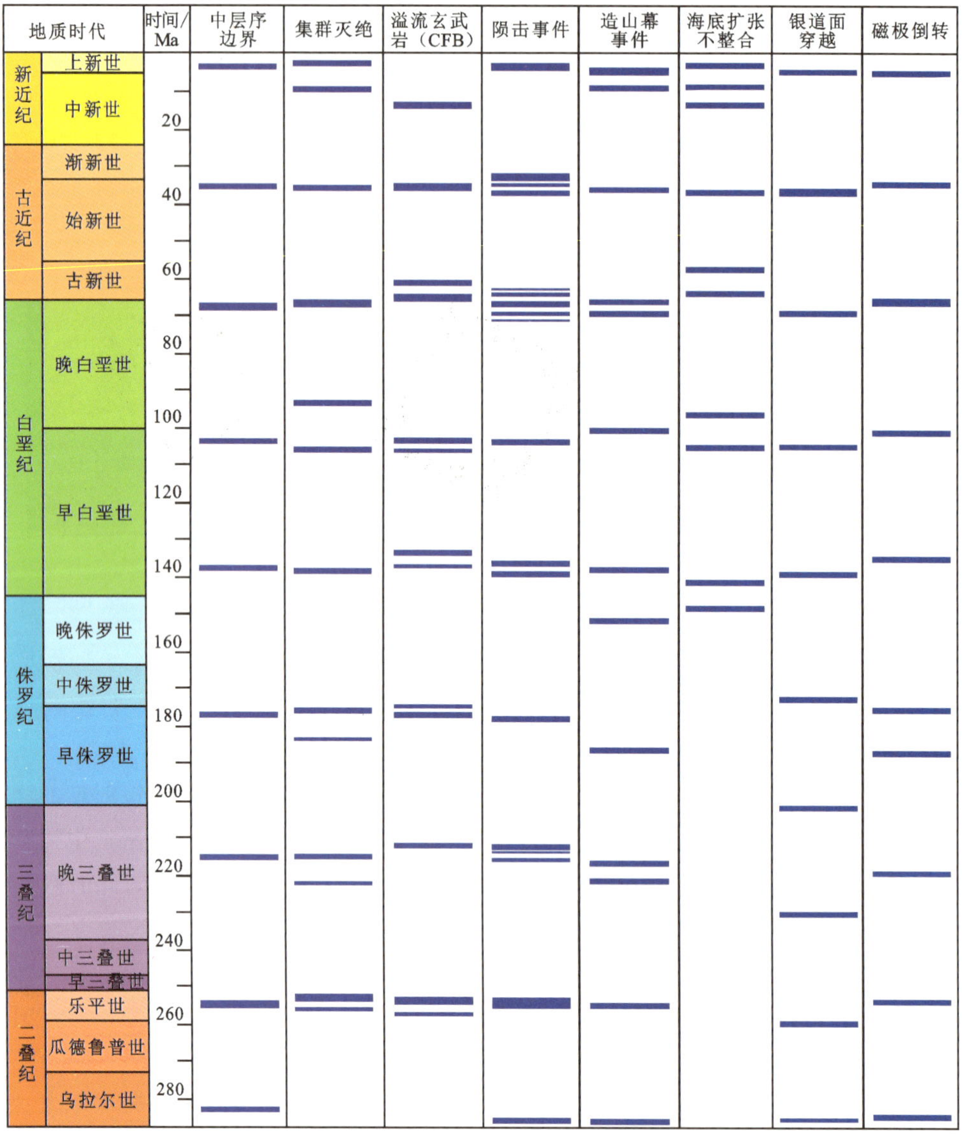

地质时代		时间/Ma	中层序边界	集群灭绝	溢流玄武岩（CFB）	陨击事件	造山幕事件	海底扩张不整合	银道面穿越	磁极倒转
新近纪	上新世									
	中新世	20								
古近纪	渐新世	40								
	始新世									
	古新世	60								
白垩纪	晚白垩世	80								
		100								
	早白垩世	120								
		140								
侏罗纪	晚侏罗世	160								
	中侏罗世	180								
	早侏罗世	200								
三叠纪	晚三叠世	220								
	中三叠世	240								
	早三叠世									
二叠纪	乐平世	260								
	瓜德鲁普世									
	乌拉尔世	280								

图 8-69　与太阳穿越银道面时间对应的地质事件（据史晓颖，1996）

中可能存在～250 Ma（潘基亚超大陆）、1300～900 Ma（罗迪尼亚超大陆）、1800～1500 Ma（哥伦比亚超大陆）和～2500 Ma（克罗岚超大陆）4次超大陆的聚合，它们的聚合和裂解大体呈现～8亿～6亿年（相当于双银河年）周期。应当指出，其中前两个超大陆研究程度较高，后两个研究程度较低，聚散年龄矛盾较多，空间分布不确定性较大。

二、超大陆旋回的地球动力学解释

地质学家早就注意到不同地史时期古大陆的空间分布格局有异。例如,早古生代大陆主要聚合在南半球,以近东西向分布为主。晚古生代晚期的潘基亚超大陆以南北方向延伸为主,中、新生代北半球以大陆聚合为主,南半球的大陆呈裂离、分散状态(图8-70)。

大陆聚散的驱动因素即是板块运动的动力源问题,也必然涉及固体地球内部地核、地幔与岩石圈之间的圈层耦合和物质-能量交换机制探讨。自从全地幔对流(Loper,1985)、超级地幔柱(Larson,1991)现象发现以来,日本学者丸山德茂(Maruyama,1994)提出了完整的地幔柱(地幔羽)构造学说(plume tectonics),指出联合大陆下面冷的俯冲板片达到670 km界面发生停滞后,可以发生直达核幔界面的更深沉降;洋岛下面核幔边界的D层,又是上升超级热地幔柱的起点,从而构成全球一级尺度的对流系统(图8-71)。

对地球形状的高精度测量发现,地球并非典型圆球状,而是呈梨形:北半球顶部略突出,N30°纬度带略显压缩,宏观控制地震多发带;南半球底部略收缩,总体略显膨胀,扩张洋中脊集中出现,说明同一个地球存在不对称的差异分化(图8-72)。地球的不规则外形反映不可能存在理论上的球心(质量中心),而是必然存在内核偏移现象。

内核一旦发生偏移,偏移侧的液态外核由于对流层变薄,热对流显著加强,临近的下地幔底部(D层)激发形成上升热地幔柱。上覆的原有超级大陆岩石圈初期发挥"棉被效应"积蓄热能,达到临界点后因受热而发生破裂,导致原有超级大陆开裂和新洋盆扩张。另一半球情况相反,开始主要发生冷的俯冲板片下沉,反映上覆岩石圈存在比较集中的俯冲现象(俯冲黑洞),最后导致汇聚形成新的超级大陆(图8-73)。上述作用过程在地球内部热能条件未发生重大变化前可以循环往复,成为地史中出现超大陆周期的地球动力学成因(黄定华等,2001)。

三、岩石圈演化的未来趋势

参照地史中超大陆空间分布历史轨迹,科学家提出了预测今后岩石圈演化趋势的不同假设。Scotese(2001)提出的模型是250 Myr后太平洋继续扩张,大西洋完全闭合,印度洋收缩形成残留海,澳大利亚和南极大陆北漂与欧亚大陆碰撞。这是一种联合古陆阶段大陆板块在北半球汇聚后,转向赤道部位集中的新变化(图8-74)。

耶鲁大学地理学家米切尔·罗斯团队近年提出了100 Myr后出现美亚超大陆(Amasia)的臆想方案(图8-75),其理论根据是正交变体(Orthoversion)新模型,

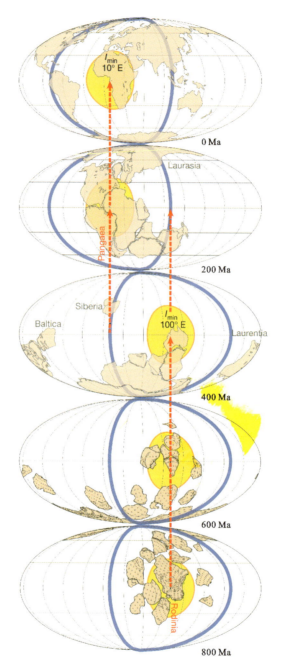

图 8-70　地球 800~0 Ma 的海陆分布及其演替(据 Mitchell et al.,2012)
黄色圈为赤道地幔上升区;蓝色大圈为板块俯冲带;红色虚线为超大陆极移曲线轨迹(Imin);Pangea.
潘基亚超大陆;Rodinia.罗迪尼亚超大陆;Laurasia.劳亚大陆;Laurentia.劳伦大陆;Siberia.
西伯利亚大陆;Baltica.波罗的大陆

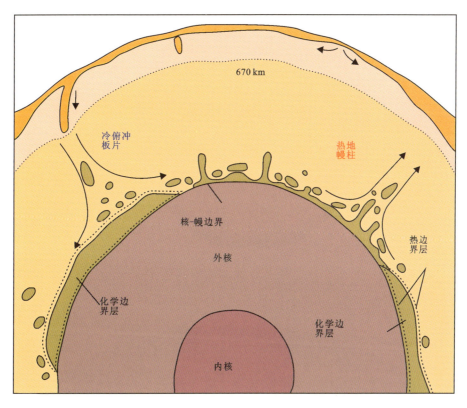

图 8-71　地幔内的全球一级尺度对流系统(据 Maruyama,1994)

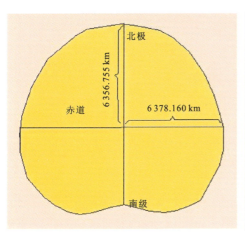
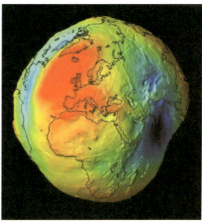

图 8-72　梨形地球(图片源自网络)

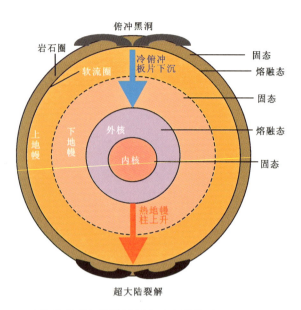

图 8-73 内核偏移引起的圈层耦合动力学模型(据黄定华等,2001 修改)

图 8-74 250 Myr 后全球新的联合大陆臆想图(据 Scotese,2001)
大西洋和印度洋关闭、萎缩成地中海,太平洋持续扩张

即每个后继的超级大陆,都是以先前大陆的地理中心为轴,旋转 90°而形成的。在超大陆裂解后,大陆最初互相裂离,但被阻于南北俯冲带(例如现在的环太平洋海沟-火山岛弧带),然后在那里形成新的超大陆(Mitchell et al.,2012)(图 8-75)。

为了测试这个模型,研究人员使用古地磁真极移曲线(true polar wander,简称 TPW)来研究地球自转相对于其自转轴的变化。这种变化是由地球质量分布的变

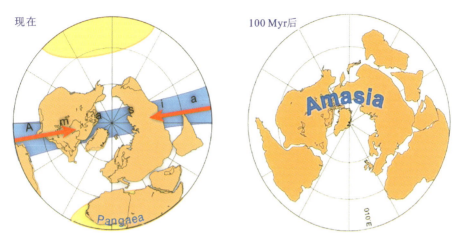

图 8-75　100 Myr 后的美亚超大陆臆想图(据 Mitchell et al.,2012)
黄色圈为赤道地幔上升区;蓝色大圈为板块俯冲带;红色箭头指示洋盆闭合部位

化所引起的,把相对突起的大陆板块转移至赤道或两极附近。按照这个推论,如今的北极海和加勒比海将会因为南北美洲的合并、北上与欧亚大陆相撞而消失,于 100 Myr 后形成一个新的美亚超大陆。

上述两种假设看起来明显矛盾,其实后者继承了联合古陆在北半球聚合的趋势,尚未进入反弹至赤道带集合的阶段,由于其间存在 150 Myr 时间差,仍然给人们留下广阔的臆想空间。后者的学术思路与质心偏移假说并不抵触,优点在于通过古地磁真极移曲线分析得出两个相继超大陆之间旋转 90°的定量数据(质心偏移假说为 180°转移)。Maruyama(1994)关于地幔内的全球一级尺度对流系统并未规定跨度距离,米切尔团队的后续工作是个进步。

我们无法等待上亿年来验证哪一种假设更符合事实,但这种通过地球不同圈层耦合和物质-能量交换的地球系统科学指导思想仍然值得倡导。如果用来研究与人类可持续发展关系更加密切的全球气候变化、矿产资源供给和自然灾害防治方面,这一指导思想则更是大有用武之地,通过探索研究和及时的实践反馈,将有利于促进地球科学的创新发展。

主要参考文献

车自成,罗金海,刘良,2002.中国及其邻区区域大地构造学[M].北京:科学出版社:1-466.

陈国达,1956.中国地台"活化区"的实例并着重讨论"华夏古陆"问题[J].地质学报,36(3):240-272.

陈国达,1959.地壳第三构造单元:地洼区[J].科学通报,10(3):94-96.

崔之久,高全洲,刘耕年,等,1996.青藏高原夷平面与岩溶时代及其起始高度[J].科学通报,41(15):1402-1406.

邓晋福,吴宗絮,赵国春,等,1999.华北地台前寒武花岗岩类、陆壳演化与克拉通形成[J].岩石学报,15(2):190-198.

丁林,2003.青藏高原正在垮塌[J].中国国家地理,10(588):242.

董树文,李廷栋,高锐,等,2010.地球深部探测国际发展与我国现状综述[J].地质学报,84(6):743-770.

段吉业,刘鹏举,夏德馨,2002.浅析华北板块中元古代—古生代构造格局及其演化[J].现代地质,16(4):331-338.

多吉,温春齐,郭建慈,等,2007.西藏4.1 Ga碎屑锆石年龄的发现[J].科学通报,52(1):19-32.

樊隽轩,彭善池,侯旭东,等,2015.国际地层委员会官网与《国际年代地层表》(2015/01版)[J].地层学杂志,39(2):132.

范承钧,马冠卿,王忠实,1994.川滇青藏地区区域地质特征[M]//中国区域地质概论.北京:地质出版社:277-279.

冯庆来,1993.造山带区域地层学研究的思想和工作方法[J].地质科技情报,12(3):51-56.

冯庆来,叶玫,2000.造山带区域地层学研究的理论、方法与实例剖析[M].武汉:中国地质大学出版社:1-94.

冯庆来,张克信,2007.非史密斯地层学[M]//地层学基础与前沿.武汉:中国地质大学出版社:278-287.

高锐,2004.碰撞构造:喜马拉雅-青藏高原隆起的时间与过程[J].地质通报,23(9-10):1055-1056.

葛肖虹,马文璞,2014.中国区域大地构造学教程[M].北京:地质出版社:1-466.

葛肖虹,任收麦,马立祥,等,2006.青藏高原多期次隆升的环境效应[J].地学前缘,13(6):118-130.

龚一鸣,杜远生,冯庆来,等,1996.关于非史密斯地层的几点思考[J].地球科学,21(1):19-26.

龚一鸣,张克信,2007.地层学基础与前沿[M].武汉:中国地质大学出版社:1-287.

郭慧,李亚萍,王学明,2018.国际大洋科学钻探计划简介[J].中国地质,45(3):

638-639.

侯增谦,2016.特提斯构造域碰撞成矿作用[R].泉州:中国青藏高原研究会2016年学术年会.

胡克,李才,程立人,等,1995.西藏羌塘中部冈玛错-双湖蓝片岩带及其构造意义[J].长春地质学院学报,25(3):268-274.

黄定华,吴金平,段怡春,等,2001.从内核偏移到板块运动[J].科学通报,46(8):646-650.

黄汲清,1983.中国大地构造的几个问题[J].石油实验地质,5(3):165-169.

黄汲清,陈炳蔚,1987.中国及邻区特提斯海的演化[M].北京:地质出版社:1-74.

贾凌霄,马冰,田黔宁,等,2020.中美地球深部探测工作进展与对比[J].地质通报,39(4):582-597.

金性春,1984.板块构造学基础[M].上海:上海科学技术出版社:1-283.

瞿伟,高源,陈海禄,等,2021.利用GPS高精度监测数据开展青藏高原现今地壳运动与形变特征研究进展[J].地球科学与环境学报,43(1):182-204.

李才,1987.龙木错-双湖-澜沧江板块缝合带与石炭二叠纪冈瓦纳北界[J].长春地质学院学报,17(2):155-166.

李才,董永胜,翟庆国,等,2008.青藏高原羌塘中部早古生代蛇绿岩:堆晶辉长岩SHRIMP U-Pb定年及其构造意义[J].岩石学报,24(1):31-36.

李吉均,方小敏,1998.青藏高原隆起与环境变化研究[J].科学通报,43(15):1568-1574.

李江海,姜洪福,2013.全球古板块再造、岩相古地理及古环境图集[M].北京:地质出版社:1-127.

李三忠,赵国春,孙敏,2016.华北克拉通早元古代拼合与Columbia超大陆形成研究进展[J].科学通报,61(9):919-925.

李文忠,沈树忠,2005.西藏雅鲁藏布江缝合带二叠纪灰岩体的动物群及其古地理意义[J].地质论评,51(3):226-233.

李祥辉,王成善,李亚林,等,2014.仲巴微地体之定义及构成[J].地质学报,88(8):1372-1381.

李一良,2010.地球上生命从什么时候开始的?[M]//10 000个科学难题·地球科学卷.北京:科学出版社:450-453.

李再会,郑来林,李军敏,等,2008.冈底斯中段林子宗火山岩岩石地球化学特征[J].矿物岩石地球化学通报,27(1):20-27.

廖世勇,王冬兵,唐渊,等,2015.Sibumasu地块晚古生代卧牛寺玄武岩对冈瓦纳北缘裂解的制约[J].吉林大学学报(地球科学版),45(增刊1):2-3.

刘安琳,朱弟成,王青,等,2015.藏南米拉山地区林子宗火山岩LA-ICP-MS锆石U-Pb年龄和起源[J].地质通报,34(5):826-833.

刘本培,崔新省,1983.西藏阿里日土县宽铰蛤(*Eurydesma*)动物群的发现及其生物地理区系意义[J].地球科学,8(1):79-92.

刘本培,方念乔,冯庆来,等,1991.滇西古特提斯多岛洋构造古地理格局[C]//中国西部特提斯构造演化及成矿作用学术讨论会文集.成都:电子科技大学出版社:212.

刘本培,冯庆来,CHONGLAKMANI C,2002.滇西古特提斯多岛洋的结构及其南北延伸[J].地学前缘,9(3):161-171.

刘本培,蒋子堃,邓胜徽,等,2013.硅化木向光性与华北板块旋转探讨[J].科学通报,28(增刊I):230.

刘本培,全秋琦,1996.地史学教程[M].3版.北京:地质出版社:1-277.

刘本培,张世红,1997.侏罗-白垩纪地球圈层演化节律及相互关系[J].地学前缘,4(3):65-74.

刘敦一,NUTMAN A P,WILLIAMS J S,等,1994.中朝克拉通老于38亿年的残余陆壳:离子探针质谱锆石微区U-Pb年代学证据[J].地球学报,15(1-2):3-13.

陆松年,2010.超大陆的形成、解体与演化[M]//10 000个科学难题·地球科学卷.北京:科学出版社:224-228.

陆松年,郝国述,2014.中国太古宙—古元古代(>1800 Ma)大地构造图(1:10 000 000)[M].北京:地质出版社.

路凤香,桑隆康,2002.岩石学[M].北京:地质出版社:117-118.

路甬祥,2013.魏格纳等给我们的启示:纪念大陆漂移学说发表一百周年[M]//丁仲礼.固体地球科学研究方法.北京:科学出版社:1-12.

马杏垣,游振东,谭应佳,等,1961.中国大地构造的几个基本问题[J].地质学报,41(1):30-44.

马宗晋,杜品仁,洪汉净,2003.地球构造与动力学[M].广州:广东科技出版社:1-564.

梅冥相,高金汉,2015.叠层石形成的光合作用信号:来自锥状叠层石形态学研究的精妙启示[J].现代地质,29(6):1328-1337.

莫宣学,潘桂棠,2006.从特提斯到青藏高原形成:构造-岩浆事件的约束[J].地学前缘,13(6):43-51.

潘桂棠,肖庆辉,陆松年,等,2008.大地构造相的定义、划分、特征及其鉴别标志[J].地质通报,27(10):1613-1637.

潘裕生,1999.青藏高原的形成与隆升[J].地学前缘,6(3):153-163.

邵济安,张履桥,牟保磊,2004.构造体制转折是岩石圈尺度的行为[J].地质通报,23(9-10):973-979.

施雅风,李吉均,李炳元,等,1999.晚新生代青藏高原的隆升与东亚环境变化[J].地理学报,54(1):10-20.

施央申,豪威尔,1990.第四届国际环太平洋地体构造学术会议前言[C]// Terrane analysis of China and the Pacific Rim. Circum-Pacific Council for Energy and Mineral Resources Earth Sciences Series(13):1-368.

史晓颖,1996.35Ma:地质历史上一个重要的自然周期:自然临界的概念及其成因[J].地球科学,21(3):235-242.

史晓颖,2011.前寒武纪微生物地质作用与地球表层系统演化[M]//地球生物学.北京:科学出版社:192-193.

史晓颖,李一良,曹长群,等,2016.生命起源、早期演化阶段与海洋环境演变[J].地学前缘,23(6):128-139.

宋晓晓,李春峰,2016.西太平洋科学大洋钻探的地球动力学成果[J].热带海洋学报,35(1):17-30.

孙娇鹏,陈世悦,彭渊,等,2014.全吉地区新元古代滨岸冰川沉积特征及地质意义[J].地质学报,88(7):1334-1340.

汤懋苍,董文杰,1997.青藏高原的抬升和夷平过程对气候与环境的影响[J].高原气象,16(1):23-29.

万天丰,1993.中国东部中、新生代板内变形构造应力场及其应用[M].北京:地质出版社:1-103.

万天丰,2004.侏罗纪地壳转动与中国东部岩石圈转型[J].地质通报,23(9-10):966-972.

万天丰,2011.中国大地构造学[M].北京:地质出版社:412-418.

万天丰,2018.论全球岩石圈板块构造的动力学机制[J].地学前缘,25(2):20-335.

王成善,戴紧根,刘志飞,等,2009.西藏高原与喜马拉雅的隆升历史和研究方法:回顾与进展[J].地学前缘,16(3):1-30.

王成善,刘志飞,李祥辉,等,1999.西藏日喀则弧前盆地与雅鲁藏布江缝合带[M].北京:地质出版社:1-237.

王成善,郑和荣,冉波,等,2010.构造活动古地理重建的实践与思考:以青藏特提斯为例[J].沉积学报,28(5):849-860.

王根厚,韩芳林,杨运军,等,2009.藏北羌塘中部晚古生代增生杂岩的发现及其地质意义[J].地质通报,28(9):1181-1187.

王根厚,梁定益,刘文灿,等,2000.藏南海西期以来伸展运动和伸展作用[J].现代地质,14(2):133-139.

王鸿祯,1956.地史学教程[M].北京:地质出版社:1-396.

王鸿祯,1997.地球的节律与大陆动力学的思考[J].地学前缘,4(3):1-12.

王鸿祯,楚旭春,刘本培,等,1985.中国古地理图集[M].北京:地图出版社.

王鸿祯,刘本培,李思田,1990.中国及邻区大地构造划分和构造发展阶段[M]//中国及邻区构造古地理和生物古地理.武汉:中国地质大学出版社:3-34.

王乃文,郭宪璞,刘羽,1994.非史密斯地层学简介[J].地质论评,40(5):394-482.

王荃,2011.华北克拉通与全球构造[J].地质通报,30(1):1-18.

王伟,刘树文,白翔,等,2015.前寒武纪地球动力学(Ⅷ):华北克拉通太古宙末期地壳生长方式[J].地学前缘,22(6):109-124.

文世宣,1979.西藏北部地层新资料[J].地层学杂志,3(2):150-156.

翁文灏,1927.中国东部中生代以来之地壳运动及火山活动[C]//中国地质学会志.北京:中国地质学会.

翁文灏,1929.中国东部中生代造山运动[C]//中国地质学会志.北京:中国地质学会.

吴福元,2013.山体古高度重建[M]//固体地球科学研究方法.北京:科学出版社:172-178.

吴福元,徐义刚,高山,等,2008.华北岩石圈减薄与克拉通破坏研究的主要学术争论[J].岩石学报,24(6):1145-1174.

萧春雷,2009.青藏高原的伟大崛起[J].中国国家地理,10(588):228-241.

徐仁,陶君容,孙湘君,1973.希夏邦玛峰高山栎化石层的发现及其在植物学和地质学上的意义[J].植物学报,15(1):103-119.

许志琴,杨经绥,李化启,等,2012.中国大陆印支碰撞造山系及其造山机制[J].岩石学报,28(6):1697-1709.

许志琴,赵志新,杨经绥,等,2003.板块下的构造及地幔动力学[J].地质通报,22(3):149-159.

杨天水,兵头政幸,杨振宇,等,2011.高斯-松山地磁极性转换(G-M)期间的地磁场方向变化特征[C]//中国地球物理学会第二十七届年会论文集.北京:中国地球物理学会:184.

杨巍然,郭铁鹰,路元良,等,1984.中国构造演化中的"开"与"合"[J].地球科学,9(3):39-53.

杨巍然,姜春发,张抗,等,2016.开合构造:新全球构造观探索[J].地学前缘,23(6):42-60.

杨振宇,马醒华,黄宝春,等,1998.华北地块显生宙古地磁视极移曲线与地块运动[J].中国科学(D辑),28(增刊):44-55.

殷鸿福,张克信,王国灿,等,1998.非威尔逊旋回与非史密斯方法:中国造山带研究的理论与方法[J].中国区域地质(增刊):1-9.

袁训来,2010.生命起源[M]//10 000个科学难题·地球科学卷.北京:科学出版社:179-181.

张宏福,2006.橄榄岩-熔体的相互作用:岩石圈地幔组成转变的重要方式[J].地学前缘,13(2):65-75.

张克信,冯庆来,宋博文,等,2014.造山带非史密斯地层[J].地学前缘,21(2):36-47.

张克信,何卫红,徐亚东,等,2016.中国洋板块地层分布及构造演化[J].地学前缘,23(6):24-30.

张旗,王元龙,金惟俊,等,2008.晚中生代的中国东部高原:证据、问题和启示[J].地质通报,27(9):1404-1430.

张旗,翟明国,2012.太古宙TTG岩石是什么含义?[J].岩石学报,28(11):3446-3456.

张栓宏,赵越,宋彪,等,2004.冀北隆化早前寒武纪高级变质区内的晚古生代片麻状花岗闪长岩:锆石SHRIMP U-Pb年龄及其构造意义[J].岩石学报,20(2):621-626.

张文佑,1984.断块构造导论[M].北京:石油工业出版社:1-385.

张修政,董永胜,李才,等,2014.从洋壳俯冲到陆壳俯冲和碰撞:来自羌塘中西部地区榴辉岩和蓝片岩地球化学的证据[J].岩石学报,30(10):2821-2834.

郑度,姚檀栋,2004.青藏高原隆升与环境效应[M].北京:科学出版社:165-275.

郑建平,2009.不同时空背景幔源物质对比与华北深部岩石圈破坏和增生过程[J].科学通报,54(14):1990-2007.

郑永飞,2023.21世纪板块构造[J].中国科学:地球科学,53(1):1-40.

郑永飞,储雪蕾,2010.雪球地球假说[M]//10 000个科学难题·地球科学卷.北京:科学出版社:361-365.

钟大赍,1998. 滇川西部古特提斯造山带[M]. 北京:科学出版社:1-231.

朱日祥,陈凌,吴福元,等,2011. 华北克拉通破坏的时间、范围与机制[J]. 中国科学:地球科学,41(5):583-592.

朱日祥,刘青松,蔡书慧,等,2013. 地磁场形成和演化研究方法[M]//固体地球科学研究方法. 北京:科学出版社:462-475.

朱日祥,徐义刚,朱光,等,2012. 华北克拉通破坏[J]. 中国科学:地球科学,42(8):1135-1159.

ALLEN P A,2006. Snowball Earth on trial[J]. Eos Transactions American Geophysical Union,87(45):495.

ALLWOOD A C,ROSING M T,FLANNERYl D T,et al.,2018. Reassessing evidence of life in 3700-million-year-old rocks of Greenland[J]. Nature(563):241-244.

ALLWOOD A C,WALTER M R,KAMBER B S,et al.,2006. Stromatolite reef from the Early Archaean era of Australia[J]. Nature(441):714-718.

BOSAK T,LIANG B,SIM M S,et al.,2009. Morphological record of oxygenic photosynthesis in conical stromatolites[J]. PNAS(106):10 939-10 943.

COCKELL C S,2006. The origin and emergence of life under impact bombardment[J]. Philosophical Transections of the Royal Society(361):1845-1856.

CONDIE K C,1982. Plate tectonics and crustal evolution[M]. New York:Pergamon Press:1-320.

CONDIE K C,O'NEIL C,2010. The Archean-Proterozoic boundary:500 Myr of tectonic transition in Earth history[J]. American Journal of Sciences(310):775-790.

DEMETS C,GORDON R G,ARGUS D F,et al.,1990. Current plate motions[J]. Geophysical Journal International(101):425-478.

DENG T,DING L,2015. Paleoaltimetry reconstructions of the Tibetan Plateau:progress and contradictions[J]. National Science Review(2):417-437.

DENG T,Li Q,TSENG Z J,et al.,2012. Locomotive implication of a Pliocene three-toed horse skeleton from Tibet and its paleo-altimetry significance[J]. PNAS(109):7374-7378.

DING L,SPICER R A,YANG J,et al.,2017. Quantifying the rise of the Himalaya orogen and implications for the South Asian monsoon[J]. Geology(45):215-218.

FAIRCHILD I J,KENNEDY M J,2007. Neoproterozoic glaciation in the Earth system[J]. Journal of the Geological Society(164):895-921.

FURNES H,DE WIT M,STAUDIGEL H,et al. ,2007. A vestige of Earth's oldest ophiolite[J]. Science(315):1704-1707.

FURNES H,DILEK Y,DE WIT M,2015. Precambrian greenstone sequences represent different ophiolite types[J]. Gondwana Research(27):649-685.

GROTEN E,BECKER M,1995. Methods and experiences of high precision gravimetry as a tool for crustal movement detection[J]. Journal of Geodynamics (19):141-157.

HOFFMAN P F,KAUFMANN A J,HALVERSON G P et al. ,1998. A Neoproterozoic Snowball Earth[J]. Science(281):1342-1346.

HOFFMAN P F,SCHRAG D P,2002. The Snowball Earth hypotesis:testing the limits of global change[J]. Terra Nova(14):129-155.

HOWELL D G,1991. 地体构造学:山脉形成和大陆生长[M]. 王成善,译. 成都:四川科学技术出版社:1-154.

HSU K J,1991. The concept of tectonic facies[J]. Bulletin of the Technical University of Istanbul(44):25-42.

HYDE W T,CROWLEY T J,BAUM S K,et al. ,2000. Neoproterozoic snowball Earth' simulations with a coupled climate/ice-sheet model[J]. Nature(405):425-429.

ISOZAKI Y,MARUYAMA S,FURUOKA F,1990. Accreted oceanic materials in Japan[J]. Tectonophysics(181):179-205.

KIRSCHVINCK J L,1992. Late Proterozoic low-latitude global glaciation:the snowball Earth[M]// The Proterozoic biosphere:a mutidisiplinary study. Cambridge:Cambridge University Press:51-52.

KRANENDONK M J V,BENNETT V C,HOFFMANN J E,2019. Earth's oldest rocks[M]. Amsterdam:Elsevier:1-1078.

LARSON R L,1991. Latest pulse of Earth:evidence for a mid-Cretaceous supleplume[J]. Geology(19):547-550.

LE PICHON X,1968. Sea-floor spreading and continental drift[J]. Journal of Geophysical Research(73):3661-3697.

LOPER D E,1985. A simple modle of whole-mantle convection[J]. Journal of Geophysical Research(90):1809-1836.

MACDONALD F A,SCHMITZ M D,CROWLEY J L,et al.,2010. Calibrating the Cryogenian[J]. Science(327):1241-1243.

MARUYAMA S,1994. Plume tectonics[J]. The Journal Geological Society of Japan(100):24-49.

MATTAUER M,1999. Seismique et tectonique[J]. La Science(265):28-31.

MITCHELL R N,KILIAN T M,EVANS D A D,2012. Supercontinent cycles and the calcation of absolute palaeolongitude in deep time[J]. Nature(482):208-211.

MOORE G W,1989. Mesozoic and Cenozoic paleogeographic development of the Pacific region[C]// 28th International Geological Congress. Washington D C: Geological Society of America:455-456.

NUTMAN A P,BENNETT V C,FRIEND C R L,et al.,2016. Rapid emergence of life shown by discovery of 3700-million-year-old microbial structures[J]. Nature(537):535-538.

NUTMAN A P,FRIEND C R L,2007. Comment on "A vestige of Earth's oldest ophiolite"[J]. Science(318):746.

PISAREVSKY S A,WINGATE M T D,POWELL C M,et al.,2003. Models of Rodinia assembly and fragmentation[C]// Proterozoic East Gondwana: supercontinent assembly and breakup. London: Geological Society of London Special Publications:35-55.

RAMPINO M R,SELF S,1984. Sulphur-rich volcanism and stratospheric aerosols[J]. Nature(310):677-679.

ROBERTSON A H F,1994. Role of the tectonic facies concept in orogenic analysis and its application to Tethys in the Eastern Mediterranean region[J]. Earth-Science Reviews(37):139-213.

SCHIDLOWSKI M,AHARON P,1992. Carbon cycle and carbon isotopic record: geochemical impact of life over 3.8 Ga of early history[M]// Early organic evolution: implications for mineral and energy resources. Berling: Springer: 147-175.

SCHOPF J W,1993. Microfossils of the early Archean apex chert: new evidence of the antiquity of life[J]. Science(260):640.

SCHOPF J W,VALLEY J,2017. Oldest fossils ever found show life on Earth began before 3.5 billion years ago[J]. PNAS(12):18.

SCOTESE C R,2001. Atlas of Earth history[M]. Texas:Paleomap Project: 1-52.

STERN R J,2007. 板块构造启动的时间和机制:理论和经验探索[J]. 科学通报,52(5):489-501.

TARBUCK E J,LUTGENS F K,2017. Earth:an introduction to physical geology[M]. 12th ed. London:Pearson Education:1-816.

THOMPSON G R,JONATHAN T,1995. Earth science and the environment[M]. Saunders:Saunders College Publishing:1-622.

TOMKINS A G,BOWLT L,GRENGE M,et al.,2016. Ancent micrometeorites suggestive of an oxygen-rich Archaeon upper atmosphere[J]. Nature(533):235-238.

WICANDER R,MONROE J S,2016. Historical geology:evolution of Earth and life through time[M]. 8th ed. Boston (MA):Cengage Learning:1-434.

WILEY T J,HOWELL D G,WONG F L,1990. Terrane analysis of China and the Pacific Rim[M]//Circum-Pacific Council for Energy and Mineral Resources. Earth Sciences Series:1-368.

XU Y G,2001. Thermo-tectonic destraction of the Archean lithospheric keel beneath eastern China:evidence,timing and mechanism[J]. Physics and Chemistry of the Earth part A. Said Earth and Geodes(26):747-757.

ZAHNLE K,SCHAEFER L,FEGLEY B,2006. Earth's earliest atmosphere[J]. Elements(2):217-222.

ZAWASKI M J,KELLY N M,ORLANDINI O F,et al.,2020. Reappraisal of purported ca. 3.7 Ga stromatolites from the Isua Supracrustal Belt (West Greenland) from detailed chemical and structural analysis[J]. Earth and Planetary Science Letters(545):116409.

ZHANG H F,2005. Transformation of lithospheric mantle through peridotite-melt reaction:a case of Sino-Korean Craton[J]. Earth and Planetary Science Letters(23):768-780.

ZHANG H F,MENZIES M A,GURNEY J J,et al.,2001. Cratonic peridotites and silica-richmelts diopside-enstatite relationships in polymict xenoliths,Kaapvaal,south Africa[J]. Geochimica et Cosmochimica Acta(65):3365-3377.

ZHANG S H,LI Z X,EVANS D A D,et al.,2012. Pre-Rodinia supercontinent

ZHANG Y C, SHEN S Z, ZHAI Q G, et al. ,2015. Sphaeroschwagerina fusuline fauna from the Raggyorcaka Lake area, northern Tibet: implication for the origin of the Qiangtang Metamorphic Belt[J]. Geological Magazine(153): 537–543.

ZHANG Y C, SHI G R, SHEN S Z, 2013. A review of Permian stratigraphy, palaeobiogeography and palaeogeography of the Qinghai-Tibet Plateau[J]. Gondwana Research(24):55–76.

ZHENG J P, GRIFFIN W L, O'REILLY S Y, et al. ,2004. 3.6 Ga lower crust in central China:new evidence on the assembly of the North China Craton[J]. Geology(32):229–232.

ZHENG J P, GRIFFIN W L, O'REILLY S Y, et al. ,2006. Widespread Archean basement beneth the Yangtze Craton[J]. Geology(34):417–420.

ZHU D C, WANG Q, ZHAO Z D, et al. ,2015. Magmatic record of India-Asia collision[J]. Scientific Reports(5):14289.

主要知识点

(1) 板块构造 plate tectonics

(2) 岩石圈 lithosphere

(3) 地壳 Earth's crust

(4) 地幔 mantle

(5) 地核 core

(6) 地幔对流 mantle convection

(7) 软流圈 asthenosphere

(8) 俯冲带 subduction zone

(9) 转换断层 transform fault

(10) 大陆边缘 continental margin

(11) 板块运动 plate movement

(12) 威尔逊旋回 Wilson cycle

(13) 地体 terrane

(14) 表壳岩 supracrustal rock

(15) 地台 platform

(16)造山带 orogenic belt

(17)多岛洋 archipelagic ocean

(18)复理石 flysch

(19)磨拉石 molasse

(20)克拉通 craton

(21)克拉通破坏 destruction of craton

(22)特提斯 Tethys

(23)洋板块地层学 ocean plate stratigraphy

(24)青藏高原隆升 uplift of the Qinghai-Tibet plateau

(25)超级地幔柱 superplume

(26)超大陆旋回 supercontinent cycle

思考题

(1)地球的圈层构造有哪些？

(2)板块边界类型的分类及其划分标志是什么？

(3)古板块重建有哪些研究方法？各自的优缺点是什么？

(4)举例说明威尔逊旋回的各个阶段。

(5)初始地球是如何形成的？对当今寻找地外生命有何启示？

(6)简述中国的板块构造格局。

(7)简述特提斯洋的主要演化过程。

(8)华北克拉通的破坏过程及所带来的影响是什么？

(9)青藏高原的隆升对当今气候、环境和生态有何影响？

(10)根据地史中超大陆的演化过程分析未来地球岩石圈的演化趋势。

第四篇

结束语

第 九 章

地球的未来

地球圈层和地球系统演化的基本特征和规律是方向性与阶段性、独特性与相关性、渐变与突变的统一。地质学的不完美之处至少有三点：将数字地质年代单位法定为百万年，"将今论古"的现实主义原理需要升级为跨时间域和跨空间域的类比分析原理，基于化石记录呈现出的地球生物史特征和规律与数学中的"大数定律"相悖。宜居地球是天生和地成协同作用的结果，地球和人类的未来既取决于天和地，也取决于人。

只有深知地球的过去,才可能预测地球的未来。下面将从地球的生物史、沉积史、构造史和圈层耦合的角度,梳理地球生物圈、大气圈、水圈和岩石圈及地球系统演化的基本特征和规律,借鉴将今论古和以古启今的思想精髓,指出地球演化中存在的问题,基于地球演化的基本特征、规律和问题,展望地球和人类的未来。

第一节 地球演化的特征与规律

地球演化的特征和规律,在时空上可以简约为"四宙三史",即冥古宙、太古宙、元古宙和显生宙;生物史、沉积史和构造史及其圈层耦合(表9-1)。特征和规律是:在格局上,表现为方向性与阶段性的统一;在方式上,表现为独特性与相关性的统一;在过程上,表现为渐变(量变)与突变(质变)的统一。

表 9-1 地球的"四宙三史"特征对比表

四宙三史	生物史(生物圈)	沉积史(大气圈和水圈)	构造史(岩石圈)
显生宙 0~5.39亿年前	古菌域、细菌域和真核生物域的生命空前繁盛,发生多次生物的大灭绝、大辐射和更替,生物的演替进程加速,晚期出现生物圈的主宰——人类	大气中氧含量可高达20%~33%,CO_2含量可低至0.029%,生物礁滩、含氧盐、含水矿物和生物矿物发育,冰期—间冰期和海平面变化频繁	潘基亚超大陆的形成与裂解;冷俯冲主导的板块构造与地幔柱和超级地幔柱并存;全球陆地面积增至$1.5×10^8 km^2$
元古宙 5.39亿~25亿年前	古菌域、细菌域和真核生物域的生命均有记录;宏体的真核生物仅在新元古代后期才出现,生物的演替进程总体较慢	大气圈和水圈发生多次成氧事件,碎屑铀岩和BIF消失,含氧盐、红层、磷块岩和生物矿物首现,出现雪球地球事件	小型、中型和巨型大陆及其结晶基底、褶皱基底和盖层形成;哥伦比亚超大陆和罗迪尼亚超大陆形成与裂解;热俯冲和冷俯冲并存
太古宙 25亿~40亿年前	仅有古菌域和细菌域的生命记录,未见真核生物域的化石记录,生物体以小、少和难以保存为特征	大气圈和水圈缺氧,还原和高温,碎屑铀岩发育,首现BIF(条带状铁建造)和碳酸盐类沉积	陆核(微型大陆)形成,泛巴拉超大陆和克罗岚超大陆形成,板块构造的热俯冲首现

续表 9-1

四宙 三史	生物史 （生物圈）	沉积史 （大气圈和水圈）	构造史 （岩石圈）
冥古宙 40亿~46亿年前	生物孕育阶段，在深部生物圈中，可能存在极端环境生物，但未见化石记录	大气圈和水圈极度酸性、还原和高温，无碳酸盐类沉积，海相火山岩在沉积岩中占比最高	岩石圈热流值高，壳幔物质交换频繁；可能首现地幔柱，未见板块构造；发现44亿年的锆石和40亿年的片麻岩
综合特征	①在格局上，表现为方向性与阶段性的统一； ②在方式上，表现为独特性与相关性的统一； ③在过程上，表现为渐变（量变）与突变（质变）的统一		

一、生物史

1. 生物史演化的方向性与阶段性

生物史的记录（图 9-1）表明，生物经历了从无（39.5亿年之前/Ar_1 之前的冥古宙）到有（39.5亿年之后/Ar_1 之后）(Tashiro et al.,2017)、从原核到真核、从微体到宏体、从单细胞到多细胞、从无脊椎到脊椎（从鱼类→两栖类→爬行类→鸟类/哺乳类→人类）、从苔藓植物到孢子植物到裸子植物再到被子植物、从水生到陆生，即从简单到复杂、从低级到高级的不可逆的演化，显示出明显的方向性和阶段性。地质年代表中宙和代级别的地质年代单位名称也清晰地表明，生物史和地球演化具有方向性与阶段性。冥古宙，40亿年前生物处于孕育阶段，即还没有生命出现→太古宙，40亿~25亿年前生物处于非常古老阶段→元古宙，25亿~5.39亿年前生物处于原始阶段→显生宙，5.39亿年至今生物处于明显的繁盛阶段；古生代，与现生生物相比，生物处于相对古老阶段→中生代，与现生生物相比，生物处于中等繁盛阶段→新生代，生物处于新的繁盛阶段，即生物与新近生物面貌大体一致。生态系统的演化也反映出明显的方向性和阶段性，即地球的生态系统经历了从海底化能生态系统（35亿年之前/Ar_2 之前）→海洋光-化能生态系统（35亿~4.5亿年前/Ar_2~O_2）→海陆光-化能生态系统（4.5亿~4.0亿年前/O_3~D_1）→海陆空光-化能生态系统（4.0亿年以来/D_1 以来）（图 9-1）。

到目前为止，科学界公认的表层生物圈中细胞形态生命的最早化石记录为微米级（几个到几十个微米大小）、呈丝状或球状的原核生物，类似于现代的蓝细菌

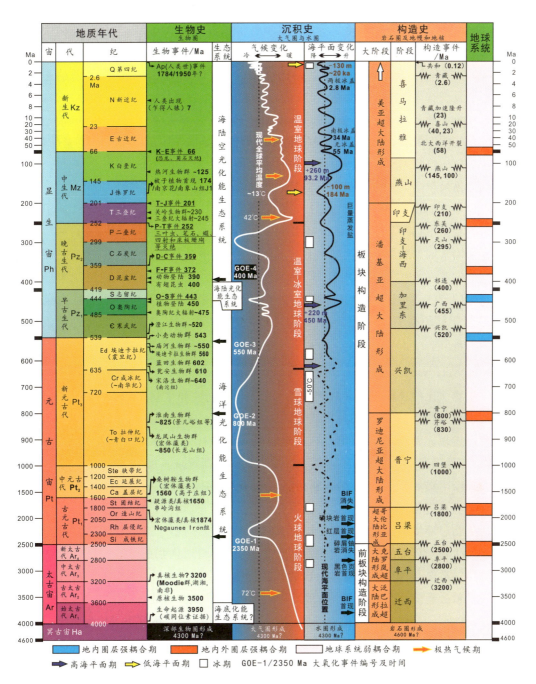

图 9-1 地球的生物史、沉积史和构造史与地球系统

(据王鸿祯等,2000;Haq et al.,2008;Ruddiman,2008;Dahl et al.,2010;杨巍然等,2012;Maruyama et al.,2014;中国地层表,2014;史晓颖等,2016;ICS,2022 等编制)

GOE 1-4.大氧化事件及其分期;BIF.条带状铁建造

(蓝绿藻)。该化石的寄主地层为澳大利亚西部德雷瑟组(Dresser Formation)中穹隆状、叠层状的叠层石和埃佩克燧石(Apex Chert),寄主地层的年龄值分别为 34.96 亿年和 34.65 亿年。在南非的巴部顿(Barberton)绿岩带 35 亿年前的玄武岩中还发现有微米级的管状结构,被认为是海底微生物吃玄武岩留下的痕迹(微生物形成的遗迹化石)。需要指出的是,近年科学家在加拿大莱不诺登(Labrador)北部沉积变质型的石墨中发现了 39.5 亿年前由生物分馏作用留下的碳同位素印记,即有机碳同位素与无机碳同位素之间的分馏值高达 25‰(Tashiro et al.,2017),这被认为是最早生命活动遗留的同位素地球化学证据。

最早宏体真核生物的化石记录可以追溯到 18.7 亿年前或 21 亿年前,产于美国密歇根州尼锅里铁组(Negaunee Iron Formation)(Han and Runnegar,1992)和加拿大南部冈弗林特燧石层(Gunflint Chert Beds)中的某些球状化石,这些化石具有类似的萌发管或原生质突起(Schopf,2000),而达分米尺度、具确定的细胞形态和结构的宏体多细胞真核生物近年报道于我国华北 16.5 亿年前的串岭沟组和 15.6 亿年前的高于庄组(Zhu et al.,2016)。更早(如 32 亿年前)真核生物的报道存疑较多(图 9-1)。

2. 生物史演化的独特性和相关性

生物演化的独特性主要表现为不可逆性、前进性和生物与环境的协同演化。所谓不可逆性,是指某一物种在地史演化的长河中一旦灭绝,就不可能在以后的地史时期重现。例如,在白垩纪末期灭绝的恐龙和菊石以及在二叠纪末期灭绝的三叶虫、四射珊瑚、蜓和笔石,不可能在以后的某个时间重现。所谓前进性,是指生物界或某个生物类群的面貌、结构和功能均表现为从简单到复杂、从低级到高级不可逆的发展和进化(参见图 9-1 中生物史)。

生物与环境的协调演化既是生物演化独特性的体现,也是生物演化相关性的体现。生物与环境的协调演化包括两个方面,即环境对生物的孕育与制约和生物对环境的适应与改造。环境对生物的孕育与制约在生物史中的表现是,有什么样的环境就会造就什么样的生物。冥古宙恶劣的大气、水和地球表层环境(基本无氧、高 CO_2、CH_4 和 ~80 ℃ 的地表温度以及极低的 pH 值),孕育不了任何表层生物圈中的生物。太古宙和元古宙,有所优化的地球表层环境(参见图 4-42),仅孕育出个体细小、结构简单、生命力强的生物类群。直到元古宙的中后期才出现了古菌域、细菌域和真核生物域"三域"共同发展的格局。显生宙更为优化的地球表层环境孕育出了结构与功能更为复杂多样、形貌与组合更加丰富多彩的生物界(参见图 9-1)。

没有加里东构造阶段的造陆运动和地球陆地面积的扩大,就没有早古生代后期和泥盆纪的动植物大举登陆;没有大气圈和水圈的多次大氧化事件(GOE-1、GOE-2和GOE-3,图9-1),就不可能有寒武纪大爆发。生物圈的演化,特别是重大生物事件,如原核生物、真核生物和多细胞动物的出现、演化与繁荣,也对水圈、大气圈和岩石圈的演化产生重要影响,如光自养原核生物(约3500 Ma)和真核生物(约1874 Ma)的出现与演化,使大气圈和水圈中氧含量增加、CO_2含量减少→还原的大气、水体演变为含氧与常氧的大气和水体,导致多次大氧化事件(GOE-1、GOE-2和GOE-3,参见图9-1)与臭氧层的形成(约1800 Ma)、红层的首现,碎屑铀岩、碎屑黄铁矿的消失(约2350Ma)与条带状铁建造(BIF)的首现(约3800 Ma)和近乎绝迹(约1800 Ma)。如果地球上没有生物的调节作用,地球的表层环境将会类似于当今的火星或月球,大气圈、水圈和岩石圈将不会是现今鹰击长空、鱼翔浅底和万马奔腾的生机勃勃景象。

3. 生物史演化中的渐变和突变

无论是生物史演化的方向性、阶段性、独特性和相关性,还是不可逆性和前进性,其演变的过程均表现为渐变(量变)与突变(质变)的统一。从原核到真核、从微体到宏体、从单细胞到多细胞、从无脊椎到脊椎、从海生到陆生生物,每一个新的生物类群的出现往往都经历了漫长的渐变/量变积累,如从原核生物的出现(35亿年前)到真核生物的诞生(18.7亿年前或15.6亿年前)经历了10亿余年的渐变积累;脊椎动物从鱼类→两栖类→爬行类→鸟类→哺乳类,植物从孢子植物→裸子植物→被子植物,也都经历了数百万年、数千万年或数亿年的渐变积累。物种的演化史也表现为渐变与突变的统一,如我们熟悉的马,其演化经历了**始马**(始新世的马/约34 Ma,最早的马)→**渐新马**(渐新世的马/约23 Ma)→**三趾马**/草原古马(中新世的马/约5.3 Ma)→**上新马**(上新世的马/约2.6 Ma)→**真马**(第四纪和现代的马/约2.6 Ma以来)5个阶段的演替,由一个物种演化为另一个物种,它们性状的演替具有明显的继承性和积累效应,即形体逐渐增大,脚趾逐渐减少,臼齿增大,其上的牙脊数增加(图9-2)。

寒武纪大爆发曾被认为是生物演化突变的典型实例,似乎给人"生物界一夜暴富"的印象。所谓"生物界一夜暴富"是指在寒武纪初期,生物界似乎从前寒武纪的萧条、不景气一跃进入生机勃勃、繁荣似锦的显生宙生物界。现生动物界共有38个门一级生物分类单位,寒武纪大爆发造就的澄江生物群中,有20个现生动物门、6个已灭绝的动物门。从1984年发现至2019年的35年期间,数十万件澄江生物群化石标本中,已描述26个门,160多属,280多种,新种130多个(图9-3)。寒武纪大爆发造就的清江生物群(2019年发现于湖北宜昌清江,是澄江生物群的同龄生物,生活环境的海水深度明显大于澄江生物群),在诸多方面具有与澄江生物群

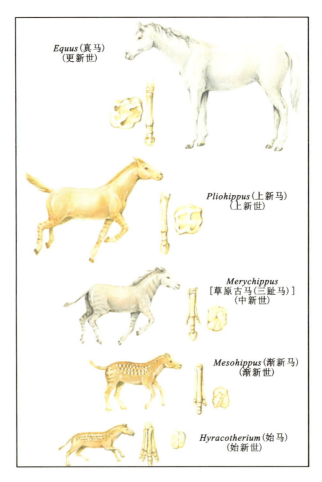

图 9-2 新生代马的演化(据 Wicander and Monroe, 2016)

类似的特征(Fu et al., 2019)。

然而,越来越多的研究(舒德干等,2016)表明,寒武纪大爆发造就的千姿百态的澄江生物群并非"一夜暴富",在此之前经历了被称为前奏和序曲的两幕式演化积累:埃迪卡拉生物群(前奏:发育于元古宙晚期的埃迪卡拉纪,约 560 Ma)和小壳动物群(序曲:寒武纪初期,约 539 Ma)。由此可见,完整的寒武纪大爆发至少经历了近 40 Myr 的演化进程。

与生物类群的新生、爆发和辐射持续时间的数量级($10^6 \sim 10^8$ a)相比,生物史中生物大灭绝的速度似乎更为迅速。显生宙五次生物大灭绝事件,尽管其特征和致因不一(图 9-4),但大灭绝事件持续时间的数量级均在 $10^5 \sim 10^6$ a 的范围内,甚至更短(戎嘉余和黄冰,2014;沈树忠和张华,2017)。

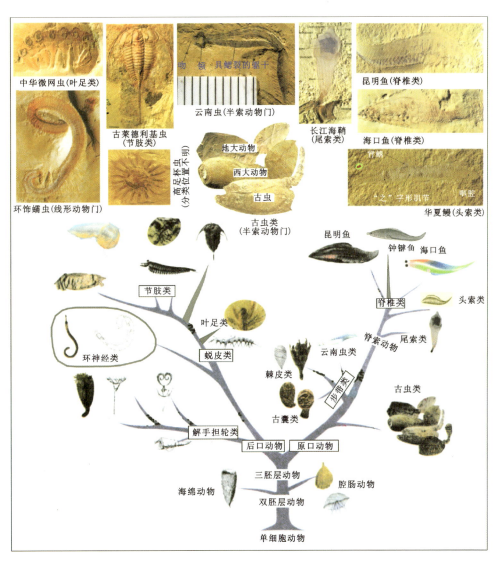

图 9-3 寒武纪大爆发及其造就的澄江生物群的化石代表(转引自陈建强和王训练,2018)

二、沉积史

(一)沉积史演化的方向性和阶段性

沉积史的记录(图 9-1)表明,地球的大气圈和水圈可能经历了由无(43 亿年之前/Ha?)到有(43 亿年以来/Ha 后期以来?)的演变。大气中 O_2、CO_2 的含量变化以及地表温度、海平面和某些特殊沉积记录的变化最能反映大气圈与水圈和沉积史演化的方向性和阶段性。

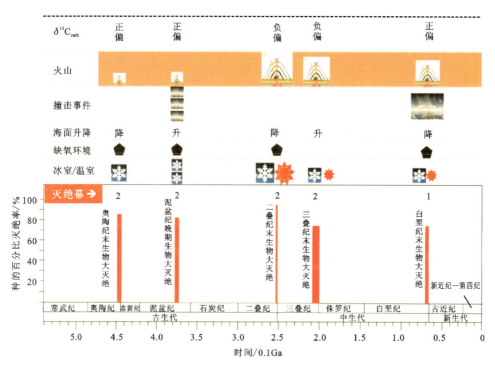

图 9-4 显生宙五次生物大灭绝事件特征及可能致因(据沈树忠和张华,2017,略有修改)

1. 氧气(O_2)与大氧化事件

冥古宙和太古宙的大气圈化学成分主要为CO_2、CH_4、H_2和NH_3,可能基本不含或仅含微量的O_2(参见图4-42)。现代大气圈中占比21%的O_2含量至少经历了4次重大的变化,即大氧化事件(great oxidation event,简称GOE)。

GOE-1发生于距今23.5亿年前后(古元古代成铁纪与层侵纪之交),大气圈由基本无氧转变为贫氧,元古宙以前大气圈的氧浓度仅相当于现代大气圈水平的10^{-3}~10^{-5},海洋近乎无氧状态。GOE-1之后,大气圈的氧分压(p_{O_2})为0.02~0.04 atm(或现代大气氧含量的1%~10%),通过海-气交换,海洋出现表层氧化、底层无氧的永久分层状态。GOE-2发生于距今8亿年前后(新元古代拉伸纪中晚期),大气圈氧含量进一步上升,接近显生宙的水平,或与现代没有数量级的差别,接近0.2 atm(现代大气氧含量为0.21 atm),深海环境也开始出现轻微的氧化。GOE-3发生于距今5.5亿年前后(显生宙的前夜),为寒武纪大爆发奠定了重要的环境基础。GOE-4发生于距今4亿年前后的早泥盆世,大气圈氧含量进一步上升,达到或接近现代大气圈氧含量的水平(参见图4-42)。需要指出的是,在宾夕法尼亚亚纪(晚石炭世),大气圈氧含量达到空前绝后的最高值0.33 atm。大气圈中氧含量增加的主要致因是被誉为地球上最伟大的化学反应——光合作用的结果。光合作用生物从原核到真核、从单细胞到多细胞、从微体到宏体演化的方向性和阶段性催生了大气圈氧含量的增加,大气圈氧含量的增加进一步促进了生物由简单到复杂、由低级到高级、由微体到宏体的方向性和阶段性演化,二者互为正反馈。值得指出的是,大气圈氧含量的增加,催生了氧化物、氢氧化物、含氧盐矿物和红层的形成,第1、3次大氧化事件(~23.5亿年前和5.5亿年前)后,地球上的矿物种类由1500种左右猛增至4000种左右和4400余种,这些新增加的矿物主要是氧化物、氢氧化物和含氧盐以及生物矿物;地球上的红层也首现于GOE-1事件(~23.5亿年前)后(图2-5中矿物的演化)。

2. 二氧化碳(CO_2)与温度变化

CO_2是冥古宙、太古宙和元古宙大气圈的主要化学成分(参见图4-42)。有资料显示,40亿年前大气圈中CO_2的含量可能高达75%。大气圈中高含量的CO_2和CH_4[等量CH_4的温室效应是CO_2的25倍(100年计)~72倍(20年计)]使得太古宙和元古宙的地表温度高达62~80 ℃和30~62 ℃(Robert and Chaussidon,2006),这已经远远超过绝大多数生物的热致死温度(~35 ℃),如珊瑚、头足类、双壳类和介形类等,但一般的霉菌、酵母菌和细菌的热致死温度可高达55 ℃。有资料显示,大气圈CO_2含量的快速下降有2个重要时期:38亿年前的始太古代和6亿年前的新元古代晚期。新元古代晚期大气圈CO_2含量的快速下降导致全球性大冰期马林诺冰期(Marinoan,glaciation,650~630 Ma)和斯图千冰期(Sturtian,glaciation,720~700 Ma)。马林诺冰期持续近20 Myr,地球表层温度经历了从约-50 ℃到+50 ℃的急剧变化,这就是著名的新元古代雪球地球事件。显生宙,分别在晚奥陶世、石炭纪-二叠纪之交和晚新生代出现了大规模冰川活动(图9-5)。在晚新生代,地球经历了从两极无冰(约55 Ma),到南极出现冰盖(约34 Ma),再到北极出现冰盖(约2.8 Ma)的过程(图9-1)。

从更长的时间尺度来看,地球表层的温度总体上是降低的,可划分为4个大的阶段:**火球地球阶段**(1000 Ma/Pt_3之前),地表温度远远高于现代地表温度(~13 ℃),大多数时期都在40~80 ℃之间,后期地表温度降低至30~40 ℃;**雪球地球阶段**(1000~630 Ma),地表温度大都低于现代地表温度,低温极值可能多次达-50 ℃;**温室-冰室地球阶段**(630~252 Ma),地表温度在现代地表温度附近摆动,大多数时期的地表温度适宜于大多数宏体动植物生存的温度区间,仅在极端气候期的温度不适宜于大多数宏体动植物生存的温度区间,如晚奥陶世、石炭纪-二叠纪之交的冰期和早三叠世初期的极端高温期(~42 ℃);**温室地球阶段**(252~0 Ma),地表温度大都高于现代地表温度,仅冰期的温度值较低,如第四纪的末次

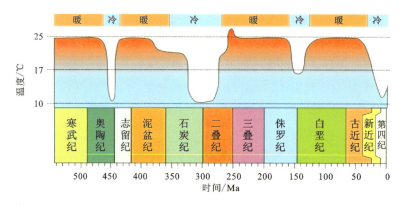

图 9-5 寒武纪以来地球表层的温度变化史(图片源自网络)

冰期(图 9-1)。

3. 海平面变化

地史时期的海平面变化主要受气候和海洋盆地容积变化两个因素控制,气候变化的关键因子是温度变化,海洋盆地容积变化受控于构造因素。源于构造因素的海平面变化通常是区域性的,而源于温度变化使地球上固态水与液态水消长导致的海平面变化通常具有全球性。以现代海平面高程为参照系可以看出,地史时期海平面变化具有明显的方向性和阶段性以及旋回性(图 9-1)。古生代和中生代海平面较高,且变化的幅度大;新生代海平面相对较低,且变化的幅度也较低。从显生宙的海平面变化曲线来看,现代海平面既不是最高期,也不是最低期。寒武纪以来,可明显识别出两个高海平面期:晚奥陶世早凯迪期/~450 Ma,其海平面高出现代海平面约+220 m(Haq and Schutter,2008),晚白垩世早土伦期/~93.2 Ma,其海平面高出现代海平面约+260 m(Haq,2014);也可识别出两个低海平面期:早侏罗世末普林斯巴期/~184 Ma,其海平面低于现代海平面约-100 m(Haq,2018),第四纪更新世末期/26.5~19.0 ka,其海平面低于现代海平面约-130 m(王绍武和闻新宇,2011)。晚奥陶世和晚白垩世的两个高海平面期显然与气候温暖和**超大陆**的快速裂解叠加有关(图 9-1)。

4. 特殊沉积记录

这里的特殊沉积记录是指能示踪沉积史演化的方向性和阶段性的沉积记录,或称之为时装相(fashionable facies),如条带状铁建造(BIF)和红层等。最早的BIF 报道于格陵兰地区 Isua 岛和 Akilia 岛的绿岩带中,其年龄值约为 38.5 Ga,消失于古元古代晚期(~1800 Ma)。BIF 的特征成分是 Fe_3O_4,即还原态的 Fe^{2+} 和氧化态的 Fe^{3+} 共存,是大气和海水表层弱氧化的沉积记录。最早红层首现时间

(~2350 Ma)与碎屑黄铁矿和碎屑铀岩消失的时间基本一致,我国最早红层产于华北滹沱群上部的磨拉石建造中,时间约 1800 Ma。磷块岩首现于古元古代中期的 2000 Ma 前后,前寒武纪另一次重要的磷聚集期是前寒武纪与寒武纪之交。磷块岩的发育通常与大氧化事件、陆源风化和生物作用相关。

(二)沉积史演化的独特性和相关性

沉积史的记录(图 9-1)表明,其独特性主要表现为方向性、阶段性与旋回性的统一。地球表层温度由高到低的方向性变化,火球、雪球、温室-冰室和温室地球阶段是通过不同时空尺度的气候变化旋回体现的,正是沉积史演变的方向性、阶段性决定了不同级别沉积旋回的非重复性和非线性。太古宙和元古宙的温室-冰室旋回、海平面变化旋回与显生宙的温室-冰室旋回、海平面变化旋回在周期、幅度、持续时间、影响范围和致因等方面是不同的。例如,新元古代成冰纪(大体相当于中国的南华纪)的温室-冰室气候旋回导致的雪球地球事件,就目前所知,其强度和影响范围在地球演化史上是空前绝后的。沉积史演化的相关性主要表现为时装相的形成往往不是孤立和单方面的,如红层的首现与碎屑铀岩的消失、BIF 的消失与大氧化事件、大气圈与水圈的逐渐充氧与生物的演化密切相关;二叠纪-三叠纪之交巨量蒸发盐的形成与海西构造阶段潘基亚超大陆(Pangea)的聚合和形成、干旱气候带的发育密切相关(图 9-1);显生宙碳酸盐岩丰度的变化与高海平面期、生物爆发和大辐射呈正相关关系(Tucker and Wright,1990)。

(三)沉积史演化中的渐变和突变

无论是沉积盆地的充填与相变、冰期—间冰期的交替与海平面变化(图 9-1),还是大气圈与水圈中 O_2 和 CO_2 含量的变化(参见图 4-42),都表现出由渐变积累从而实现突变的基本规律,但这些渐变并非线性和匀速的,突变的幅度和大小也并非一致的。气候和海平面变化的历史表明,冰期的来临似乎总是比消失快速,海平面的上升似乎总是比下降缓慢,尽管存在阶跃型海平面变化(图 9-6)。

三、构造史

1. 构造史演化的方向性和阶段性

构造史的记录(图 9-1)表明,岩石圈的演化可划分出两个大的演化阶段:前板块构造阶段(2500 Ma/Ar_4 之前)和板块构造阶段(2500 Ma 以来)。前板块构造阶段,岩石圈或地球动力学体制可能以地幔柱的形式为主、板块构造体制为辅,陆核或微型大陆的形成及泛巴拉超大陆和克罗岚超大陆的形成是该阶段最引人瞩目的构造事件。板块构造阶段,岩石圈或地球动力学体制则是以板块构造体制为主,地幔柱体制为辅,陆核的生长、扩大和克拉通化以及哥伦比亚超大陆、罗迪尼亚超大

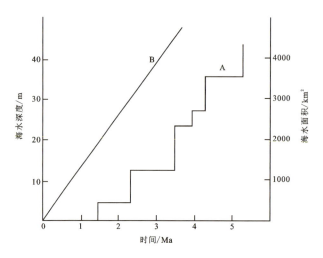

图 9-6　阶跃型(A)和渐进型(B)海平面变化的概念模型(据龚一鸣,1995 改编)

陆和潘基亚超大陆的聚散是该阶段最引人瞩目的构造事件。有科学家认为,新元古代(1000 Ma)以前,地幔的温度高,岩石圈的热流值高,陆壳和洋壳板块边缘主要表现出韧性的流变学特性,板块的俯冲消减主要为低角度的**热俯冲**(warm subduction),其地温梯度为 10~30 ℃/km;新元古代以来,地幔的温度逐渐降低,岩石圈的热流值也逐渐降低,陆壳和洋壳板块边缘主要表现出刚性的流变学特性,板块的俯冲消减主要为高角度的**冷俯冲**(cold subduction),其地温梯度为 5~10 ℃/km,热俯冲的板块构造模式可追溯至太古宙(Ar/~4000 Ma)(Zheng and Zhao,2020)。

构造史演化的方向性主要表现为岩石圈的刚性增强,单位面积的热流值逐渐减小,构造活动性逐渐减弱,陆壳板块的规模和厚度增加,岩石圈的构造稳定性整体增加,地球陆地面积逐渐增加,板块的俯冲消减由以热俯冲为主转变为以冷俯冲为主。如 18 亿年前的哥伦比亚超大陆的陆地面积约为 0.5 亿 km^2,现代全球陆地面积达 1.5 亿 km^2。从数亿年时间尺度与全球范围的超大陆聚散(Maruyama et al.,2014;王鸿祯等,2000)到数百万年时间尺度与区域范围的板块开合和构造分区(杨巍然等,2012),岩石圈的构造演化都表现出不同级次的方向性、阶段性、旋回性和准同时性(图 9-1,图 9-7~图 9-9)。

超大陆的聚散旋回是地球演化史中最长时间周期(~6 亿年)的演化阶段,可以追溯到太古宙晚期,包括克罗岚/凯诺兰超大陆、哥伦比亚/努拉超大陆、罗迪尼亚超大陆和潘基亚超大陆(图 9-1,图 9-7)。有科学家甚至认为,超大陆的聚散可以追溯到太古宙早中期,如泛巴拉超大陆(Vaalbara,约 3600 Ma 成型)和乌尔超大陆(Ur,约 3000 Ma 成型)旋回(图 9-8)。根据超大陆的聚散规律,也有科学家

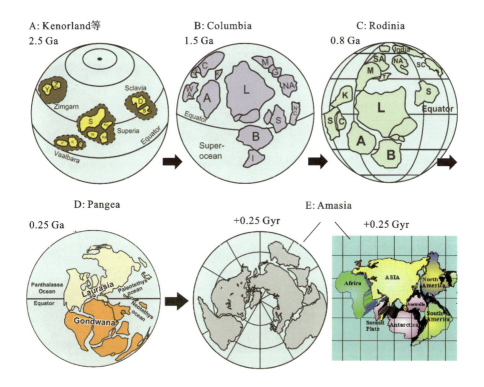

图9-7 地史时期和未来的超大陆重建与超大陆旋回(据 Pesonen et al.,2021 改编)

A.构成泛巴拉超大陆(?)、乌尔超大陆(?)和克罗岚超大陆的主要克拉通(Vaalbara,~3.6 Ga 聚合?;Ur,~3.0 Ga 聚合?;Kenorland,~2.5 Ga 聚合);B.哥伦比亚/努拉超大陆(Columbia/Nuna,~1.8/1.5 Ga 聚合);C.罗迪尼亚超大陆(Rodinia,~0.8 Ga 聚合);D.潘基亚超大陆(Pangea,~0.20/0.25 Ga 聚合);E.美亚超大陆(Amasia,~+0.25 Gyr 聚合,E 的左下和右下为未来 2.5 亿年后两种不同的美亚超大陆重建图)。图 A-E 内的英文字母代表不同的克拉通或陆块名称的缩写,如 A 图中部的 S,代表北美的苏必利尔克拉通;B 图中部最右侧的 NC,代表华北克拉通;C 图右上侧的 SC,代表华南克拉通

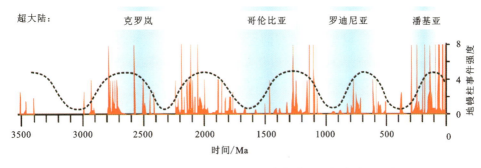

图9-8 超大陆与超级地幔柱之间约6亿年旋回的耦合关系示意图

(据 Li and Zhong,2009;李献华,2021)

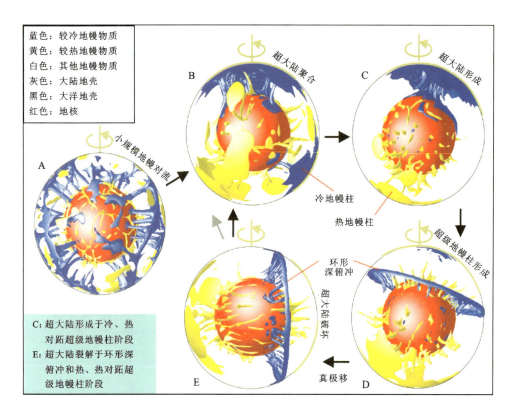

图 9-9 超大陆聚合、裂解与环形深俯冲和超级地幔柱形成与破坏相关性的地球动力学数值模拟图
(据 Li and Zhong,2009;李献华,2021)

A.全球小规模地幔对流状态;B.模式 1[也称球谐一阶模式,即一个半球以下降流(冷地幔柱)为主,另一个半球以上升流(热地幔柱)为主]的早期阶段(超大陆聚合阶段);C.模式 1 的稳定阶段,在超级下降流(冷地幔柱)之上形成超大陆;D.模式 2[也称球谐二阶模式,即在超大陆的外围出现深俯冲,并在两个半球中逐渐形成热、热对跖的上升流(热地幔柱)]的早期阶段,超级地幔柱在超大陆下方发展;E.模式 2 的完成阶段,在两个半球形成热、热对跖的超级地幔柱,超大陆裂解,并在 D 向 E 过渡期间形成真极移

预测,约 250 Myr 后,现今四分五裂的大陆会再度聚合,太平洋和大西洋将不复存在,亚洲与北美洲和澳大利亚等将聚合在一起,那时将不用修建跨海大桥和海底隧道,乘坐高铁和汽车就可周游世界——美亚超大陆(图 9-7E)。

值得注意的是,~6 亿年超大陆聚散旋回的周期值与太阳系绕银河系的公转周期值(~2.3 Myr)的 2~3 倍相关,可能体现了超大陆聚散旋回的周期值与太阳系绕银河系公转周期值之间的内在关联,即超大陆的聚散旋回可能与天文因素相关,最可能的天文因素是地球和太阳系受到银河系范围内不同位置引力的准周期变化。宇观尺度的暗物质(占宇宙物质构成的 26.8%)和暗能量(占宇宙物质能量构成的 68.3%)是否也发挥了作用?从引力透镜效应(在星际空间传播的光线弯曲而形成的一个或多个像），我们可以推论，在宇观尺度上，暗物质的引力能使光线弯曲，它是否也能对太阳系和地球的运动产生影响？这些问题的证实和证否还有待地球科学家和天文学家的探索。

　　板块构造理论认为，超大陆的聚合主要通过全球尺度的板块增生和碰撞造山运动形成，如晚古生代的海西运动形成了潘基亚超大陆（图 9-7D），中元古代晚期—新元古代早期的格林威尔运动形成了罗迪尼亚超大陆（图 9-7C）。超大陆聚合的具体机制，科学家认为可能存在 3 种模式：外向型板块俯冲（extroversion）、内向型板块俯冲（introversion）和正向型板块俯冲（orthoversion）。**外向型板块俯冲**是指围绕先前超大陆的外洋优先俯冲闭合形成新的超大陆的过程，如构成潘基亚超大陆的冈瓦纳大陆的形成。**内向型板块俯冲**是指先前超大陆裂解时形成的内洋闭合形成新超大陆的过程，如构成潘基亚超大陆的劳亚大陆的形成和未来约 2.5 亿年后美亚超大陆的形成（图 9-7E）。**正向型板块俯冲**是指新的超大陆的形成垂直于原超大陆中心的环形俯冲带（李献华，2021）。

　　关于超大陆裂解的机制，目前主要有两种认识：地幔柱上升模式（bottom-up）和板块深俯冲模式（top-down）。**地幔柱上升模式**是指起源于核幔边界的地幔柱上涌，使超大陆隆起和裂解。**板块深俯冲模式**是指环绕超大陆外缘的巨型俯冲带上的深俯冲产生的拖曳力，使超大陆内部破裂和解体，如罗迪尼亚超大陆和潘基亚超大陆的裂解（图 9-9）。需要指出的是，环绕超大陆外缘的巨型俯冲带上的环形深俯冲作用，将导致超大陆下的软流圈地幔与其外侧的地幔孤立，进而引发热点、地幔柱和大陆裂谷，加速超大陆的裂解。因此，超大陆裂解的地幔柱上升模式和板块深俯冲模式并非毫无关联，至于谁是主导、谁是从属，目前尚存争议。

　　从地球的热演化史和类地行星的板块构造来看，地幔柱上升模式应早于和普遍于板块的深俯冲模式、热俯冲模式。根据"麦哲伦"号金星探测器（美国航空航天局，1989 年 5 月 5 日发射，1994 年 10 月 12 日在金星稠密的大气层中烧毁）传回的雷达图像，科学家在金星表面已识别出 116 个放射状裂缝系统，其半径大都大于 200 km。火星上的塔尔西斯（Tharsis）巨型盾状火山直径约 5000 km，高度可达 18 km，发育有 16 个岩墙群，形成年龄的峰值在 3800～3700 Ma 或 3500～3100 Ma 之间。这些放射状的岩墙群非常类似于地球上已确定的、与地幔柱有关的、巨型放射状岩墙群的几何形态和结构。由于金星和火星上没有发现板块构造运动，也没有明显的后期地质作用的改造，现今观测到的岩墙群的几何特征、分布和规模基本保持原始状态，推测其成因类似于地球上与地幔柱有关的大火成岩省和岩墙群。如果这个推测是正确的，那么类地行星早期应该存在地幔柱，地幔柱可以独立于板块构造而存在，地幔柱不是板块深俯冲的派生产物，很可能是地幔柱触发了地球上的板块构造(李献华,2021)。

2. 构造史演化的独特性和相关性

构造史演化的独特性主要表现为超大陆聚散、构造阶段、构造旋回和板块开合的长周期性,如超大陆旋回的周期值约6亿年、威尔逊旋回的周期值约2亿年。由于区域构造作用主要受地球深部过程驱动,而我们对地核和地幔的物质组成、状态和动力学过程知之较少,其研究方法和直接的资料积累较生物史和沉积史要少得多、间接得多。因此,无论对缓慢(如超大陆的聚散)抑或是快速(地震和火山爆发)的岩石圈构造过程的认识和把握程度还较为肤浅,对长期(如 $10^6 \sim 10^9$ 年)和短期(如 $10^0 \sim 10^5$ 年)岩石圈构造过程的预测相对于生物史和沉积史而言,还具有较大的不确定性。

大量的证据表明,岩石圈构造演化的方向性、阶段性、旋回性和准同时性与生物圈、水圈和大气圈的演化表现出明显的相关性。基于岩石圈构造演化划分的加里东构造阶段、海西构造阶段、老(古)阿尔卑斯构造阶段、新阿尔卑斯构造阶段与基于生物演化划分的早古生代、晚古生代、中生代、新生代以及与之相关的气候和海平面变化,在时间上的阶段性和准同时性不仅反映了岩石圈、生物圈、大气圈和水圈演化的个性特征,也反映了**圈层耦合**和地球系统的协同行为。潘基亚超大陆的形成,不仅导致岩石圈上比现代更高地貌反差强度和高山(海拔可达 14 000 m)深盆的形成(殷鸿福和宋海军,2013),也导致显生宙最大幅度的海退、巨型干旱气候带和巨型蒸发岩的形成与生物的大灭绝(图 9-1、图 9-10)。

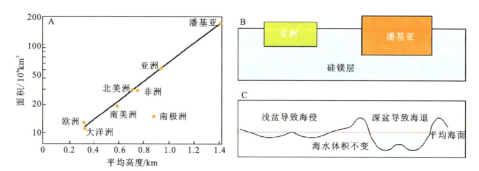

注:世界七大洲最高峰海拔高度分别是亚洲的珠穆朗玛峰(中国-尼泊尔交界)8 848.86 m, 南美洲的阿空加瓜峰(阿根廷-智利交界)6964 m, 北美洲的麦金利峰(美国阿拉斯加)6193 m, 非洲的乌呼鲁峰(坦桑尼亚)5895 m, 欧洲的厄尔布鲁士山(俄罗斯)5642 m, 大洋洲的查亚峰(印度尼西亚)5030 m, 南极洲的文森峰4897 m。

图 9-10 古、中生代之交潘基亚超大陆形成的地表环境效应(据殷鸿福和宋海军,2013)
A.大陆面积与最高山脉/海沟海拔高度的线性关系;B.陆壳愈厚,平均海拔愈高;
C.浅盆导致海侵,深盆导致海退

大规模和高强度的造山运动不仅能增加地壳的厚度与地貌的反差强度,也能增加地表风化、剥蚀、搬运、沉积的强度和通量,正是这种相关性,18亿~8亿年前的"**地球中年造山沉寂期**"也深刻地影响了地球上原核生物向真核生物演化的进程(图9-11)。有科学家认为,前寒武纪生命演化进程中"**沉闷的10亿年**"(boring billion/1800~800 Ma)主要由"地球中年造山沉寂期"所致,即弱的造山运动会使地球的地貌反差强度降低(无高山深盆),也会使地表风化、剥蚀、搬运与沉积的强度和通量降低,带入海洋的生源要素(特别是磷)与营养物质满足不了海洋生态系统的新陈代谢和迭代更新之所需,才导致前寒武纪生命演化进程中"沉闷的10亿年"。需要指出的是,磷参与组成生命遗传物质DNA和RNA、能量载体ATP、细胞膜以及生物骨架等,是制约生物基础生产力的"卡脖子"元素。在地球上,磷的唯一来源是大陆岩石的风化剥蚀,大陆的剥蚀通量主要靠地貌的反差强度(高山深盆)维系,在河流和冰川系统的帮助下,崩塌的山体岩石被搬运、破碎、磨蚀和溶解,化作赋含生源要素(特别是磷)、营养物质的泥沙和溶液进入大海,维系着海洋中庞大生态系统的繁衍和更迭(Tang et al.,2021)。

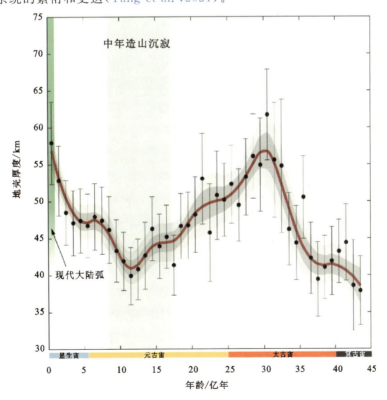

图9-11 根据全球碎屑锆石重建的地壳厚度和造山运动强度变化(据Tang et al.,2021修改)

锆石数据源自已经发表的2万余个数据,涵盖的地区包括亚洲、欧洲、澳洲、美洲、非洲和南极洲

岩石圈厚度增加、热流值降低和稳定性增强以及陆地面积增加，为生物演化、动物和植物登陆以及陆相沉积提供了条件。地球生态系统由海底化能生态系统（古元古代以前，约 3800 Ma，地球上可能仅存深部生物圈？以化能自养和异养的极端环境生物为主）→海洋光-化能生态系统（古元古代以来，约 3800 Ma 以来，深部生物圈与表层生物圈共存开始，光-化能自养和异养共存开始）→海陆光-化能生态系统→海陆空光-化能生态系统的演化与岩石圈演化的阶段性和方向性不无关联。生物圈的演化，特别是重大生物事件，如原核生物、真核生物、多细胞动物的出现和繁荣，也对水圈、大气圈和岩石圈的演化产生重要影响，如光自养原核生物（约 3500 Ma）和真核生物（约 1874 Ma）的出现，使大气圈和水圈中氧含量增加→还原的大气、水体演变为含氧和富氧的大气与水体，导致多次大氧化事件（Pt_1、Pt_3、Ed、D_1）和臭氧层的形成（约 1800 Ma）、红层的出现（约 1800 Ma）、碳酸盐和硫酸盐的大量堆积以及条带状铁建造（BIF）的近乎绝迹（约 1800 Ma）。

3. 构造史演化中的渐变与突变

超大陆聚散和板块开合是长期、缓慢、渐变的呈现过程，在天、年、数十年时间尺度上甚至让人难以感知和察觉，令人惊叹的数百、数千千米的岩石圈板块的漂移和聚散，沧海与桑田的变迁和轮回正是这些让人难以感知和察觉的渐变、量变积累的结果。构造史中，构造旋回和构造阶段的演替、岩石圈板块构造格局旧貌换新颜的更替也是这些让人难以感知和察觉的渐变、量变积累的结果。然而，在岩石圈的构造演化中，也不乏突变和灾变过程的呈现，例如，二叠纪晚期的峨眉山玄武岩喷发，在我国川西、滇西和黔西，形成了厚达近 2000 m、以玄武岩为主的熔岩地层记录；白垩纪末期的德干玄武岩（Deccan traps）喷发，在印度南部的德干地区形成了厚达 2000 m、面积达 500 000 km² 的以玄武岩为主的熔岩地层记录和著名的德干高原；从更新世晚期（~20 000 年前）开始，断续至今的维苏威火山喷发，在公元 79 年的一次猛烈喷发，于意大利西南部摧毁了当时拥有 2 万多人的庞贝古城，其他几个著名的海滨城市如赫库兰尼姆、斯塔比亚等也遭到严重破坏。峨眉山玄武岩喷发和德干玄武岩喷发导致了显生宙两次著名的生物大灭绝：二叠纪末期的生物大灭绝（四射珊瑚、横板珊瑚、三叶虫、笔石、蜓和竹节石等海生生物灭绝）和白垩纪末期的生物大灭绝（陆地上生活的恐龙和海洋中生活的菊石从地球上永远消失）。

四、地球系统

地球系统包括地球的内部系统和外部系统，地球演化的特征和规律表明，不仅地球的内部系统，如生物圈、水圈、大气圈和岩石圈及核幔圈层之间的发展与演化是相关的，地球的外部系统，如太阳系和银河系，乃至宇宙的起源和演化与地球的演化也是密切相关的。可以毫不夸张地说,没有那次盘古开天的宇宙大爆炸(~138亿年前),就没有现今这样的以人类为中心的"五服"宇宙:总星系/宇宙(高祖母)→银河系(曾祖母)→太阳系(祖母)→地月系(母亲)→人类,也就没有我们赖以生存的地球。地球系统演化的特征可概括为3个方面:其一,地球的外部系统从宇观上决定了地球起源与演化的时间、方式、格局以及方向,地球的内部系统则从宏观、微观、渺观的结合上记录了地球起源与演化的时间、方式、格局以及方向的细节和过程;其二,地球内部系统间的强耦合与弱耦合是交替发生的;其三,重大地史事件通常是地球内、外系统和地球内部系统间强耦合的结果(图9-1)。

第二节 地球演化中的几个问题

尽管我们对地球演化的特征和规律有了一些了解(图9-1,表9-1),但正如芝诺的"知识圆"说的那样:"你知道的越多,你不知道的也就越多(The more you know, the more you know what you don't know)。"下面列举几个代表性问题加以剖析。

一、数字地质年代单位"Ma"的功与过

对地质学稍有了解的人都知道,法定地质年代表中的数字地质时间单位是"Ma"(百万年)。正因如此,地球演化和地质演化给人们的印象似乎都是非常缓慢、漫长、微不足道和悄无声息的,如地球从沧海演变为桑田,生物从无到有、从单细胞到多细胞、从原核到真核、从水生到陆生。但这些现象和过程只是地球演化的一个方面,地球演化的另一方面又是如此的迅猛急速和惊天动地,如地震、火山、海啸、狂风暴雨、洪水、滑坡、泥石流等自然现象和地质过程,显然,其计时单位应该是天、时、分、秒,完全不应该用"Ma"这种时间单位。

人们计量时间通常根据两类自然过程。其一,地球-月球-太阳的运动规律,如我们熟悉的天、月、年,以及岁差、斜率(黄赤交角)、偏心率周期等,这类时间就是牛顿力学所描述的恒久的、到处一样的、反演对称的和可以精确预测的"绝对时间",即存在的时间、没有箭头的时间,过去与未来是一样的。其二,自然现象的演变,如生物的生长、气候和地貌景观的变化以及温度和流体的扩散等,这类时间不可能制造出精确的"时间钟",过去与未来是根本不同的,这类时间的特征和规律服从进化论与热力学第二定律,即演化的时间、具有箭头的时间。

众所周知,表达地球演化的时间单位有两种:相对年龄和数字(绝对)年龄。前者如宙、代、纪、世、期,后者通常为"Ma",我们不知道是什么时候和为什么要将

"Ma"选定为数字地质年龄的法定单位。在上述两类时间或两类"计时器"中,均没有赋予"Ma"什么特殊的待遇。化石是地质学建立时间坐标的重要依据,其发展演化与百万年也没有什么特殊的关联。现知物种生存时间最长的达数亿年之久,如腕足动物中的舌形贝(*Lingula*),从寒武纪-前寒武纪之交出现一直延续到现在;脊椎动物个体生命周期最短的仅70天,如非洲赤道地区的一种淡水鱼 *Nothobranchius furzeri*(长4~6 cm);早期生命由于躲避紫外线的需要,昼夜[现今为24 h;中元古代约17 h(屈原皋等,2004)]生命节律可能是真核生命的基本特征(Holland,1986)。天体运行的时间周期从1天(如地球和月球的自转)到数亿年(如太阳系穿越奥尔特星云的时间)。地质作用、过程和记录形成的时间从小于1天(如半日潮沉积)到数亿年(如威尔逊旋回和超大陆旋回);放射性元素的半衰期从纳秒(砹^{213},其半衰期为125 ns,1 ns = 10^{-9} s,光在真空中1 ns仅传播0.3 m)到数十亿年(铋^{209},其半衰期约90亿年);大洋中的水每半年通过浮游生物过滤一次;宇宙大爆炸理论揭示的宇宙和物质在奇点处的诞生需时仅10^{-34} s。由此可见,在这些地质和自然过程中,百万年都没有什么特权。地质学中的奠基性定律,如地层叠覆律、化石层序律和瓦尔特相律等也都未限定数字地质年龄单位是百万年。因此,将百万年作为数字地质年龄的法定单位,不能不说是地质学的武断和盲从。

如前文所述,不同的地质作用、地质事件有不同的时间过程和周期,将数字地质年龄单位法定为百万年,在一定程度上降低了地质学对精确性、精准性和精细性的不懈追求。地质学完全能从"存在的时间"和"演化的时间"中,依据客观规律和目的选定自己的时间单位谱,如时、天、月、年,以及岁差、斜度、偏心率周期等,建立能与人类社会接轨的时间单位谱(Gong et al.,2004;龚一鸣和张克信,2007,2016;龚一鸣和史晓颖,2014)。

令人高兴的是,轨道旋回能影响行星地球气候和沉积记录,具有建立高精度地质时间坐标潜力的思想早在地质学发展的早期就已萌芽(Gilbert,1895)。南斯拉夫学者米兰科维奇在20世纪初(1920)就提出并从理论上阐明了第四纪冰期形成的天文假说,该假说与第四纪深海沉积物建立的温度系列高度一致(Hays et al.,1976),为地质学选定可行的数字年龄单位并建立高分辨率的地质时间坐标奠定了良好的基础,提供了可借鉴的范例。

需要指出的是,对不同的地质过程和地质记录,应有不同的数字年龄单位和时间分辨率表达。数字年龄单位"Ma",对极其缓慢、漫长、"微不足道"和"悄无声息"的地质过程与地质现象的计时是必要的、适用的,对迅速和惊天动地的地质过程与地质现象的计时则是不适宜的,它会掩盖地质过程和地质事件的前因后果关系。

二、"将今论古"的功与过

由赫顿(1795)和莱伊尔(1830)创立的现实主义原理,又称为"均变论"(uniformitarianism)或"将今论古"(The past history of our globe must be explained by what can be seen to be happening now 或 The present is the key to the past),是地质学从愚昧、神学走向理性和科学的里程碑,是地质学乃至地球科学大厦的基石。然而,随着资料的积累、科学技术的发展和研究领域的不断扩展与深化,将今论古的地质学原理也受到新资料和新领域的挑战。

古生代的腕足类和海百合主要生活于浅海环境,现在它们主要生活于半深海和深海环境。遗迹化石动藻迹(*Zoophycos*)在古生代主要发育于浅海环境,中生代以来则主要现身于半深海和深海环境(参见图2-24)。如果机械地用将今论古的现实主义原理,以它们现今的环境分布来判识它们在古生代的生活环境就会得出错误的结论。蜓是一类繁盛于石炭纪和二叠纪、灭绝于二叠纪末期的海相原生动物,对蜓类生态环境的判识,无法将今论古,只能用与蜓类共生的其他化石和相标志来判识,即将古论古。天气预报、气候预报和地震预报等显然都不是将今论古,而是将古和今论未来。当今如火如荼的深空探测更不是将今论古,而是将地论天或将天论地。因此,现实主义原理的科学表述应是类比分析或"现在是解读过去的关键窗口"(The present is the key hole to the past),包括跨时间域的类比和跨空间域的类比。前者包括将今论古、将古论今、将古论古、将今天论未来;后者包括将天论地、将地论天、将表层论深部、将深部论表层。

三、生物史的资料基础不符合"大数定律"

生物史的特点、演化规律仅涉及宏体化石和微体化石(实体化石),基本不涉及微生物化石。有数据表明,当今地球上活体生物个体总数约为 5×10^{22} 个,其中宏体生物个体和生物量仅占2%(殷鸿福等,2009)。"大数定律"(统计学定律)指出,必然性存在于大样本的偶然性中。因此,我们有理由提出疑问,不足2%的生物史资料反映的生物史特征与演化规律是生物史的芝麻还是西瓜?如宏体生物物种之间是存在生殖隔离的,尽管亲代的马和驴交配后能产生子代的骡子,但骡子不是一个稳定的物种,也不可能繁衍后代。微生物则不然,不仅种间可以有基因交流,不同的生物分类单位间,如域、界、门等之间也可以发生基因的横向水平转移。我们有理由相信,随着地质微生物化石资料的积累和深入研究,生物史的特征和规律将更加全面、系统、客观、丰富多彩。

第三节　地球的未来

子曰："人无远虑,必有近忧。"对地球人而言,最长远、最"高大上"的远虑莫过于追问地球的未来将如何,因为地球是我们人类共有的唯一家园。地球人关注的地球的未来包括两重含义:其一,宜居地球的可持续性如何? 其二,地球的终极未来会怎样?

一、宜居地球的可持续性

宜居地球的可持续性主要涉及 3 个问题:宜居地球是天生的还是地成的(宜居地球是与生俱来的还是长期演化的结果)? 地球宜居性的必要条件是什么? 保持和优化地球的宜居性人类有何对策?

1. 宜居地球的历史与未来

宜居地球(habitable Earth/life-bearing Earth)是指适宜人类或复杂生命生存的地球。正如第二章所言,就目前所知,地球是太阳系乃至银河系中唯一孕育有生命和智慧人类的星球。大量的科学事实表明,地球的宜居性不是与生俱来的,是太阳系和地球自身长期演化的结果。生物史告诉我们,地球的宜居性并非从太阳系和地球诞生时就具备,46 亿年的地球只是在距今约 5.5 亿年前,即寒武纪大爆发时,才具备复杂生命生存所需的条件。因此,地球对复杂生命的宜居性仅有约 5.5 亿年的历史,尽管细胞形态生命的诞生距今已有 35 亿年的历史。科学家估计,太阳的核聚变产生的光和热能维持地球宜居性(对类似于人类的复杂生命而言)的时长还有约 17.5 亿年。由此可见,宜居地球可持续性的全时长约 23(5.5+17.5)亿年。

2. 宜居地球的必要条件

天文学的研究表明,宜居行星的必要条件可归结为 10 条:①该行星所围绕的恒星不能太大(需考虑紫外线辐射,过大的恒星会释放出大量的辐射),也不能太小(行星需要靠得非常近才能足够温暖,导致潮汐锁定);②该行星所围绕的恒星必须非常稳定;③该行星必须在宜居带(一颗恒星周围适宜生命生存的一定距离范围)内(图 9-12);④该行星所围绕的恒星必须是单星,或者至少离其他伴星要非常远(不然行星轨道会被扰动,一会贴到恒星上,一会跑到"天边");⑤该行星外层轨道上最好有几个大行星充当"保镖"(比如太阳系里的木星和土星,强大的引力使小行星或者彗星撞向自己,让近日行星处于相对安全的宇宙环境);⑥该行星必须是岩石质行星;⑦该行星表面重力必须和地球差不多(过大或过小的重力都不适宜于生

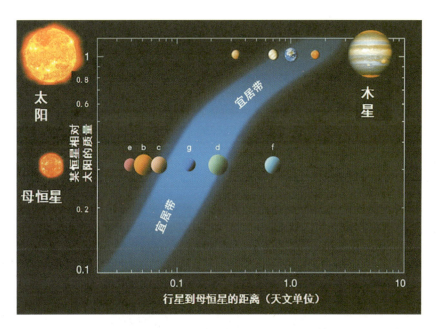

图 9-12　宜居带示意图(图片源自网络)

物的生存);⑧该行星必须有磁场保护;⑨该行星大气的气压必须和地球差不多,大气层成分不能太离谱(氧气要占有一定比例);⑩该行星构造活动不能太剧烈。在这 10 项必要条件中,最基础、最重要和最核心的要素是行星必须在宜居带内。因此,宜居地球的可持续性主要取决于太阳和太阳系的演化,第 9 条和第 10 条主要与地球的地质演化有关。

3. 保持和优化地球宜居性的人类对策

由于地球宜居性的必要条件几乎都是由太阳和太阳系给予的,在天文学意义上,人类在保持和优化地球宜居性上作用甚微,相关内容参见下文"地球的终极未来"。

二、地球的终极未来

地球的终极未来主要涉及 4 个问题:地球是否有末日? 何时将是地球的末日? 地球末日将如何呈现? 应对地球末日人类有何对策?

1. 地球是否有末日?

科学事实和科学逻辑告诉我们,世界上没有永恒的客观存在,海会枯,石也会烂,地球和人类也不可能永恒,终将走向灭亡,这是自然规律!

2. 何时将是地球末日?

地球末日来临的时间取决于两大系统和 3 种因素:地球外部系统(主要是太阳

和太阳系)的演化(外因);地球内部系统(地核、地幔和地壳等)的演化(内因);人类的冲突(人为因素)。地球所在的太阳系,太阳系所在的银河系,银河系与河外星系所构成的总星系就是我们所生活的宇宙,它已经膨胀了138.2亿年,直径已达1860亿光年,甚至更大;其形状或如一个吹起的气球状、洋岛状或曲面状等(图9-13 A~D),目前我们对宇宙形状的认识如同盲人摸象(图9-13E)。

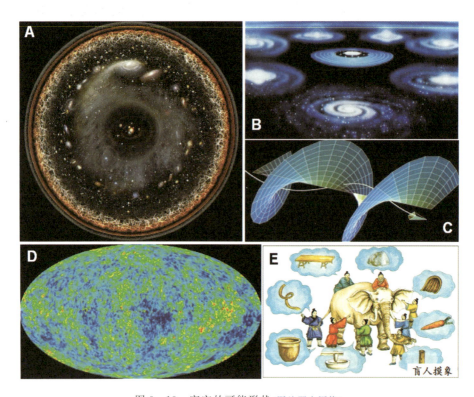

图9-13　宇宙的可能形状(图片源自网络)
A.气泡状;B.洋岛状;C.双曲面状;D.宇宙全天图;E.目前我们对宇宙形状的认识如同盲人摸象

地球作为太阳系的一颗行星,其起源、演化、宜居性和末日必然与太阳的命运息息相关。天文学的研究表明,太阳从生到灭的全生命周期约100亿年(图9-14),太阳能维持地球宜居性(对类似于人类的复杂生命而言)的时长还有约17.5亿年。如果该预测是正确的,对人类而言,地球的末日就是17.5亿年后的今天。依据太阳的全生命周期,当太阳演化为红巨星之日就是水星和金星被太阳吞没、熔化之时,那时地球会被移出宜居带,木星和土星进入宜居带(图9-14),笔者将地球末日的这一时间称为"**第1类地球末日时间**"。

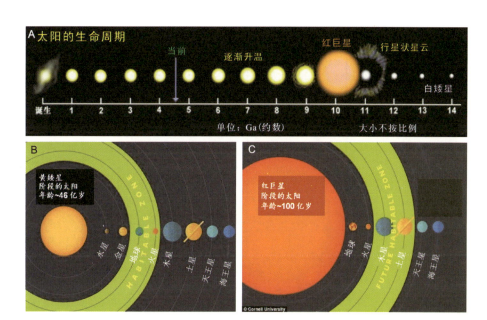

图 9-14 太阳的生命周期与宜居带位置的变化(据网络图片修改)
A. 示意太阳的生命周期和演化阶段;B. 示意现代(太阳在黄矮星阶段)太阳系宜居带的所在位置(黄绿色环带),地球正好位于宜居带内;C. 示意太阳 100 亿岁时(太阳在红巨星阶段/老年阶段)太阳系宜居带的所在位置(黄绿色环带),地球已经不在宜居带内,木星和土星正好处于宜居带内

就地球内部系统演化而言,放射性元素产生的热能是维系地球物理和化学乃至生命运动的基础,当放射性元素产生热的能力耗尽时,由地球内部的热、成分和相等的不均一性导致的地幔柱、地幔对流和板块构造及由此引发的地震、火山和构造运动等将停止,地球将像火星和月球一样逐渐走向死寂。科学家的研究表明,地球从冥古宙至显生宙,其放射性元素产生热的速率以指数形式衰减,40 亿年前的冥古宙,放射性元素产生热的速率是显生宙的 3~6 倍(图 9-15),按此趋势,地球走向死寂的时间可能会比太阳演化成红巨星的时间来得更早,笔者将地球死寂的这一时间称为"**第 2 类地球末日时间**"。

地球末日的第 3 种可能性是一定体量的小行星或彗星撞击地球,使地球和人类毁灭。地球 46 亿年发展演变的历史告诉我们,地球曾遭受众多小行星和彗星的撞击,近地天体撞击地球时,会形成一个比自身直径大 10 倍的天坑,而实际破坏力的影响范围更远超于此。截至 2016 年,新元古代(1000 Ma)以来,全球陆地上(南极洲除外)共发现直径大于 10 km、具有较好定年数据的撞击坑 624 个。这些撞击坑在时代分布上,存在一个明显的时间界线,1000~650 Ma 期间,撞击坑的数量很少,650 Ma 以来撞击坑的数量明显增多,这与成冰纪(720~635 Ma)雪球地球事件

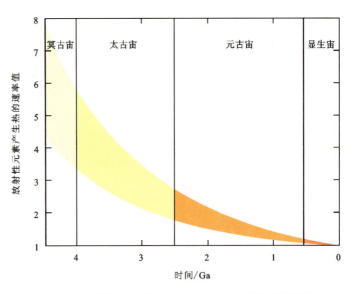

图9-15 地球形成以来放射性元素产生的热量呈指数形式衰减

(据 Wicander and Monroe,2007 修改)

时间基本一致。科学家通过对撞击坑数据库的分析还发现了一个非常有趣的现象:新元古代以来,全球陆地上直径大于 10 km 撞击坑的数量在~290 Ma 增加了 2.6 倍,635~300 Ma 撞击坑的数量相对于现近代明显减少了,并认为这种减少是小行星撞击地球的频率减少所致,不是保存的原因所致,月球也有与上述类似的特征和规律(Mazrouei et al.,2019)。这些数据表明,地球和月球遭受小行星和彗星撞击的频率在地史时期是有变化的,现近代相对于埃迪卡拉纪—石炭纪(635~300 Ma)地球和月球遭受小行星、彗星撞击的概率提高了。

需要指出的是,即使是白垩纪末的那次著名的小行星撞击地球事件也未能使地球和复杂生命彻底毁灭,尽管陆地上生活的恐龙和海洋中生活的菊石灭绝可能与这次撞击事件有关。白垩纪末的那次小行星撞击地球,是一个直径约 10 km 的岩石质小行星,以超过 40 倍音速的速度冲向地球表面,在墨西哥的龙卡坦半岛上留下了一个叫作希克苏鲁伯(Chicxulub)的陨石坑。因此,小行星撞击地球导致地球和人类毁灭的可能性存在,但概率值低。笔者将这种机制导致地球和人类毁灭的这一时间称为"*第3类地球末日时间*"(概率值低、难以准确预料)。

地球末日的第 4 种可能性是人类冲突使人类失去理智,利用手中的核武器等工具互相摧毁,最终导致地球和人类自身的毁灭。笔者将这种人为因素导致地球和人类自身毁灭的这一时间称为"*第4类地球末日时间*"(概率值低、无法准确预料)。

综上所述,地球末日降临的时间有确定性与不确定性两种,第 1、2 类地球末日是可以依据太阳和地球自身的演化规律做出预料,这两类地球末日相对人类的繁衍生息而言是极其漫长的,过程是渐变和不可抗拒的客观规律,第3、4类地球末日时间难以准确预料、概率值低、呈现过程快速,但人类高度发达的文明和理性对这两类地球末日是可以有所作为的(表9-2)。

表 9-2 地球末日类型及其人类应对措施

	第1类地球末日	第2类地球末日	第3类地球末日	第4类地球末日
成因	太阳由黄矮星→红巨星	地球的内能耗尽→死寂	大直径天体撞击地球→毁灭	人类失去理智→互相毁灭
时间	≥1750 Myr	? ≤1750 Myr	难预料	难预料
特征	缓慢、可预期、不可抗拒	缓慢、可预期、不可抗拒	快速、难预测、极小概率事件	快速、难预料、极小概率事件
人类对策	借助高/黑科技,逃离地球或太阳系	在地表和地下,构建适宜人类生存的环境/生物圈3号	加强天文学与地球科学研究,提高预报、预警和干预能力	文明互鉴交融,构建人类命运共同体

3. 地球末日的呈现方式

地球末日的呈现方式取决于其成因,不同地球末日的成因具有不同的呈现方式,第1、2类地球末日的呈现方式是漫长和缓慢的(参见图9-14、图9-15),且人类不易察觉,第3、4类地球末日的呈现方式是快速和突变的,人类的感知和毁灭几乎同步。

4. 人类应对地球末日的对策

不同地球末日形成机制和降临时间有不同的对策。应对第1类地球末日的唯一方式是人类乘坐自己制造的"诺亚方舟"或人类带着地球一起逃离太阳系,迁移到类似太阳系的其他恒星系宜居带内繁衍生息。科幻电影《流浪地球》似乎提供了人类带着地球一起逃离太阳系的一种可能性,但其可操作性和可实现性不被现代科学技术支持,是目前无法实现的"科学幻想"。但我们有理由相信,随着人类社会的不断发展和科技创新,在未来100年、1000年、10 000年……,人类凭借不断发展的科学技术,乘坐自己制造的"诺亚方舟",通过星际旅行寻找到适宜人类继续繁衍生息的恒星系是有可能的!

应对第2类地球末日的方式是充分利用核能和太阳能以及人类目前还未知或知之甚少的物质与能量(如暗物质和暗能量等),在死寂地球的表面和地下营造人类可持续繁衍生息的人造环境。

应对第3类地球末日的方式是进一步加强天文学和地球科学的基础研究与应用研究,充分认识和把握地球、太阳系、银河系、河外星系起源与演化的规律,特别是加强对太阳系内八大行星及其卫星、小行星和彗星等的研究,加强对小行星和彗星等运行轨道的监测和预警,利用人类已经掌握的和正在蓬勃发展的宇航、激光和核科学与技术,采用引力脱节、飞船撞击、核弹轰炸和激光打击等方法,避免小行星、彗星和其他天体与地球相撞。

应对第4类地球末日的方式是加强不同人类文明、不同政治制度和国家的交流与互鉴,构建人类命运共同体,使人类在文明和理性的驱动下,谋求人与人和人与自然和谐、可持续发展,使人类走向更加光明的未来(表9-2)!

主要参考文献

陈建强,王训练,2018.地史学简明教程[M].北京:地质出版社:1-324.

龚一鸣,1995.一种新的海进模式[J].地层学杂志,19(2):129-132.

龚一鸣,史晓颖,2014.关于时间、沉积和地层学的几点思考[J].地学前缘,21(2):27-35.

龚一鸣,张克信,2007.地层学基础与前沿[M].武汉:中国地质大学出版社:1-310.

龚一鸣,张克信,2016.地层学基础与前沿[M].2版.武汉:中国地质大学出版社:1-465.

李献华,2021.超大陆裂解的主要驱动力:地幔柱或深俯冲?[J].地质学报,95(1):20-31.

屈原皋,解古巍,龚一鸣,2004.十亿年前的地-日-月关系:来自叠层石的证据[J].科学通报,49(20):2083-2089.

戎嘉余,黄冰,2014.生物大灭绝研究三十年[J].中国科学:地球科学,44(3):377-404.

沈树忠,张华,2017.什么引起五次生物大灭绝?[J].科学通报,62(11):1119-1135.

史晓颖,李一良,曹长群,等,2016.生命起源、早期演化阶段与古海洋环境变化[J].地学前缘,23(6):128-139.

舒德干团队,2016.寒武大爆发时的人类远祖[M].西安:西北大学出版社:1-414.

王鸿祯,史晓颖,王训练,等,2000.中国层序地层研究[M].广州:广东科技出版社:1-457.

王绍武,闻新宇,2011.末次冰期冰盛期[J].气候变化研究进展,7(5):381-382.

杨巍然,王杰,梁晓,2012.亚洲大地构造基本特征和演化规律[J].地学前缘,19(5):1-17.

殷鸿福,宋海军,2013.古、中生代之交生物大灭绝与泛大陆聚合[J].中国科学:地球科学,43(10):1539-1552.

殷鸿福,谢树成,童金南,等,2009.谈地球生物学的重要意义[J].古生物学报,48(3):293-301.

DAHL T W, HAMMARLUND E U, ANBAR A D, et al., 2010. Devonian rise in atmospheric oxygen correlated to the radiations of terrestrial plants and large predatory fish[J]. PNAS, 107(42):17 911-17 915.

FU D J, TONG G H, DAI T, et al., 2019. The Qingjiang biota: a Burgess Shale-type fossil Lagerstätte from the early Cambrian of South China[J]. Science(363):1338-1342.

GILBERT G K, 1895. Sedimentary measurement of geological time[J]. Journal of Geology(3):121-125.

GONG Y M, YIN H F, ZHANG K X, et al., 2004. Simplifying the stratigraphy of time: comment[J]. Geology, 32(8):e59.

HAN T M, RUNNEGAR B, 1992. Megascopic eukaryotic algae from the 2.1 billion-year old Negaunee Iron-Formation, Michigan[J]. Science(257):232-235.

HAQ B U, 2014. Cretaceous eustasy revisited[J]. Global and Planetary Change(113):44-58.

HAQ B U, 2018. Jurassic sea-level variations: a reappraisal[J]. GSA Today, 28(1):4-10.

HAQ B U, SCHUTTER S R, 2008. A chronology of Paleozoic sea-level changes[J]. Science(322):64-68.

HAYS J D, IMBRIE J, SHACKLETON N J, 1976. Variations in the Earth's orbit: pacemaker of the Ice-Ages[J]. Science(194):1121-1132.

HOLLAND C H, 1986. Some aspects of time[J]. Newsletters on Stratigraphy, 15(3):172-176.

KASTING J F, 2004. When methane made climate[J]. Sci. Am., 291(1):78-85.

LI Z X,ZHONG S J,2009. Supercontinent-superplume coupling,true polar wander and plume mobility:plate dominance in whole mantle tectonics[J]. Physics of the Earth and Planetary Interiors(176):143-156.

MARUYAMA S,SAWAKI Y,EBISUZAKI T,et al.,2014. Initiation of leaking Earth:an ultimate trigger of the Cambrian explosion[J]. Gondwana Research(25):910-944.

MAZROUEI S,GHENT R R,BOTTKE W F,et al.,2019. Earth and Moon impact flux increased at the end of the Paleozoic[J]. Science(363):253-257.

PESONEN L J,SALMINEN J,ELMING S Å,et al.,2021. Ancient supercontinents and the paleogeography of Earth[M]. Amsterdam:Elsevier:1-646.

ROBERT F,CHAUSSIDON M,2006. A palaeotemperature curve for the Precambrian oceans based on silicon isotopes in cherts[J]. Nature(443):969-972.

RUDDIMAN W F,2008. Earth's climate:past and future[M]. New York:W. H. Freeman and Company:1-388.

SCHOPF J W,2000. Solution to Darwin's dilemma:discovery of the missing Precambrian record of life[J]. PNAS(97):6947-6953.

TANG M,CHU X,HAO J,et al.,2021. Orogenic quiescence in Earth's middle age[J]. Science,371 (6530):728-731.

TASHIRO T,ISHIDA A,HORI M,et al.,2017. Early trace of life from 3.95 Ga sedimentary rocks in Labrador,Canada[J]. Nature(549):516-518.

TUCKER M E, WRIGHT V P,1990. Carbonate sedimentology[M]. Oxford:Blackwell Scientific Publications:1-482.

WICANDER R,MONROE J S,2007. Historical Geology:evolution of Earth and life through time[M]. 5th ed. Pacific Grove (CA):Books/Cole:1-440.

WICANDER R,MONROE J S,2016. Historical Geology:evolution of Earth and life through time[J]. 8th ed. Boston (MA):Cengage Learning:1-434.

ZHANG L J,FAN R Y,GONG Y M,2015. *Zoophycos* macroevolution since 541 Ma[J]. Scientific Reports(5):14954,doi:10.1038/srep14954.

ZHENG Y F,ZHAO G C,2020. Two styles of plate tectonics in Earth's history[J]. Science Bulletin(65):329-334.

ZHU S, ZHU M, KNOLL A H, et al., 2016. Decimetre-scale multicellular eukaryotes from the 1.56-billion-year-old Gaoyuzhuang Formation in North China[J]. Nat. Commun(7):11500.

主要知识点

(1) 生物史 life history of Earth/bio-geohistory
(2) 沉积史 sedimentary history of Earth/sedi-geohistory
(3) 构造史 tectonic history of Earth/tectono-geohistory
(4) 超大陆 supercontinent
(5) 圈层耦合 coupling in the geospheres
(6) 地球系统 Earth system
(7) 地史中的问题 problems in historical geology
(8) 将今论古 The present is the key to the past
(9) 地质年代单位"Ma" geological time unit "Ma"
(10) 大数定律 law of large numbers
(11) 地球的过去 Earth's past
(12) 地球的未来 Earth's future
(13) 宜居地球 habitable Earth/life-bearing Earth
(14) 地球末日 geocide

思考题

(1) 生物史的特征和规律有哪些？
(2) 沉积史的特征和规律有哪些？
(3) 构造史的特征和规律有哪些？
(4) 如何评价超大陆聚散的驱动机制？
(5) 地球系统的特征和规律有哪些？
(6) 如何评价将今论古的功与过？
(7) 如何评价地质学将"Ma"选定为法定数字地质年代单位？
(8) 你认为大数定律适用于生物史吗？为什么？
(9) 宜居地球是天生的还是地成的？为什么？
(10) 你认为地球末日有哪些呈现形式？人类应该如何应对？